북한의 육해공군

THE ARMED FORCES OF NORTH KOREA

길찾기

북한의 육해공군
The Armed Forces of North Korea

2025년 12월 30일 초판 1쇄 발행

저　자	스테인 미처, 요스트 올리만스
번　역	성동현
편　집	박관형, 오세찬, 이열치매, 정성학
디 자 인	김애린
마 케 팅	이수빈
발 행 인	원종우
발　행	㈜블루픽
주　소	(13814)경기도 과천시 뒷골로 26, 2층
전　화	02-6447-9000
팩　스	02-6447-9009
이 메 일	edit@bluepic.kr
가　격	35,000원
I S B N	979-11-6769-363-1 03390

저자 - 스테인 미처(Stijn Mitzer) ▪ 요스트 올리만스(Joost Oliemans)

현용병기와 군사 조직, 전술, 전략 등을 전문으로 하는 군사 애널리스트. 그중에서도 특히 활발한 분쟁 지역이나 북한을 대표하는 완충 지대의 내정에 정통하다.「Janes」,「Bellingcat」,「NK News」등의 오픈소스의 조사보도 웹사이트의 저자로 활약. 주로 중동의 군사정세나 조선인민국에 관해 고찰, 정보를 발표한다.「ORYX (www.oryxspioenkop.com)」블로그를 운영하면서 2020년 9월에 본서인 『The Armed Forces of N orth Korea: On the Path of Songun』 을 공저.

북한의 육해공군
The Armed Forces of North Korea

스테인 미처 / 요스트 올리만스 저

성동현 역

목차
Contents

추천사
Recomendation

북한의 군사력은 우리에게 얼마나 위협이 될 것인가? 혹자는 낙후한 북한군의 수준으로는 첨단 전력으로 무장한 대한민국을 위협할 수 없다고 말한다. 하지만 북한이라는 나라는 전체가 거대한 병영과도 같다. 유치원에 다닐 법한 나이부터 자국민들에게 세뇌한 군사적 믿음이 확증편향을 일으켜 북한 주민들은 한국군을 두려워하지 않는다.

또한 우리 국민들이 우습게 여기곤 하는 북한의 장비들 또한 상당한 수준일 것이다. 북한의 주요 대외 무역 분야가 군수 산업이라는 점을 우리는 잊지 말아야 한다. 북한은 1970년대부터 제2세계와 제3세계 국가들, 그리고 테러리스트들을 고객으로 삼아 수많은 무기와 그 유지 보수용 부속, 그리고 기술을 꾸준히 수출해 왔다. 현재 벌어지고 있는 우크라이나와 러시아의 전쟁에서 러시아가 북한에서 포탄을 비롯한 무기를 사들인다는 소식에 고물을 사들인다고 비웃는 사람들을 보았다. 하지만 북한제 무기가 그렇게 엉터리였더라면 과연 그렇게 꾸준히, 그리고 많이 팔릴 수 있었을까? 세계에 몇 되지 않는 미사일 자체 개발 및 수출국이라는 점 또한 북한의 군사 기술이 우리의 낙관만큼 낙후되지는 않았으리라는 점을 짐작게 한다.

그러나 이 모든 것들은 북한이 드리운 비밀의 장막 사이로 얼핏얼핏 내비치는 단서에 불과하기에, 우리는 북한의 전력을 객관적인 시각으로 평가하기에 어려움을 겪어왔다. 군사 전문가들로부터 러시아-우크라이나 전쟁에서 가장 신뢰할 만한 전황 집계 사이트로 평가받은 '오릭스'의 설립자이자 북한 전문 뉴스 웹사이트 'NK News'의 필진인 이 책의 저자들, 스테인 미처와 요스트 올리만스 역시 이 책을 집필하면서 같은 어려움을 토로했다. 이를 극복하려는 노고로 이뤄진 이 책은 폐쇄의 베일을 좀 더 젖히고, 우리 국민들이 '선군 사상'의 실체와 북한군의 실상을 올바로 파악하는 데 큰 도움을 줄 것이라 믿는다.

전인범 전 특전사령관

들어가며
Preface

철저한 비밀주의에 싸인 조선민주주의인민공화국이라는 국가는 군사평론가에게 있어 그야말로 전설의 생물인 유니콘과도 같은 존재다. 북한은 다른 어떤 나라보다도 많은 문제를 일으켰고, 탐색할 구석 또한 많지만, 내부 사정을 비롯하여 중요도가 높은 정보 등 많은 부분이 밝혀지지 않고 있는데, 이 비밀주의야말로 오랫동안 우리들의 흥미를 끄는, 실체를 알 수 없는 수수께끼투성이인 북한의 군사 조직에 대해 책을 쓴 이유다. 조선인민군이라는 방대한 영역에서 될 수 있는 한 많은 것을 수록하기 위해 본서의 글자수는 착실히 늘어나 발매일은 몇 번이나 연기되었다. 연기되었다는 사실은 우리들에게 있어서도 기분 좋은 일은 아니었지만, 덕분에 기대 이상의 완성도로 조선인민군의 역사와 현황에 대해 적을 수 있었다.

200페이지 이상의 지면을 할애하여 소개한 다양한 갈래의 내용에서도 가장 중심이 되는 것은 본서의 표지에도 대대적으로 크게 쓰여진 '선군 사상으로의 길On the Path of Songun'이다. 독자 여러분이 어떻게 받아들일지 모르겠지만, 이 부제는 북한의 군사사상을 상징하는 문구이다. 북한의 '선군 사상'이란 김정은의 아버지, 김정일에 의해 제안된 '나라의 주권을 유지하기 위한 군사력을 다른 무엇보다도 우선하는 국가주의'를 말한다. 덧붙여 '선군 사상으로의 길'이라는 말은 우리같은 연구자에게 있어 중요한 정보원이기도 한 북한의 내부 자료에 빈번히 등장하는 말이기도 하다. 하지만 다른 시점에서 보면 이 문구는 수십 년에 걸쳐 북한의 정치에 특징을 부여하고 사상과 실체의 모순을 구체화하고 있다. 수없이 쏘아 올려지는 탄도 미사일과 핵 실험에 의해 끊임없이 긴장감이 높아지는 가운데 본서가 해명한 것은 '선군 사상'이 북한을 어디로 이끄는가, 그리고 그 길은 어디로 이어지는가 하는 것이다.

읽기 전에 몇 가지 명확히 설명하고 싶은 것이 있다. 본서는 비밀주의가 강한 북한이라는 국가에 관해 현황을 알 수 있는 최신의 정보를 기반해 집필하였다. 하지만 새로운 정보가 밝혀짐에 따라 본서의 내용 중 일부가 올바르지 않음이 판명되는 사태도 쉽게 상상이 간다. 절대적인 확증이 없는 사정에 대해 서술하는 경우에는 '~라고 한다' '~일 것이다'라고 여지를 두고 불확정적인 부분임을 밝혀 두고자 한다. 주장의 근거가 되는 정보가 제3자인 경우는 그 출처를 명시하며 출처가 없는 경우는 그 주장은 저자의 독자적인 연구 결과에 의한 것이나 또는 일반 상식화된 것으로 한다.

또한 본서의 주제는 어디까지나 조선민주주의인민공화국이기에 지명이나 고유명사는 북한에서 사용하는 표기에 최대한 맞추며 그중 많은 부분이 한국, 또는 국제 사회에서 일반적으로 사용되는 표기를 따르지 않지만, 북한이 쓰는 표기가 독자에게 혼란을 줄 가능성이 있는 경우는 보충 설명을 더해 그것이 무엇을 의미하는지를 명확히 한다. 마찬가지로 조선인민군에 대해 사용되는 약칭은 변경 없이 그대로 사용했다. 조선인민군(Korean People's Army)은 KPA, 조선인민군육군(Korean People's Armys Ground Force)는 KPAGF, 특수작전군(Special Operathion Force)은 SOF, 조선인민군항공 및 반항공군(Korean People's Army Air and Anti-Air Force)는 KPAAF, 조선인민군해군(Korean People's Army Navy)는 KPAN, 전략군(Strategic Rocket Force)은 SRF라고 하는 식이다.[1]

마지막으로 본서의 연구와 광고에 큰 도움을 준 친구 Tarao씨에 깊은 감사를 드린다. 그리고 멋진 삽화를 그려 준 재능 넘치는 일러스트레이터들에게도 감사의 말을 남긴다. 거듭되는 발매 연기에도 상관없이 인내하며 지원해 준 헬리온 출판사의 던컨 로저스 씨에게 감사드린다.[2] 본서에 관한 의문, 질문은 주저 없이 다음 메일 주소로 보내 주길 바란다.

oryxbook@gmail.com

본서에서 중요 지점을 기재한 한반도 지도. (George Anderson 작도)

2010년 3월 26일 금요일 오전 9시 22분(GMT+9)

104명의 승무원을 태우고 백령도 근해와 북방 한계선을 정기 초계 중이던 대한민국 해군의 포항급 초계함인 '천안함'에서 갑자기 폭발이 발생했다. 몇 분 후, 압도적인 파괴력에 천안함은 함체가 두 동강이 났고 필사의 구조 작업에도 불구하고 46명의 승조원이 선체에 갇힌 채 침몰했다. 천안함의 액티브 소나는 탐지에 실패했지만, 주변 해역에는 며칠 전부터 북한의 소형 잠수정이 잠입해 있었다. 심도 30미터에 잠복해 있던 그 잠수정은 천안함이 지나가는 것을 확인 후 고압 가스가 발하는 폭발적인 기포와 함께 어뢰를 발사, 250kg의 작약이 탑재된 어뢰는 목표의 항적파를 향해 유도된 뒤 천안함의 가장 취약한 부분인 함저 직하에서 폭발했다. 갑작스러운 공격에 요동치던 수면은 추정시간 오전 9시 30분에 천안함이 침몰한 후, 다시 잠잠해졌다. 비극의 주도자인 잠수정은 북쪽의 어두운 바다로 조용히 사라졌다. 그 뒤에는 슬픔에 빠진, 분노에 타오르는, 혼돈에 휩싸인 한 나라가 남아 있게 되었다.

당초, 천안함의 침몰 원인은 확인되지 않아 많은 사람들은 누구에게 책임을 물어야 하는지 곤혹스러워했다. 대한민국 국방부는 사건의 진상을 빨리 알기 원하는 국민을 통제하면서 내부 폭발이나 노후 기뢰와의 접촉 등, 여러 가능성을 열어 둘 필요가 있었다. 하지만 천안함은 우발적 사고에 의해 침몰한 것이 아니었다. 두 나라를 분쟁의 위기에 직면하게 하면서 한국의 내부 사정을 10년에 걸쳐 크게 변동시킨 이 사건은 실제로는 수 주일 전부터 계획되어 실행되었다. 북한이 관여되었음을 나타내는 구체적인 증거는 없는 것이나 마찬가지이지만, 이변이라 보이는 최초의 징후로서 황해남도 과일군에 전진 배치된 조선인민군항공 및 반항공군(이하 조선인민군 공군) 소속의 MiG-29 전투기 5기와 황주군에 새로 배치된 MiG-23 전투기의 존재를 들 수 있다. 통상 대규모 훈련 중이거나 타국에 대한 도발을 할 때나 보이는 움직임이 있는 것은 북한이 상당히 높은 경계 태세에 있음을 보여준다. 당시 주한미군과 대한민국 육군은 '폴 이글/키 리졸브' 합동 훈련의 최종 단계에 있었다. 건국 초기부터 시행되어 오던 한미군사 훈련을 침략의 포석이라 비판해 오던 북한이 전투기를 전진배치시킨 것은 이에 대항하는 것이라 생각되었다. 합동 훈련은 3월 18일에 종료되었고, 북한은 2척의 잠수함, 상어급 잠수정 1척, 연어급 잠수정 1척, 그리고 수반되는 지원함을 비파곶의 해군 기지에서 23일에 파견했다. 전해진 소식에 따르면 소형인 연어급 잠수정은 25일, 백령도 서쪽으로 우회해 거기서 천안함을 기다리고 있었다고 한다. 표적을 탐지해 격침한 연어급은 항해를 서둘러 28일에 비파곶의 모항으로 귀환했다.[3]

그 후 수개월에 걸쳐 이뤄진 한국의 조사 결과는 북한의 어뢰 공격이 침몰 원인일 가능성이 압도적으로 높다고 결론지었다. 주변 해역에서 인양한 파편에는 북한식 어휘로 표기된 부품이 있었고, 그 파편을 북한제 CHT-02D 어뢰의 도면과 대조해 본 결과 거의 일치한 것은 유명한 이야기다. 북한의 조선중앙통신은 허위 사실을 날조한 음모라고 격렬히 비난하였고, 북한은 천안함 침몰에 대한 관여를 일절 부정했다. 이에 한국은 여러 경제적, 외교적 제재를 북한에 가해 양국의 관계는 급속도로 악화되었다. 물론 양국 간의 이런 무력 충돌은 처음이 아니었다. 햇볕정책(1998년부터 2008년까지 지속된 한국의 북한에 대한 외교적 긴장 완화 정책) 이후, 비교적 정세가 안정되어 협력 태세에 있던 남북 관계를 천안함 사건은 10년에 걸친 대립과 군사적 긴장 상태로 만드는 통한의 일격이 되었다. 천안함 침몰이 가져온 고뇌와 분노는 지금도 가라앉지 않고, 2018년에는 악명 높은 조선인민군 정찰총국의 전 국장인 김영철이 평창 동계올림픽의 폐회식에 북한 대표로 참석한 것에 대해 비난이 쏟아졌다. 김영철은 천안함 격침의 주모자로 여겨지며, 그런 그가 여전히 북한 내부에서 고위직에 있는 것은 남북간의 화해가 얼마나 어려운 일인지 증명한다.

천안함 피격 사건은 호전적인 잠수함 함장의 독단으로 일어난 사건이라 보는 식자도 있다. 하지만 이 사건은 북한이 건국 이래 유지해 온 강경한 외교정책을 확인하는 일에 지나지 않는다. 이와 같은 도발 행위는 조선로동당 내의 출세를 목적으로, 또는 상징적인 이유나 충성심의 증명, 때에 따라서는 단순한 보복 행위로서 시행된다. 예상되는 반격에 대항하기 위해 북한은 무력 도발과 동시에 전투기, 방공/대함 미사일 시스템을 전투가 일어날 거라 예상되는 지역에 증강했다. 전면 전쟁을 일으키지는 않는 정도의 도발 행위를 반복하는 것으로 북한은 주변국에 대한 영향력을 유지하여 빈곤한 경제적, 정치적 영향력에 얽매이지 않고 국제적 주목을 끌고 있다. 전면 전쟁이 발발하면 예상되는 막대한 인적 피해, 경제 손실은 미국과 한국이 군사적 보복이라는 선택을 할 수 없게 만들며 별수 없이 경제 제재만을 선택하는 상황을 만들어 낸다. 이와 같은 상황에서 북한의 반복되는 무력 도발 행위는 한반도의 전쟁 발발 가능성을 높이고 있다.

한국 육군의 포격 훈련에 대한 보복이라는 명목으로 조선인민군은 북방한계선을 넘어 연평도와 그 주변 해역에 대해 돌연 포격을 가했다. 사용된 무기는 6기의 122㎜ 다연장 로켓과 다수의 76㎜ 해안포라 추정되며, 포격 결과 연평도는 큰 피해를 입었다. 대한민국 해군의 천안함 침몰과 같은 해인 11월 23일에 일어난 이 사건은 연평도에 전개된 한국군 부대에게는 불의의 일격이었다. 7㎢ 정도의 작은 섬은 큰 피해를 입었고, 포격의 결과 2명의 병사와 2명의 일반 시민이 목숨을 잃었다(대응 포격에 의한 북한의 피해는 불명). 공격 전의 사전 준비는 철저했고, 북한은 포격의 주력을 담당한 다연장 로켓을 연평도 인근 강령반도에 배치하는 것 외에 MLRS 부대를 포함한 다수의 부대와 원활한 통신 유지를 위해 고정 회선을 설치했다. 더해서 5기의 MiG-23 전투기를 포격하기 수 시간 전에 출격시킨 것을 보면 이 공격은 북한이 의도적으로 계획한 일이 분명하다. 연평도에 대한 대규모 포격이 가능한 전력을 가져오면서 실제로 사용된 것은 로켓탄뿐인 사실도 북한이 도발의 규모를 면밀히 계획한 결과이다.[4] 최초의 포격 후, 한국 측은 곧바로 자국군의 포를 사용해 반격을 실시했다. 이 대응 사격은 북한의 재밍에 한국육군의 AN/TPQ-37 대포병레이더가 무효화되어 큰 효과를 발휘하지 못했음이 밝혀졌다. 한국군의 반격에 대해 북한 측도 두 번째 소규모 포격을 실시했다.[5]

이런 무력 충돌은 보통 군사 분계선 부근의 비무장 지대에서 일어나며 한반도의 두 나라가 항상 전쟁 일보 직전에 있다는 엄혹한 현실을 우리에게 보여준다. 세계에서 어느 곳보다도 가깝게 국경을 맞대고 있으면서 경제 격차가 현저한 한국과 북한 사이의 위협을 전혀 실감하지 못하는 사람도 많을 것이다. 확실히 과거 수십 년에 걸쳐 북한은 자국의 경제난으로 고통받고 있는 데다 남쪽의 이웃에 비해 여러 부분이 뒤처져 있다. 하지만 타국에서 무기나 기술을 수입하는 능력(특히 유엔으로부터 경제 제재를 받는 2006년 이전)이 과소평가되고 있지만. 북한의 국내 무기 개발 능력이나 공업 생산성을 결코 얕봐서는 안 될 것이다. 북한의 무기 거래는 옛날부터 교류를 계속해 온 우호국에 의존하거나 무기 암

시장을 이용하지만, 놀라울 정도로 세련된 수법에서 북한을 서방 진영과의 완충 지대로 중요시하는 중국 및 러시아와 같은 국가의 영향이 배후에 있음을 보여준다.[6] 이를 통해 북한은 S-300 장거리 지대공 미사일 시스템이나 KH-35 공대함 미사일, 고성능 300㎜ 다연장 로켓과 같은 무기와 시스템을 통째로 카피, 또는 역설계를 할 수 있었다. 실제로 북한이 단기간에 이런 무기들을 연구, 개발, 그리고 생산에 성공했던 것을 보면 은밀하게 보조해 주는 존재가 있음은 명백하다. 어쨌든 이것은 조선인민군의 전력을 대폭 끌어올릴 뿐만 아니라 경제 제재로 운신의 폭이 좁아진 북한 군수 산업의 수출 경쟁력을 유지하는 데 도움이 되고 있다. 과거 반세기에 걸쳐 수출된 북한제 무기는 세계 여러 곳에서 등장하고 있다. 바르샤바 조약 기구에 속한 소련의 동맹국에 공급될 많은 무기를 생산하고 있는(또는 과거에 생산된) 북한은 그 용이한 정비성과 낮은 가격으로 많은 고객들에게 인기를 끌고 있다. 지금은 무기 수출이 금지되었지만 여전히 비밀리에 이뤄지고 있어 유엔이 대북 정책을 추진하는 데 있어 그 전모를 파악하는 것은 어렵지만 중요한 과제다. 유엔은 매년 무기 수출에 대한 조사를 대대적으로 실시하는 한편 제재를 확대해 북한을 압박하고 있다. 또한 다른 유엔 가맹국에 대해서도 북한에 대한 금수 조치를 준수하도록 강한 압력을 가하고 있다. 이런 조치가 없다면 북한은 지금 세계를 대표하는 무기 수출 대국이 되었을 것이고, 곤궁에 처한 국고를 채워 오랫동안 고립되어 잃어버린 영향력의 일부를 되찾을 것이다. 물론 현실은 그렇게 쉽지 않다. 북한이 경제력에 여유가 있어 전 세계를 상대로 광범위한 정치적 영향력을 과시했던 것은 옛날 일이다. 현재 북한과 적대하는 나라는 기술적으로도 경제적으로도 압도적 우세에 있고, 오랫동안 관계를 유지한 우호국도 북한과 동맹을 유지하는 데 난색을 보이기 시작하면서 북한의 미래는 불투명해졌다. 김정은이 제창하는 완화 정책에 따라 북한의 경제에 회복의 여지를 줄 것인지, 아니면 군사력이 모든 것에 우선하는 '선군 사상의 길'을 관철할 것인지는 아무도 알 수 없다.

조선인민군 육군
Korean People's Army Ground Force

통상적으로 대국은 자국의 방어, 그리고 해외에 걸쳐 연결된 자국의 이익을 지키기 위해 강대한 군대를 보유한다. 원칙적으로 인구가 많으면 많을수록, 경제력이 높으면 높을수록, 거기에 상응하는 대규모 군대를 유지할 수 있다. 그런데 이 원칙에서 크게 벗어나 있는 존재가 있으니 그것이 바로 조선인민군이다. 겨우 2,500만 명 정도의 인구에, 추정하기조차 민망할 정도로 낮은 국내총생산(GDP) 수치를 보이고 있음에도 현역 병력수라는 관점에서 본 군대는 세계 톱클래스에 필적하는 규모이다. 몸에 맞지 않는 크기의 군대를 유지하는 북한은 마찬가지로 막대한 양의 장비를 조달해야 했는데, 그 방법은 실로 다양하며 국제적인 이미지를 해치는 수법을 거리낌 없이 사용하고 있다. 막대한 규모의 군대를 계속 유지하는 것은 현실적이지 않고, 수십 년이나 계속된 경제 제재에서 벗어나지 못했음에도 북한의 병력 규모를 생각하면 그 군사력을 과소평가해서는 안 된다. 규모만이 아니라 조선인민군 육군은 창설 이래 최대의 기술 혁신 과정 한가운데에 있고, 제한적이라 하더라도 그 역량은 결코 얕볼 수 없는 것이다.

하지만 근래의 혁신에 대해 언급하기 전에 조선인민군 육군의 특성을 쉽게 이해하기 위해 그 기원을 한번 설명할 필요가 있을 것이다. 사실 조선인민군에는 두 개의 창설기념일이 있다. 첫 번째는 1932년 4월 25일, 일본군에 대항해 결성된 조선인민혁명군 기념일[1] 이며 두 번째는 1948년 2월 8일로 현행 조선인민군 창설을 축하하는 기념일이다. 각 군의 기장旗章에 많이 사용되는 것은 전자이지만, 1948년의 조선인민군 창설기념일도 2018년부터 재인식되어 다시 기념행사를 치르고 있다. 군의 기원에 대한 이런 이중성은 게릴라 전선을 한국 국내에 형성하는 '제2전선'과 재래식 전력에 의한 대규모 작전의 전개라는 조선인민군의 현행 전략에도 반영하고 있다. 대규모 작전은 아마도 6.25전쟁을 방불케 할 정도일 것이다. 압도적인 침공 속도로 적을 섬멸하고 한국을 점령한다는 군사 독트린을 따르는 형태로 전개될 것이다.

조선인민군의 군기. 뒷면은 조선로동당의 문장으로 되어있다.
(Denelson83 via Wiki Commons)

물론 북한 내에서 '조국해방전쟁'이라 불리는 1950년대 당시와 지금의 상황은 큰 차이가 있기 때문에 시대에 맞게 작전 계획을 다듬을 필요가 있다. 제2차 세계 대전 후의 한반도 분단을 계기로 세워진 김일성이 이끄는 북쪽의 공산주의 정권과 남쪽의 이승만 정권 사이의 긴박한 정세는 결국 1950년 6월 25일의 남침으로 촉발된 총력전을 벌이게 되었다. 북한이 북위 38도선을 넘어서 남침을 했다는 사실은 국제 사회에서 일치된 견해를 보이지만, 당연히 북한은 한국 측이 먼저 공격했다고 주장하고 있다.[2] 김일성은 양적으로도 질적으로도 대한민국 육군보다 우월한 군대를 가지고 있어 겨우 이틀 만에 서울을 점령, 1주일 후에는 한국군 대부분을 격파했다. 완벽한 기습에 대응이 늦은 미국은 소비에트사회주의공화국연방(이하 소련)에게 받은 장비에 의해 증강된 북한군에 대해 효과적인 대책을 세우지 못했다.

1950년 8월까지 남아 있던 한국의 병력은 경상남도 방면에 위치한 소수의 부대뿐이었지만 과도하게 길어진 보급선과 미군 항공 전력의 집요한 폭격으로 북한은 1개월 이상 고착 상태에 빠져 낙동강 전선 일대의 공략에 실패했다. 그 후 인천에서 유엔군이 상륙하는 것을 막아 내지 못해 한반도 내의 전황은 반전되어 10

월 19일에는 평양을 포함한 북한의 영토 대부분이 역으로 점령당했다. 이 급전개에 당황한 중화인민공화국은 모택동의 강한 주장에 새로이 창설된 지 얼마 안 된 중국인민해방군 의용군의 투입을 결정, 김일성이 이끄는 조선인민군을 배제한 대규모 작전을 벌여 유엔군을 38도선 이남까지 밀어냈다.

그때까지 직접 개입을 망설이던 소련이었지만, 이때부터 북측 점령 영토 상공에 전투기를 출격시켰다. 세계 최초의 제트기끼리의 공중전을 치르면서 6.25 전쟁은 한층 격화되었다. 지상에서의 전투는 교착 상태에 빠져 38도선을 두고 유엔군과 중국 인민의용군 사이에 격렬한 전투가 반복되었다. 더글라스 맥아더 장군이 핵무기 사용을 검토하는 계기가 된 1951년 1월의 북한군에 의한 서울 재점령 이후, 서울의 주인은 2개월 사이에 4번이나 바뀌었고, 수도는 완전히 폐허가 되었다. 하지만 6월이 지나면서 전선은 그 후 2년간에 걸쳐 비교적 안정된 상태가 되었다. 동시에 정전 협정을 맺자는 움직임도 보였지만, 여전히 북쪽에 대한 항공 폭격으로 대표되는 전투 행위는 계속되었다. 7월에 들어서는 쌍방이 종전할 수밖에 없음을 느끼고 있

북위 38도선을 넘은지 불과 이틀 후인 1950년 6월 27일, 서울에 입성한 T-34 전차와 SU-76 자주포를 포함한 북한 기갑 부대. (KCBC)

장비를 충실히 갖추기 위해 군사비를 극단적으로 늘린 조선인민군 육군은 이 훈련 사진의 59식과 같은 전차를 소련과 중국에서 수천 대 조달했다. (KCBC)

었다. 그리고 1953년 7월 27일에 6.25전쟁 휴전 협정이 체결. 최종적으로 종전 협정이 맺어질 때까지 전투 행위의 중지와 군사 분계선의 제정이 결정되었다. 그로부터 현재에 이르기까지 종전 협정은 맺어지지 못하고, 1957년에 제정된 군사 분계선(휴전선)은 지금도 한반도를 분단하고 있으며, 실질적으로 북한과 한국은 지금도 전쟁 중인 상태이다. 한반도의 대부분을 파괴한 전쟁은 결과적으로 쌍방 어느 쪽도 영토에 큰 변경 없이 휴전으로 이어지게 되었는데, 북한은 여전히 7월 27일을 '전승기념일'로 정해 기리고 있다. 북한이 자국을 승전국이라 주장하는 데는 이유가 있는데, 북한 국내에 알려진 6.25 전쟁에서 입은 인적 및 물적 피해는 프로파간다의 영향을 받아 사실과 동떨어진 수치로, 유엔군 사상자 1,567,128명 중 '자본주의 미제 침략군'이 405,498명을 차지한다. 이는 미 국방부가 발표한 실제 사상자 수에 비해 3배에 가까운 수치이다.[3]

북한은 전쟁에서 철저히 두들겨 맞았지만, 휴전 후 재건된 조선인민군은 이제까지 이상으로 조직화가 진행, 충실한 장비를 보유한 군대가 되었다. 당초 수십만 명 규모의 중국군의 지원을 받은 조선인민군이었지만, 1950년대 말엽에는 35만 명의 병력으로 자립할 수 있을 정도로 성장했다. 동시에 소련으로부터 선진적인 무기도 많이 받았다. 한편, 한국 육군은 장비 부족과 경제난에 시달리고 있었지만, 북한을 훨씬 상회하는 65만 명 규모의 상비군을 유지하고 있었다.[4] 1960년 무렵까지 장비 격차는 북한이 약간 우위에 있었지만, 병력 수는 의외로 한국 육군이 앞서고 있었다. 그런 상황이 일변한 것은 1960년대 후반부터 1970년대의 일이다. 이 시기 조선인민군은 새로운 군사 독트린 아래 규모와 장비를 대폭 확대했다. 새로 확립된 주체사상에 따라 군비에 할당

된 예산은 극단적으로 증가해 육군에 필요한 장비품의 대부분을 국내에서 생산하며 국내 공업력의 증진을 꾀했다. 김일성은 1966년 10월 5일의 제2회 조선로동당회의에서 주체사상을 구체적으로 확립하고, 방위 산업의 발전을 중시하도록 했다.[5] 군비 예산은 전년의 31.2%에서 증액되어 총예산의 절반 가까이 차지하게 됐다.[6] 정식으로 제정된 것은 수십 년 후의 이야기이지만, 이 시기의 방위 산업의 현대화 정책은 사실상 오늘날 선군정치의 예시라 할 수 있다. 1966년의 당회의 직후, 1968년의 청와대 습격 미수 사건, 푸에블로호 사건, 1969년의 EC-121 격추 사건으로 대표되는 남북간의 충돌이 급증한 것은 단순한 우연이 아니었다. 그 밖에도 1966년 이후, 군사 분계선에서의 산발적인 교전에 의해 수백 명의 사망자가 나왔다. 이 시기 양국 간의 전투는 치열했으며 휴전 협정이 체결된 후 현재에 이르기까지 소규모 분쟁이 반복됐다. 군사 분계선 부근의 전투와는 별개로 당시 북한 특작부대에 의한 한국에 대한 대남 공작 작전도 주체사상의 한 부분을 차지한다. 51명의 승무원 및 승객이 인질이 된 대한항공 YS-11기 납북 사건도 마찬가지다. 이런 도발, 적대 행위는 주로 북한 측이 한국의 정권 전복을 노리고 일으켰다. 이에 대해 한국 측도 무력으로 보복했다. 북한은 이렇게 다대한 희생을 치르며 공작 활동을 벌였지만, 정권 전복이 실질적으로 불가능하다는 것을 깨닫고 1969년 말부터 한반도는 다시 소강상태에 들어갔다.[7] 하지만 여전히 남북간의 군사적 긴장 상태는 계속됐고, 이런 지나친 긴장 상태는 1974년 미군 헬기를 대통령 관저를 습격하는 북한군으로 오인해 한국군이 격추하는 해프닝으로 나타났다.[8]

1970년대 초에서 중반이 되자 완전 자급자족을 목표로 하는 북한은 군비의 국산화를 더욱 진행했다. 하지만 이미 부품 공급의 상당수를 해외 수입에 의존하던 중이었고, 군비를 중시하는 정책은 북한 경제에 확실한 상처를 남겼다. 선군정치의 유효성이 의문스러워진 것도 이 무렵이었다. 그래도 조선인민군은 다시 총력전이 가능한 규모로 확대했으며 6.25 전쟁 중에 얻은 경험을 기반으로 수립한 전략을 바탕으로 침략군으로 성장했다. 한국의 현행 정부를 전복시킨다는 계획에 실패한 김일성은 1975년에 북베트남이 남베트남의 점령에 성공한 사실에 감화되어 한국과 다시 총력전을 벌이고자 중국에 지원을 요청했다고 한다.[9] 중소 대립, 문화대혁명, 베트남 전쟁에 걸쳐 의견 충돌을 벌이며 북중 관계가 악화되었고, 더하여 당시 모택동의 건강이 악화 일로였다는 점을 감안하면 중국 정부가 지원을 거부한 것은 그다지 놀랍지 않다. 그래도 총력전을 포기하지 않는 강경 노선은 1970년대 내내 북한 정책의 주축이었다. 그 결과 1974년 11월에는 군사 분계선을 관통하는 4개의 남침 땅굴이 발견되었으며, 이러한 땅굴은 1975년, 1978년, 그리고 1990년에도 발견되었다. 휴전선 이남으로의 침공 작전을 시사하는 이들 땅굴은 전장 1km를 넘는 것도 있었고, 그중에는 지하 100미터 이상의 깊이까지 파 내려간 것도 존재한다. 한국군에 의해 단단히 요새화된 국경 지대와 넓은 지뢰 지대를 관통해 우회하는 이 땅굴은 총력전 초기에 상당히 유용한 효과를 보였을 것이다. 1970년대 남북 간의 높은 긴장 상태를 상징하는 또 하나의 사건으로는 판문점 도끼 만행 사건을 들 수 있다. 군사 분계선의 비무장 지대에 자란 미루나무를 벌목하다 일어난 사건으로

미 육군 장교 2명이 사망하는 치명적 결과를 가져왔다. 그 후, 군사 분계선에서는 긴박한 대치 상태가 이어지다 미군 측이 미루나무를 베는 시위 행위를 끝으로 사건은 일단 해결된 것으로 보였다. 이 사건은 국경에서 한계까지 높아진 현지 부대 간의 돌발적인 행동으로 일어났을 가능성이 높지만, 미국이 사전에 계획한 도발 행위라 주장하는 김일성의 태도를 보면 당시 정세의 불안정함이 보인다.[10] 흥미롭게도 미국의 첩보 기관은 1970년대 중반까지 북한의 군비 증강과 현대화를 상당히 과소평가하고 있던 것으로 보인다. 장비의 비축 상황, 각 중기갑 차량의 보유 수, 배치 중인 병력 수 같은 추정치는 실제의 절반 가까이 낮게 보았고, 만약 이 시기에 북한이 총공격을 시도했다면 남측이 불의의 일격을 당했을 것이다.[11] 또한 1970년대는 중국과 소련 사이에 분쟁이 있는 가운데 김일성은 애매한 태도를 보여 북한과 소련의 관계가 점점 악화되던 시기였다.[12] 관계 악화의 또 다른 원인은 북한이 소련과의 무역 협정을 준수하지 않았기 때문이다. 채무 지불을 미루는 북한에 불만이 쌓이면서 소련은 경제 원조의 제공에 소극적인 태도를 취할 수밖에 없었다.[13] 매해 높아지는 국방비의 부담과 예측을 밑도는 경제 성장에 더해 다른 동맹국과도 무역 마찰이 발생하면서 교역과 원조가 줄어들게 되었는데, 그 결과 소련으로 대표되는 외국산 신무기의 도입이 어려워졌지만, 이미 이 시점에서 북한은 자국군의 여러 장비를 국내 생산으로 충당할 수 있었기에 큰 문제가 되지는 않았다. 동맹국과의 관계를 악화시키는 양날의 검이라 할 이 정책은 반세기 전에 일어난 일이었음에도 오늘날 북한의 경제, 군사 상황에 여전히 큰 영향을 주고 있다. 그리고 북한과 소련 사이가 나빠진 원인 중 하나로 잊어서는 안 될 역사적 사건이 있다. 북한은 1958년부터 연구 목적의 원자로 건설에 필요한 기술 지원을 소련에 요청했다. 소련은 당초 요청을 받아들이는 것처럼 보였으나 1970년대 관계가 악화되면서 거절했고, 이는 양국 간 불신의 골을 더욱 깊게 했다.[14] 1975년부터 1985년 사이, 소련으로부터의 물자 지원은 거의 정체 상태였지만, 북한은 조선인민군 육군의 규모를 순조롭게 키워 왔다. 여기에 1970년대부터 점점 회복되던 북중 관계도 도움이 되어 냉전이 끝날 무렵에는 우리들이 잘 아는 현재의 거대한 조직으로 변모했다. 이 시점에서 육군의 상비군 수는 휴전 조약 당시에 비해 50만 명이나 증가한 85만 명이 되었고 예비군 병력은 약 500만 명을 헤아린다.[15]

소련 공군의 요격기가 대한항공 007편을 격추한 1983년의 사건은 조금씩 싹트던 소련과 한국의 우호 관계에 일시적으로 제동을 걸었다. 이에 더하여 1984년과 1986년에 김일성이 소련을 방문하면서 북소 관계는 점차 화해 무드에 들어갔다. 이를 계기로 소련은 적어도 1기의 연구용 원자로 건설을 지원하는 데 동의했고, 1980년대 중반부터 후반에 걸쳐 소련제 최신 무기 시스템이 북한에 도입되었다.[16] 1987년에 북한 경제가 본격적으로 쇠퇴하기 시작한 데 더해 소련이 다시 한국과의 관계 개선을 시도하면서 북소 밀월기는 짧게 끝났지만, 어떻게든 손에 넣고자 한 최신 무기를 소련으로부터 입수해 냈다는 점에서 북한에게 있어 상당히 유의미한 기간이기도 했다. 그 후, 소련 붕괴로 일어난 경제난으로 인해 소련제 무기를 효율적으로 운용할 수 없게 되었지만, 이미 많은 무기가 역설계를 통해 북한의 군수 산업에 도입되었다.

병사를 가득 태운 ZiL-130 트럭. 지평선 끝까지 늘어선 차량을 보면 조선인민군의 막대한 병력을 짐작할 수 있다. (KCBC)

북한의 핵 개발이 새로운 전쟁의 개막을 시사하는 가운데, 조선인 민군 육군은 완만한 속도로 규모를 키우며 장비의 현대화를 진행 하고 있다. 단숨에 현대화가 진전된 1970년대, 1980년대에 비해 부족해 보이지만, 군용 차량의 국내 생산도 계속되었다. '고난의 행군'이라 이름 붙은 수십만 명의 사망자가 발생한 대기근을 제 외하더라도 1990년대는 북한에 있어 고난의 연속이었다. 하지만 그 와중에도 김정일은 한국에 대한 표면적인 우위를 유지하기 위 해 실질적으로는 1960년대부터 지속되어 온 군대를 최우선으로 하는 정책을 '선군정치'라는 이름으로 정식으로 제정했다. 쇠퇴기 라 말할 수 있는 1990년대부터 2000년대 초에 걸쳐 북한은 재래 식 무기의 생산과 군대의 공급 유지를 희생해 탄도 미사일을 포함 한 새로운 첨단 무기의 개발에 주력했는데, 육군의 현대화와 비용 이 많이 드는 대규모 훈련이 다시 본격적으로 실시된 것은 2000 년대 후반에 경제가 약간 회복되고 2011년에 김정일이 사망하며 김정은이 지도자의 자리에 앉은 새로운 정권이 탄생한 후였다. 과 거 수십 년 사이 개발된 신무기의 양산이 궤도에 오르기 시작하 고, 김정은의 핵 개발과 경제력 두 가지를 중요시하는 '핵·경제 건 설 병진노선'에 의해 연구비의 대부분이 탄도 미사일과 핵무기의 개발에 투입되었다. 선대 지도자들이 이끌던 시대에 뒤처진 거대 한 군대를 혹독한 경제 제재와 핵 전쟁의 위기 속에서 어떻게 유 지하고 성장시킬 것인가, 북한의 새로운 리더는 시험받고 있다.

조직 형태

최고지도자인 김정은이 북한이 안고 있는 문제에 대해 현실도 피를 하지 않고 솔직히 인지하고 있는 점은 놀라운 일이다. 조선 인민군은 현실과 동떨어진 프로파간다에 능숙하지만, 김정은이 '수적으로도 기술적으로도 우월한 적의 우위를 극복할 신무기의 개발을 원한다'고 자주 발언하는 것에서 실제로 조선인민군의 결 점을 이해하고 보완하기 위한 노력을 계속하고 있다는 것을 알 수 있다.[17] 조선인민군 최고사령관, 국무위원장, 조선로동당위원장, 그리고 중앙군사위원회 위원장으로서 김정은은 북한의 정치와

군사 조직을 완전히 장악, 관리하고 있다. 김정은은 군의 여러 조 직을 생각대로 다룰 힘을 가지고 있기에 조선인민군이 21세기에 도 유효한 군대로 유지될지는 김정은의 손에 달려 있다. 이 중대 한 역할을 해내기 위해 아버지인 김정일보다 빈번하게 부대 시찰 을 시행한 김정은은 좋든 나쁘든 군을 세세히 관리하는 데 열심이 었다. 군대의 기본 지침인 독트린의 변경과 조선인민군 전체 운용 능력의 관할부터 항공기의 도장이 적절히 정비되었나, 하천 도하 를 보조하는 교량 전차의 새로운 개발이 필요한가 등 사소한 부분 까지 전부 김정은의 책임 아래 있다. 더하여 김정은은 일국의 우 두머리로서 북한의 여러 정책을 좌우하는 국가 조직을 감찰할 필 요도 있다. 그 조직 중에서 가장 중요한 것은 북한의 주요한 정치 기관이자 나라의 중요 정책을 결정하는 국무위원회다. 국무위원 회는 2016년, 국방 이외의 문제에도 손을 대기 위해 국방위원회 를 대신하여 설립된 조직이다. 위원장은 최고인민회의(북한의 입 법부. 국회에 해당하지만 실권은 없다)에서 선출된다.[18] 이것은 물 론 형식적인 투표로 역대 국무위원장은 항상 김씨 일가가 차지했 다. 국무위원회는 조선인민군을 총괄하는 총무부와 군사 외교, 건 설, 병참, 그리고 무기와 탄약, 장비 조달을 담당하는 국방부(구: 인민무력부)로 구성되어 있다.[19] 국방부에서 작성한 군수품의 조 달, 생산 계획은 조선로동당의 하부 조직인 중앙군사위원회에 전 해 승인받을 필요가 있다. 사이에 있는 지령 계통이 조직 간의 연 결 역할을 하여 무수히 많은 관리부가 복잡하게 연결되어 있지만, 그 자세한 해설은 본지의 주제에서 벗어나니 생략하고자 한다.[20]

국가 조직과 조선인민군을 '건전'하게 유지하기 위해 북한에 는 복수의 내부 첩보 기관이 존재하고 있다. 이들 첩보 기관의 주 요 임무는 조선인민군 요원의 사상 검증 및 쿠데타나 해외 망명을 방지하고 조직 내의 부패를 척결하는 것이다. 여럿 존재하는 첩보 기관 중에서도 가장 지명도가 높은 곳은 조선인민군 총정치국이 라 하겠다. 이것은 조선인민군 내의 정치 사상 유지를 주목적으로 각 방면에 정치장교를 파견해 감사를 실시하는 조직이다. 보위국 (또는 보위사령부라고도 불린다)도 여러 첩보 기관 가운데 하나 다. 체계상으로는 조선인민군 총정치국 산하에 있는 보위사령부

이지만, 실상은 김정은에게 직접 보고하는 국가보위성 아래에 있으며 인민군 사관들의 경력을 결정하는 개인기록서류를 작성, 관리하고 있다. 또한 조선인민군 내의 부패와 쿠데타의 사전 탐지 등도 중요한 직무 중 하나다.[21] 북한의 첩보 기관 중에서도 가장 중요한 곳은 조선로동당에 종속되는 조직지도부다. 이 조직은 일반적으로 엘리트인 정부 고관이나 장군, 앞서 설명한 조선인민군 총정치국 같은 다른 첩보 기관의 감시도 겸한다. 조선로동당 조직지도부는 김일성이 아직 살아 있을 무렵 자신의 권력 확대를 노린 김정일이 세력을 키웠고, 현재는 북한의 첩보 기관 중에서도 최고위 감독 기관으로 자리하고 있다.[22] 겹겹이 존재하는 첩보 기관의 존재는 서로가 서로를 감시하는 경찰국가 북한의 실상을 잘 보여준다. 복수의 첩보 기관이 같은 인물을 감시하고 있을 가능성이 있는 감독 조직의 난립은 효율이 나쁘며 역효과를 불러온다 생각할지도 모른다. 하지만 동시에 특정 조직에 권력이 집중되는 것을 방지하기도 한다.

국가보위성 외에도 경찰, 그리고 공습경보 같은 민간 방위 시스템을 총괄하는 인민보위성도 북한의 치안 기관 중 하나다. 국가보위성은 인민보위성과 연대해 일반 시민의 규율을 관리하며 국가에 거역하는 위험 분자를 배제하는 책임을 지고 있다. 정치적 범죄를 저지른 시민이나 반정부 사상을 가진 인물은 국가보위성의 관할이다. 북한의 일반 시민은 국가보위성/인민보위성의 밀접한 연대를 통한 철저한 관리와 지배 아래 있다.[23] 정부 고관이나 외교관, 대사관 직원의 망명 저지도 양 조직에 부여된 임무다. 국경경비사령부(국경경비국 포함)도 연안보위국의 협력을 받아 북한 내부로의 불법 입국은 물론 불법으로 출국하려는 탈북자의 발생을 철저히 저지하는 것이 주된 임무다. 김정은이 정권을 잡은 이래 이들 감시 조직에 들어가는 비용과 설비 투자가 매년 증대된 결과, 망명 성공자의 수는 근래 들어 급격히 감소하고 있다.[24] 또한 국민을 감시하는 양 조직은 중요 시설의 경비를 포함해 군사적, 보조적인 직무도 맡고 있다. 국가보위성은 해외 정보를 수집하는 능력도 갖추고 있는데, 이것은 통상 악명 높은 조선인민군 총참모부 정찰국과 공동으로 실시된다. 또한 호위사령부(최중요 인물 경호를 전문으로 하는 국무위원회 예하 기관)와 협력해 김정은과 가족의 안전 확보도 맡고 있다.[25] 일개 병사에서 최고 간부까지 전원을 평등하게 감시하는 눈길은 조선인민군 내부, 그리고 북한 전체에 걸쳐 어떻게 첩보 활동이 중심적인 역할을 하는가를 보여주고 있다.

조선인민군의 규모를 생각하면 군을 구성하는 인원 전부를 감시하는 것이 얼마나 어려울지 쉽게 상상이 간다. 북한의 인구 2,500만 가운데 3분의 1이 어떤 형태로든 조선인민군에 종사하고 있다. 국내총생산이 세계적으로도 낮은 북한의 실정을 고려하면 이것은 믿기 힘든 비율이다. 그 규모와 비밀주의를 생각하면 그다지 놀라운 일은 아니지만, 조선인민군 현역 병력의 정확한 인원수는 확실히 알 수 없으며, 참고할 만한 정보에 따르더라도 70만에서 120만 명까지 큰 편차가 있다. 특수작전군, 공군, 해군 등을 전부 포함한 수치를 과거의 자료에 비해 산출하면 전체 숫자는 후자인 120만 명일 가능성이 높다.[26] 이 120만 가운데 대부분은 육군의 지상 부대가 차지하고 있다. 그중 일부는 농업이나 공장 노동,

건설 등 군사 이외의 업무에 동원된다. 이런 식으로 북한은 값싼 노동력을 확보할 수 있지만, 병력을 노동력으로 차출할수록 조선인민군의 전투 능력은 저하된다. 하지만 전시 상황에서라면 120만 명의 상비군은 물론 예비역에도 속하지 않는 사람들을 추가 징병하는 것이 가능하다.[27] 현재 북한이 주장하는 2017년에 급격히 진전된 핵 개발에 의해 새로운 전면 전쟁이 현실성을 띠기 시작하면서 당원, 학생, 나이가 많은 노동자, 퇴역병 등 347만 5천 명이 군에 지원하고 있다고 한다.[28] 347만 5천 명이라는 숫자의 현실성은 제쳐 두더라도 전시에 북한이 임시로 군의 동원 병력을 늘릴 가능성은 충분히 있다. 하지만 상비군의 정원을 유지하는 데 있어 악전고투를 치르고 있는 것 또한 사실이다. 1990년대 후반의 대기근, 이른바 '고난의 행군'을 거치면서 거의 한 세대가 상실되었다 일컬어질 정도의 사망자가 발생했다. 그 맹위는 북한의 평균 신장에까지 영향을 줄 정도였다. 이후 북한의 식량 사정은 개선되고는 있지만, 고난의 행군이 남긴 상흔은 앞으로 수십 년에 걸쳐 영향을 주리라 예상되며 다시 기근이 발생할 가능성도 부정할 수 없다. 조선인민군의 입대 요강에서 신장, 체중 규정은 해가 갈수록 낮아지고 있으며, 조금이라도 신병의 수를 늘리기 위해 지금은 사실상 유명무실한 규정이 되고 말았다.[29] 또한 복무 기간도 지속적으로 연장되어, 1950년대에는 3년에서 4년이었지만, 1993년에는 10년까지 늘어났다. 현재는 17세에서 30세까지 대부분의 남성이 입대하며 여기에는 과거라면 징병이 면제되었을 사람도 포함되었다.[30] 복무 기간은 학력에 따라 큰 차이가 있는데, 대학생은 3년에서 5년 정도, 고등교육을 받지 않았을수록 오랜 기간을 복무해야 한다.[31] 한편 정부 고관의 관계자 같은 일부 사람들은 병역을 피할 수 있다. 또한 남성에 비해 단기간의 경우가 대부분인 여성 징병도 늘고 있어 병력 자원의 감소를 부분적으로 보충하고 있다.[32] 징병 연령은 17세부터지만, 기초 군사 훈련은 14세부터로 붉은청년근위대에서 이뤄진다. 국민의 병역 의무가 끝나는 것은 병종에 따라 다르지만 일반적으로 50대에서 60대 무렵이 된다. 하지만 징병되어 병역이 끝난 후에도 예비역으로 군무에서 완전히 벗어났다고 말할 수는 없다.

징집된 병사나 예비군들은 지속적으로 개혁을 경험하고 변화해 가는 조선인민군의 일원이다. 조선인민군을 통제하는 것은 총참모부와 국방부의 두 조직이다. 총참모부의 지령하에 있는 부대는 10개의 보병군단(제1, 제2, 제3, 제4, 제5, 제7, 제8, 제9, 제10, 그리고 제12), 2개 기계화군단, 제91수도방어군단(구 평양방어사령부), 1개 땅크사단, 1개 포병사단, 4개 기계화보병사단, 경보병교도지도국 예하 7개 경보병사단, 특수작전군, 공군, 해군, 그리고 전략군이다.[33, 34] 이 가운데 특수작전군과 공군, 해군, 전략군에 대해서는 각 장에서 자세히 설명하고자 한다.

국방부의 지령하에 있는 부대는 공병군단과 도로건설군단(구 제7, 제8총국)이다. 이 두 군단은 원래 인민보위성의 지휘하에 있었지만 재편성되면서 국방부로 관할권이 옮겨졌다.[35] 타국과 대조적으로 북한의 국방부는 과거 수십 년간에 걸쳐 서서히 실권을 잃은 결과 조선인민군 전투 부대의 지휘권이 없다. 여단 규모 이상의 편성을 한데 모으면 조선인민군에는 17개의 군단이 있고 합계 170개 이상의 사단 및 여단이 존재한다. 89개 사단(여단만으

ZPU-4 14.5mm 대공 기관총을 조작하는 북한 여군 병사. (KCBC)

RPG-2 대전차 로켓 발사기에 PG-2 유탄을 장전하는 예비군. 사진처럼 중년 병사는 한국 침공의 초기 단계에 동원되지는 않고, 한국의 공격에 대비한 예비군이나 준군사 조직에 주로 배치된다. (KCBC)

로 구성된 부대도 있다)의 내역은 보병사단 74개(예비역 및 훈련 부대 포함), 땅크사단 1개, 전차여단 10개, 기계화여단 20개, 포병여단 30개, 특수전투여단 25개, 전략미사일여단 13개, 그리고 별도 치안 조직에 속한 부대를 포함한 잡다한 여단 10개이다.[36] 물론 지속적인 조직 개편의 결과 더 이상 존재하지 않는 편성, 또는 명칭 변경으로 편성이 오인 보도된 경우도 있을 것이다. 개편되는 주기를 생각하면 본서에 소개하는 편성도 장기적으로 보면 변경될 가능성이 높다. 주목할 점은 북한이 조선인민군의 군단과 사단의 구성을 끊임없이 바꾸고 있다는 것이다. 군단의 숫자가 가장 많았던 때는 1980년대부터 1990년대까지의 시기로, 이것은 이전에 별도의 지휘 체계 아래에 있던 사단이나 여단이 4개 기계화군단, 2개 포병군단, 그리고 1개 전차군단으로 통합된 데 기인한다.[37] 하지만 2000년대에 들어서 이런 경향은 역전되어 군단 내에 편입된 일부 편성은 군사 분계선 부근의 최전선 부대 같은 곳으로 분산 배치되었다.[38] 이에 따라 4개가 있던 기계화군단 중 2개는 기계화보병사단으로, 전차군단은 땅크사단으로, 포병군단은 포병사단으로 재편성되었는데, 사단으로 편성은 바뀌었어도 실질적으로는 군단 규모의 전력을 유지했다. 그중에서도 군사 분계선 부근에 전개된 사단은 다른 곳보다 훨씬 규모가 크다.

조선인민군 육군의 주축이 되는 부대는 보병군단으로 제1, 제2, 제4, 제5보병군단이 군사 분계선의 최전선에 배치되어 있다. 이들 군단의 규모는 다른 곳보다 크고, 보다 현대적인 무기나 기갑 차량을 장비했을 뿐 아니라, 남침 시에 조우하게 될 장애물에 대한 신속 대응을 위해 다수의 전투 공병차, 산악보병부대, 경보병 부대의 운용도 가능하다. 실제 개전 시에는 여기에 약 60만 명의 예비 병력이 보강되어 합계 50만 명을 월등히 초과하는 병력으로 한국을 침공할 수 있다. 전선 부대의 배후에는 제105땅크사단, 기계화군단, 기계화보병여단이 있어, 주력 공세 부대를 통한 방위선 돌파 가능성을 한층 더 높게 현실화시키고 있다. 이들 군단이나 사단은 조선인민군 육군에서 가장 기동력이 우수한 부대이지만, 그 대부분을 점하는 장비는 보병 전투차나 병력 수송 장갑차가 아니라 자주포나 범용 트럭 등의 차량이다. 이 전선 지원 부대에는 2개의 포병여단을 통합해 편성한 포병군단도 포함되어 있다. 최전선, 전선 부대를 지원하는 제2선은 제3선 부대의 일부도 포함하며, 조선인민군 총 전력의 70%가 평양-원산선 이남에 배치되어 있다.[39] 최전선과 제2선의 보강에 자주 활용되는 제3선으로는 제3, 제7보병군단과 제91수도방어군단이 있다. 제91수도방어군단의 실태는 일반적인 보병군단과 유사한데, 제3보병군단에 둘러싸이듯이 배치되어 평양 방위라는 중요한 임무를 맡고 있다. 중국과의 국경 부근 최북부에 위치하는 제4선은 제8, 제9, 제10, 그리고 제12보병군단으로 구성되었는데, 이들 군단은 비교적 규모가 작고 장비도 빈약한 것으로 추정되고 있다. 후방의 4선 소속 군단은 필요에 따라 전선으로 돌리는 보급 전력이기도 하다.[40] 전방에 전력을 집중하는 조선인민군의 특징이라 할 수 있는 이러한 진형은 적이 반응할 시간을 주지 않는 전격적인 침공 작전에 적합하다. 전면 전쟁을 수행하기 위한 준비는 계속해서 필요하지만, 북한은 보다 규모가 작은 국지전을 수행하기 위한 병력, 장비, 그리고 물자를 이미 보유하고 있어 한국이 원군을 얻기 전에 기습 공격을 하는 것이 가능하다. 다만 장기전이 되면 이야기가 달라지는데, 현 상황을 보자면 실질적으로 장기전을 치르기는 불가능할 것으로 보인다.

침공 작전의 핵심이 되는 것은 종래 입수 가능한 첨단 무기를 우선적으로 배치받은 조선인민군의 엘리트 전차사단, 근위 서울 류경수 제105땅크사단이다. 한반도의 남쪽을 빈틈없이 채울 정도로 배치된 한국과 미국의 기갑 전력을 상대할 수 있는 유일한 사단으로, 남침을 하는 데 있어 없어서는 안 되는 중요한 존재다. 사단명인 '서울'은 6.25전쟁에서 서울에 입성한 최초의 부대라는 뜻에서, '류경수(柳京洙)'는 당시 지휘관의 이름에서 유래한 것이다.[41] 이와 같은 칭호의 부여는 조선인민군 특유의 관습으로, 때에 따라서는 하나의 부대에 여러 칭호를 붙이기도 한다. 칭호 외에 비밀 유지를 위해 관련성이 없는 위장 칭호를 부여하는 경우도 있는데, 예를 들어 제630연합대는 특작부대이며 제2625부대도 특작대대 중 하나다. 또한 제105땅크사단에도 제105훈련센터라는 일견 관계가 없어 보이는 명칭이 부여되어 있다. 여기에 더욱 복잡하게도 815훈련소 같은 기념일이나 창설일을 명칭으로 채용한 것도 있기에 조선인민군의 전체상을 파악하기 어렵게 하고 있다.

일반적인 국가에서는 전쟁 준비 단계에서예상 전투 지역에 대한 대규모 병력 이동을 하는 것이 보통이지만조선인민군 육군에서는 현역 지상 부대의 약 70%가DMZ 부근에 전진 배치되어 있다. 이들 부대는 사진과 같은 22연장 240mm MLRS 등을 대량으로 장비하고 있다. (KCBC)

근위 서울 류경수 제105땅크사단을 시찰하던 중 동 사단 보유 차량인 PT-76 수륙 양용 경전차에 탑승하는 김정은. 제105사단은 장비가 충실한 부대라고 하지만, 전력면에서는 조선인민군 육군에 근래 장비된 최신 전투 차량보다는 1950년대에 개발된 PT-76과 같은 구형 차량에 의존하는 부분이 크다. (KCBC)

앞서 설명한 예비군은 상비군의 전력 보강을 위해 신속히 동원할 수 있도록 조직되어 있다. 이 60만 명 규모의 예비군은 주로 높은 빈도로 상비군과 같은 수준의 전투 훈련을 받던 퇴역병으로 구성된다.[42] 수십 년 전에 조선인민군에서 도태된 낡은 장비로 무장한 예비군은 취약한 연안이나 전선 후방의 방위, 돌출된 전선에 의해 길어진 보급선의 강화 및 유지에 동원된다. 로농적위군도 예비군의 일종으로, 동원에는 시간이 걸리지만 570만 명의 인원이 존재한다. 다만 극히 일부를 제외하면 로농적위군의 대부분은 6.25 전쟁의 유물이라 할 만한, 시대에 뒤처진 장비로 무장했다. 야포나 기갑 차량도 예외는 아니어서 T-34 전차나 SU-100 자주포와 같은 고물까지 운용하고 있다. 로농적위군은 북한 인구의 대부분을 차지하며 지역, 때로는 특정 직업군으로 묶여 조직화된다. 또한 북한 내 도처에 있는 방공 시설의 대부분은 농촌이나 공장에 부속되어 설치되어 있어 유사시 현지 주민이나 공장 직원들이 조작한다. 붉은청년근위대를 포함하면 동원 가능한 병력은 더욱 늘어날 것이다. 일상적으로 훈련을 받는 14세부터 16세의 청소년 숫자는 최대 100만 명이 넘을 것으로 예상된다. 붉은청년위대 창설의 직접적인 의도는 아니겠지만, 북한의 군사 사회상을 고려하면 장기간 전면 전쟁에 들어갈 경우 이들 또한 소년병으로 전력화할 것이다. 소모전에 있어 다른 준군사 조직도 동원된다면 30만 명에서 40만 명 정도의 병력 증가가 예상된다.[43] 하지만 전시에 예비군 전체에 대한 지속적 보급을 수행하기는 어렵기에 이들 대부분은 어디까지나 북한 영토 내부의 방어를 주목적으로 운용될 것이다. 막대한 병력을 보유한 만큼, 조선인민군에서는 대량의 장비와 전투 차량을 운용하고 있다. 약 4만 대의 중화기와 기갑 차량 중 4,300대가 주력 전차 및 경전차, 2,500대가 병력 수송 장갑차와 보병 전투차, 8,600문의 자주견인식 화포(보병연대에서 운용할 것을 상정한 구경 76mm 이하의 경화포는 제외), 5,500기의 다연장 로켓, 5,000기의 자주견인식 대공포, 9,000문의 고정대공포, 그리고 3,000개를 넘는 도하 장비가 있다.[44] 여기에 예비군의 장비까지 합치면 조선인민군이 보유한 무기는 마치 무한대로 존재하는 느낌이다. 하지만 이들 장비 중에 현대전에 적용 가능한 수준의 물건은 극히 소수다.

북한의 침공에 대항할 전력은 370만 명의 상비군과 예비군을 보유한 한국군 및 주한미군 2만 4,000명이다. 이 중에 62만 5,000명이 육군, 해병대, 공군, 해군에 소속된 현역병으로, 육군 단독으로도 49만 명의 병력을 보유하고 있다. 다만 수적 우위보다 질적 우위를 추구하는 군의 방침에 따라 2022년에는 현역 병력을 52만 2,000명으로, 육군 병력은 38만 7,000명으로 감축할 예정이다.[45]

상비군에는 약 2,300대의 전차, 2,800대의 병력 수송 장갑차와 보병 전투차, 6,000문의 화포 및 다연장 로켓이 배치되어 있지만, 이 숫자는 2018년 이후의 군 개혁에 따라 가감이 있을 수 있다.[46] 남북 양측의 표면적 전력차는 명확하지만, 중요한 것은 한국 측은 그 전력 전부를 방어전에 투입할 수 있다는 점일 것이다. 반면, 북한이 공세에 투입할 수 있는 것은 보유 전력의 일부뿐이고, 여기에 한국 육군은 일반적으로 조선인민군에 비해 훨씬 선진적인 장비를 보유하고 있다. 북한이 조선인민군의 현대화에 많은 힘을 쏟았다고는 하나, 통신 능력과 지휘 계통 면에서 현격한 차이를 보이고 있다. 그리고 한국군은 동원예비군과 지역예비군(구 향토예비군)으로 구성된 최대 310만 명 규모의 예비 병력 지원을 받을 수 있다. 약 2년 동안의 현역 복무를 마친 한국의 일반 남성은 4년간 동원예비군의 일원으로 지내며, 그 후에도 4년간 지역예비군에 소속된다.[47] 지역예비군은 훈련을 거의 받지 않고 지급되는 장비도 한정적이기 때문에 주로 전선 후방의 방위가 그 역할로, 전선에서 싸우는 상비군을 보강하는 일은 기대할 수 없을 것이다. 약 150만 명의 동원예비군은 전투 훈련을 정기적으로 실시하기에 비교적 신속히 전력화가 가능하다. 이외에 전시에 민사 작전을 보조하는 민간 방위 조직인 민방위가 존재하는데, 필요하다면 추가로 수백만 명 규모의 노동력을 제공할 수 있다.[48] 현재 한국에 주둔하는 주한미군 병력은 3만 명을 밑돌고 있지만, 가까운 일본에 4만 명, 괌에 4,000명의 병력이 대기 중이다. 한반도에서 전쟁이 발발할 경우 미합중국은 69만 명의 육, 해, 공군 병력을 투입할 수 있지만, 이 병력들은 주한미군에 비해 동원에 시간이 걸리며 서전의 중요한 국면에 때맞춰 투입하는 것은 불가능하다.[49]

'일당백'이라는 슬로건에서 엿볼 수 있듯이 북한의 상층부는 전쟁이 일어나면 수적으로 불리한 상황을 피할 수 없다고 인식하고 있는 듯하다. 조선인민군 병사는 한국군에 비해 압도적으로 복무 기간이 길어 경험이 풍부하다고 한다. 하지만 실탄을 사용한 사격 훈련의 관점에서 보면 입장은 역전된다. 특히 대전차 미사일(ATGM)처럼 숙련되기까지 시간과 예산이 필요한 정밀 유도 무기의 경우를 보면 훈련이 부족하다. 시뮬레이터를 활용해 훈련 부족을 메우고자 하는 움직임도 있지만, 그 효과는 제한적일 수밖에 없어 실탄 훈련을 대신할 수는 없다. 또한 여러 군단, 사단을 동원하여 실시하는 대규

제2차 세계 대전 중 동유럽 전선의 소련군 군복을 방불케 하는 군복을 입은 로농적위군(구 로농적위대). 휴대한 소총은 모신나강이나 PPSh-41 등 2차 대전기의 총기를 대체하는 88식 보총으로, AK-74를 북한에서 복제한 것이다. (KCBC)

모 합동 훈련도 과거 수년 동안 단속적으만 실시할 수밖에 없었는데, 여기에는 만성적인 연료 부족이라는 원인이 있었다. 또한 김씨 일가를 위한 퍼포먼스나 프로파간다 활동을 위해서만 훈련이 실시되었고, 병사를 훈련시킨다는 본래의 목적에서 벗어난 내용의 훈련도 적지 않았다. 다만 지뢰 제거 교육이나 도하 훈련은 의욕적으로 실시되고 있고, 남침을 할 때 조우하게 될 광대한 지뢰 지대나 험지 주파를 위한 실용적인 훈련 또한 중시되고 있음을 알 수 있다. 이렇게 정기적으로 실시되는 훈련은 조선인민군이라는 거대한 군대를 유지, 정비하는 비용을 포함해 막대한 예산이 필요하다. 비밀주의를 원칙으로 하는 북한이기에 국방비의 상세 내역을 알 수 있는 자료는 적으나 2014년 최고인민회의를 통해 총예산의 15.8%, 다음 해에는 15.9%가 국방비로 쓰였던 것으로 보인다.[50] 다만 근래의 군비 확대나 탄도 미사일 및 대량 살상 무기 개발에 주력하는 동향을 고려하면 이 수치는 실제의 예산 비율을 과소평가한 것이 분명해 보이며, 보다 현실적인 수치는 국가 총예산의 30% 전후로 짐작된다. 여기에 김씨 일가가 경영하는 기업으로부터 유입되는 외화가 추가로 투입되고 있다.

전략 독트린

조선인민군의 주목적은 크게 두 가지로 볼 수 있는데, 한반도의 재통일과 북한 및 그 지도부의 존속이 그것이다. 북한은 이 두 가지 목적을 달성하기 위해 수많은 국제 분쟁을 주의 깊게 연구, 분석하고 더해서 과거 일본군과 대치한 경험을 활용해 정리한 독자적인 전략을 완성했다. 과거의 경험에서 또는 타국에서 학습해 자국에 적용하는 능력은 적대 세력을 상대로 승리를 거두고 북한의 주권을 유지하는 데 필수불가결한 능력이다. 최종적으로 목적을 달성할 수 있는가 없는가와는 별개로 이 전략은 전시의 북한이

18연장 122mm 견인식 MRL은 로농적위군에 다수 배치되어 있다. 이것은 원래 로농적위대 전용으로 생산된 것으로 보이는데, 이외의 다연장 로켓으로는 조선인민군 육군에서 트럭에 탑재하여 운용하던 구형 무기를 간이식 장륜 포가에 거치하여 트랙터나 트럭으로 견인하도록 만드는 등, 큰 비용을 들이지 않고 예비 부대의 화력 증강을 꾀하고 있다.

어떤 행동을 취할 것인지 예측하기 어렵게 한다. 따라서 한반도에서 일어날 수도 있는 새로운 전쟁은 과거에 벌어졌던 어떤 전쟁과도 크게 다른 양상을 보일 것이다. 오랫동안 반복된 도발 행위를 고려하면 한반도에서 개전의 방아쇠를 당기는 것은 북한 측이라 생각하는 게 맞다. 하지만 북한은 한반도 정세를 불안하게 만드는 것이 한국에 자리 잡은 주한미군과 미국의 북한에 대한 적대적 정책에 있다고 주장하고 있으며 주한미군이 한반도에서 사라질 때까지 평화는 달성할 수 없다는 입장을 고수하고 있다. 이 주장에 따르면 북한은 방위 중시의 군대여야 하지만, 조선인민군은 공세 장비를 배치한 특이한 편제를 가지고 있다. 무엇보다 조선인민군의 존재 의의를 명료하게 보이는 것으로 한반도의 재통일이라는 목표를 들 수 있다. 이것은 현실적으로 달성하기 어려운 목표지

도하 훈련 중에 얼어붙은 강을 건너는 선군-915 주력 전차. 북한군의 정예 부대인 제105땅크사단 차량으로 보인다. (KCBC)

만, 조선인민군이 한반도 통일이라는 최종 목표를 가지고 조직되어 훈련, 유지되고 있다는 점은 확실하다.

6.25 전쟁에서 조선인민군은 유엔군의 공격에 괴멸 직전의 상황에 몰렸다가 중국의 참전으로 살아남을 수 있었다. 휴전 후, 북한은 1950년대와 1960년대의 태반을 국가와 군대 재건에 주력했다. 재통일을 목표로 본격적인 움직임이 시작된 것은 1960년대 후반부터였다. 1962년, 북한은 재통일을 위한 4대 군사노선을 제정했다.

4대 군사노선은, 다음과 같다.[51]

> 1. 전 인민의 무장화
> 2. 전 국토의 요새화
> 3. 전 군의 간부화
> 4. 전 군의 현대화

이것은 1966년 조선로동당회의에서 김일성이 재통일을 위해 세운 계획으로, 김일성과 김정일이 방향성을 결정한 선군 사상의 사실상 첫걸음이 되었다.[52] 당연히 이런 계획은 6.25 전쟁이나 항일 투쟁 활동에서 김일성 개인의 경험이 많이 반영된 것이다. 6.25 전쟁에서 개전 초기의 성공이나 낙동강 전선에서의 굴욕적인 패퇴, 인천 상륙 작전으로 대표되는 실패, 그리고 일본군에 대해 효력을 발휘한 게릴라전의 경험을 충분히 가미한 전략이 고안되었다. 김일성이 만들어낸 재통일을 위한 구체적인 전략은 현대의 조선인민군도 중요시하는 다음 세 가지 요소로 나뉜다.

> 1. 미군의 원조를 막기 위해 한국의 전 국토를 단기간에 점령한다. 공항 같은 중요 기반 시설을 파괴하며 주한미군에게 큰 피해를 입혀 미국의 전력 투입 의지를 분쇄한다.
> 2. 전선에서 먼 한국 후방 깊숙이 특작부대를 투입해 게릴라전과 통상전의 양면 전선을 전개한다.
> 3. 북한 본토, 특히 취약한 해안 지대를 적의 상륙 부대로부터 방어한다.

이 세 가지 요소 전부가 승리에 필요 불가결하며 하나라도 실패하면 침공 작전 전체가 실패로 끝날 가능성이 있다. 보다 성능이 우수한 무기나 새로운 전략의 등장에 맞춰 이 3대 요소도 조금씩 수정되어 왔지만, 그 본질은 바뀌지 않았다.

조선인민군을 세계 수준과 동등한 레벨로 육성하기 위해 많은 노력을 기울인 북한이지만, 실제로 개전을 결정하는 것은 정치이다. 하지만 현재 정황은 북한에게 상당히 불리한 상황이다. 6.25 전쟁 중에 중국과 소련에게 직접 지원을 받았고, 냉전 중에도 양국에서 상당한 원조를 얻어 왔던 북한이지만, 지금은 상황이 바뀌었다. 중국과 소련에게 있어 현재의 북한은 서방 국가들과 문제만 일으키고 위험도가 높은 단순한 완충 지대에 지나지 않기 때문이다. 북한과 중국과의 사이에 맺어진 북중우호협력 상호원조조약(20년마다 자동으로 갱신)은 2021년에 효력이 끝났다. 이 협정은 방위전일 경우에만 유효하며 북한이 한국을 공격할 경우에는 적용되지 않지만, 실제로 중국이 어디까지 상호 협정을 준수할지는 불명확하다. 소련의 붕괴 그리고 점점 줄어드는 한반도에 대한 러시아의 영향력, 거기에 중국이 북한에 대해 무력을 행사하려는 징후까지 보이는 상황에서 북한은 제3국의 군사 원조를 기대하고 있지는 않을 것이다. 오랫동안 동맹국이던 중국이 미국과 개전, 또는 대리전을 아시아에서 시작한다면, 그 틈에 북한이 한국을 침공할 가능성은 높다고 하겠다. 이것은 북한이 재통일을 달성할 가능성이 보이는 비교적 현실적이면서 유일한 시나리오지만 그 전제 조건이 제3차 세계 대전의 도래라는 점은 얄궂은 일이다.

반면에 한국 측의 상황은 이상적이라 말할 수 있다. 확실히 주한미군의 규모는 매년 감소하고 있지만, 미국은 한국을 방위할 것이라는 의사를 명백히 표명해 왔다. 앞서 일어난 6.25 전쟁에서 북한이 패한 결정적인 요인이 인천 상륙 작전인 것을 생각하면 미국의 한국에 대한 추가 전력의 투입을 저지하는 것은 조선인민군에 있어 최중요 과제이다. 탄도 미사일 공격으로 항만 시설과 공군 기지를 파괴하여 일시적으로 증원을 지연시킬 수 있겠지만, 미국은 항만을 사용하지 않고도 충분한 전력을 상륙시키는 것이 가능하기에 미국을 한반도에서 배제하는 것은 실질적으로는 불가능하다 볼 수 있다. 미국이 베트남에서 철수한 후, 북한은 미국의 여론을 조작하는 것을 전략에 포함한 것으로 보인다.[53] 당시 미국이 동맹국인 남베트남을 실질적으로 포기한 원인이 된 것은 다수의 사상자 발생으로 인해 높아진 자국 내 반전 여론에 있었다. 북한은 한반도에서도 충분한 사상자를 만들면 마찬가지의 결과를 얻을 수 있을 것이라 보고 있다. 하지만 이것은 1970년대나 1980년대라면 통용되었을지도 모르지만, 현재의 미국이 국내 여론의 영향에 따라 한국에 파병을 거부할 가능성은 낮다. 또한 한국 내에서의 반미 활동을 선동, 활성화한다는 전략도 있다. 만약 이 공작 활동이 원하는 만큼의 효과를 발휘한다면 한국 국내의 반미 의식이 높아져 미국의 정세가 불리해지고 최종적으로 주한미군이 철수할 가능성도 있다. 마지막으로 잊어서는 안 될 것은 만약 북한이 한반도 전역을 일시적으로라도 지배하에 두는 경우, 대량 살상 무기를 사용할 것이라 위협하여 타국으로부터의 반격을 저지할지도 모른다는 것이다. 이 하이리스크-하이리턴의 전략은 대량 살상 무기 파트에서 자세히 설명하겠다.

한국의 동맹국이 보내는 증원을 막을 수 있는가 없는가와는

별개로 전면 전쟁에 있어 북한이 우위에 서기 위해서는 침공 속도가 중요하다.

전격전이라 불리는 속도 중시의 침공을 성공하기 위해서는 전선의 병력을 지원하는 병참이 중요하다. 길게 늘어진 보급선이 유엔군의 집요한 폭격에 차단당한 결과 조선인민군의 공세는 남쪽 끝의 부산을 눈앞에 두고 멈추게 되었다. 이 굴욕적이지만 귀중한 경험을 통해 북한은 군수품의 비축을 조선인민군의 최우선 사항 중 하나로 내세우고 있다. 선군 사상을 따르기 수십 년 전부터 군수품을 비축한 조선인민군이지만, 최근의 강력한 경제 제재로 충분한 비축량을 유지하기 곤란하다는 현실에 직면했다. 특히 치명적인 것은 석유 연료인데, 이렇게 된 최대의 원인은 2017년 유엔 결의안에 따라 중국이 북한에 대한 석유 수출을 줄였기 때문이다. 이후로 해외에서 밀수로 구한 석탄, 석유를 해상에서 선박과 선박 사이에 화물을 바꿔치기하는 수법으로 들여 왔지만, 역시 이 방법으로 국내의 연료 수요 전체를 감당하는 것은 도저히 불가능했다. 비축 물자를 보다 오랫동안 보관하기 위해 북한은 새로운 지하 저장 시설을 건설하고 있으며 기존 시설도 개수, 확장하고 있다. 그리고 지하에 조성한 것은 저장 시설만이 아니다. 1960년 이후, 전쟁에 필수적인 군수 공장이나 산업 시설의 대부분이 지하에 건설되어 전시에도 생산 능력이 마비되지 않도록 했다. 무기, 탄약의 생산을 전담하는 300여 개의 공장 외에도 평상시에는 민수품을 생산하는 공장들 대부분을 군수품 생산 시설로 전환하는 게 가능하다. 공장이나 저장 시설 대부분에는 대공 방어 시설이 설치되어 있다는 사실을 생각하면 전시에 북한의 산업을 완전히 파괴하기는 상당히 어려운 일임을 알 수 있다. 현재 비축된 물자의 양에서 추측해 보자면, 북한은 개전 후 1~3개월 정도 전투를 지속할 수 있을 것이다. 즉 침공 작전의 성공은 이 몇 개월 내에 결정될 가능성이 높다.[54] 전쟁이 예상보다 길어진다면 북한은 만족스럽게 병력과 물자를 이동하는 것조차 불가능한 상황에 처해 조선인민군은 전쟁 수행 능력을 잃게 될 것이고, 이는 침공 작전의 실패를 의미한다. 북한의 지도부는 이 사실을 충분히 이해하고 있고, 침공 작전을 '일격불휴(一擊不休)의 공격'이라 부르며 전격전의 중요성을 명시하고 있다. 이와 같은 사상에 따라 1992년 김일성은 '부산에 사흘 만에 도착해 한국을 점령한다'는 전략을 고안했다. '부산까지 3일'은 꿈같은 소리지만, 1990년대의 북한 지도부는 한국 전역 장악을 대략 한 달 정도에 달성할 수 있을 것이라 생각했다.[55]

아마도 북한의 침공 작전의 성패를 좌우하는 가장 중요한 요소는 기습일 것이다. 조선인민군의 최대의 위협은 한국의 병력 규모라 여겨진다. 왜냐하면 징병할 수 있는 총인구수가 많은 것은 한국 쪽이기 때문이다. 한국군도 북한과 동등한 규모의 군대를 가지고 있고, 더하여 배후에는 며칠에서 몇 주면 동원 가능한 대규모 예비군이 있다.[56] 만약 개전 전의 임전 태세가 길어질 경우 이들 예비군 병력은 사전에 동원되고, 동맹군이 결성되어 한국으로 증원 병력이나 군수 물자를 보낼 것이다. 이 경우 압도적인 병력 차에 조선인민군은 공격할 엄두도 낼 수 없을 것이다. 이처럼 불리한 사태를 피하기 위해 북한은 가능한 아무런 사전 예고 없이 공격할 수 있기를 바라고 있다. 공세에 필요한 병력을 48시간 이내에 소집할 수 있는 조선인민군이지만, 다양한 기만 공작을 통해

북한의 군사 전시회에서 촬영된 이동식 야전병원. 낮은 GDP에 걸맞지 않은 대규모 육군을 운용하는 북한은 전시에 발생할 수많은 부상병에게 최소한의 치료도 어려울 것으로 보인다. (KCBC)

총공격의 사전 준비에 필요한 시간을 얻는 게 가능하다. 이런 기만 공작의 효용성은 1973년의 제4차 중동전쟁에서 실증되었다. 이집트군은 적국인 이스라엘이 알아차리기 전에 전력의 대부분을 전선에 집결시키는 데 성공해 전쟁 초기 전황을 유리하게 이끌었다. 하지만 전자·통신 첩보 기술의 발전과 정찰 위성이 등장하면서 현대전에서 제4차 중동전쟁과 같은 성과를 기대하기는 어렵다. 특히 미국은 근래의 한반도 정세 악화와 핵 개발을 하고 있는 북한에 대한 감시의 눈길을 강화하고 있어 완벽한 기습의 실행은 거의 불가능하다. 전면전에 대비한 군사 활동의 활성화, 수송량의 증가, 민간인, 노동자, 예비역을 대상으로 하는 대규모 소집, 공장의 전시 생산 체제로의 이행 같은 사전 징후를 한국이나 그 동맹국이 알아차리는 것은 쉬운 일이다.[57] 북한은 대규모 훈련이라 말하며 전선 부근에 전력을 집중하겠지만, 이 움직임은 점점 더 한국의 눈길을 끌게 되어 군사 분계선 부근의 방위 전력의 증가, 더하여 예비군의 동원을 초래할 가능성이 있다. 이런 경우 북한 측은 기습으로 얻을 수 있는 이점의 대부분을 상실하게 된다.

실제로 침공 작전이 개시된다면, 그 사실을 숨기는 것은 불가능하다. 군사 분계선 이남의 방어 진지를 표적으로 대규모 포격이 실시되는 동시에 군사 기지와 통신 시설, 군수 거점 등 여러 중요 시설을 목표로 한 장거리 탄도 미사일이 한국, 일본, 그리고 괌을 향해 발사될 것이다. 북한의 전자전 부대에 의한 통신 방해와 정밀 유도 무기의 유도에 필수인 GPS의 교란 또한 시도할 것이다. 그리고 한국 내부에 사전에 잠입해 있을 것으로 예상되는 공작원과 하늘과 바다 그리고 지하 땅굴을 통해 침투할 특작 부대로 가능한 많은 혼란을 일으킬 것이다. 이러면 한국군은 중요한 군사 거점의 파괴 공작이나 요인 암살이라는 북한의 게릴라전에 대응하기 위해 전력의 일부를 군사 분계선에서 빼낼 필요가 있다. 이런 공작 활동은 단발적으로는 큰 효과를 발휘할 수 없지만, 동시다발적으로 실행할 경우, 한국 육군과 주한미군의 지휘 계통에 큰 혼란을 일으켜 상당한 피해를 줄 수 있을 것이다.[58] 개전의 막을 여는 대규모 포격 후에 경보병 부대와 전투 공병 차량은 군사 분계선(휴전선)에 있는 광대한 지뢰 지대를 돌파하여 주력 보병군단이 안전하게 통과할 수 있는 침공로를 확보할 것이며 마무리만 남겨 두었던 비무장 지대 아래의 남침 땅굴들을 완공시켜 병력을 한국으로 들여보낼 것으로 예상된다. 다음 단계로 침입에 성공한 보병군단은 한국군 방위선의 사전 정찰을 실시, 방어가 약한 지점

2018년 2월, 조선인민군 창건 70주년 기념 열병식에 등장한 M-1991 자주포. 포탑에 자동 유탄 발사기와 맨패드가 보인다. (KCBC)

(MANPADS)까지 설치한 것을 보면 알 수 있듯 북한은 자주포를 전선 가까이에서 운용하는 것을 상정하고 있다.

상당히 야심적인 침공 계획이지만, 성공할 확률은 낮다고 본다. 작전 자체의 현실성과 조선인민군의 약점을 생각하면 개전 초기에서조차 북한 측에 유리하게 진행되는 전개는 바라기 어렵다. 게릴라 부대를 통한 제2전선의 형성은 이미 한국에 잠입한 공작원을 제하고 위험도가 높은 바다와 하늘을 통한 부대 투입의 성공 여부에 달려 있다. 여기에 더하여 막대한 양의 지뢰가 매설된 군사 분계선을 돌파해 방어 진지를 격파하고 그 앞에 있는 도시, 산악, 하천 등의 다양한 지형을 공략하면서 주력 부대가 전격전에 필요한 속도로 진군한다는 것 또한 실제 가능하리라고는 생각할 수 없다. 한편 개전 후의 일시적 혼란이 수습되어 한국 공군 기지의 기능이 회복되면 북한은 한반도 상공의 제공권을 단숨에 잃게 될 것이다. 그렇게 되면 진군하는 조선인민군은 항상 폭격의 위협에 놓이게 된다. 6.25 전쟁 당시는 야음을 활용해 제공권 상실의 불리함을 어느 정도 극복할 수 있었다. 하지만 지금은 그런 수가 통하지 않는다. 조선인민군 보유 항공기 대부분은 야간 작전에 적합하지 않으며 육군은 수 세대 전의 적외선 암시 장치에 의존하고 있다. 양군의 야간 작전 능력의 압도적인 차이는 누가 보더라도 명확하다. 군사 분계선에서 서울까지는 겨우 40km 정도의 거리밖에 떨어져 있지 않다. 한국 측의 방위 전략은 서울에 도달하기 전에 적을 격파하는 데 근간을 두고 있다. 서울이 북한의 손에 함락된다면 한국군의 사기는 떨어지고, 전투에도 큰 영향을 주기 때문으로 한국군은 서울 이북의 군사 분계선과 수도 사이의 좁은 지역에서 북한군을 격파해야만 한다. 만약 기적적으로 한국이 동맹국의 지원을 받기 전에 북한이 한반도를 점령한다고 해도 아직 전쟁에 승리했다고는 말할 수 없다. 인천상륙 작전 같은 역습을 사전에 예방하기 위해 북한은 새로 획득한 영토 전역의 수비를 단단히 해야 하기 때문이다.

물론 개전이 반드시 북한의 침공으로만 일어나는 것은 아니다. 그 밖에도 상정 가능한 시나리오는 얼마든지 있다. 김씨 일가의 독재 정권을 강제적으로 전복하려는 시도는 과거에도 생각하기 어렵지만, 현재는 실현 불가능하다고 단언할 수 있다. 흥미롭게도 공격 일변도인 조선인민군의 특성은 그 방위 독트린에서도 볼 수 있다. 자국의 영토에서 적을 쫓아내기 위한 대규모 반격이 방위 전략에 포함되어 있다. 북한에게 있어 방위란 단순히 공세의 사전 준비 같은 것이다. 조선인민군의 방위선이 돌파된다면 즉시 반격해 적의 침공을 저지할 것이다.[61] 북한은 공격을 중시한다고

을 발견하면 그 일점에 땅크사단, 기계화군단, 기계화보병사단을 집중 투입할 것이다. 주력 공세는 세 갈래로 분산하여 실시되는데, 그 사이에 보다 소규모에 국지적인 전선 연결망이 몇 개인가 형성될 것이라 예상된다.[59] 주력 공세 중 경로상의 한 곳이 격렬한 저항에 부딪칠 경우 이 연결망을 통해 부대를 이동시켜 보다 방어가 약한 지점으로의 이동이 가능할 것이다. 이렇게 방어선을 돌파하면 나머지 한국군 방어 전력을 포위, 섬멸할 수 있게 된다. 서울 및 수도권은 한국 총인구의 약 절반을 차지하는 세계 유수의 거대 도시다. 조선인민군의 주력이 서울에 도달하더라도 점령하기에는 범위가 너무 넓다. 현실적으로는 서울을 포위, 격리하는 형태로 우회한 뒤, 기갑과 기계화 전력으로 부산으로 진격할 것이다. 서울 점령 작전이 본격적으로 시작되는 것은 추가로 동원되어 집결한 부대의 제2차 공세 중에 실시된다. 이 시점에서 조선인민군이 서울 이남 침공에 성공한다면 한국 측이 서울을 탈환하기는 상당히 어려워진다. 침공 작전의 주 전력이 군사 분계선 부근의 한국군을 격파하는 한편 별동대가 한반도 동해안으로 진출할지도 모른다. 이 별동대의 목적은 적 원군의 상륙을 방지하기 위해 동해안의 방어를 굳히고, 둘러싸듯이 한국군의 방위 부대에 측면 공격을 가함으로써 주력 부대를 지원하는 데 있다.

침공 작전 중 조선인민군은 결코 멈춰서는 안 된다. 전선의 정체는 적 세력에게 재편성과 방위선을 구축할 수 있는 여유를 주게 된다. 북한은 침공의 기세를 유지하기 위해 진격하는 부대에 상시 보급을 위한 지원 부대를 붙이는 등 공격 중시의 전략 독트린을 채용하고 있다. 이상과 같은 전략으로 조선인민군은 최전선에 보다 많은 전력을 투입하는 게 가능하며 조우하게 될 여러 위협에 유연한 대응이 가능해진다.[60]

침공 작전의 초기 단계에서 조선인민군을 지원하는 화포는 몇 종류인가 있지만, 가장 중요시되며 중점적으로 활용될 것은 자주포다. 자주포에 자동 유탄 발사기나 휴대형 지대공 미사일

하지만 군사 분계선에서 중국과의 국경이 있는 최북부까지 북한 국내는 다수의 방어 진지로 덮여 있다. 북한은 해안선이 양쪽으로 나뉘어진 불리한 지형 조건을 안고 있어 해안선 전체를 연안 방어 시스템에 통괄되는 해안포와 요새로 뒤덮어 단단히 지키고 있다. 북한 영토 내에 침공한 적 세력이 사용할 가능성이 있는 인프라는 신속히 파괴할 수 있고 댐을 일제 방류해 의도적인 수해를 일으키는 것도 계획되어 있으며, 대공 방어 시설, 지하 기지, 지하 공장과 그 밖에 사전에 구축된 진지는 예비군에 의한 운용이 가능하다. 이런 방어 체계를 전부 파괴하는 것은 상당한 수고와 시간을 필요로 하는 어려운 임무가 될 것이다. 북한은 이들 시설을 적의 눈에서 숨기기 위해 노력을 아끼지 않고 있으며 예상되는 대대적인 전자전(GPS 재밍 등)도 포함해 적의 침공 작전이 성공할 확률을 더욱 낮추고 있다.

제91 수도방어군단이 격파되어 평양이 점령된 후에도 북한 지도부는 전쟁을 포기하지 않을 것이다. 북부의 산악 지대로 이동, 지휘 거점으로 삼아 게릴라전을 시작할 것이다. 물론 전황이 심각해진다면 핵무기가 투입될 가능성도 상당히 높다 하겠다. 그리고 핵무기 사용을 심사숙고하는 윤리 의식 같은 것은 북한에 기대할 수 없을 것이다.

보병 부대와 소화기

조선인민군은 보병 개개인이 공격과 방어 양면에서 상대하는 적의 보병 전력보다 우월한 화력을 가지기를 원하고 있다. 숫적으로 불리한 상황에 처할 가능성이 있는 조선인민군은 '질적으로 앞서는 적을 상대로 숭고한 정치 사상과 우수한 전략, 전술로 격파하라.' 라는 슬로건 아래 병사 개개인의 능력 향상에 중점을 두고 있다. 북한은 이런 수적 열세를 적을 능가하는 전략과 병사의 변함없는 헌신으로 보완하고자 한다. 물론 보완할 필요가 있는 것은 병력의 수만이 아니라 한국에 비해 상대적으로 열악한 장비도 해당한다. 장비의 질에 격차가 생기는 원인은 역시 한국 육군 및 미 육군 개인 장비의 수준이 북한에 비해 상당히 높다는 점에 있다. 한 명의 미군 일반 병사가 방탄복, 암시 장치, 휴대용 무전기, 소형 드론 같은 최신 장비로 무장하는 비용은 약 2만 달러에 달한다.[62] 반면 자국의 경제력에 걸맞지 않은 규모의 군대를 보유한 북한은 이런 최신 장비를 특작부대에 보급하는 것만으로도 벅찬 실정이다. 그럼에도 불구하고 북한은 조선인민군을 시대에 맞춰 업그레이드하면서 타국에 비해 조금씩이나마 현대화를 착실히 진행하고 있다.

정체된 경제 상황에도 현대화가 가능한 것은 소총에서 휴대형 대공 미사일까지 국내 생산이 가능한 북한의 거대한 소화기(보병 단위에서 운용되는 유도 미사일 등도 포함) 군수 산업의 존재 덕분이다. 다른 분야에 비해 북한의 소화기 군수 산업은 설계, 개발, 대량 생산까지 일괄적으로 자급자족이 가능한 상태이다. 소련제 AK계열 소총으로 대표되는 자동소총과 로켓 발사기의 복제에 기원을 둔 북한의 소화기 군수 산업은 대전차 유도 미사일 및 휴대형 대공 미사일과 같은 정밀 유도 무기의 복제 경험도 풍부하다. 단순한 복제를 넘어 독자적 개수를 더한 개량 파생형이나 완전 오리지널 소화기의 개발 생산도 적극적으로 시행하고 있는데, 수입 무기에 그 복제품, 그리고 독자 개발한 소화기까지 조선인민군의 보병 장비는 상당히 다채로운 모습을 보이고 있다.

북한의 소화기 군수 산업의 역사는 일찍 시작되었다. 최초의 자국 생산 총기는 소련의 PPSh-41 기관단총으로 이같은 위업은 현재까지도 북한의 프로파간다에 소개되고 있다. 이것은 49식 기관단총('식'은 해당 무기의 대량 생산 년도를 말함)이라는 이름으로 생산되어 PPSh-41에 비해 약간 차이가 있는 개머리판과 독특한 직선형 막대 탄창을 가지고 있다(실제로 대량 생산된 49식 기관단총의 대부분은 오리지널의 개머리판을 장착했으며 막대형 35발 탄창과 71발 드럼 탄창을 쓰는 경우가 많았다).[63]

상당한 수의 49식 기관단총이 생산되어 소련과 중국에서 넘겨받은 모신나강 소총, PPS 기관단총, DP-27 경기관총, PM1910 맥심 중기관총과 같은 제2차 세계 대전 시기의 소화기와 함께 사용되었다. 또한 조선인민군 육군은 대량의 미국제 M3 기관단총 원본과 중국제 복제품을 입수했다. M3 기관단총은 2003년까지도 붉은청년근위대에서 사용되는 것이 확인되었다. 더하여 앞서 설명한 소련제 소화기의 대부분은 로농적위군에서도 사용되었고, 이로 보아 북한이 소화기 부족으로 고민하고 있지는 않은 것 같다. 하지만 다양한 소화기의 운용은 탄약 공급과 정비의 복잡화를 초래한다. 6.25 전쟁 중에 대량의 소련제 소화기가 사용된 결과, 소련군과 마찬가지로 북한도 보병이 휴대할 수 있는 대전차 무기 부족에 시달렸다. 소수의 PTRS-41 대전차 소총과 대전차 수류탄 외에 유효한 대전차 무기를 가지지 못한 공산주의 국가의 병사들은 전차를 상대로 육탄전을 벌여야 했다.

전체적으로 1953년 휴전 후의 조선인민군 보병은 소련, 중국제의 장비로 무장하여 소련과 중국의 보병 전술에 따라 운용했다. 이것은 개개의 보병이 경장비를 하고, 장기전에는 적합하지 않은 소량의 물자를 휴대했음을 의미한다. 비슷한 상황에 있던 소련의 동맹국이 서서히 장비를 변경하기 시작한 시기에 조선인민군도 제2차 세계 대전 시기의 시대에 뒤처진 장비를 교체해 보다 현대적인 장비를 보급하기 시작했다. 당초 소련에서 입수할 수 있는 장비는 뭐든지 도입했던 북한이었지만, 1960년대에 들어서 소화기의 자국 생산에 주력했다. 이런 움직임은 소련제 소화기를 카피하면서 시작되었지만, 조선인민군 보병 장비의 대부분을 자국산으로 대체할 때까지 수십 년의 시간이 필요했다.

북한은 이 시기에 세계에서 제일 유명한 자동소총 중 하나인 AK-47을 58식 보총(자동소총)이라는 이름으로 생산하기 시작했다. 공산주의의 상징이자 자본주의에 대한 무력 투쟁의 상징이기도 한 AK-47 칼라시니코프 자동소총은 세계 각국이 복제 생산했고, 북한도 예외가 아니었다. 58식 보총의 극초기 생산분은 단순히 소련제 부품을 북한 내에서 조립했을 뿐인 물건이었지만, 얼마 지나지 않아 북한제 부품이 소련제를 대체하기 시작했으며, 결국 완전 국산화하는 데 성공했다. 하지만 소련과 마찬가지로 북한도 어떤 문제로 인해 고민하게 되었다. AK-47/58식 보총의 총몸은 절삭 가공으로 제작되기에 대량 생산에 적합하지 않기 때문이었다. 결과적으로 북한이 생산한 다른 자동소총에 비해 58식 보총의 총생산량은 소수에 그쳤을 거라 생각된다. 소련은 최종적으로

1948년 12월 12일, 소련군 군사 고문단과 북한 군인들 앞에서 북한제 49식 기관단총을 시험 사격하는 김일성. (KCBC)

동원 훈련의 개시와 함께 무기를 드는 로농적위대(현 로농적위군으로 승격). 사진에 보이는 총기의 잡다함(모신나강 소총, 49식 기관단총, DP-27 경기관총, TT-33 권총, RPG-2 등)은 악몽과도 같은 보급의 난맥상을 초래할 것이다. (KCBC)

68식 자동보총이지만, 자주 사용되는 것은 30발 탄창이 아닌 장탄수가 적은 20발 탄창이다.

58식, 68식 보총의 특징 중 하나는 폴란드제 PGN-60 대전차 총류탄과 KGN 세열총류탄을 베이스로 개발된 총류탄을 발사할 수 있다는 점이다. 이들 총류탄은 현재 세계에 배치되어 있는 주력 전차의 장갑을 관통할 만한 위력은 없고, 경기갑 차량이나 보병을 공격하는 데 적합하다.

58식과 68식 보총은 북한의 우호국에도 수출되었다. 페루에서는 AK코리아(AK-Corea)라는 이름으로 알려져 있는데, 차점을 받은 수주 경쟁국보다 80% 가까이 싼 가격으로 10만 정을 판매했다. 어떤 보도에서는 소련에 공급을 거절당한 후 쿠바는 북한으로부터 68식 보총을 10만 정 구입했고, 수백만 발의 탄약을 무상으로 지원받았다고 한다. 또한 북한은 에티오피아가 68식 보총의 생산 라인 설치를 지원했다.[64] 68식 보총이 대량 생산되면서 한국 육군을 상대로 조선인민군 보병의 개인 화력은 명확한 우위를 가지게 되었다. 당시 한국 육군은 아직 M1 개런드나 M1 카빈을 장비하고 있었고, M16 자동소총이 도입된 것은 1970년대부터였다.

6.25 전쟁 중 대전차 무기가 부족해 고생한 북한이었지만, 대전차 총류탄, 대전차 지뢰, 무반동포, 그리고 RPG-2 대전차 로켓 발사기를 수입, 생산하면서 이 문제를 해결했다. 1950년대 후반에 단기 생산된 RPG-2는 RPG-7의 북한 생산판인 68식 7호 발사관으로 대체되었지만, RPG-2는 지금도 많은 수가 예비군에서 사용되고 있다. 북한은 발사관뿐 아니라 대전차 로켓탄도 생산해 표준 탄두인 PG-7을 F-7이라는 이름으로 국산화했다. 68식 발사관과 북한제 로켓탄은 시리아와 이집트를 포함한 세계 각지에서 확인된다. 미국 CIA의 정보를 근거로 2017년 북한 선적 화물선이 3만 발의 탄두를 불법으로 적재한 것이 수에즈 운하에서 발각된 적이 있었는데, 북한에 경제 제재 조치가 내려진 뒤 가장 규모가 큰 압수 사건이었다. 놀

리시버를 절삭 가공에서 프레스 가공으로 변경해 생산한 AKM을 1959년에 제식 채용하여 문제를 해결했다. 새로운 소총의 수요를 소련제 SKS 반자동소총으로 채운다는 생각으로 63식 보총이라는 이름으로 도입한 북한이었지만 결국 소련제 AKM을 수입하였고, 이것이 68식 보총으로 제정된 것은 소련이 AKM을 채용한 지 9년 후의 일이었다. 원본과 68식 보총의 차이점은 68식은 AKM 특유의 소염기(생산 시기와 공장에 따라 있는 경우도 있음)와 발사 속도 감속기가 없다. 고정식 개머리판 외에 보다 경량의 접이식 개머리판을 장착한 타입도 생산되었다. 현재 소량이 조선인민군 육군에, 나머지 대부분이 로농적위군에 배치되어 있는 58식과

착검한 53식 자동보총을 겨누고 있는 로농적위대. 조선인민군에 신형 자동소총이 대량으로 배치되면서 대부분의 58식은 예비군에 배치되었다. (KCBC)

랍게도 단속을 실시한 것은 이들 압수 물품의 도착지인 이집트였다. 이 사건은 경제 제재에 의해 판매가 금지된 것에 상관없이 국제 사회에서 북한제 무기가 인기 있다는 것을 잘 보여준다. 이렇게 표면상, 경제 제재를 준수하는 나라조차 비밀리에 북한과 거래를 하고 있는 것을 알 수 있다.[65]

　다목적 기관총의 카피, 그리고 국산화도 자동소총과 같은 방식으로 실시되었다. 북한이 견본으로 삼은 것은 소련제 7.62×54mmR PK 다목적 기관총이다. PK 다목적 기관총을 도입하면서 DP-27의 발전형인 RP-46 경기관총, 그리고 그 국산형인 64식 경기관총 같은 구형 화기는 현재는 대부분 예비군에서 활용하고 있다. PK 다목적 기관총을 베이스로 삼은 북한제 다목적 기관총 중에서도 훨씬 희귀한 것이 68식 대대기관총이다. 68식 대대기관

총은 82식과 오인하기 쉽지만, 설계는 절삭 가공한 총신을 포함해 오리지널과 거의 동일하다. 차이점을 들자면 경량화 가공을 하지 않은 목제 개머리판과 장거리 사격에 적합한 탄젠트식 가늠자가 추가된 정도이다. 극히 짧은 기간 동안만 생산되어 조선인민군 내에서도 희소한 존재인 68식 기관총이지만, 짐바브웨에서 68식 기관총이 발견된 경우도 있어 적어도 해외 수출이 된 것은 틀림없다. 기관총의 양산은 곧바로 73식 대대기관총으로 이행되었다. 이 73식 대대기관총은 68식 대대기관총 및 PK 기관총과 많은 공통점을 가지고 있어 대량 생산된 다목적 기관총 중에서도 좀 특이한 존재다.

　73식 최대의 특징은 7.62×45mm / 7.62×39mm 탄을 사용하는 체코슬로바키아제 Vz.52 경기관총을 기반으로 설계된 급탄 방식으로 벨트식 급탄과 30발 탄창을 장전하는 게 가능하다. 탄창이 사수의 시야를 가리지 않도록 탄젠트식 가늠자가 장착되었지만, 불편한 위치에 달린 장전 기구 커버가 조준을 방해한다. 장착된 실제 사례는 적지만 73식 다목적 기관총에는 특수한 총구 부착물이 있다. 이것은 사용하지 않을 때 총 하부에 수납한다. 이 부착물은 총류탄 발사용으로, 다목적 기관총에 채용된 전례가 없는 특이한 기능이다. 이런 개량을 통해 73식 기관총의 범용성을 높이고 다른 체급의 기관총과 달리 다양한 운용이 가능하게 되었다.

73식 경기관총을 사용하는 이란계 민병대 '사라야 아슈라(Saraya Ashura)'의 이라크인 전투원. 2015년 무렵, 팔루자 근교에서. (저자 소장)

퍼레이드 중인 북한군 병사들이 장비한 것은 폴란드제 KGN 총류탄의 더미를 장착한 68식 보총. 본 페이지 위에 사진의 30발 탄창보다 짧은 20발 탄창에 주의. 원래 전차병용으로 개발된 20발 탄창이지만, 조선인민군의 일반 부대에도 널리 사용되었다. (NK Pro)

북한은 총류탄을 꾸준히 사용하는 나라 중 하나다. 68식 보총에 장비한 총류탄은 폴란드의 PGN-60 대전차고폭탄(HEAT)의 북한판이다. (NK Pro)

68식 기관총, 73식 기관총과 더불어 많은 숫자가 배치된 분대 지원 화기로는 7.62×39mm RPD 경기관총을 국산화한 62식 경기관총이 있으며 100발 드럼 탄창(탄띠를 밀어 주는 기구가 없는 단순한 탄통이다)을 사용한다. 하지만 5.45×39mm 탄을 사용하는 RPK-74 베이스의 기관총이 대량으로 생산된 결과, 62식은 현재 대부분이 예비군에서 사용되고 있으며, 생산량의 일부만이 같은 탄종을 사용하는 68식 보총을 주력 장비로 쓰는 조선인민군 육군 부대에 배치되었다. 소련제 오리지널 RPK-74의 고정식 개머리판과는 달리 북한에서 복제한 RPK-74의 후기 생산분은 측면, 또는 상측면으로 접히는 접철식 개머리판을 장착해 휴대성을 높였다. 최근의 RPK-74 복제품은 일반 탄창에 비해 두꺼운 캐스킷 탄창과 함께 사용되는 것이 자주 목격되고 있다.

이 캐스킷 탄창은 종래보다 2배 많은 90발의 탄환을 장전할 수 있다. 조선인민군은 그 밖에도 다양한 대용량 탄창을 시험적으로 사용하고 있으며 탄창의 장전량을 늘리는 데 적극적이다. 다만 대용량 탄창은 무겁고 구조가 복잡해 신뢰성이 떨어진다는 단점이 있다.

북한은 권총의 생산에 있어 소총이나 기관총과는 전혀 다른 방침을 보여준다. 소련뿐만 아니라 서방 진영의 설계 사상까지 적극적으로 도입한 결과 조선인민군에 배치된 권총의 종류는 상당히 다양하다. 이는 김정일이 권총 애호가인 것도 작용한 결과일 것이다. 실제로 1980년대부터 1990년대의 프로파간다 영상에서 다양한 종류의 권총을 시험 사격하는 김정일의 모습이 자주 등장한다. 그렇지만 실제로 채용, 배치되는 것은 극히 일부이다. 수중 발사가 가능한 특수한 리볼버 권총 등이 시험 제작되었지만, 단 1정만이 확인되며 배치 상황은 알 수 없다. 권총을 주로 사용하는 부서는 한국에 잠입해 스파이 활동을 하는 공작원을 보내는 첩보 기관이나 특작부대다. 그들은 외국제 권총 외에도 북한제 권총도 사용한다. 사용되는 외국제 권총의 대부분은 서방제로, 은밀함

하지만 복잡한 작동 기구와 대형화로 인해 휴대성이 나빠져 73식 기관총의 실용성은 극히 낮다. PK 다목적 기관총에 있는 편리한 100발들이 탄통 부착 어댑터가 없어 실용적인 화력 지원을 하기 위해서는 장전수가 필요하다. 많은 수의 73식 기관총이 이란에 수출되어 이란-이라크 전쟁에 사용되었다. 또한 이라크, 시리아, 예멘 등의 주변 국가에도 널리 퍼졌다.

사용하기 편리하다고는 말할 수 없지만 범용성이 높은 73식 기관총의 후계 기관총은 아직 도입되지는 않았지만, 북한은 과거에 몇 번인가 7.62×54mmR탄을 사용한 새로운 기관총의 개발을 시도한 바가 있다. 그중 특이한 것으로는 1990년대 초기에 수출용으로 개발된 것이라 짐작되는 미국의 M134(통칭 미니건)와 비슷한 6총신 개틀링 기관총이 있다. 이 개틀링 기관총은 스리랑카의 바이어를 상대로 시범을 보였으며 2016년 9월 시리아와의 무기 조달 교섭 리스트에도 포함되었다. 1990년대 이후 각국에서 여러 구경의 개틀링 기관총이 채용되었지만, 조선인민군 육군에서 부대 배치까지는 되지 않았다.[66, 67] 하지만 이 개틀링 기관총의 개발은 북한이 자국의 소화기 군수 산업에 거는 열의를 보여주는 것이며 오늘날까지도 이 개틀링 기관총의 세부 정보가 군사 평론가들에게조차 알려지지 않았다는 사실은 조선인민군의 장비가 비밀에 싸여 있다는 증거이기도 하다.

사격 대회에서 73식 대대기관총을 사격하는 병사들. (KCBC)

이 요구되는 작전에서 소음기를 장착하기도 한다. 잠입 작전이 실패해 사망 또는 투항한 공작원을 통해 입수한 물건으로 특작부대가 사용하는 권총을 어느 정도 유추할 수 있지만, 조선인민군이 일반적으로 사용하는 권총에 대해서는 그다지 알려지지 않았다. 북한에서 생산된 권총 중에 가장 기묘한 것 중 하나는 초기에 생산된 64식 권총이다. 1964년부터 양산된 64식 권총은 벨기에제 FN M1900을 북한이 카피한 권총으로, 원본이 설계된 1900년으로부터 64년 후에 제작된 것이다. 원형의 설계로부터 반세기를 훌쩍 넘긴 골동품인 FN M1900을 64식 권총으

2001년, 아마미오섬(奄美大島) 근해에서 일본 해상보안청 순시선과 교전하다 침몰한 북한 공작선에서 회수한 68식 경기관총. 상당히 특이한 총이다. (Tarao)

로 채용한 경위는 확실하지 않지만, 이 권총과 관련된 역사적 사건이 이유가 되었을 것이다. 한반도가 일본의 식민지였던 1909년, 안중근 의사가 하얼빈에서 초대 조선통감이었던 이토 히로부미를 저격하는 데 사용한 권총이 바로 FN M1900이었다. 안중근 의사의 하얼빈 의거는 남북한 양쪽에서 중요시하는 사건으로 안중근 의사는 현재도 순국선열로서 기려지고 있다.[68]

64식 권총은 오리지널과 달리 사용 탄종이 .32ACP탄에서 7.62×17mm탄(중국제 64식 미성권총(64式微声手枪) 전용탄)으로 변경되었다. 현재는 보다 현대적인 권총으로 대체되고 있는 64식이지만, 최초로 양산된 지 수십 년이 지난 후에 소음기를 장착한 64식 권총이 북한 공작원의 사체에서 발견되기도 했다. 64식과 같은 7.62×17mm탄을 사용하는 권총은 68식 권총(70식 권총도 있으나 제외)을 들 수 있다. '조선 7.62'라는 각인이 새겨진 이 권총은 소련제 마카로프 PM을 베이스로 북한이 독자적으로 개발한 권총이다. 사용되는 탄종이 각인된 이유는 같은 시기에 배치된 체코슬로바키아제 기관단총인 Vz.61 스콜피온에 사용하는 .32ACP탄과의 혼동을 방지하기 위해서다. 북한은 이 Vz.61의 국산화를 시도해 시작품이 제작되었지만, 과거 북한 공작원으로부터 회수한 Vz.61(일부는 소음기 장착)은 전부 체코슬로바키아제였다. 외국제 소화기를 참고해 북한이 독자적으로 개수하는 방식은 66식 권총에서도 보인다. 66식 권총은 외견상으로는 FN 브라우닝 하이파워와 유사하나 기관부나 사용 탄종은 소련제 토카레프 TT-33을 기반으로 설계된 권총이다. 66식 권총은 상당한 양이 생산, 배치되었지만 조선인민군의 제식권총이 된 것은 세계 각국에서 베스트셀러가 된 체코슬로바키아제 자동권총인 Cz75의 중국 복제판인 노린코 Nz75를 다시 복제한 백두산 권총이다. 백두산 권총은 한반도 최고봉이자 활화산인 백두산에서 이름이 유래되었다. 최근에는 확장 매거진을 사용하는 개량판을 채용하는 등 현재도 사용중이다.

북한이 스리랑카에서온 바이어에게 선보인 북한제 개틀링. 7.62×54mmR 탄약을 사용한다. (저자 소장)

다양한 자동소총, 경기관총, 그리고 권총의 개발, 생산에 성공한 북한이지만, 저격 소총 분야의 개발은 상당히 늦게 이뤄졌다. 조선인민군에는 6.25 전쟁의 유산인 상당히 많은 양의 모신나강 소총과 PTRS, PTRD 대전차 소총이 있지만, 이것들은 장거리 정밀 저격에 사용하기 부적합했다. 저격 소총을 분대지원 화기로 일찍이 채용한 소련과 달리, 북한이 독자적으로 저격총을 도입한 것은 1970년대 후반이 되어서부터다. 종종 유고슬라비아제 자스타바 M76의 완전 카피라 불리는 이 저격 소총은 실제로는 루마니아제 PSL을 베이스로 북한이 독자적으로 개발한 것이다. 그 증거로 사용되는 탄이 M76의 7.92×57mm 마우저탄이 아니라 조선인민군의 표준탄인 7.62×54mmR탄이다.

PSL의 편린은 저격 소총에 장착되는 망원조준경에 보인다. 루마니아제 LPS 4×6 TIP2 망원조준경과 야간용 망원조준경은 북한에서 완벽하게 복제되어 둘 다 78식이라는 이름으로 채용되었다. 수렵용 라이플이나 경기용 라이플도 종종 보이나 이것은 어

2017년 김일성 탄생 105주년 기념 열병식에서 행진 중인 북한 병사가 들고 있는 것은 RPK-74에서 파생된 분대 지원 화기다. 접철식 개머리판과 대용량 탄창을 장비했다. (NK Pro)

백두산 권총의 최신형. 슬라이드 멈치 앞쪽에 '백두산'이라는 글자가 얕게 각인되어 있으며, 그립에는 김일성의 사인이 있다. (KCBC)

디까지나 특별한 경우로, 조선인민군이 제대로 된 수량을 구입 또는 생산해 운용한 경우는 없다.

　장거리 전투에서는 적 세력과 맞상대할 수 없다고 생각한 조선인민군은 근접 전투를 상당히 중시하여 저격 소총에 그다지 힘을 쏟을 필요성을 느끼지 못하는 것 같다. 총검은 거의 모든 종류의 자동소총에 장착되며 착검한 소총을 장비한 병사의 모습은 군사 퍼레이드나 프로파간다 영상에서 자주 확인된다. 격투기도 조선인민군이 중시하는 요소 중 하나로 특히 특작부대에 속한 병사는 혹독한 훈련을 받으며, 탈북자의 증언에 따르면 그 기량은 한 명이 열 명의 적군을 상대할 수 있다고 한다.[69] 이런 북한의 격투기로 유명한 것이 바로 주체격술(主體格術)이다. 주체격술은 군대 무술로서 균형이 잡힌 우수한 격투기라 평가된다. 바르샤바 조

약 기구의 가맹국은 그 완성도에 감명받아 폴란드는 격술을 자국군에 도입했고, 동독도 자국의 군대 무술에 일부 요소를 도입했다.[70] 격술은 쿠바에도 도입되었고, 리비아 등 일부 국가에는 북한에서 교관이 파견되어 특수 부대에 군용 나이프를 사용하는 근접 격투술을 지도했다고 한다.[71]

　조선인민군의 보병 장비에 큰 전환기가 찾아온 것은 휴대형 대공 미사일인 9K32 스트렐라-2와 대전차 유도 미사일인 9M14 말륫카가 도입되면서부터다. 이것들은 1974년 이집트로부터 입수한 것을 역설계해 국산화한 것으로 생각되지만, 1970년대 후반에 소련으로부터 직접 공급받았다는 자료도 있다.[72] 중국제 HN-5A 휴대형 대공 미사일과 HJ-73 대전차 유도 미사일(각각 9K32와 9M14의 중국판 카피)도 구입했지만, 소련제 원본과 구분하기는 힘들다.[73] 하지만 입수 경위와는 상관없이 북한은 곧바로 카피판의 생산을 개시해 세계 각지로 수출했는데, 스트렐라-2는 CSA-3A나 PGLM, 말륫카는 불새-1이라고 이름을 붙였다.[74] 사실 9M14는 북한이 최초로 운영한 대전차 유도 미사일은 아니다. 이미 소련제 3M6 시멜을 2P26 경트럭의 짐칸에 적재한 전례가 있었다. 하지만 시멜에는 불새(북한 대전차 미사일의 제식 명칭)라는 이름이 부여되지 않았고, 아마도 국산화까지는 이뤄지지 않은 것으로 보인다. 시멜은 수동 시선 유도 방식(MCLOS:Manual command to line of sight)으로 대전차 유도 미사일의 원조라 할 수 있는 구형 시스템이기에 조선인민군이 현재도 운용할 가능성은 낮다.[75] 1980년대 초에는 323식 병력 수송 장갑차의 차체를 사용해 불새-1을 5기 탑재한 차량의 생산이 시작되었다. 5기의 불새-1은 차체 후방에 수납 가능하며 소련의 9P133(BRDM-2를 베이스로 한 ATGM 캐리어)을 모방한 차량이다. 이 차량에는 KPV 14.5mm 중기관총이 탑재되어 있지만, 미사일 사수의 조준에 방해가 되기에 탈거한 경우도 있다. 권총에서 휴대형 대공 미사일까지 자국에서의 생산에 일단 성공한 북한

이지만, 소련과의 불화가 심각해진 결과 무기 개발 선진화의 흐름은 10년 정도 뒤처지게 되었다.

그래서 북한은 중국과의 우호 관계를 맺었지만, 양국의 소화기 군수 산업의 기술력에는 큰 차이가 없었고, 이 밀월 관계에서 북한이 얻은 것은 그리 많지 않았다. 북한은 기존 보병 화기의 생산을 계속했지만, 미군과 한국군의 무장에 비해 해가 갈수록 격차가 벌어지고 있다. 권총이나 자동소총 등은 기술 격차가 그렇게까지 심각하지 않았지만, 대전차 미사일이나 휴대형 대공 미사일 같은 고급 기술에 의존하는 정밀 유도 무기의 질적 차이는 현저

1980년 해상 잠입을 시도하다 사망한 북한 공작원의 사체에서 발견된 소음기 부착 FN 베이비 브라우닝. 이 권총은 소음기를 달아도 크기가 작아 북한 공작원이 애용하는 무기다. 바닥에는 압수된 Vz.61 스콜피온이 3정 보인다. (KTV)

하다. 보다 두터운 장갑을 갖추고 효과적인 자위 수단인 채프/플레어 등을 장비한 목표를 상대로 구형 유도 무기로는 충분한 대응을 할 수 없기 때문이다. 1980년대 중반에 소련과의 관계가 서서히 회복하면서 북한은 뒤처진 것을 만회하듯이 AK-74, 9K111 파곳 대전차 유도 미사일, 9K34 스트렐라-3, 그리고 9K310 이글라-1 휴대형 대공 미사일의 생산 면허를 취득했다. 특히 9K310 이글라-1은 다양한 차량에 탑재되어 조선인민군 창설 60주년을 기념하는 1992년의 군사 퍼레이드에서 대대적으로 과시하였다. 이 시기에 도입된 장비는 그 후 수십 년간 북한이 독자적으로 개량, 현대화하여 현재의 조선인민군 육군 주력 장비를 구성하고 있다. 6.25 전쟁 당시 제공권을 상실하면서 미군과 유엔군의 폭격에 모든 부대와 보급선을 파괴당하는 쓰라린 경험을 한 북한에게 있어 휴대형 대공 미사일 시스템의 보급은 대환영을 받았다. 비교적 싼 가격에 조작이 쉬운 휴대형 대공 미사일은 지상에 있는 병사가 적 항공 전력으로부터 몸을 지킬 수 있는 중요한 장비다. 5km라는 요격 가능 범위가 적의 항공 부대에 주는 타격은 크다. 북한은 이들 휴대형 대공 미사일을 다양한 차량, 선박에 탑재했고, 시리아, 모잠비크, 베트남, 남수단(불확실) 등의 해외 국가에도 적극적으로 수출했다.[76, 77] 1990년대에 9K310 이글라-1을 카피, 2000년대 초에는 개량형인 9K38을 소련에서 입수한 북한은 이것을 HT-16PGJ이라는 이름으로 국산화했다. HT-16PGJ에는 9M39 미사일과 같이 공력 저항을 고려하여 설계한 시커를 채용했다.[78, 79] 미국의 FIM-92 스팅거의 영향을 받았을 가능성도 있지만 외견은 9K310을 방불케 하는 형상이다.[80] 9K38 이글라, 그리고 9K338 이글라-s를 닮은 새로운 개량형 휴대형 대공 미사일이 2010년의 조선로동당 창건 65주년 군사 퍼레이드에서 확인되었지만, 아직 대량 배치에는 이르지 못한 것 같다.

1980년대 중반에 들어서 주한미군에 배치되기 시작한 M1 에이브럼스 주력 전차나 대한민국 육군이 개발 중인 K1 주력 전차

같은 새로운 위협에 대해 북한이 보유한 대전차 유도 미사일은 실용성을 잃어 가고 있었다. 조선인민군은 시대에 뒤처진 불새-1은 물론 그보다도 낡은 3M6 시멜에 의존해야 했는데, 이들 ATGM은 목표에 명중할 때까지 유도의 난이도가 높았다. 북한은 보다 현대적인 대전차 유도 미사일이 필요했다. 그래서 이 무렵에 북한은 9M111-2 미사일을 사용하는 소련제 9K111 파곳 대전차 유도 미사일을 도입해 국산화했다고 여겨진다. 파곳은 1980년대 후기의 비교적 선진화된 대전차 유도 미사일로 장갑 관통력은 불새-1에 비해 약간 더 우수한 정도지만, 유도 성능은 훨씬 향상되었다.[81] 북한에 있어서 9K111 파곳은 이후 수십 년간에 걸쳐서 개량형의 개발을 하는 귀중한 모체가 되었고, 곧바로 북한의 독자적인 개량형이 개발되었다. 1990년대에 에티오피아를 경유해서 입수한 BGM-71 TOW 미사일을 참고했을 가능성이 있는 이 개량형은 SACLOS(Semi-Automaticto Command Line Of Sight)라고 불리는 반자동 시선 유도 방식을 채용했다. 미사일 뒷부분 끝의 센서가 발사기의 레이더파를 수신하는 방식으로 와이어를 통한 대전차 유도 미사일의 직접 유도가 필요 없다(유선 방식의 대전차 미사일은 하천이나 호수를 넘어서 사용할 수 없는 등의 이런저런 제약이 있다).[82, 83] 레이더파는 협소한 범위에 쏘아지는 데 더해 미약하기 때문에 유선 방식이 가진 높은 재밍 방어력은 SACLOS식에도 그대로 이어지고 있다. 보다 콤팩트한 최신 개량형은 발사기에 새로이 교란 방지를 목적으로 광학 기기가 추가되어 레이더파를 반사하는 채프 같은 재밍 수단에 대한 대처 능력도 더욱 향상되었다. 9K111 파곳의 파생형은 전부 불새-2라 불리며, 9K111의 NATO 제식명인 AT-4라는 이름으로 수출되었다. 수량은 명확하지 않지만, 2000년대에 이란에도 수출된 것이 확인되었다. 이들 중 일부는 가자 지구에 있는 하마스의 군사 조직인 '이즈 앗딘 알카삼'에도 밀수되어 트로피 능동 방호 시스템을 탑재한 이스라엘 주력 전차 메르카바를 향해 사용된 실적이 있다. 밀수된

1982년, 조선인민군 창설 60주년 기념 열병식에서 불새-1 대전차 유도미사일을 탑재한 323식 병력 수송 장갑차. (KCBC via KPA Journal Vol.1 No7, Joseph S. Bermudez Jr.)

2015년 무렵, 시리아의 라타키아에서 북한제 HT-16PGJ 휴대형 대공 미사일을 들고 있는 반체제파 투르크멘인. (저자 소장)

조선인민군 육군에서 휴대형 대공 미사일이 널리 보급되면서 다양한 형식이 동시에 사용되고 있다. 사진 왼쪽부터 러시아의 이글라-1, 북한의 HT-16PGJ, 러시아의 스트렐라-3 3종류의 MANPANDS가 보인다. (KCBC)

AT-4 중 일부는 가자 지구에 존재하는 '알나세르 살랄 알딘 여단'에도 공급되었다. 또한 미얀마도 AT-4를 배치한 것으로 보이는데, 그 숫자나 도입 시기는 판명되지 않았다. 조선인민군은 이들 대전차 유도 미사일 시스템을 범용 트럭이나 지프에 탑재해 기동성이 높은 경대전차 차량으로 운용되고 있다.

불새-2는 현재도 현대화 개수를 하고 있다. 2016년 2월에 실시된 최신형의 시험 사격을 김정은도 참관했다. 김정은은 시험 사격에서 다양한 가상 표적을 파괴하는 걸 참관했으며, 표적으로 콘크리트 건물, 그리고 자국산 천마(天馬)-216 주력 전차가 사용된 것으로 보아 적어도 2종류의 탄두를 개발한 것으로 보인다.

국영방송도 '자가단조탄두' 와 '열압력탄두'의 2종류를 언급했고, 다양하게 기재된 주의 사항에 다소의 차이가 있는 사실도 다양한 종류의 탄두가 존재한다는 가설의 신빙성을 높이고 있다.[84] 주목할 점은 2009년까지 조선인민군의 더욱 선진적인 주력 전차였던 천마-216 전차가 표적으로 선택된 점이다. 이것은 북한이 대전차 유도 미사일의 성능을 명확히 확인하려는 의도일 것이다. 물론 천마-216 전차의 구체적인 장갑 구성은 알려지지 않았지만, 또한 시험 중에 이 차량은 철저하게 파괴되었기에 사용된 대전차 유도 미사일의 관통력이 어느 정도인지는 불명확하다. 하지만 증가 장갑이 있는데도 포탑 전면을 관통한 것을 보면 개량형의 성능을 과소평가해서는 안 될 것이다. 외견상으로는 발사기와 미사일 쌍방이 과거의 것과 동일하여 구체적으로 어떤 개량이 이루어졌는지 추측하기는 어렵다. 유일한 힌트는 미사일 캐니스터의 개구부에 그려진 흰색 선의 수가 가자 지구에서 보인 종래형의 1개에서 3개로 늘어난 점이다. '최신형의 사거리는 세계의 어떤 동종 미사일보다도 길다'고 김정은이 말한 것을 보면 아마도 유효 사거리의 연장을 주목적으로 개량했을 것으로 추측된다. 하지만 수십 km의 사정거리를 자랑하는 대전차 유도 미사일이 세계에 존재하는 시점에서 김정은의 주장은 과장되었을 거라 생각된다. 그러나 최신형의 유효 사거리에 북한이 만족한 것은 틀림없다. 이후에는 관통 성능 향상에 힘을 기울이고 있을 것이다.

시대에 뒤처진 불새-1의 현대화를 시도하는 움직임도 있다. 2013년 말 북한과 모잠비크 사이에 무기의 현대화 계약이 체결되었다. 다수의 개량 품목 리스트 중에는 말륫카(불새-1의 소련제 오리지널)도 포함되어 있다.[85] 구체적인 개수 내용은 계약 문서에 기재되어 있지 않지만, 북한은 기존의 대전차 유도 미사일의 개량에 상당한 노력을 기울여 불새-2와 마찬가지로 불새-1도 다양한 개량형이 개발된 것으로 보인다. 관통 능력을 높이는 탠덤 탄두나 유효 사거리를 늘리는 2단 추진 부스터의 채용, 그리고 수동에서 반자동 시선 유도 방식(SACLOS)으로 변경하는 등의 개량이 예상된다. 하지만 이런 개량형을 보유하더라도 한국의 기갑 전력에 대응하기에는 역부족이다. 그래서 북한은 2010년대에 완전히 새로운 대전차 유도 미사일 시스템 2종의 도입을 결정했다.

그 첫 번째는 적어도 2010년 초부터 개발이 시작된 불새-3다. 이것은 전장에서 두려움의 대상이 된 러시아제 9M133 코넷의 카피, 또는 기능적으로 동등한 대전차 유도 미사일 시스넴이라 여겨진다.[86] 자국 생산을 위해 필요한 정보를 직접 러시아로부터 얻었는지, 제3국 등을 통해 간접적으로 얻었는지는 알 수 없지만, 2008년에 적어도 8기의 코넷이 연구 목적으로 시리아에서 북한으로 넘겨졌다.[87] 현재 세계에서 운용되고 있는 대전차 유도 미사일 중에서도 유수의 성능을 자랑하는 코넷을 손에 넣은 북한이 역설계와 국산화를 서두르는 것은 당연한 일이다. 불새-3가 최초로 선보인 것은 조선인민군 창건 70주년을 기념하여 실시된 2018

년 2월의 군사 퍼레이드였다. 이 퍼레이드에서는 선군(先軍)-915 주력 전차의 포탑 상부에 탑재되어 있었지만, 전문적인 대전차 부대를 포함한 다양한 형태로 운용이 가능하며 한국과 미국의 주력 전차에 큰 위협이 되는 것은 확실하다. 5km 이상의 사거리를 가진 불새-3는 폭발 반응 장갑(ERA)을 파괴 후 1,000mm 두께의 균질압연장갑을 관통할 수 있다. 다만 개발 및 생산 비용이 높아 불새-3와 병용하는 형태로 구형의 대전차 미사일 시스템을 계속 사용하고 있다.

또 하나는 공화국 창건 70주년 기념 열병식 도중에 등장한 조선인민군의 숨겨진 한 수라고 전해지는 새로운 타입의 대전차 유도 미사일이다. 이 대전차 유도 미사일은 M-2010 6륜 장갑차를 베이스로 한 차량의 다각형 포탑에 발사관 8기를 탑재했다. 자세한 제원은 알 수 없지만, 그 성능은 비가시거리영역방식(NLOS:Non Line Of Sight) 유도가 가능한 중국의 HJ-10에 필적하거나 HJ-10의 파생형이라 생각된다. 실제 HJ-10도 북한과 마찬가지로 중국 인민해방군에서 AFT-10이라 불리는 전용 차량에 탑재하여 운용하고 있다. NLOS란 지형에 관계없이 비가시거리에 위치한 목표에 대해 공격할 수 있는 능력을 말하며, 산악이나 삼림이 많은 한반도에서 유용할 것이다.

한국이 NLOS 방식으로 공격이 가능한 이스라엘제 스파이크 대전차 유도 미사일을 배치한 것은 단순한 우연이 아니다. 같은 지형 조건을 극복할 필요가 있기 때문이다. 북한이 새로운 대전차 유도 미사일의 도입을 서두르게 된 것은 2010년의 연평도 포격 이후, 한국이 연평도에 스파이크 ATGM을 배치했기 때문이다. 북한의 이 새로운 대전차 미사일에 관해서는 전혀 알려진 바가 없다. 실사격 시험도 공개되지 않았고, 실제 개발 경위, 그리고 배치의 진척 상황 등이 전부 불명이다. 확실한 것은 북한이 차세대 대전차 유도 미사일 시스템의 개발에 성공해 실전 부대에 배치한다면, 한국과 미국이 운용하는 기갑 전력에 크나큰 위협이 된다는 것이다.

현대화가 진행되는 것은 유도 무기뿐만이 아니다. 당시 소련과 동맹 관계에 있는 많은 나라들이 한 것처럼 북한도 AK-74의 카피에 착수해 1980년대 후반에는 88식 보총이라는 이름으로 생산을 개시했다. 88식 보총은 대량 생산되어 조선인민군에 배치된 구형 AK계열 자동소총을 대체했고, 로농적위군 일부에도 공급되었다. 사용 탄약이 7.62×39mm에서 5.45×39mm로 변경된 결과, 이전의 자동소총에 비해 경량화되어 다루기가 쉬워졌다. 비용 절감의 일환으로 초기의 88식 보총은 보다 가벼운 AK-74의 합성수지 탄창 대신 금속 탄창을 채용했다.[88] 소련제 오리지널과 같은 목재 개머리판(가목식) 형식도 제조되었지만, 이후에 AKS-74처럼 측면으로 접히는 접철식 개머리판 또는 위로 접히는 독특한 가철식 개머리판으로 변경되었는데, 이 2종은 각각 88식 보총 Ⅰ형, 88식 보총 Ⅱ형이라 칭해진다. 소련제 GP-25 40mm 유탄 발사기를 장착한 88식 보총이 보이지만, 찍힌 화상이나 영상이 적은 것으로 보아 생산 및 배치 수량은 제한적이라 생각된다. 88식 보총은 생산이 이뤄지면서 차차 개량되어 2000년대에는 AK-74M과 유사한 외관을 가진 개량형이 조선인민군에 지급되기 시작했다. 이 신형은 AK-74M의 것과 같은 폴리카보네이트제 총열덮개

불새-2 발사기가 얼마나 운반하기 쉬운지 잘 보여주는 이즈 앗딘 알카삼 여단의 병사. 2기를 나를 수 있는 전용 운반 기구가 북한에서도 사용되는 것으로 판명되었다. (저자 소장)

불새-2 대전차 미사일을 시험 사격하는 병사. 2016년 촬영. (KCBC)

불새-2 대전차 유도 미사일에 맞아 폭발하는 천마-216 전차의 포탑. 시리아 내전의 전투 기록 영상을 방불케 하는 모습이다. (KCBC)

가 달려 있지만, 개머리판은 오
리지널과 달리 측면, 또는 상부
로 접힐 수 있다. 이렇게 88식
보총의 목제 파츠는 완전히 교
체되었다. 동시에 플라스틱제
경량 탄창의 생산이 개시되면
서 구형 88식 보총을 장비하는
2선급 부대에도 서서히 보급되
고 있는 것으로 보인다. 이들
개량형은 98식 보총이라고 불
리기도 하지만, 북한 국내에서
이 명칭을 사용하지는 않는 것
으로 보인다.

88식 보총의 파생형 중 특
별히 눈에 띄는 것이 있는데,
전국 각지의 부대를 시찰하던
김씨 일가나 고관이 수훈을 세
운 병사에게 크롬 도금을 한
총을 수여하는 경우가 있다.
이들 증정용 총에는 호화로운
장식이 새겨지며 수여받는 병
사의 계급이나 실적에 따라 다
양한 형태가 있다. 그리고 총
측면에는 최고지도자의 사인
이 각인된 명판이 부착되기도
한다.

증정 행사는 일반적으로 김
씨 일가가 부대, 또는 연습을
시찰한 후에 통상 크롬 도금이
된 88식 보총과 73식 대대기관
총, 금도금한 쌍안경을 각각 병
사들에게 하사하게 되며, 이후
최고지도자를 중앙에 두고, 반
짝이는 장비의 새로운 소유자
가 된 병사를 포함해 부대 전

2018년 9월, 조선로동당 창건 70주년 기념 열병식에서 평양 시가지를 행진하는 발사 후 망각 방식 대전차 미사일을 사용하는 것으로 보이는 대전차 장갑차. (KCBC)

1986년 4월, 소련에서 생산된 2정의 AK-74와 1정의 AKS-74를 살펴보는 김일성과 김정일. 우측 끝에 보이는 것은 AGS-17 자동 유탄 발사기이다. (KCBC)

원이 줄지어 서서 단체 사진을 촬영하는 것으로 끝난다. 이 '하사품 정치'의 전통은 김일성 시대까지 거슬러 올라가며, 김정일 집권기에는 행사의 중요도가 더욱 높아졌다. 그리고 김정은이 집권한 지금까지 이 전통은 계승되고 있다. 우습게도 이들 화려한 장비를 받은 병사들은 훈련에서, 그리고 위장하는 게 중요한 실전에서 눈에 잘 띌 수밖에 없다. 좀 더 합리적인 적용 예로는 국가 행사를 치르는 의장대에서도 크롬 도금된 소총을 사용하는 것을 들수 있는데, 다만 의장대가 사용하는 것은 88식이나 73식 이외의 다른 소화기인 경우가 많으며 대표적인 총기로는 53식 보총, 68식 보총, 또는 SKS의 북한판인 63식 반자동보총이 있다.

2010년대에 들어서 88식 보총을 개량하는 움직임이 가속화되었다. 그 가장 큰 예시가 2010년 초에 김씨 일가의 개인 경호대에 배치된 헬리컬 탄창이다. 헬리컬 탄창은 혁신적인 나선 구조를 택

해 장탄수를 대폭 늘리면서도 중량 증가를 최소한으로 억제할 수 있으나 복잡한 구조 탓에 작동 불량을 일으키기 쉽고 생산 단가가 높다는 단점이 있다. 때문에 여타 국가에서는 헬리컬 탄창의 보급에 그리 적극적이지 않은 편이다. 거기다 헬리컬 탄창의 운용을 상정해 설계되지 않은 총기에 사용할 경우, 중량 배분이 무너져 불안정해질 가능성도 있다. 실제로 헬리컬 탄창을 대량으로 배치한 곳은 북한이 처음이다. 특수 부대뿐 아니라 일반 부대에도 채용되어 근래의 군사 퍼레이드에서 자주 보이는 장비 중 하나가 되었다. 또한 중간 탄약(5.45×39 mm탄)을 사용하는 헬리컬 탄창의 실전 배치도 북한이 처음이다. 무게 2kg 정도의 헬리컬 탄창에는 대략 150발 이상의 총탄을 장전할 수 있다고 하는데, 보통 2개의 예비 탄창을 휴대하기 때문에 일반적인 탄창을 휴대하지 않음에도 각 보병은 450발을 사격할 수 있는 셈이다. 2010년대 중

반에 등장한 단축형 88식 보총에는 보다 소형의 헬리컬 탄창이 채용되었다. 이것에도 최소한 80발은 장전될 것이다. 이 단축형 88식 보총의 존재는 2016년 12월에 실시된 한국의 청와대 습격을 상정한 훈련에서 처음 확인되었다. 대폭 단축된 가스 튜브, 포구 제퇴기, 총신 상부로 접히는 개머리판을 가진 이 총은 소련의 AKS-74U와 유사하다 하겠다. 도시에 투입되어 밀집된 시가지에서의 전투가 예상되는 북한의 특작부대에게 있어 우수한 단축형 소총은 큰 역할을 할 것이다.

외관이 AK-74M과 비슷한 88식 자동보총의 최신형. 총신의 아래에는 40mm GP-25 유탄 발사기를 장착, 신형 플라스틱제 경량 탄창을 사용하고 있다. (NK Pro)

88식 보총 중에는 한국의 복합소총에 촉발되어 개발된 NK11이라 불리는 발전형이 있다.[89] NK11은 2000년대에 한국 육군에서 개발한 S&T K11 복합소총과 유사한 구성으로 이뤄져 있는데, 88식 보총의 5.45×39mm 탄과 구경이 불명확한 유탄을 발사할 수 있다. 이것은 2018년 2월의 조선인민군 창설 70주년을 기념하는 군사 퍼레이드에서 처음으로 등장했고, 원형이 되는 소총과 구경에 차이는 있겠지만 불펍 방식의 유탄 발사기와 소총이 통합된 특징적인 디자인은 확실히 한국의 K11을 카피한 것으로 보인다. 하지만 K11과 NK11의 가장 큰 차이점은 K11이 가지고 있는 고도의 광학 조준 장치이다. K11의 큼직한 조준 장치는 탄도 계산기와 레이저 거리 측정기가 복합되어 있어 20밀리 유탄의 신관 설정 변경도 가능하다. 신관에는 3종류의 설정이 있으며 공중에서 작렬하는 에어버스트 모드, 장애물을 관통해 작렬하는 지연 모드 등을 선택할 수 있다. 북한의 NK11에도 비슷한 크기의 조준 장치가 장착되어 레이저 거리 측정기도 내장되어 있을 것이라 여겨지지만 그 성능이 한국의 K11을 웃돌 것으로는 보기 어렵다. 하지만 K11의 소총 관제 시스템은 신뢰성이 떨어지고, 20mm 유탄의 화력 부족이나 상당히 높은 가격 등 문제점이 많다. 그 점에서 보면 고도의 기능을 포기하고 간략화한 북한의 NK11이 K11보다 좋은 결과를 얻었을 것이라 보인다. 사실 NK11이 첫 등장한 군사 퍼레이드의 영상에 의하면 2018년 9월의 시점에 적어도 800정이 생산되어 조선인민군 육군에 배치되었다.

호화로운 각인과 크롬 도금이 된 백두산 권총. (KCBC)

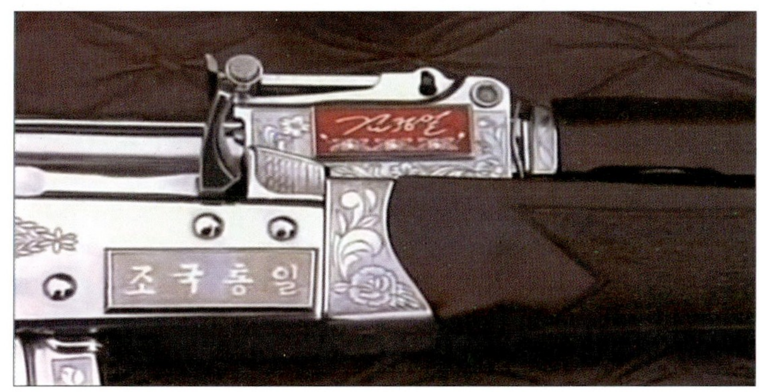

화려한 조각과 크롬 도금이 된 88식 자동보총의 측면을 확대한 모습. 총몸 윗쪽에 '조국통일'이라 새겨진 금속판과 김정일의 사인이 들어 있다. (KCBC)

NK11처럼 눈에 띄지는 않지만 보다 낮은 비용으로 조선인민군 육군의 전투 능력을 크게 향상시킬 장비 개선은 2000년대 초부터 실시되고 있다. 그러한 예 가운데 하나로 폭발 반응 장갑에 대응하여 설계된 소련제 PG-7VR을 카피한 68식 발사관용 탠덤 탄두가 있다. 이것은 소량의 성형 작약을 먼저 기폭시켜 ERA(반응 장갑)를 무력화시키고, 이어서 탄두 본체가 목표인 주장갑을 관통하는 방식이다. ERA 대응이라는 제한적 역할과 높은 생산비 때문에 이와 같은 탠덤 탄두를 대량으로 도입한 군대는 세계적으로 보아도 드물다. 북한이 PG-7VR을 카피해 자국 생산까지 하며 탠덤 탄두를 도입한 것은 북한이 상대적으로 열세인 기갑 전력의 격차 때문이다. 하지만 예상되는 적 기갑 차량 가운데 ERA를 장착할 수 있는 장비는 한국 육군의 K2 주력 전차뿐이다. 이 탠덤 탄두가 처음으로 확인된 것은 2012년, 김일성 탄생 100주년을 기념하는 퍼레이드였다. 당시는 K2 전차의 생산 개시 이전 시점이었고, 북한이 선제적으로 탠덤 탄두를 자국 생산하여 배치에 들어간 이유는 확실하지 않다.

조준할 때 총열 덮개가 아닌 대형 헬리컬 탄창을 잡게 되면서 원거리 사격 시 명중률이 저하될 것이다. (KCBC)

러시아의 PP-19 비존과 유사한 카빈형 98식 보총은 한국 도심지에서의 작전에 적합하다. (KCBC)

그 밖에도 구체적인 배치 수량은 불명이지만, 일회용 대전차 로켓 발사기인 RPO-A 시멜이 도입되었다. 시멜로 대표되는 이들 일회용 보병용 로켓 발사기는 열압력 탄두를 주로 사용하지만, 소이탄이나 연막탄 사용 모델도 있다. 열압력탄이란 착탄 순간 퍼진 연료를 발화시켜 공기 중의 산소와 폭발, 연소시키는 것으로 기존의 작약 탄두보다 큰 파괴력을 발휘할 수 있다. 높은 위력에 비해 크기가 작아 휴대성이 좋은 시멜은 경·중박격포, 소련제 AGS-17 자동 유탄 발사기와 그 북한제 복제판, LPO-50 같은 화염 방사기와 함께 조선인민군 육군이 운용하는 분대지원 화기의 능력 향상에 큰 공헌을 하고 있다.

여기에 더하여 보병 개인의 화력을 높이기 위해 북한에서 독자적으로 개발한 화기도 있다. 저렴한 비용으로 생산할 수 있는 독립형 로켓 발사기가 바로 그것이다. 이 로켓 발사기의 개발은 2010년 초부터 시작되었다. 심플한 형상의 총기처럼 생긴 이 발사기는 전용 더미 카트리지를 사용하여 다양한 종류의 탄두를 발사할 수 있다. 가장 큰 특징이라면 사용 탄두가 RPG-7과 호환된다는 점인데, 탄두를 발사기에서 사출하는 발사 장약을 제거하고 비행 안정핀만 장착한 탄두를 이용했으며, 명중 정밀도는 낮지만 단순한 구조에 장거리 간접 사격이 가능한 보병 화기로 완성되었다. 조준에는 RPG-7과 비슷하게 단순한 광학 조준기를 사용했지만, 일부 파생형에서는 상부로 접히는 개머리판이 장착된 것도 있어 허리에서 겨눈 자세에서 발사하는 것도 가능하다 생각된다. 사격 각도를 높게 잡고 발사할 경우 사거리가 1km를 넘을 가능성도 있는 이 독립형 발사기는 대략 수백 미터의 사거리를 가지며, 작약량이 적은 총류탄보다 훨씬 유용할 것이다. 물론 이런 장거리 사격은 명중률도 떨어지고 탄두의 가격도 총류탄에 비해 고가일 것임은 틀림없다. 앞서 설명한 것처럼 이 발사기는 RPG-7용 탄두를 사용할 수 있지만, 전용 유탄, 대인용 파편유탄, 소이탄 등 4종류의 탄두도 개발되었다. 그중에 적어도 2종류가 2010년대 중반 쿠바에 수출되었으며 수단의 국영 군사공업공사(MIC)가 북한제와 유사한 탄두를 판매하는 것도 확인된 바가 있다.

소화기처럼 직접적인 무기 이외에도 북한은 조선인민군 육군 장비의 질을 향상시키기 위해 투자를 아끼지 않고 있으며 많은 개량이 현재도 진행되고 있다. 그 일례로 들 수 있는 것이 2010년대 초부터 시작된 전투복의 변경이다. 새로 도입된 위장복은 미군의 위장 패턴인 M81 우드랜드에 강한 영향을 받았다. 이것은 1950년대부터 조선인민군에서 사용되어 오던 올리브 드랩 단색 전투복을 대체하기 위해 채용되었다. 미국은 우드랜드 패턴을 단계적으로 폐지하여 10여 년 전 완전히 교체했지만, 북한에서는 조선인민군에서 널리 쓰이기 시작했다. 우드랜드 패턴 이외에도 북한은 다양한 패턴의 위장복을 대량으로 사용하고 있다. 흥미 깊은 점이라면 이들 위장복 중에는 특수작전군, 전략군, 국경 경비대, 공동 경비 구역의 헌병(MP)(경무관) 등의 각 조직 전용 복장이 존재한다는 것으로, 각기 고유의 위장색을 사용하고 있으며 최근 사용하기 시작한 견장을 부착하고 있다고 한다.

특작부대는 이전부터 위장복을 사용해 온 유일한 조직으로 그 중요성을 잘 알고 있어 지금도 몇 종류의 위장복을 채용하고 있다. 이것은 국경 경비대도 마찬가지로 몇 종류의 일반적인 위장복 외에도 영국의 DPM 위장 패턴의 영향을 받은 것으로 여겨지는 특유의 위장복도 사용하는 듯하다. 또한 눈이 내리는 시기에는 동계 작전에 적합한 동계용 우드랜드 패턴 위장복이나 흰색 방수 후

NK11 복합보총은 5.45×39㎜ 탄을 사용하는 98식의 개량형에 구경 불명의 탄창식 유탄 발사기가 결합된 형태다. (NK Pro)

LPO-50 화염 방사기를 사용하는 북한 병사. (KCBC)

드 재킷도 지급되고 있다.

위장복과 동시에 새로운 헬멧도 도입되었다. 미국의 PASGT 시리즈를 참고해 개발된 신형 헬멧은 조선인민군 내에서 현재도 널리 보급되어 있는 소련제 헬멧 및 북한제 복제품과 같이 사용되고 있다. 2012년에 수도 평양에서 실시된 김일성 탄생 100주년 군사 퍼레이드 중에 처음 일반에 공개된 이 신형 헬멧은 당초에 중국에서 구입한 것으로 보았다. 하지만 막대한 숫자의 조선인민군 병사들에게 최대한 많이 보급하기 위해서 국산화를 했을 것이다. 그 밖에 특작부대에 부분적으로 배치된 최신 장비로 전술 조끼나 디지털 위장 패턴의 방탄조끼, 간이형 암시 장치 등을 들 수 있는데 이들 장비 중 상당수는 중국에서 조달, 비교적 적은 비용으로 특작부대의 전투력을 향상시킬 수 있었다. 한편 조선인민군 전체의 전투 효율 향상을 위해 전장 감시 레이더나 고도의 C4I 시스템(지휘, 통제, 통신, 컴퓨터, 정보, 감시, 정찰 등의 통합 시스템)의 구축 등으로 대표되는 보다 진보적인 개혁도 시도되고 있다. GD-200은 휴대식 감시 및 목표 포착 레이더로 10km 범위 내의 지상 차량, 그리고 4km 이내의 보병을 다양한 기상 상황에서도 탐지, 측정이 가능하다. 외견적으로도 유사한 소련의 PSNR-5 전장 감시 레이더의 파생형인 GD-200은 그 밖의 전장 감시/대포병 레이더와 같이 개발되어 실제로 부대 배치도 이뤄졌다. 한편 C4I 시스템의 보급은 북한의 특작부대에 한정해 배치되었을 거라 생각된다. 특작부대에 최신 장비가 배치되면 지금까지 사용하던 구세대의 전자 장비가 하

위 조직으로 돌려지는 구조다. 이 분야의 진보는 북한이 내세우는 위장 회사인 글로콤(Glocom)이 수출, 판매하는 GS-2500 C4I 시스템 등의 전자 기기, 장비로 알 수 있다. GS-2500은 육, 해, 공에 전개되는 각 부대를 통제 및 지휘할 수 있으며 부대 간의 안전한 통신 수단을 확보하고 병사 각각의 신체 상태를 모니터하는 기능도 가지고 있다고 한다. 글로콤이 판매하는 이들 전자 장비는 주로 해외 수출 사양이지만, 같은 수준의 전자 장비가 조선인민군에 배치되었음은 상상하기 어렵지 않다. 다만 이들 전자 장비는 상당한 고가에 외국에서 수입한 부품에 의존하기에 실전에서의 실용성에는 한계가 있을 것이다.

전장이 북한 사람의 평균 신장에 가까운 68식 발사관. PG-7VR 탄두를 복제한 탠덤식 탄두를 사용하고 있어 최신식 현용 전차라고 해도 결코 안심할 수 없다. (KCBC)

PSL계 저격소총을 들고 길리슈트를 입은 저격수. 조선인민군 육군에서는 거의 모든 병과에서 여성에게 문호를 개방하고 있다. (그림: Adom Hook)

이 북한군 병사가 들고 있는 73식 대대기관총과 같이 크롬 도금이 된 총은
고관이 열병식을 할 때 우수한 병사에게 수여하는 것이 일반적이다. (그림: Adom Hook)

접철식 개머리판과 헬리컬 탄창이 달린 카빈형 98식 보총을 왼손에 들고,
접철식 개머리판의 독립형(Stand-Alone) 로켓 발사기를 매고 있는 북한군 병사.
컬러풀한 위장 패턴, 방탄조끼, 금도금을 한 예식용 쌍안경에 주목. (그림: Adom Hook)

구형 디자인의 소총형 로켓 발사기의 시제품을 살펴보는 김정은. 앞에 놓인 것은 발사기에 사용되는 탄두. 적어도 4종류가 있는 것으로 알려졌으며, 그중 하나로 보인다. (KCBC)

조선인민군의 장비 혁신에 있어 과거의 예를 보면 새로 개발된 무기나 장비가 구형 장비를 완전히 대체한 경우는 없다. 하지만 구형 장비를 보완하는 형태로 개발, 운용되는 최신 장비가 북한의 전쟁 수행 능력의 향상에 공헌하고 있는 것은 틀림없다. 혹자는 전차와 항공기는 물론 소화기 같은 개인 장비조차 낡은 것을 계속 사용하고 있는 조선인민군을 시대에 뒤처진 군대라 생각할 것이다. 하지만 그들의 기술 혁신 속도는 매년 빨라지고 있고, 화려한 군사 퍼레이드에서 선보이는 새로운 장비의 숫자는 이 '시대에 뒤떨어진' 국가를 결코 얕봐서는 안 된다는 경고이기도 하다. 매번 뉴스를 뜨겁게 달구는 전략 탄도 미사일이나 대량 파괴 무기에 비해 임팩트는 떨어지지만, 배치가 진행되는 최신 자동소총이나 대전차 미사일과 같은 개인 장비는 북한이 군대의 현대화를 꾸준히 지속하고 있다는 확실한 증거이다.

병력 수송 장갑차

조선인민군은 전통적으로 보병을 주축으로 하는 군대이다. 이 보병의 대부분은 트럭이나 기갑 차량으로 수송되며 때로는 도보로 이동한다. 하지만 1970년대에 들어서면서 보병을 보다 신속하게 이동시켜 전차 같은 진투 차량과 같은 속도로 진군이 가능한 병력 수송 장갑차(APC)로 점점 중점이 옮겨지고 있다. 대부분의 기갑 차량과 마찬가지로 북한의 병력 수송 장갑차는 험한 산악 지형과 하천이라는 한반도 특유의 지형을 극복하는 것이 주목적이다. 속도와 기동성을 중시하며 간단한 사전 준비만으로 도하가 가능한 이들 병력 수송 장갑차는 기본적으로는 경량 차체인 경우가 많다. 무장은 작고 경량의 차체에 비해 고화력을 발휘하는 14.5 mm KPV 등의 중기관총을 1정, 또는 2정 탑재한다. 하지만 타국의 병력 수송 장갑차에서 보이는 기관포나 대전차 유도 미사일 같은 보다 선진적이고 화력이 강한 무장은 부족하며 수륙 양용 기능을 가지는 대신 얇고 빈약한 장갑이라는 대가를 치렀다. 그래서 보다 강력한 화력 지원을 필요로 하는 경우에는 보병 및 보병과 동반하

는 보병 전투차(IFV)에 맡길 필요가 있다. 조선인민군의 경우, 높은 화력을 투사할 수 있는 보병 전투차의 수가 적기 때문에 모자라는 화력을 대량의 화력 지원 차량(자주포나 자주 박격포 등)으로 보충하고 있다. 병력 수송 장갑차가 본격적으로 생산되기 시작된 것은 1970년대부터이고, 최근 새로이 배치가 시작된 신규 차량까지 포함하면 조선인민군이 소유한 병력 수송 장갑차의 총수는 약 2,500대를 넘어 점점 증가 중이다. 물론 이들 병력 수송 장갑차의 전부가 북한제인 것은 아니다.

북한 병력 수송 장갑차의 역사는 자국 내 생산에 첫발을 내디딘 1970년대보다 훨씬 이전까지 거슬러 올라갈 수 있는데, 6.25 전쟁 휴전 시점에 이미 조선인민군은 소수의 APC를 운용하고 있었다. 하지만 당시의 북한은 병력 수송 장갑차를 그다지 중시하지 않았던 것으로 보이며, 이 시기에 확인된 것은 소수의 BTR-40, BTR-152, BTR-50 등의 소련제 APC가 수입된 사례뿐이었다. BTR-152와 BTR-50의 경우 조선인민군이 제식 채용조차 하지 않았다. 이들이 병력 수송 장갑차에 대해 본격적으로 관심을 갖게 된 것은 1960년대 후반부터의 일이다. 이 무렵 북한은 자주포와 전차의 국산화를 목전에 두고 있었고, 이에 수반하여 움직이는 병력 수송 장갑차의 필요성을 인식하기 시작했다. 같은 시기, 소련에서 수륙 양용 APC인 BTR-60PB가 도입되었고, 1969년에는

조선인민군 육군의 여명기, 병사의 장비를 검열하는 김일성. (KCBC)

그로부터 거의 반세기 후, 신형 위장복과 전술조끼를 검열하는 김정일과 김정은. (KCBC)

69식이라는 이름으로 국산화
에 성공했다고 북한은 주장하
고 있다. 하지만 현재 조선인
민군 육군에서 사용되고 있는
BTR-60PB의 수량이 비교적
적고, 소량 생산에 따르는 기술
적 난제를 감안하면 이 차량들
은 세미 녹다운 방식으로 생산
된 것을 과장했거나 아예 허위
주장일 가능성이 높다. 그로부
터 몇 년 뒤, 북한은 중국제 63
식 수륙 양용 APC YW531A
를 대량으로 수입하기 시작했
다. 63식은 곧바로 복제되어
다양한 파생형이 나왔고, 현재
조선인민군에서 사용되고 있
는 기갑 차량 중 가장 유명하
다. YW531A의 국내 생산형은
일반적으로 VTT-323으로 잘

최신 개인 장비로 중무장한 병사. 실제로는 이런 장비를 가진 부대는 특작부대뿐이다. (KCBC)

못 알려졌지만, 북한에서는 단순히 323식 병력 수송 장갑차라 불
리고 있으며 1973년부터 신흥의 전차 공장에서 생산이 개시된 것
으로 보인다.[90] 중국의 협력을 받아 생산되었을 것으로 생각되는
323식 병력 수송 장갑차와 그 원형인 YW531A과의 큰 차이는 2
정의 KPV 14.5mm 중기관총과 조준기를 장비한 포탑이 설치되었
다는 점일 것이다. 이로 인해 APC의 전장이 길어지고 보기륜이
하나 더 늘어나 포탑이 추가되고도 병력 수송 능력의 감소는 없었
으며 북한 측 정보에 의하면 승무원 외에도 12명의 병력을 수용
가능하다고 한다.[91] 또 하나의 중대한 개량점은 수상 주행을 할 때
의 속도이다. 궤도의 회전으로 추력을 얻는 YW531A와 달리 323
식 병력 수송 장갑차는 워터 제트를 채용하여 수상에서의 이동 성
능을 향상시켰다. 또한 323식 병력 수송 장갑차에는 양 측면에 2
개씩 BTR-60PB에서도 보이는 소화기용 건포트(총안구)가 있다.
323식은 기본 설계에 큰 변경 없이 생산되었지만, 최근에는 30mm
자동 유탄 발사기를 총탑 우측에 추가 장비한 모델도 흔치는 않
지만 종종 목격되고 있다. 자동 유탄 발사기가 탑재되어 직접 사
격뿐만 아니라 간접 사격을 통한 제압 사격이 가능하게 되어 323
식의 화력이 증강되었다. 흥미로운 점은 조선인민군 창건 60주년
열병식에서는 4연장 휴대형 대공 미사일을 포탑 후부에 장착한
323식도 공개된 바 있다.

　그 밖에도 정체불명의 휴대형 대공 미사일 2기와 말륫카 대전
차 미사일을 장비한 파생형을 미 국방부가 확인한 바 있지만, 앞
서 설명한 대공 특화형과 함께 실전 부대의 운용까지는 도달하지
못한 것으로 보인다. 실제로 작은 포탑 안에서 휴대형 대공 미사
일을 조준하기란 상당히 어렵기 때문에 이들 파생형은 열병식에
서 과시할 목적으로 만들었을 가능성이 높다. 이와 같은 대대적인
개량에도 불구하고, 원형이 된 YW531A의 장갑이 얇다는 단점은
그대로 323식에도 이어진다. 장갑이 두꺼운 부분도 12.7mm 구경
의 총탄을 겨우 막아 내며 좁은 차내 등의 많은 단점도 그대로 남

최근 글로콤을 통해 북한이 수출을 시도하는 GD-200 휴대식 지상감시레
이더. (Glocom)

아 있다. 차내 병력 하차에 필요한 램프가 없어 후방 도어 또는 차
체 상부에 있는 두 개의 해치에서 힘들게 기어나와야 하는데, 이
단점은 화력을 희생하여 병력 수송 능력을 향상시킨 파생형에서
부분적으로 해소되었다. 이 파생형은 KPV 중기관총을 2정 장비
한 포탑을 뗀 대신 단순한 종가에 1정의 KPV 중기관총을 거치해
보다 많은 보병을 수용할 수 있게 되었다. 그리고 워터 제트를 폐
지하여 수상 주행 능력은 현저히 낮아졌지만, 개선된 후방의 양
문 도어는 병력 수송 장갑차의 본래 의도를 살렸다 하겠다. 하지
만 이 형식은 소수 생산에 그쳤으며 다른 파생형을 생산하기 위한
베이스로 전용된 경우가 많은 것 같다. 전술하였듯이 많은 단점
을 지닌 323식 병력 수송 장갑차이지만, 기본적인 통상 APC형은
대량 생산되어 1984년에는 짐바브웨와 에티오피아에도 수출되

었다.

1972년부터 1973년 사이에 100여 대의 소련제 보병 전투차 BMP-1이 북한에 전해졌으며 1980년대 후반에도 추가로 122대가 수입되었다는 주장도 자주 나오는데, 이 주장들은 북한에서 BMP-1을 러시아어로 솔개를 뜻하는 '코르슌(коршун)'이라 부른다고 언급하지만, 잘못된 정보로 보인다. 사실 '코르슌'이라 불리는 IFV의 북한발 영상 자료는 확인되지 않는다. 다만 BMP-1의 도입은 사실이며, 보고된 것보다는 훨씬 적은 숫자이고 상당히 드물기는 하지만 현재도 사용되고 있다. 즉, 당시 북한은 BMP-1에 큰 흥미를 보이지 않았고, 보병 전투차를 대규모로 배치할 의지를 전혀 가지고 있

1992년의 조선인민군 창건 60주년 열병식에 모습을 드러낸 4연장 휴대형 대공 미사일을 장비한 323식 병력 수송 장갑차. 차량의 실용성이 어느 정도인지는 불명이다. (KCBC)

지 않았다. 대신에 유용성을 인정받은 것이 323식 병력 수송 장갑차로, 소수의 자국산 및 수입산 APC와 함께 대량으로 운용되고 있다. 323식 병력 수송 장갑차 이외의 APC 운용 사례로는 323식과는 설계 사상이 다른 장륜식 장갑차의 존재를 들 수 있다. 이 장갑차는 1992년의 조선인민군 창건 60주년 기념 열병식에서 처음으로 공개되었다.

미 국방부 등에서는 이것에 M-1992라는 식별 명칭을 부여했다. 상당히 조잡하게 만들어진 이 사륜구동 차량은 속도와 기동성을 중시한 설계로 적어도 3종류의 파생형이 있다. 확실히 소련

제 BRDM-1 수륙 양용 정찰 차량의 영향을 받은 M-1992의 APC형은 승무원 2명 외에 대략 6~8명의 보병을 수용할 수 있다. 또한 승무원 구획의 차체 상부에 AGS-17 30mm 자동 유탄 발사기와 9K111 파곳 대전차 유도 미사일이 탑재되어 M-1992는 완전한 수륙 양용 능력을 지니고 있지만, 워터 제트는 장착되지 않았고, 수상 주행 시에는 타이어의 회전에서 추진력을 얻는다. 이 사륜 장갑차는 소수만이 생산되었을 것으로 보이며 1992년의 열병식 이외에 대량으로 부대에서 운용하는 모습은 확인되고 있지 않다.

세월이 흐르면서 323식 병력 수송 장갑차는 타국에서 운용

323식 병력 수송 장갑차는 조선인민군의 부동의 주력 APC이다. 북한에서 개발된 전투 차량 대부분의 설계는 1970년대 초 양산이 개시된 이래, 사실상 큰 변화가 없다. 이것은 한국이 사용하는 미제 M113의 화력 및 도하 능력과 비교한 결과, 초기 설계로부터 수십 년이 지났음에도 성능에 만족하고 있기 때문일 것이다.

되는 APC에 비해 서서히 시대에 뒤처지게 되었다. 북한은 가상 적국인 한국이 개발, 최근 도입하기 시작한 K806 6륜 장갑차나 K808 8륜 장갑차와 같은 최신 차량에 대항하기 위해 북한도 새로운 병력 수송 장갑차를 개발할 필요성을 인식했다. 이런 사정으로 2000년대는 북한이 새로 도입한 신세대 병력 수송 장갑차로 인해 장갑차 전력이 풍성해졌지만, 유감스럽게도 이들 APC에 관한 자세한 정보를 알 수 있는 자료는 적다. 신형 병력 수송 장갑차가 선구적 존재가 된 것은 2001년에 체결된 '방위산업 및 군사장비 분야 협력 협정'에 따라 러시아로부터 소수 도입된 BTR-80A 수륙 양용 IFV 덕분이다. 30mm 기관포를 탑재한 BTR-80A는 조선인민군에서 사용하는 기갑 차량 중 BMP-1과 함께 보병 전투차급의 화력을 지닌 적지 않은 사례이다. 도입 차량의 수가 그리 많지 않다는 것을 생각해 보면 북한이 BTR-80A를 원한 이유는 처음부터 기술 도입과 국산화에 있다고 생각하는 것이 자연스러울 것이다.[92] 사실 BTR-80A를 도입한 북한은 곧바로 자국산 신형 8륜 장갑차(미 국방부 제식명: M-2010)를 개발, 생산을 개시했다. BTR과 유사한 이 차량을 본서에서는 M-2010 Ⅰ형 8륜 장갑차라 호칭하겠다. M-2010 Ⅰ형은 BTR-60PB, BTR-80, 323식 APC, PT-76B 수륙 양용 경전차 등의 여러 기갑 차량을 융합한 듯한 외견과 특징을 가지고 있다. 2010년의 조선로동당 창건 65주년 기념 열병식에서 그 파생형과 함께 처음으로 등장했다. 8륜 수륙 양용 차량인 M-2010 Ⅰ형에는 323식과 비슷한 KPV 14.5mm 중기관총을 2연장으로 탑재한 포탑이 장착된 한편, 323식에서 발전된 점으로는 추가 장비된 7.62mm 공축 기관총, 좌우 2기(합계 6기)의 3연발 연막탄 발사기, 적외선 탐조등, 그리고 파노라마식 조준기 등이 있다. 더하여 포탑 후면 대부분을 차지하는 환기 여과 장치가 있어 NBC무기에 대한 방호 능력도 보유하게 되었다. 일견 BTR-80과 외견상의 차이가 없어 보이는 M-2010이지만, 세부적으로 살펴보면 몇 가지 차이점이 보인다. 주목할 부분은 M-2010 Ⅰ형이 PT-76B와 같은 240마력 디젤 엔진을 탑재했다는 점이다. 그리고 차량 측면의 총안구는 보다 세련되게 설계된 BTR-80에

장비된 것과는 달리 BTR-60과 같은 구시대적인 디자인이다. 하지만 이 문제는 후기 생산형에서 개선되었다. 또한 차체를 단축한 6륜식 파생형도 있는데, 이 차량은 주로 정찰 임무를 담당하는 것 같다. 원형이 된 8륜식과 같은 포탑을 장착한 이 6륜식 M-2010 병력 수송 장갑차는 엔진도 원본과 동형의 엔진을 탑재했으며 나중에 M-2010 Ⅱ형에도 채용되는 신형 장비도 실험적으로 장착되었다.

맨 앞쪽의 바퀴 2개를 철거한 결과, 포탑은 측면 해치의 바로 위로 이동되었고, 수용

323식에서 파생된 전투지휘차는 비교적 넓은 실내 공간에 신형 통신 기기, 보병에게 지시를 내리기 위한 확성기 등이 설치되어 있다. (KCBC)

가능한 병력수도 7명에서 3~4명으로 감소했다. 하지만 전술한 바와 같이 엔진은 8륜식과 같은 것을 사용하기에 감소한 중량만큼 속도와 기동성은 향상되었을 것으로 추측되며 보다 신속히 병력을 수송할 수 있기에 정찰 임무에도 적합할 것이다.

북한이 개발에 주력한 신형 병력 수송 장갑차는 M-2010 Ⅱ형 8륜 장갑차로 일단락이 지어졌다. 이것은 Ⅰ형과 겉모습은 비슷하지만, 실제로는 한층 더 현대화를 목적으로 몇 가지 중요한 개량이 더해졌다. 기갑 차량의 생산, 개발에 필요한 기술과 노하우가 축적되면서 M-2010 Ⅱ형과 BTR-80 사이에 공통점이 많아졌다. 특히 후방의 워터 제트와 배기관의 형상이 BTR-80과 같은 것에서 알 수 있듯 엔진도 BTR-80A의 240마력 디젤 엔진으로 변경되었다. 따라서 M-2010 Ⅱ형은 엔진 신뢰성이 향상되었을 뿐 아니라 연비 향상에 따라 항속 거리도 연장되었으며 수상 주행 능력도 개선되었을 가능성이 높다. 외부는 물론 내부에도 여러 개량이 이뤄진 것으로 생각되지만, 역시 새로 탑재된 엔진이 가장 큰 개선점임에는 틀림없다. M-2010 8륜 병력 수송 장갑차, 특히 Ⅱ형

1992년의 조선인민군 창건 60주년 기념 열병식에 등장한 M-1992. AGS-17 자동 유탄 발사기, 9K111 대전차 유도 미사일에 주목. (KCBC)

행진하는 BTR-80A 보병 전투차. 병력 수송 장갑차에서 발전한 차량으로 30mm 기관포를 장비한 덕분에 IFV로 분류된다. 극히 소수가 러시아에서 조달되었다. (KCBC)

BTR-80에서 파생된 8륜 구동식 M-2010 병력 수송 장갑차. BTR-80과 비슷한 총안구와 재설계된 배기구에 주의. (NK Pro)

이쪽은 6륜 구동형 M-2010으로 배기관과 워터 제트는 PT-76B와 같은 사양. (NK Pro)

력은 얕볼 수 없으며 6륜식 정찰 차량까지 도입하면서 다양한 임무에 보다 유연한 대응이 가능한 다방면에서 우수한 차량이라 할 수 있다. 북한이 이렇게 M-2010 병력 수송 장갑차의 개발을 지속한다면 신형 엔진을 탑재한 6륜 정찰형과 같은 새로운 파생형도 등장할 것으로 보인다. 다만 M-2010 계열의 차량 생산수와 관계없이 이들 신형 기갑 차량은 어디까지나 현행의 APC와 함께 사용되는 것을 전제로 개발되었고, 완전히 구세대 차량을 대체하는 것은 아니다. 조선인민군의 이같은 방침은 확고하며 지금까지 도입한 모든 병력 수송 장갑차는 현재도 사용되고 있다.

전선 후방에서의 병력이나 물자의 수송은 주로 트럭이나 지프, 철도로 실시된다. 그 중에서 철도 수송은 공중 공격에 특히 취약하기 때문에 트럭이나 지프 같은 비장갑 수송 차량도 최근에는 주목을 받고 있다. 조선인민군에서 사용이 확인된 것은 ZiL-130, ZiL-131, ZiL-157, KrAZ-255B 트럭과 UAZ-469 소형 사륜구동

차 등의 소련제 구형 차량 및 이들 차량을 면허 생산, 무단 복제, 또는 국산화해 개발한 자주(自主), 승리(勝利), 갱생(更生) 등이 있다. 그 밖에도 일정 수량의 독일제 메르세데스 벤츠 230G(E), 루마니아나 일본에서 생산된 차량이 운용되고 있다. 최근에는 보다 현대적인 중국제 차량의 수량이 증가하고 있다. 이미 냉전 시대부터 다양한 중국제 차량이 운용되었지만, 이후 그 수량이 급증하면서 2011년에는 중국중형기차집단의 HOWO 트럭이나 북경기차(BAW)의 소형 사륜구동차를 포함, 3,000대 이상의 군용 차량을 도입한 바 있다.[93] 러시아제 ZiL-4334 트럭이나 태백산-96(2007년 북한 국내에서 녹다운 방식으로 제작한 KamAZ-55111의 파생형)도 소수 도입되었지만, 조선인민군의 현행 비장갑 차량의 대부분을 차지하는 것은 중국제다.

2018년에 개최된 공화국 창건 70주년 기념 열병식에서 흥미로운 소형 전술 차량(병력 수송 장갑차의 일종)이 처음으로 확인되었다. 이 차량은 중국의 BAW제 소형 사륜구동 차량을 베이스로 개발되어 조선인민군이 운용하는 차량 중 소형 전술 차량(LTV)으로 분류되는 유일한 존재다. 이 차량은 제2차 세계 대전

의 성능은 BTR-80 계열의 APC와 동등할 것이라 생각된다. 러시아제 BTR-80과 비교하면 마무리는 조악하겠지만, M-2010의 화

6륜 구동형 M-2010. 도어의 BTR-80과 비슷한 총안구와 포탑 상부에 부착된 북한제 휴대형 대공 미사일에 주의. (NK Pro)

거의 비슷하며 병력 구획의 바로 위에 탑재되어 있다. 차체에는 BTR-80과 같은 총안구가 양측에 2개씩 총 4개가 있으며 측면과 상부에 2분할로 개폐되는 승강 해치가 있다. 하지만 준마-ㄹ의 병력 수송 장갑차로서의 실용성은 조금 의문시되고 있다. 엔진이 차체 후방에 탑재되었기에 탑승 공간이 좁아 병력을 대략 4~6명 정도만 태울 수 있기 때문이다.

더하여 전술한 분할식 해치로부터의 승·하차 또한 불편한 편이다. 실제로 323식 병력 수송 장갑차 이후 활용하게 된 신기술이 일부 도입된 준마-ㄹ형이지만, 기본 성능은 323식에 비해 동등하거나 일부 제원에 따라서는 열등한 면도 있다. 따라서 준마-ㄹ도 M-1992 병력 수송 장갑차와 마찬가지로 일회성 소규모 생산에 그쳤을 가능성이 높다. 그리고 다연장 로켓을 자주식으로 만들기 위한 차대이기 때문에 본래의 용도에서 벗어난 파생형으로서는 역시 한계를 보이는 구조일 것이다. 그래도 준마-ㄹ의 유일한 장점이라면 베이스가 된 신흥에서 이어받은 장갑일 것이다. 이 장갑 방어력 덕분에 준마-ㄹ은 다른 병력 수송 장갑차에 비해 공세 시 아주 약간 더 우세한 운용 능력을 발휘할 수 있을 것이다.

보병 수송 능력을 유지하면서 병력 수송 장갑차보다 우수한 방어력과 화력을 발휘할 수 있는 차량, 즉 보병 전투차를 한국 육군과 주한미군이 다량 보유한 것과는 대조적으로 조선인민군 육군의 보병 전투차 배치 수는 적다. 하지만 북한에는 진군하는 아

기의 BA-64B나 M-1992 APC 등의 차량과는 다른 역할을 담당하기 위해 개발되었다. 최대 10mm 정도로 예측되는 장갑으로 차체 전체를 방탄 처리했을 것으로 생각되며 이를 통해 소화기 정도는 방어할 수 있을 것으로 보인다. 상부에는 6개의 연막탄 발사기가 장착되어 있어 차량의 생존성을 더욱 높였다. 차체의 전후에 붙은 엠블럼에서 알 수 있듯, 북한이 붙인 명칭은 727식이다. 이것은 휴전 협정이 이루어진 1953년 7월 27일에서 유래한 것인데, 외견은 중국 BAW의 차량과 비슷하지만 부품의 대부분은 북한 내에서 제조되었을 것이다. 화려하게 과시하는 신예 전차 정도의 임팩트도 없고, 일견 수수하다 생각되는 지원 차량이지만 이를 신규 개발하는 것에서 북한이 조선인민군의 현대화에 얼마나 열을 올리는지 잘 보여준다 할 수 있을 것이다.

여기까지 장륜식 병력 수송 장갑차를 소개했지만, 궤도식 APC의 개발을 포기한 것은 아니었다. 2009년부터 새로운 수송/정찰 차량의 설계가 개시되었는데, 준마(駿馬)-ㄹ 이라 이름 붙여진 이 APC의 차체는 수륙 양용 경전차 신흥(新興)에 기반을 두고 있다. 어쩌면 신흥의 생산이 종료되면서 멈춘 생산 라인을 유효하게 활용하기 위해 제안된 차량일 가능성도 있다. 85mm 포를 탑재한 신흥의 포탑이 KPV 14.5mm 중기관총 2정과 7.62mm 공축 기관총 1정을 장비한 포탑으로 바뀐 점을 제외하면 두 차량은 외견상으로는 큰 차이가 없다. 이 포탑은 M-2010 병력 수송 장갑차와 동형은 아니지만

2015년, 리을설의 국장에서 운구 차량으로 사용된 M-2010 Ⅱ형. 14.5mm 2연장 중기관총이 철거된 점에 주의할 것. Ⅱ형은 엔진이 강화되었고, BTR-80과 동형의 워터 제트가 장비되었다. (KCBC)

2018년 9월의 공화국 창건 70주년 기념 열병식에서 선보인 신형 727식 소형 전술 차량. 중국 BAIC의 BJ2020과 유사해 보인다. (NK Pro)

2012년, 김일성 탄생 100주년 기념 열병식에서의 준마-D 병력 수송 장갑차. 총안구는 BTR-80과 유사. (David Flack)

적인 사용은 병참에 큰 부담을 주기 때문에 다연장 로켓 제압 포격은 한 번밖에 실시되지 않을 것이라 생각하는 것이 자연스럽다. 하지만 이런 단거리 집중 공격은 적에게 상당히 큰 피해를 줄 것이며 한국은 대처법을 신중히 검토할 필요가 있다. 122mm 다연장 로켓을 2×3발 탑재한 블록을 2기 장비해 합계 12발의 발사가 가능한 323식도 존재한다.

이 기갑 차량은 소년(청소년들의 '헌납'으로 만들어진 것을 기념한 명칭)호라고 불리며 그 병력 수송 능력에 더해 상당한 화력을 보유한 독특하면서도 작전 유연성을 가진 유력한 무기인 것은 틀림없다. 소년호도 근래 조선인민군 육군에 도입된 기갑 차량과 마찬가지로 BTR-80에 장비된 것과 같은 총안구가 설치되었다. 이렇게 다연장 로켓을 장비하고도 병력 수송 능력을 포기하지 않는 것을 보면 예비 로켓탄을 병력 구획에 탑재했을 확률은 낮다. 하지만 아무리 1회 한도의 공격만 할 수 있더라도 적절히 운용한다면 보병을 전선에 수송하면서 동시에 효과적인 화력 지원도 가능하다.

북한이 개발 및 생산하여 배치한 병력 수송 장갑차의 다양함은 놀라울 정도다. 그리고 이후로도 특이하고 독특한 병

군 보병을 지원하면서 적 방어 진지를 제압할 수 있는 비장의 카드가 있다. 그것은 바로 다연장 로켓 탑재형 병력 수송 장갑차다.

이 차량들은 3×4발의 63식 107mm 다연장 로켓을 탑재한 병력 수송 장갑차라는 형태로 1970년대부터 등장하기 시작했다. 더욱이 이 극초기의 예에서는 로켓포의 발사대를 회전할 수 없어서 조준하기 위해서는 차량 자체를 이동시켜야 했고, 무기로서의 실용성은 낮은 조잡한 물건이었다. 그래서 이후에는 3×8발을 탑재한 회전식 발사대가 개발되었고, 차폭을 확장한 전용의 323식에 장비했다. 이렇게 보병 수송 능력을 유지하면서 로켓탄으로 효과적인 공격을 할 수 있게 되었다. 이는 적 진지에 제압 포격을 가하면서 하차한 보병을 진격시킨다는 계산이다. 하지만 다연장 로켓을 탑재한 차량에 예비탄이 적재되었을 가능성은 낮으며 대대

력 수송 장갑차를 우리들에게 보여줄 것이다. 당장은 M-2010 계열 APC의 개발을 계속하겠지만, 보다 중장갑에 중무장의 병력 수송 장갑차를 선호하는 타국의 경향에 맞춰 그것에 대항 가능한 차량의 개발도 서두르고 있다.

그래서 현재는 KPV 중기관총의 탑재를 고집하는 북한이라도 이후로 BTR-80A의 2A72 30mm 기관포급의 주무장이나 대전차 유도 미사일을 탑재한 병력 수송 장갑차와 보병 전투차를 개발하는 것이 현실적이다. 하지만 적어도 현시점에서는 북한의 병력 수송 장갑차가 가진 역할은 그 이름처럼 보병들을 적의 공격에서 지키면서 더욱 가혹한 전투가 벌어지는 최전선으로 무사히 보내는 것이다.

107mm 다연장 로켓과 KPV 14.5mm 중기관총을 장비한 323식 APC. 다연장 로켓은 18연발과 24연발의 2종류가 있고, 대형의 선회식 포가에 탑재된다. (KCBC)

2018년 9월 공화국 건국 70주년 기념 열병식에서 평양 시내를 행진하는 다연장 로켓 탑재형의 소년호 장갑차. 이쪽도 BTR-80과 유사한 총안구를 장비. (David Flack)

전차

한반도에는 좁은 지역에 남북 쌍방의 기갑 부대가 집중적으로 배치되어 있다. 따라서 유사시에는 군사 분계선 부근에서 사상 최대 규모의 기갑전이 벌어질 것이며, 이때 북한은 보유한 4,000대 규모의 전차를 가지고 한국 육군이 보유한 약 2,400대의 전차와 싸워야 한다. 하지만 한반도의 지형은 딱 잘라 말해 기갑전에는 그리 적합한 지형이 아니다. 울창한 숲으로 덮인 산맥으로 인해 교전 가능 지역은 한정적이며 평지에도 많은 하천이 기동을 제한하는데, 크고 작은 하천에 놓인 다리가 폭파 또는 해체될 경우 도하가 어려워진다. 그래서 침공 세력에 필요한 것은 기동성이 높고 경량에 수륙 양용, 또는 최소한 도하 능력을 지니고 있으며 단거리 교전 능력이 뛰어난 전차이다. 이런 요소를 철저히 추구한 결과, 조선인민군 전차의 중량은 보통 40톤 미만으로 55톤이나 나가는 한국의 K2 주력 전차보다 훨씬 가볍다. 북한의 전차는 한국에 비해 기술 수준이 크게 떨어진다. 한국이 첨단 기술을 적용해 개발한 전차와 달리, 조선인민군 육군이 운용하는 주력 전차는 성능이 떨어진다. 그래서 북한 전차는 오로지 기계화보병의 지원 임무에 집중하며 전차끼리 직접 교전하는 일은 피할 것으로 생각된다. 따라서 정면으로 맞붙을 경우, 격파하기 어려운 한국의 K2 주

력 전차는 함께 편제된 대전차 부대에 맡길 것을 상정하고 있다. 하지만 이런 상황임에도 근위 ‘서울 류경수 제105땅크사단은 조선인민군 육군 중에서도 최강의 전차 부대로 한국 침공 시 선봉에 서서 활약할 것이 기대되고 있다.

막대한 수량의 전차를 보유한 북한의 전차 부대를 이해하기 위해서는 최초의 전차 부대가 창설된 1948년까지 거슬러 올라가 그 긴 역사를 살펴볼 필요가 있다. 6.25 전쟁에서 T-34라는 소련제 전차를 활용해 어느 정도 성공을 거둔 북한은 국가 규모와 경제력에 어울리지 않는 야심적이고 독특한 전차 조달 계획을 시작했다. 이 계획에 의해 도입되고 국내 생산된 무수한 T-54, 59식, T-55 등의 주력 전차는 현재도 조선인민군 육군이 보유한 전차의 대부분을 차지하고 있다. IS-2 중전차나 ISU-122 자주포가 퇴역하면서 그 부족분을 채우기 위해 상당수의 T-62가 1970년대부터 1980년까지 북한 내에서 생산되었다. 근래에는 앞서 생산된 전차의 개량형 또는 T-72 계통 전차의 생산으로 전환했지만, 북한은 지금도 T-62가 전차 부대의 근간으로 자리를 잡은 유일한 국가다. 이들 주력 전차 외에 다수의 수륙 양용 전차나 경전차도 운용되고 있는데, 중심이 되는 것은 소련에서 도입한 PT-76B 수륙 양용 경전차와 중국제의 62식 경전차, 63식 수륙 양용 전차였지만, 여기에 더해 신흥이라 불리는 국산 수륙 양용 전차도 배치되었다. 북한은 전부 합쳐 약 4,000대의 전차를 보유하고 있지만, 그 대부분은 현대의 기준에서 보면 상당히 시대에 뒤떨어진 차량이다. 하지만 북한 전차 산업의 이해 없이 조선인민군 전차 부대의 진정한 능력을 측정하기란 불가능하다. 전차 부대는 주로 기동성이 뛰어난 경전차 클래스의 차량으로 구성되어 있지만, 최근 배치가 시작된 최신 주력 전차는 K1이나 K2 같은 한국 육군의 주력 전차에 대항할 만한 성능을 가지고 있을 가능성이 있다.

6.25 전쟁 휴전 후, 전장에서 직면하게 될 위협에 좀 더 잘 대처할 수 있도록 북한은 곧바로 기존 전차의 개량에 들어갔다. 이 것은 북한이 자국 전차의 전투 능력을 독자적으로 강화한 최초의 시도였고, 당시는 아직 흔하지 않던 슬랫 아머를 타국에 비해 일찍 도입했다. T-34 76mm포 탑재형과 85mm포 탑재형 모두 오버홀을 받았으며, 특히 T-34/85는 스노클, T-55와 동형인 성형(鑄型) 전륜, 새로운 구동륜과 궤도, 슬랫 아머용의 마운트 등이 장비되었고, 원래보다 성능이 개선된 무전기도 탑재되었다. 이런 개량을 받은 T-34 중 일부는 지금도 조선인민군 육군에서 사용되고 있다. 완전히 수리 불능이 될 때까지 사용하는 북한의 운용 방침을 상징

하는 좋은 예라 하겠다.

　하지만 세계적으로 통용되는 군사력을 보유하기 위해서는 구형 무기의 개량만 가지고는 충분하다 말하기 어렵다. 북한은 일찍이 이 사실을 이해하고 있었고, 국제 정세에 영향을 받는 일 없이 군사력을 유지할 수 있도록 자국의 군수 산업 육성에 노력을 아끼지 않았다. 1950년대에 들어서 당시 전차 부대의 주력이었던 1,000대 정도의 T-34와 대략 12대의 IS-2는 소수가 수입되기 시작한 T-54-2와 T-54-3으로 교체되기 시작했다. 하지만 시대에 뒤처진 전차 부대의 신구 세대 교체가 완료된 것은 1960년대의 혼란기였다. 소련에서 PT-76B나 T-55가 도입된 이 당시는 북한의 전차 산업이 한창 발전하기 시작한 시기이기도 하다. 북한의 주장에 따르면 1967년에 PT-76B, 1968년에는 T-55의 국산화에 성공했다고 하는데[94], 실제 초기 양산이 이때 개시되었다고 생각하기는 어렵다. PT-76B의 녹다운 생산이 시작된 것은 1970년대 초부터의 일이라 알려져 있다. 한편으로 1967년부터 1968년에 걸쳐 소련의 원조를 받아 신흥과 구성에서 전차의 국산화를 위한 생산 시설 정비가 시작되었을 것으로 추측된다.[95] 특이하게도 북한이 국산화한 T-55는 큐폴라에 총가를 두는 대신 포탑 후방에 KPV 14.5mm 중기관총을 탑재했다. 대공 기관총 또는 지원 화기로서 KPV 중기관총은 저공에서 저속 비행하는 대한민국 공군과 미 공군기를 견제하는 정도의 역할을 한다. 그리고 다루기 어려운 중기관총을 포탑 후방에 설치한 결과 총을 조작하려면 엔진 데크 위에 설 필요가 있기에 전차장을 위험에 노출시킨다는 문제가 있다. 또한 당시 북한의 공업 생산 능력만으로는 전차 수요를 채울 수 없어 대량의 59식 전차(T-55의 중국판 카피)를 1960년대 후반부터 1970년대에 걸쳐 수입했다. 중국에서 도입한 59식에는 소련 본국 사양과 같은 큐폴라의 총가에 DShK 12.7mm 중기관총이 탑재되어 있었는데, 북한에서 운용되는 59식 가운데 일부 차량의 경우 DShK가 KPV 중기관총으로 교체된 것이 있는 것으로 보아, 어느 시점부터 북한의 주력 전차 생산 라인도 T-55에서 59식 베이스로 변경되었을 가능성도 어느 정도 엿볼 수 있다.

　T-55의 국산화를 통해 수립된 보다 야심찬 차기 계획에 의해 등장한 주력 전차는 그 후 10년간에 걸쳐 한국이 보유한 전차 부

대에 대해 우위를 유지할 수 있도록 했다. 전차 부대의 대부분을 T-62로 채울 때까지 대량 생산을 계속한다는 계획을 북한이 어떻게 성공했는지 확실히 답하기는 어렵다. 다만 우리가 생각할 수 있는 것은 1970년대 소련에서 면허 생산 허가를 받아 생산 라인을 통째로 도입했거나 모종의 방법으로 입수한 차량을 분해, 역설계하는 방법으로 자국에서 양산했다는 것이지만, 상세한 사항은 불명이다.[96] 또한 이런 추측을 모아 당초에는 소련으로부터 기술 지원을 받았지만, 1970년대에 소련과의 관계가 악화되면서 완전히 국내 생산으로 전환했을 것이라는 가능성도 남아 있다. 확실히 판명된 것은 1970년대 후반부터 T-55의 생산 라인이 서서히 T-62 계열로 재구축되었고, 1976년에는 천마호라는 이름으로 T-62의 카피에 성공한 것으로 보인다는 점이나.[97] 북한이 해외에서 T-62를 구입한 사례는 확인되지 않고, 국내에서 생산한 천마호가 여러 독자적 설계 요소를 보이는 점에서 미루어 볼 때 부품 공급을 받아 녹다운 생산했다고 생각하기도 조금 어렵다. 기묘하게도 천마호의 설계 베이스는 T-62 Obr.1962와 Obr.1972 두 가지 형식의 영향을 함께 받았다. 정확히 말하면 차체는 Obr.1962, 포탑은 Obr.1972라는 조합이다. 포탑은 KPV 14.5mm 중기관총을 탑재하기 위해 개조하여 14.5×114mm 탄의 예비 탄약 상자를 부착할 수 있고, 포탑 측면의 난간도 재설계되었다. 천마호의 양산은 1978년에 시작되어 1980년대부터 전차 부대에 본격적으로 배치되었다.[98]

　천마호의 대외 판매도 같은 무렵에 시작되었다. 1982년부터 1985년까지 이라크와 전쟁 중인 이란에 150대, 그리고 이란과 비교하면 소량이지만 에티오피아에도 수출되었다. 에티오피아의 천마호는 1980년대부터 1990년대 사이에 소모되어 완전히 사용이 끝났지만, 이란의 경우에는 극소수가 지금도 현역으로 남아 있으며, 그중에는 이란-이라크 전쟁 중에 이라크군의 손에 넘어갔다가 2003년 이라크 전쟁 중에 미군이 노획한 차량도 있다. 천마호를 현재도 사용하는 또 하나의 국가로는 에리트레아가 있다. 에리트레아는 독립 전쟁 후에 에티오피아에서 운용하던 천마호 중 일부를 받았다고 한다.

　소련에서 T-62를 입수하는 것은 더 이상 불가능했기 때문에

북한은 T-34/85를 현대전에서도 어떻게든 활용하기 위해 꾸준히 개수해 왔는데, 주요 개량 포인트로는 슬랫 아머의 장착, 전륜과 궤도의 개량, 잠수 도하용 스노클(그림에는 없음)의 추가 등을 들 수 있다. DMZ 부근에서 M1 에이브럼스나 K2 전차와 직접 교전할 경우 T-34의 운명은 뻔하지만, 어차피 T-34의 역할은 주력 공세 부대를 지원하는 후속 부대의 머릿수 채우기나 후방 지역의 방위에 있다. (그림: David Bocquelet)

이 시기 북한은 중국으로부터 구입한 59식을 제외하고 조선인민 군에 새로 배치할 주력 전차를 자체 생산분으로 채워야 했다.

결과적으로 소련과 동맹을 맺은 주변국이 원활히 공급을 받던 T-55A나 T-55, T-62의 보다 선진적인 개량형을 북한은 구할 수 없었다. 그럼에도 불구하고 어떤 원조도 없이 천마호의 양산에 성 공한 것은 놀랄 만한 성과라 할 것이다. 당시 소련의 영향 아래 있 던 어느 나라도 T-62의 국산화는 하지 않았고, 대략 체코슬로바키 아와 폴란드가 T-54/55 계통 전차를 면허 생산했을 뿐이다.[99] 이 에 대항하여 한국은 구세대인 M47 패튼 주력 전차를 보완하기 위 해 M48의 초기 개수형을 미국으로부터 수령했다. M47과 M48에 는 90mm 주포가 탑재되었는데, 당시 첨단 기술의 결정체라 일컬 어지는 T-62의 U-5TS 115mm 활강포에 비해 화력에서 열세였다. 하지만 화력 이외의 다른 성능을 보자면 T-62가 우수한 것은 결코 아니었다. T-55와 마찬가지로 주포의 명중률이 낮았고, 사용되는 포탄도 그다지 효율적이지 않아서 T-62는 T-55에 비해 약간 우수 한 정도라 평가한다.

천마호는 그 후 수십 년에 걸쳐 지속적으로 개량이 이뤄졌다. 그 과정에서 생산된 여러 파생형에서 단점을 보완했지만, 그 전 에 또 하나의 전차, 신흥호(82식 신흥 경전차)가 개발되었다. 신 흥호는 북한이 독자적으로 개발해 1981년에 채용한 수륙 양용 경 전차로 미 국방부에서는 여기에 M-1985라는 코드네임을 붙였다. 이 경전차는 병력 수송 장갑차의 차체에 보다 대구경 주포를 탑재 한 PT-76의 포탑을 올린 것이라는 정보가 있지만, 이것은 잘못된 정보다. 확실히 소련의 PT-76B와 중국의 63식 수륙 양용 경전차 를 참고했지만, 사용된 거의 모든 주요 부품이 이전 수륙 양용 전 차들과 크게 다르기 때문이다. 어떤 의미에서는 북한이 국내 독 자 개발에 성공한 최초의 전차라 할 수 있다. 주포는 중국의 62식 85TC 85mm포(62식/63식 수륙 양용 경전차에도 탑재)와 유사한 북한 독자 설계 모델인 85mm 강선포를 채용했으며, 차체는 준마 르 병력 수송 장갑차와 공유하고 있다. 북한의 소식통에 따르면 차체 중량 20톤, 최고 속도는 지상에서 시속 60km, 수상에서 시속 10km 정도이며 항속 거리는 약 500km 정도이다. KPV 14.5mm 중 기관총을 탑재했다고도 하나 확인할 수는 없다. PT-76과의 유사 성과 최초로 존재가 확인된 시기(1985년), 그리고 탑재된 포의 구 경에서 PT-85라고도 불리지만, 이 명칭은 북한에서도, 미 국방부 에서도 사용되지는 않는다. 신흥호는 1985년의 조국해방전쟁승 리 기념일(전승절) 40주년 기념 열병식에서 포신 위에 말륫카 대 전차 유도 미사일을 탑재한 모습을 보였지만, 후기 생산형에는 탑 재하지 않은 것으로 보인다. 1992년에 개최된 조선인민군 창건 60주년 기념 열병식에서는 약간 재설계된 포탑에 대전차 유도 미 사일 대신 적외선 투시경을 탑재한 모습이 확인된 바 있다.

신흥호가 실제로 말륫카 대전차 유도 미사일의 운용 능력을 갖추고 있는지는 불명확하지만, 아마도 정보에 혼선을 주기 위한 기만 전술일 가능성이 높다. 최근에는 조선인민군이 소유한 모든 차량의 생존성을 높이기 위한 계획의 일환으로 신흥호에도 포탑 양측에 3연발 연막탄 발사기가 증설되었다.

그 밖에도 몇 가지 다른 수륙 양용 전차가 개발, 생산되었지만, 그 차량들의 배치 수는 신흥호에 비해 소수에 불과하다. 그 일례

포탑 후방의 기묘한 위치에 KPV 중기관총을 장착한 북한의 T-55. (KCBC)

가 1970년대 후반 또는 1980년대 초기에 개발된 것으로 생각되 는 323식 장갑차를 베이스로 한 수륙 양용 경전차다. 이것은 323 식의 차체에 PT-76B와 유사한 포탑을 탑재한 것으로 중국의 62 식 85TC포를 모방한 85mm 구경 주포가 탑재되었다. 차체 후방의 도어는 폐지되었고, PT-76B와 동형의 워터 제트를 장비하는 등 신흥호와도 많은 공통점이 있는데 어쩌면 신흥호를 개발하는 과 정에서 선행 개발된 차량일 가능성도 제기되고 있다. 북한의 수륙 양용 전차에 큰 영향을 준 것은 소련의 PT-76B이지만, 북한이 이 러한 차량에 특히 공격적으로 투자한 이유는 명확하다. 남침을 하 는 과정에서 건너야 하는 다수의 하천을 고려하면 조선인민군 육 군의 기계화 부대는 도하 작전을 항시 염두에 둘 수밖에 없다. 그 래서 조선인민군에서는 병력 수송 장갑차나 경대공 차량, 화력 지 원 차량에는 수륙 양용 능력을 갖춘 것이 많고, 주력 전차처럼 무 거운 중장갑 차량에도 최소한의 도하 능력을 요구하고 있다. 스노 클 같은 장비로 실시하는 자력 도하는 강폭이 넓거나 유속이 빠른 하천에는 적합하지 않다.[100] 본격적인 도하 작전을 수행하기 위해 서는 다리, 선박 또는 부교를 필요로 하는데, 이는 설치에 상당한 시간이 걸리며 폭격에도 노출될 위험이 있다. 따라서 우수한 수상 항행 능력을 갖춰 진격하는 보병 부대에 신속한 화력 지원을 제공 할 수 있는 수륙 양용 전차는 조선인민군 육군에게 있어 중요한 역할을 맡고 있다. 물론 수륙 양용 능력을 위해 장갑을 희생한 결 과, 이들 차량은 적 주력 전차나 대전차 화기에 극히 취약하며 실 전에서는 신중히 운용할 필요가 있다.

천마호는 레이저 거리 측정기 탑재와 같은 지속적인 개량이 이뤄지고 있으며 지금도 새로운 파생형 개발이 진행되고 있다. 레 이저 거리 측정기는 조선인민군이 사용하는 다양한 차량에 비교 적 간단히 탑재될 터이지만, 의외로 구형 차량에 증설하는 형태로 탑재되는 사례는 적다. 하지만 많은 수량의 레이저 거리 측정기가 수출을 목적으로 제조되어 시리아에서 운용하는 T-54/55의 대부 분에 북한제 레이저 거리 측정기가 탑재되기도 했다. 동시에 측풍 감지기나 사격 통제 장치도 1970년대부터 1980년대 초에 걸쳐서 도입되었으며, 그중에는 조선인민군의 KPV 14.5mm 중기관총을 장비한 전차도 있는 것으로 보인다. 이런 식으로 개량된 T-54/55

1980년대에 이란에 수출된 천마호. 이 차량은 이란-이라크 전쟁에서 이라크군이 노획한 것을 2003년에 미군이 회수한 것이다. (Till Sunderman)

1991년, 에티오피아 정부군과 반정부 세력의 전투에서 아디스아바바의 대통령궁 앞에서 격파된 천마호 전차. (Ed Boyce, US DoD)

야전 훈련장에서 전진하고 있는 천마호. 포탑 후방의 KPV 중기관총을 보면 통상의 T-62와 구별하기 쉽다. (KCBC)

2012년, 김일성 탄생 100주년 기념 열병식에서 평양 시민의 환영을 받는 신흥 수륙 양용 경전차. 후기형에는 포탑 좌우에 3연발 연막탄 발사기가 장착되어 있다. (David Flock)

전차는 1982년의 레바논 전쟁, 그리고 시리아 내전에 실전 투입되었다. 그중에서 시리아 내전에 참가한 모든 세력이 실제로는 레이저 거리 측정기를 거의 활용하지 않았던 것으로 보이는데, 이는 레이저 거리 측정기의 조작이 복잡하고 정비 소요도 많았던 탓이라 생각된다. 확실히 레이저 거리 측정기나 사격 통제 장치를 장착한 경우, 조선인민군의 구형 전차도 명중률을 대폭 향상시킬 수

있다. 초탄 명중을 위해 필수적인 장치라 말해도 과언이 아니지만, 높은 가격 때문에 보급률이 비교적 낮아 조선인민군 육군이 보유한 대부분의 구형 전차는 레이저 거리 측정기 없이 운용되고 있다. 한국이 운용하는 주력 전차들은 초탄 명중이 그렇게 어려운 일이 아니라는 것을 생각하면 새삼 남북의 기술 격차가 어느 정도인지 느낄 수 있을 것이다.

레이저 거리 측정기를 장비한 전차가 보이기 시작한 1980년대부터 1990년대 초 사이, 북한의 새로운 전차에 대해 정보나 영상을 입수할 기회는 거의 없었다. 하지만 이 공백의 10년간은 흥미로운 특징을 가진 새로운 천마호 파생형이 탄생한 시기이기도 하다. 목격된 수는 상당히 드물지만, 새롭고 보다 현대적인 파생형 전차는 북한 전차 산업의 발전상을 명확히 보여주고 있다. 그 최초의 사례가 초기 천마호의 T-62 Obr.1972 방식에서 설계가 개량된 신형 포탑이다. 일신된 포탑은 후방이 확장된 것이 특징으로 아마도 그곳에 새로운 무선 통신기 또는 추가 즉응탄이 탑재되었을 것으로 생각된다. 또한 슬랫 아머용 마운트도 추가되었다. 슬랫 아머는 대전차 미사일 등의 성형 작약탄 방어에 효과적이며 다른 유형의 증가 장갑보다도 훨씬 저렴하게 생산할 수 있다. 그래서 북한은 슬랫 아머를 대량으로 채용한 최초의 나라 중 하나다. 장착 마운트는 그 후 T-34/85, T-54/55, 59식, 그리고 초기에 생산된 천마호에도 설치되었지만, 실제로 슬랫 아머를 장착한 채로 훈련하는 차량이 목격된 사례는 그다지 없다. 이 초기 개량을 받은 천마호 파생형이 부대에 배치된 것은 확실하지만, 선전 영상 등에 보이는 경우는 비교적 드문 것을 보면 생산수는 적은 것으로 보인다. 북한의 전차 산업이 이 파생형을 통해 일보 전진한 것은 확실하지만, 결국 레이저 거리 측정기는 미탑재로 끝났고, 슬랫 아머 이외의 장갑 강화 대책은 확인되지 않고 있다. 하지만 그 후의 1993년에 열린 조국해방전쟁 승리 기념일 40주년 기념 열병식에서 염원하던 레이저 거리 측정기를 새로이 탑재한 신형 천마호가 등장했다. 이것을 미 국방부에서는 천마호(千馬號)-2라 구분하고 있다. 이 천마호-2 이후, 북한은 과거에 보인 적 없는 속도로 보다 참신한 개량이 이뤄진 신형 전차를 차례차례 개발했다.

미 국방부는 그 후 2000년대에 들어설 때까지 등장한 천마호의 파생형을 천마호-3, 또는 M-1992라 식별하고 있지만, 각 형식의 차이는 애매하고 모순도 많아 그다지 알려지지 않았다. 천마호

목격 사례는 적지만, 현재에도 조선인민군 육군에서 사용하는 것이 확인되고 있는 323식 장갑차의 파생형인 수륙 양용 경전차. 보다 강력한 신흥 수륙 양용 경전차가 양산되기까지의 징검다리 역할로 소량이 생산되었다. 경량에 기동성이 우수하고 수륙 양용에 근거리 전투력을 중시한 북한 전차의 설계 사상이 명확히 보인다. (David Bocquelet)

의 제2세대 모델로 여겨지는 천마호-3은 1992년, 조선인민군 창건 60주년 기념 열병식에서 처음 등장했다. 아마도 이것이 미 국방부에서 M-1992라고 식별한 첫 사례일 것이다. 이 주력 전차는 보다 우수한 성능의 레이저 거리 측정기가 탑재되었고 폭발 반응 장갑과 2×4관의 연막탄 발사기를 양 측면에 장비하는 등 포탑이 대폭 개조되었다. 당시까지 등장한 천마호 파생형과의 가장 큰 차이점은 직선형으로 구성된 현대적인 외관의 포탑으로, 이것은 종래의 주조 생산 포탑에서 용접 생산 포탑으로 변경되

북한제 사격 통제 장치를 탑재한 시리아군의 T-55. 간발의 차이로 대전차 유도 미사일이 빗나갔다. 정작 북한에서는 사격 통제 장치가 도입되지 않은 것으로 보인다. 주포 위에 장착된 것이 레이저 거리 측정기. (저자 소장)

었음을 뜻하며, 이전보다 생산성이 높고 피탄 성능도 우수한 복잡한 경사장갑 형상의 구축이 가능하다는 의미이기도 했다.[101] 총중량도 T-62의 37톤에 비해 천마호-3은 38톤으로 1톤 정도 증가되어 포탑과 차체의 장갑이 강화되었을 가능성을 시사하고 있기도 하다. 차체에도 몇 가지 개량이 이뤄졌는데, 측면 사이드 스커트가 대표적인 예이다. 다만 이 사이드 스커트는 한 종류가 아니며, 훈련 시에 사용되는 것 외에 열병식에 사용되는 외관을 중시한 것까지 몇 가지 종류가 있는 것으로 보인다. 이 파생형의 개발에는 루마니아가 깊게 관여했다고 알려져 있다. 당시의 루마니아도 전차 개발에 열을 올리는 중이었으며, 북한과의 관계도 상당히 양호한 편이었기 때문이다.[102]

천마-92, 서방 측에서는 M-1992라고도 부르는 천마호-3과 유사한 파생형도 존재하며 이것은 포탑 양측에 장비된 연막탄 발사기가 4발씩 감소했고, 폭발 반응 장갑의 배열이 바뀌어 포탑만이 아니라 차체를 포함해 넓은 범위를 커버하고 있다. 미 국방부가

이 파생형에 대해서도 천마호-3과 마찬가지로 M-1992라는 식별 명칭을 부여했는지는 불명이다. 1990년대 초에 폭발 반응 장갑을 장비한 전차가 조선인민군에 배치되었다고 믿기는 조금 어려운데, 이후 등장한 천마호의 파생형에서 반응 장갑을 부착한 모습이 보이지 않는 것을 봤을 때 단순 프로파간다와 정보 교란을 목적으로 만든 모조품일 가능성도 없지 않다. 하지만 북한이 이 시기에 폭발 반응 장갑을 입수했을 가능성도 있고, 소련과의 관계가 회복된 1980년내의 짧은 기간 동안에 필요한 기술을 획득한 깃으로도 생각되며 독자적으로 폭발 반응 장갑을 실용화했다는 설도 있다. 북한은 그렇게 얻은 기술을 천마호-3, 천마호-92에 선보였다.

그 후, 발전형인 천마-98이 개발되었지만, 외견상으로는 진보된 점이 보이지 않는다. 천마-92에 비해 폭발 반응 장갑이 없는 점을 제외하면 외견상의 차이는 거의 없고, 포탑, 그리고 사이드 스커트의 형상이 소소하게 변경된 정도이다. 다만 엔진이 신형으로 교체되었을 가능성은 존재한다. 덧붙여서 천마-92의 '92'는 이 전

주포 위에 레이저 거리 측정기를 단 천마호 전차를 시찰하는 김정일. 이 형식의 차량은 조선인민군 육군에 채용되지 않은 듯하다. (KCBC)

슬랫 아머를 단 T-55와 김정일. 북한 전차는 대부분이 슬랫 아머를 장비할 수 있지만, 실제로 장착한 경우는 매우 드물다. (KCBC)

차가 채용된 1992년에서 따온 것이지만, 채용 년도에서 유래한 명칭 사용은 이후부터는 보이지 않는다. 그런 연유에서 천마-98은 1998년을 의미하는 것은 아니며, 실제로는 2000년(또는 북한의 주체력으로는 89년)에 배치가 시작되었다.[103] 또한 같은 시기에 상당히 희귀하여 정보가 거의 없는 새로운 파생형으로 미 국방부에서 천마호-4/5라 구분하는 전차도 개발되었다. 천마호-3에 비해 외견상의 차이는 크지 않은데, 주된 변경점은 신형의 레이저 거리 측정기, 위치가 약간 변경된 연막탄 발사기, 그리고 포신의 열팽창으로 인한 변형을 막는 서멀 슬리브가 추가된 정도다. 하지만 내부는 지금까지보다 훨씬 혁신적이고 큰 변경이 있었는데, 전술한 서멀 슬리브의 추가와 포탑 형상에서 약간의 차이가 보이는 것에서 알 수 있듯, 천마호-4/5는 종래의 115mm U-5TS 전차포가 아니라 소련제 T-72에 탑재된 125mm D-81T를 북한에서 카피한 것을 장비했을 확률이 높아 보인다. 이것은 미국의 M1 에이브럼스를 기반으로 개발된 K-1 주력 전차가 한국 육군에 배치된 것에 대한 북한의 대항마인 것이다.

실제로 125mm 활강포가 탑재되었다는 증거는 없지만, 당시 북한은 T-72 기반의 신기술 도입에 적극적이었다. 북한이 어떻게

새로운 주포 개발에 필요한 기술을 입수했는지는 결국 수수께끼로 남아있다. 다만 확실히 알려진 것은 북한이 1980년대 후반에 1대의 파손된 T-72 우랄을 입수했다는 사실뿐이다. 아마도 이라크에서 다수의 T-72를 노획한 이란을 통해 조달한 것으로 짐작되며 1980년대 중반부터 말에 걸쳐 김일성과 김정일이 시찰하기도 했다. 1985년에는 소련과의 관계도 상당히 개선되었기에 직접 T-72를 수입할 수도 있었겠지만, 의미 있는 수량을 도입할 수는 없었을 것이다. 북한은 이미 자국의 전차 산업을 육성하는 데 노력 중이었고, 이 무렵에 경제도 어려워지기 시작해서 T-72를 구입할 여력은 없었다.

따라서 북한이 T-72M/S나 T-90S를 손에 넣었다는 보도는 근거 없는 억측에 불과하며, 조선인민군 육군의 현용 전차는 전부 T-62나 전술한 T-72 베이스, 혹은 독자적으로 개발한 것이다. 결국 125mm 활강포를 탑재한 천마호가 실존하는지 확증은 없지만, 그 이후의 천마호 파생형은 종래의 115mm U-5TS 전차포로 회귀했다. T-72를 베이스로 한 신형 전차의 개발은 북한에 있어 상당히 원하던 것이고, 미 중앙정보국(CIA)도 1990년대에는 T-62를 원형으로 하는 구형 천마호의 생산 라인은 축소되었을 것으로 보고 있다. 본래라면 이 예측이 맞겠지만, T-72의 기술 도입은 경제 사정의 악화로 인해 지연되고 말았다.[104]

천마-98에 다양한 개량을 더해 2001년(주체력 90년)에는 천마-214가 완성되었다. 재설계된 포탑 전면에 증가 장갑을 추가했고, 약간 개량된 차체는 볼트 체결식 경사 장갑, 그리고 차체 양측면에 강판이 증설되는 등, 이런 변경점은 천마-214 이후의 모든 천마호 파생형에 표준 장비가 되었다. 하지만 차체 중량은 천마-92/98과 같은 38톤에서 변화가 없다. 천마-214는 증가 장갑을 장비한 조선인민군 최초의 전차이고, 고무제 플랩이 장착되었다. 이 증가 장갑은 APDS탄에 대하여 추정 100mm 두께, HEAT탄에는 최대 200mm 두께의 방어력을 발휘한다. T-62의 유산인 구형 115mm포를 채용한 천마-214이지만, 본 파생형은 T-72에 영향을 받은 편린이 엿보이는 첫 전차이기도 하다. 변경점은 있지만, 약간 형상이 변경된 구동륜은 T-72와 비슷하다. T-72를 입수한 지 20년 가까이 지난 것을 생각하면 구동륜의 형상 변경만이 T-72의 영향을 받은 유일한 부분이라 생각하기 어려우며, 사격 통제 장치와 같이 눈에 보이지 않는 개량이 되었을 가능성도 충분히 있다. 북한은 높은 관통 성능을 가진 포탄의 제조에 필수적인 레어 메탈을 구하기 힘들지만, 그래도 자력으로 115mm포용 장약을 개발, 생산해야 할 필요가 있다. 적의 최신예 전차를 상대로 U-5TS 전차포의 위력을 조금이라도 높이기 위해 다양한 포탄의 시험 제작과 실험을 반복하고 있을 것이다.

다음에 등장한 것은 다양한 천마 파생형 중에서도 한층 이채를 띄는 천마-215이다. 2003년(주체력92년)에 처음 생산된 천마-215는 좀처럼 보기 드문 존재로, 공식 석상에 모습을 보인 것은 2010년의 조선로동당 창건 65주년 기념식이 유일하다. 모습을 볼 기회가 좀처럼 없지만 이 파생형은 북한의 전차 산업에 몇 가지 중요한 전개를 가져왔다. 특히 주목해야 할 특징은 원래 보기륜 5개 구성이던 차체가 T-62의 서스펜션을 그대로 유용하되 보기륜을 하나 추가한 6륜 구성으로 변경된 점인데, 전차의 전장은

1992년, 평양의 조선인민군 창건 60주년 기념 열병식에서 조선소년단 앞을 행진하는 M-1992(천마호) 전차. (KCBC)

2012년 4월, 평양의 조선인민군 병기, 장비 전시회 개회식에서 천마-92 전차 앞을 지나가는 김정은. (KCBC)

M-1992에서 파생된 것으로 생각되는 차량번호 '216'의 전차. 김정일의 시찰을 받는 이 차량은 여러 차례 목격된 바 있지만, 얼마나 많은 수가 생산되었는지는 불명. 주포 서멀 재킷을 볼 때 125㎜포를 탑재한 것처럼 보인다. (KCBC)

(조선혁명박물관 야외에서) 북한이 이란에서 입수한 직후의 T-72 우랄을 찍은 유일한 공개 사진. (KCBC)

그다지 변하지 않았지만 각 부위의 장갑 두께와 구성이 크게 변경되었을 가능성이 있다. 어쨌든 엔진 데크나 탑재된 엔진 등, 이전 모델의 특징도 어느 정도는 이어받았고, T-62를 상징하는 성(토)형 전륜도 그대로 사용되었다. 하지만 전륜의 직경은 약 10% 정도 작아지면서 T-72에 채용된 전륜 직경에 가까워졌다. 포탑 전면의 증가 장갑은 더욱 강화되어 천마-214에 보였던 포탑의 고무제 플랩은 제거되었다. 신형 증가 장갑은 크기가 커져서 적외선 탐조등을 레이저 거리 측정기에 조금 가까운 위치로 옮겼다. 더하여 증가 장갑이 차체 전면에 추가되었다. 전체적으로 전면 방어력을 높였지만, 각 부위에 빈틈이 남아 있어 완전히 커버했다고 하기는 어려울 것이다.

증설된 환경 관측 센서 등 각종 센서는 대폭 진보된 신형 사격 통제 장치를 탑재했을 가능성을 보여준다. 차체 중량은 39톤으로 증가했다. 주목할 점은 차체 외부에 장비된 대형 확성기인데, 천마-215 이후의 모든 파생형, 그리고 다른 계통의 전차에도 표준 장비처럼 부착된 모습을 볼 수 있다. 이것은 전차에 수반하는 보병의 전투 지휘를 하기 위해 설치된 것으로 보이며 이것은 전차와 보병이 상호 지원하며 공격의 선봉이 되는 북한의 전투 지침을 반영한 것이라 볼 수 있을 것이다.

현 시점에서 천마-216은 천마 시리즈 전차의 최종형으로 과거의 파생형에서 얻은 기술이 집대성되었으며 해외 기술의 영향도

강하게 받았다. 2004년(주체력 93년)에 생산이 시작된 천마-216의 이름의 유래는 김정일의 생일(1941년 2월 16일)이다. 2월 16일이라는 날짜는 이런 이유로 특별한 의미를 가진다. 다른 전차에도 '216'이라는 일련번호를 포탑에 그린 것이 다수 존재한다. 다만 다수의 천마 파생형 중에 216이라는 일련번호가 필요할 정도로 대량 생산된 것은 적고, 실제로는 각 형식당 수십 대 정도가 있다고 보는 것이 현실적일 것이다. 당초 천마-216만을 지칭하는 명칭으로 폭풍호(暴風號 또는 暴風虎)가 쓰였지만, 해외에서는 2000년 이후로 생산된 북한의 주력 전차 전체를 폭풍호라고 부르는 경향이 있었다. 하지만 북한이 실제로 폭풍호라는 명칭을 사용하지는 않았고, 오히려 폭풍호가 아니라고 정정할 정도다.[105] 천마-216에는 앞서 개발된 형식에서 얻은 경험을 발판 삼아 신규 설계되어 보다 T-72에 가까운 형상이 된 보기륜이 6륜씩 배치된 차체를 채용했다. 서스펜션과 엔진 구획의 설계도 T-72와 비슷하게 개량되었다. 그리고 T-72를 참고해 새로 개발한 엔진을 탑재했을 가능성도 있어 천마-216은 기동성과 신뢰성도 향상되었을 것으로 추측한다. 하지만 차체 중앙에 조중석이 배치된 T-72와 달리 조종

천마-214. 샷 트랩을 방지하는 고무제 플랩이 달린 증가 장갑에 주의. 이 사양은 이후의 형식에 이어지지는 않았다. (David Flack)

2010년의 조선로동당 창건 65주년 기념 열병식에서의 천마-215. 설계가 일신된 증가 장갑, 각종 센서와 확성기가 보인다. (KCBC)

석이 차체 좌측에 배치되어 있는 것을 보면 그 원점은 어디까지나 T-62에 있다는 점을 알 수 있다. 그리고 T-62의 후륜 구동 방식과 OMSh형 궤도는 천마-216, 그리고 천마-215에도 사용되고 있다. 이렇게 된 이유는 조선인민군 육군의 전차 대부분, 그리고 그 예비 부품의 생산을 담당하는 구성 전차 공장의 빈약한 생산력 때문이다. 고무가 부착된 RMSh형 궤도 같은 T-72의 부품을 만들려면 생산 라인의 재편이 필요한데, 그러면 북한의 이미 한계에 다다른 병참에 큰 부담이 될 것이다. 이런 사정도 있어 최신예 전차조차도 T-62의 부품을 유용하는 것이 북한의 현실이다. T-55와 T-62는 높은 부품 호환성을 가지며, 이것은 구성 전차 공장 하나가 북한에서 사용되는 거의 모든 주력 전차의 부품 공급을 맡고 있다는 의미이기도 하다. 이런 대규모 개량을 받았음에도 천마-216의 차체 중량은 변함없이 39톤이다. 천마-215의 경우와 달리 포탑에 큰 변화는 없어 연막탄 발사기의 배치가 조정되고 신형의 레이저 거리 측정기가 장비되는 정도에 그쳤다.

2013년에 개최된 조국해방전쟁 승리 기념일 60주년을 축하하는 열병식에서 북한이 상당히 파격적인 형태로 전차를 강화하는 외장형 무장 패키지를 선보였다. 그 자세한 내용은 2017년, 김일성 탄생 105주년 기념 열병식 도중 촬영된 사진이 공개되면서 판명되었다. 화상에는 종래의 전차 운용 사상에서 크게 벗어난 외장형 무장 패키지를 탑재한 천마-216 기반 신형 전차의 모습이 보였다. 시선을 끄는 것은 전차의 일반적인 부무장을 폐지한 대신 새로 탑재된 3종류의 무장 시스템이다. 2연장 대전차 유도 미사일 발사기, 격납식 지대공 미사일 발사기, 그리고 2연장 자동 유탄 발사기로 구성되어 있는데, 원격 조작 방식으로 포탑 내부에서 사격이 가능하다고 한다. 대전차 유도 미사일 발사기에 탑재된 미사일은 북한의 불새-2, 또는 불새-2 개량 파생형이다. 이 대전차 미사일 발사기는 구형 주포를 탑재한 탓에 포발사 대전차 유도 미사일(GLATGMs)의 발사 능력이 없는 북한제 전차의 장거리 전투 능력을 크게 향상시켰다. 불새-2 등의 반자동식 시선 유도 방식(SACLOS) 대전차 미사일을 전차의 사격 통제 장치로 조작하기 위해 레이저 거리 측정기는 보다 작은 신형으로 교체되었다.

아마 이 때문에 포탑 내부의 구조도 대폭 변경되었을 것으로 추측된다. 한편 북한이 사용하고 있는 모든 종류의 휴대식 대공 미사일 발사기는 하늘의 위협이라는 전혀 다른 종류의 목표를 상대할 필요가 있기 때문에 전차의 사격 통제 장치와 별도로 관제되는 것으로 보인다. 적기의 포착은 발사기 상부에 부착된 카메라를 통해 포탑 내부의 승무원이 실시한다. 조선인민군 육군에서는 막대한 양의 휴대형 대공 미사일이 보급되었고, 최신예 주력 전차에도 장비하기 시작했다는 사실은 북한이 제공권을 가져올 수 없다는 문제를 직시하고, 대공 방어에 대해 심각하게 고민하고 있다는 현 상태를 반영한 것으로 보인다. 휴대형 대공 미사일은 유효 사거리가 짧아 제약이 많을 수밖에 없지만, 저공 비행하는 항공기나 헬기에는 충분히 위협적이다. 그리고 자체 개발한 2연장 자동 유탄 발사기는 북한이 오랫동안 애용하던 KPV 중기관총을 대체하는 형태로 탑재되었다. 자동 유탄 발사기는 장전수가 원격 조작하며 조준은 큐폴라에 새로 설치된 조준기로 실시한다. 기본적인 설계는 북한에 이미 배치된 소련제 AGS-17 자동 유탄 발사기를 답습한 것이고, 탄종도 동일한 30mm 유탄을 사용한다. 이 무겁고 부피가 큰 무장 시스템의 탑재를 결정한 것은 대보병 전투 능력의 향상을 노린 북한 상층부일 것이다. 자동 유탄 발사기는 특히 보병에 대해 유효하고, KPV 중기관총을 폐지하며 잃어버린 대공 전투 능력은 앞서 설명한 MANPADS 발사기로 보충한다는 계산이다. 추가 장착된 이들 무장 시스템은 다양한 전장 상황에서의 적응력을 높일 뿐 아니라 천마-216 승무원이 위험에 노출되는 것을 최소한으로 억제한다. 승무원 보호는 타국의 현용 전차 설계에서도 중요시되고 있다. 하지만 장점만 있는 것은 아니다. 차체 중량의 증가, 돌출된 무장으로 인해 적에게 발견되기 쉬워졌다는 단점도 있다. 더하여 일견 선진화된 것으로 보이는 무장 시스템이지만, 실제로는 북한의 군사 수준이 저하되었음을 보여주는 것이고, 타국과의 기술 격차가 여전하다는 것을 알 수 있다. 예를 들어 포탑 위의 대전차 유도 미사일 발사기는 주포에서 GLATGMs를 발사할 수 있는 해외의 주력 전차에는 불필요한 무장이다. 그리고 보다 선진화되고 우수한 대공 차량과 방공망을 가진 군대라면 전차가 자체 대공 전투력을 가질 필요가 없을 것이기 때문이다. 따라서 이 천마-216 개량형의 진수는 포탑 위의 무장 시스템이 아니라 이하의 두 가지 포인트에 있다고 생각한다. 첫 번째는 차체 전면에 장착된 폭발 반응 장갑이다. 이것은 전차의 생존율을 높이는 효과적인 방법으로 이후 다른 차체에도 보급된 것으로 생각된다. 두 번째는 포탑 양측의 연막탄 발사기 옆에 설치된 2개의 레이저 경보 수신기(LWR: Laser Warning Receiver)다. 이것은 대전차 미사일을 유도할 때 조사되는 적의 레이저를 탐지, 자동으로 연막탄을 발사하여 신속히 연막을 칠 수 있게 해 준다. 소프트킬 방식

2017년의 조선인민군 땅크병 경기대회에서의 천마-216. 차체는 T-72와 유사하다. 후방에 신흥 수륙 양용 경전차가 보인다. (KCBC)

새로운 무장이 추가된 2018년 9월의 공화국 건국 70주년 기념 열병식에서의 천마-216. 2연장 휴대식 대공 미사일은 접힐 수 있는 것으로 보인다. 이 전차의 상세는 불명. (NK Pro)

의 능동 방호 체계로 알려진 이 장치는 대전차 유도 미사일 공격에 대해 전차의 생존율을 대폭 높였다. 더하여 전차 스스로 위협에 맞서 방해 레이저를 조사하여 날아오는 대전차 미사일을 교란하는 방식의 기능을 가지고 있을 가능성도 있다.

조선인민군 육군은 T-62를 베이스로 하는 전차 개발을 30년 가까이 해 왔지만, 드디어 완전히 새로운 계통의 전차의 개발에 적극적으로 나섰다. 125mm 구경의 주포를 채용한 전차가 처음으로 발표된 것은 2010년의 조선로동당 창건 65주년 열병식에서였다. 2009년(주체력 98년)부터 생산이 개시된 선군-915는 천마-216과 몇 가지 공통점이 확인되었고, 포탑과 차체에 혁신적인 변경이 다수 더해져 있다. 군더더기 없이 세련된 외관과 차체에는 재설계된 엔진 데크가 채용되었고, 조종수석도 차체 중앙으로 이동되는 등 T-72를 방불케 하는 외관이다. 포탑에 한정해서 보면 그 원점은 T-72보다 T-62에 가깝다. 자동 장전 장치를 탑재하고 장갑 기술의 발전으로 소형화된 T-72의 포탑과는 달리, 선군-915는 T-62와 유사한 형태의 포탑을 탑재하고 있다. 선군-915가 자동 장전 장치를 탑재하고 있다고 보기는 어렵고, 그렇다면 아마 승무원의 수도 감소하지 않았을 것이다. 하지만 포탑 자체는 용접 장갑이고, 소련식 구형 포탑의 특징이라 할 수 있는 주조 방식은 채용하지 않았다. 주조 포탑은 생산이 용이하며 용접 부위가 약점이 되지 않는 이점을 지니고 있지만, 현용 전차의 대부분은 복합 장갑과 궁합이 맞는 용접 포탑이 주류를 차지하고 있다.

이 복합 장갑은 아마도 선군-915에도 사용된 것으로 추측되며 구체적인 장갑 구성은 불명이라 어디까지나 추측의 영역이겠지만, 장갑 구조는 1980년대에 1대를 입수한 바 있는 T-72와는 다른 구조를 하고 있을 가능성이 높다. 선군-915의 포탑은 후방으로 크게 연장된 모습인데, 1980년대의 천마 파생형에 보이던 후방 연장형의 개량 포탑과 마찬가지로 새로운 공간은 예비

탄약이나 즉응탄의 거치에 사용되었을 것이다. 또한 포탑 양 측면에는 4연발 연막탄 발사기가 설치되었으며 그 밖에도 환경 센서. 대형 확성기와 구형 적외선 탐조등이 장비되었다. 이밖에 조선인민군 전차의 기본 무장이라 할 수 있는 KPV 14.5mm 중기관총도 여전히 포탑 위에 탑재되었다. 125mm포의 채용에 맞춰 레이저 거리 측정기도 보다 작은 신형으로 변경되었다. 하지만 현대의 전차 설계에 있어서 주류라 할 수 있는 포탑 내장식이 아니라 외부에 노출된 외장식이라는 점은 변하지 않았다. 주포는 T-72의 D-81T(M)포와 유사한 형태로 그 파생형으로 보이며 특이하게도 U-5TS 115mm 전차포의 특징도 보인다. 이 125mm포의 성능은 북한이 생산할 수 있는 포탄의 성능에 좌우되겠지만, 늘어난 구경만큼 철갑탄이나 유탄의 위력 증가는 명백하기에 화력은 확실히 상승했을 것이다. 더하여 선군-915는 일시적으로 북한 전차에서 전혀 보이지 않던 폭발 반응 장갑을 차체와 포탑에 장비하고 있다. 하지만 포탑의 폭발 반응 장갑은 항상 장비하는 것은 아니고, 종종 탈거한 채로 운용하는 차량도 확인되고 있다. 포탑의 두꺼운 폭발 반응 장갑은 북한의 주장에 따르면 500mm 두께에 상당하는 방어력을 발휘한다고 하며 포탑이 원래 가지고 있는 900mm 두께 상당의 장갑과 합쳐 합계 1,400mm 두께 정도의 방어력을 가지고

신형 무장 패키지를 장착한 천마-216의 모습. 연막탄 발사기의 후방에 있는 것은 레이저 교란 장치로 보인다. 포신 위의 레이저 거리 측정기는 대전차 미사일의 유도에도 사용된다. (NK Pro)

차체 전면과 포탑에 폭발 반응 장갑을 장착한 선군-915. (NK Pro)

2018년 9월의 공화국 건국 70주년 기념 열병식에서의 신형 무장 패키지를 장착한 선군-915. 천마-216의 불새-2 대전차 유도 미사일보다 대형인 불새-3이 탑재된 모습이다. (NK Pro)

무장 시스템을 추가 장비한 천마-216처럼 선군-915에도 같은 움직임이 2012년 조선인민군 무장장비관의 개관식에서 확인되었다. 그리고 좀 더 자세한 정보가 밝혀진 것은 2018년 2월의 조선인민군 창설 70주년 기념 열병식에서다. 천마-216과 같은 2연장 자동 유탄 발사기와 휴대식 대공 미사일 발사기를 탑재했지만, 선군-915의 경우 대공 미사일은 포탑 후방으로 탑재 위치가 변경되었다. 천마-216과의 더욱 큰 차이점은 전차장 큐폴라 전방에 탑재된 신형 대전차 유도 미사일 발사기다. 이 2연장 대전차 미사일 발사기는 천마-216에 비해 세련되게 만들어졌고, 조선인민군에서의 사용이 아직 확인되지 않은 새로운 대전차 유도 미사일을 탑재한 것으로 보인다.

무장장비관의 자료에 따르면 이 ATGM의 명칭은 불새-3이며 수많은 내전에서 사용되어 악명 높은 러시아의 9M113 코넷에서 파생된 대전차 유도 미사일이라 생각된다. 실제로 코넷과 불새-3의 발사관 크기가 일치한다. 대전차 유도 미사일 발사기가 외부에 장착된 사실은 선군-915에 포발사 미사일 발사 능력이 없다는 것을 의미하지만, 어쨌든 적의 주력 전차와 대치했을 때 좋은 대응 수단이 되는 것은 확실하다. 선군-915의 주포로 적 주력 전차의 전면 장갑을 격파하는 것은 거의 불가능하다 해도 과언이 아니다. 그래서 적 주력 전차를 상대하려면 ATGM 발사기에서 발사된 불새-3에 의지할 수밖에 없다. 또한 천마-216과 마찬가지로 이들 무장 시스템이 추가된 대신에 KPV 14.5mm 중기관총은 철거되었다. 천마-216에 있는 방어 시스템을 탑재하고 있다고 보도된 사례도 있지만, 실제로 장착 사례가 확인된 적은 없다.[109] 선군-915는 전체적으로 무장 시스템을 추가 장비하면서 중량이 증가했으며 차체 높이도 높아졌지만, 동시에 세계의 어느 주력 전차에서도 볼 수 없었던 범용성을 획득했다고도 볼 수 있다.

있다고 계산된다.[106, 107] 과도한 중량 증가와 차량 단가의 상승을 막기 위해 이 폭발 반응 장갑은 전차 전체가 아닌 포탑, 차체 전면, 포탑 상부 등의 부위에 장비되어 정면 공격이나 대전차 미사일의 탑 어택에 대응하고 있다. 북한에서 공개한 자료에 따르면 선군-915는 NBC 공격으로 인한 오염 상황에서도 작전 행동이 가능하고, 통상 최대 1.8미터, 도하 장비인 스노클 사용시 최대 5미터 깊이의 하천을 자력 도하가 가능하며, 탑재된 1,200마력급의 엔진은 최대 시속 70km 정도의 성능을 발휘한다고 한다.[108] 하지만 북한이 T-72에 사용한 780마력의 V-45K 이상의 성능을 가진 엔진을 입수할 수 없다는 사실을 고려하면 선군-915가 실제로 1,200마력의 엔진을 탑재했을 가능성은 낮다. 그럼에도 이 소식통에 따른 성능 제원의 대부분은 합당하다 할 수 있는 것이기에 신뢰도는 결코 낮다고 볼 수 없다. 예를 들어 44톤이라는 차체 중량은 T-72의 41톤에 비해도 현실적인 수치로, 자동 장전 장치가 탑재되지 않고 T-72보다 중장갑인 선군-915가 실제로 44톤일 가능성은 높다. 이 경우 선군-915는 조선인민군 육군이 운용하는 주력 전차 중에서도 무거운 전차라는 뜻이다.

최신 주력 전차의 생산은 지속적이지는 않지만. 그 밖의 기간 차량과 병행하여 생산이 완전히 중단되지도 않고 있다. 6륜식 신형 차체나 보다 대형인 공용 차대로 개발되딘 차량들은 주로 탄도 미사일이나 자주포의 차대로 사용되고 있다. 이들 대형 차체의 생산이 우선되면서 구성 전차 공장의 천마-216, 그리고 선군-915의 생산이 정체되어 때로는 완전히 멈추는 일이 있을 정도다. 125mm포의 제조가 늦어진 결과, 양산이 개시되고 처음 몇 년간 선군-915의 생산은 안정적이지 못했다. 병행해서 생산되던 천마-216의 앞에 천마-214, 천마-215가 소규모 생산된 적도 있어 이들 주력 전차의 정확한 생산 규모와 배치 수량을 정확히 알기는 어렵다. 생산 효율의 악화에도 불구하고 어째서 천마호와 선군호라는 2종류의 주력 전차를 동시에 생산하는지 이유는 알 수 없지만, 2010년 중반 무렵에는 (중단되는 일도 있지만) 천마-216과 선

천마 전차의 최초의 설계 변경은 포탑 후방의 연장이었다. 당시 이미 시대에 뒤처진 이 전차에 있어 소소한 개량이었지만,
이것은 원형의 한계를 넘고자 하는 북한의 의지가 발현된 결과다.
그림의 차량에는 포탑 둘레와 차체 측면에 슬랫 아머용 마운트가 있다. (그림: David Bocquelet)

천마 전차 초기형의 생산이 드디어 궤도에 올라간 무렵, 한국은 훨씬 강력한 K-1 주력 전차의 개발을 하는 중이었다.
주력 전차의 성능 우위 상실을 알게 된 북한의 전차 설계 기술자들은 천마를 조금이라도 현대화하는 수밖에 없었다.
각이 진 신형 포탑을 탑재한 천마호의 각 파생형은 2009년에 등장하는 선군 전차로 이어지는 발전의 기초를 다졌다.
그림은 125mm 구경이라 추정되는 서멀 슬리브 장착 활강포를 탑재한 천마 전차. 주요 제원은 불명이다. (그림: David Bocquelet)

천마-214는 양쪽에 각각 5개의 보기륜이 배치된 T-62의 오리지널 차체를 이용한 최후의 북한 전차이다.
천마-92에 이어서 중기형인 천마-214는 보기륜 6개의 천마 파생형이 등장할 때까지 한정된 수만 생산된 것으로 보인다.
그럼에도 천마-215, 천마-216, 그리고 선군 전차에는 천마-214의 특징이 여러 곳에서 보인다.
포탑 전면의 증가 장갑, 유동륜의 변화에 주목. (그림: David Bocquelet)

천마-215는 설계가 전체적으로 천마-216과 유사하지만, 천마-215가 T-62 차체에 1개의 보기륜을 추가한 것과 달리
천마-216은 T-72를 모방한 차체여서 식별하기 쉽다. 천마-215의 진정한 목적은 당시 진화 중인 북한 전차의 설계에 있어서
다양한 이점이 있던 6륜 배치형 차체를 천마에 도입하기 위한 실증 연구에 있다. (그림: David Bocquelet)

김정일의 생일을 의미하는 '216'이라는 번호가 부여되어 천마-216이라 명명된 이 모델은 T-62의 115㎜포를 사용하는 최후의 북한 전차가 되었다.
1976년에 출현한 천마호의 극초기형에서 크게 변화되었음에도 불구하고 변함없이 천마라는 명칭이 붙은 것은 어울리지 않는다.
하지만 많은 개량을 거쳤음에도 주포가 125㎜포가 아닌 것은 결정적인 단점이며 설계 중의 시점에서 이미 대량 생산의 가능성은 거의 없었다.
다만 선군-915의 개발이 신형 125㎜포 포탑의 문제로 늦어져 천마-216의 생산 기간은 처음 예정보다 연장된 것 같다. (그림: David Bocquelet)

선군-915는 T-62과 T-72의 기묘한 기술적 융합, 합체의 결과물이다.
선군-915가 북한의 신예 양산형 주력 전차의 최종안인지,
아니면 신형 전차의 발전 도상에 지나지 않는지는 언젠가 판명될 것이다. (그림: David Bocquelet)

평양의 조선인민군 무장장비관의 메인홀.
엄선된 초대객을 위한 조선인민군의 장비, 역사, 북한제 무기 등이 전시되어 있다. (KCBC)

신형 연막탄 발사기가 추가된 퍼레이드 중의 T-55. KPV 중기관총이 엔진 데크에서
불편하게 조작해야 했던 이전과 달리, 훨씬 조작이 편한 위치로 이동한 것에 주목. (Toby Marshall)

에 뒤처져 전력이 될지 어떨지도 알 수 없는 구형 주력 전차를 유효하게 활용할 수 있을지, 그리고 북한에 실제로 그런 계획을 실행할 수 있는 여력이 있는지는 의문이다. 따라서 이 계획은 내수가 아닌 해외 수출을 염두에 둔 것이 아닌가 예상된다.

신규 개발된 시제 차량은 부대에 배치되기 전에 먼저 구성 전차 공장 인근에 있는 구성 전차 시험장에서 평가를 받게 된다. 이 전차 시험장은 기존의 시험장을 기반으로 2014년에 신설되었으며 다양한 장애물 코스나 오프로드 코스에 더하여 최대 1.6km 떨어져 있는 정지 및 이동 표적에 대한 사격이 가능한 시험 사격장까지 조성되어 있다. 2000년대 초부터 여러 신에 차량의 시험과 평가가 이뤄졌을 것으로 생각되는 이 시험장은 이후 몇 년, 또는 수십 년 동안에 걸쳐 북한의 최신 무기를 시험하는 곳이 될 것이다. 그리고 그 가운데 완전 신규 설계의 주력 전차도 포함되어 있을지는 알 수 없지만, 당분간 생산의 주축을 천마-216과 선군-915에 맞출 것은 틀림없는 사실일 것이다.

화포와 자주포

군-915의 년간 생산 대수가 수십 대까지 올라갔다. 이는 북한의 신형 전차 개발이 단순한 위협이 아니라는 증명이다. 그리고 포탑 위의 무장 시스템은 2017년 이후에 생산된 전차에만 탑재된 것으로 보인다.

신형 전차를 생산하는 한편으로 구형 전차를 개량하려는 움직임도 있다. T-55 및 T-62 기반의 구형 전차 대부분은 그대로 계속 사용되고 있지만, 적은 비용으로 생존율을 높일 수 있는 연막탄 발사기가 추가된 경우가 확인되고 있다. 뿐만 아니라 새로 사이드 스커트를 장착하는 등의 장갑 강화나 천마-216이나 선군-915에 보이던 것과 같은 사양의 무장 시스템을 탑재하는 등, T-55 계통의 전차를 개량하는 계획도 있는 것 같다. 이들 차량에는 새로운 사격 통제 장치나 각종 센서 등도 추가 장착되었을 것으로 추측되지만, 아직은 계획 단계에 있다. 계획이 실행되었을 때 시대

북한은 프로파간다 목적도 겸하여 군사 퍼레이드나 군사 훈련에서 정예 전차 부대나 공군, 해군의 무력을 과시하는 경우가 많다. 하지만 수많은 훈련 중에서도 합동 포격 훈련처럼 많은 인원과 물자, 화력이 집중된 경우는 비교적 드문 편이다. 수백 문의 화포와 다연장 로켓이 일제히 사격하는 훈련은 마치 지진이 난 듯 땅이 울리고, 치밀하게 계산된 사격으로 조선인민군 포병 부대의 진가가 발휘된다. 프로파간다를 목적으로 하는 것은 물론 부대 동원의 훈련이나 동시 탄착 사격이라는 포격 전술을 실제로 해 보는 귀중한 기회이기도 하다.[110] 공중에서 포탄이나 로켓탄이 충돌할 정도로 밀도 높은 탄막은 북한국 포병 부대의 화력을 과장하는 보여주기식 훈련이지만, 실전에서는 동급, 또는 훈련보다 더 강한 화력을 발휘할 것이다. 76mm 구경 이상의 화포 약 8,600문, 그리

122mm 다연장 로켓 탑재 장갑차의 뒤를 이어 행진하는 BM-24.
이들 2종류의 MLRS의 개발 시기는 반세기 이상 차이가 난다. (KCBC)

해안 방어용으로 배치된 북한제 68식 130mm포(소련제 M-46의 복제 생산품). (KCBC)

진지에 대해 막대한 제압 사격을 가할 것이다. 이들 화포는 HARTS, 즉 강화 포병 진지라 불리는 단단히 요새화된 지하 포격 거점에 전개되어 예상되는 한국군의 대포병 사격으로부터의 생존율을 높이고 있다. 자주포는 공세 중인 주력 부대와 함께 남진하며 그 뒤를 견인식 화포가 진군 속도가 느린 보병 부대와 함께 이동한다는 흐름이다. 조선인민군 육군은 다수의 자주포와 자주식 다연장 로켓을 보유하고 있지만, 자주화되지 않은 견인포도 대량 보유하고 있다. 1970년대 이전, 이들 견인포는 북한 포병 부대에 배치된 장비의 대부분을 차지하고 있었다. 조선인민군은 소련과 중국의 지원을 받아 창설될 당시부터 전통적으로 보병을 견인포와 전차로 지원하는 보병 주체의 군대로, 다연장 로켓을 세계에서 처음으로 본격 도입하였음에도 불구하고 자주화에 관해서는 제2차 세계 대전이 종결될 때까지 큰 흥미를 보이지 않은 소련과 마찬가지로 당시 북한에는 소수

고 5,500문의 다연장 로켓을 현역으로 운용 중인 북한의 포병 부대는 중국, 러시아, 그리고 미국 같은 대국을 능가하는 수준이다. 그 밖에도 대량으로 보유하고 있는 화포는 반세기 이상 계속된 무기 수입과 자국 내 생산의 결과물이며 그 긴 역사는 조선인민군에 현재 배치된 화포의 면면을 통해 알 수 있다. 제2차 세계 대전의 유물인 구형 화포와 장거리 정밀 유도 사격이 가능한 최첨단의 다연장 로켓 시스템을 함께 사용하는 것은 비효율적이고, 병참에도 심각한 영향을 준다. 또한 부대 간이 장비 격차라는 문제도 발생한다.[11] 하지만 압도적인 화력을 보유한 북한의 포병 부대는 그 존재 자체가 핵무기와 나란히 억지력으로 작용하며, 단시간에 서울을 초토화시킬 능력을 보유했다는 주장도 있다. 하지만 실제로 서울을 파괴할 정도의 포격은 군사적으로 무의미할 뿐만 아니라 애초에 그럴 능력도 갖추고 있지 않다. 다만 이런 소문은 북한 포병 부대의 악명을 드높이고 해외에서의 인지도를 높이는 것만으로도 제 역할을 하고 있다 할 수 있다. 특히 주목할 것은 다연장 로켓 부대로, 세계의 어떤 나라보다도 보유량이 많은 다연장 로켓은 병참에 큰 부담을 주지만, 목표에 대해 단시간에 믿을 수 없을 정도의 화력을 투사하는 게 가능하다. 만약 전쟁이 발발할 경우 초기 단계에서 군사 분계선 부근에 배치된 화포는 한국군의 방어

의 자주포밖에 없었다. 하지만 소수나마 소련과 중국에서 입수한 자주식 다연장 로켓을 배치했다. 대표적으로 132mm 다연장 로켓 BM-13이나 200mm BMD-20, 240mm BM-24를 들 수 있다. 그중에는 제2차 세계 대전에서 사용하던 중고품도 많았고, 대다수는 6.25 전쟁과 휴전 직후에 소련으로부터 받은 것이었다.

그 밖에도 자주식 다연장 로켓의 대표 격인 122mm BM-21과 중국의 107mm 63식 견인식 다연장 로켓 등을 1960년대 후반에 입수하여 화력 면에서 한국에 절대적 우위에 설 수 있었다. 다연장 로켓 중에는 이미 구형이 된 것도 있지만 조선인민군 육군에서 현재도 여전히 사용되고 있으며 군사 퍼레이드나 훈련에도 자주 모습을 보이고 있다.

1970년대에 북한은 군의 현대화 및 기계화를 진행하는 과정에서 견인포는 이동 속도 문제로 남진 공세의 주력이 되기 어렵다고 판단했다. 이에 따라 조선인민군은 포병 부대의 자주화를 추진해 현재의 북한 포병 부대에 배치되어 있는 다양한 자주포와 자주식 다연장 로켓이 개발될 수 있었다. 1970년대 시점에서 북한의 포병 부대는 수적으로나 성능적으로나 남측에 비해 우위에 서 있었다. 소련제 D-30 122mm 곡사포와 M-46 130mm 평사포의 국내 생산이 대성공을 거두면서 조선인민군 포병 부대는 높은 위

상을 차지하고 있었는데, 특히 27km라는 긴 사거리를 지닌 M-46 평사포는 한국 육군과 주한미군에 큰 위협이었다. 이들 화포는 곧이어 개발에 들어간 북한의 독자적인 화포를 설계하는 데 기초가 되기도 했다. 그중에서도 배치 수도 많고 조선인민군이 선호한 것이 소련제 D-74 122mm 곡사포, D-20 152mm 곡사포, 그리고 30km의 사거리를 가진 강력한 SM-4-1 130mm 해안포였다. 또한 122mm D-74와 루마니아제 152mm A411을 베이스로 2종류의 북한제 견인포가 개발, 대

포병 훈련에 사용된 북한제 152mm포. 루마니아제 A411 152mm포와 유사한 포이다. (KCBC)

량 생산되어 수출까지 이뤄졌다. 리비아와 마다가스카르를 포함해 이전부터 외교 관계가 있던 국가가 북한제 견인포를 도입했는데, 이들 견인포의 대부분은 차량에 탑재하기에도 적절했기에 약간의 개조만으로 자주화할 수 있었다. 견인포의 생산을 통해 쌓은 기술은 대전차포의 개발에도 도움이 되었고, 현재도 조선인민군에 대량으로 배치되어 활약 중이다. 비록 견인포를 대량 생산하였지만, 조선인민군의 타 부대와 마찬가지로 북한제 화포가 6.25 전쟁 시대의 구형 장비를 완전히 대체하지는 못했다. 그 대표적인 예로 ZiS-2 57mm 대전차포와 ML-20 152mm 곡사포를 들 수 있는데, 이들은 예비군과 준군사 조직에서 여전히 현역으로 운용되고 있다.

북한이 화포의 자주화를 본격적으로 시작한 것은 1960년대 후반의 일이다. 소련제 ATS-59 포병 트랙터에 적어도 두 종류의 화포를 탑재하려 시도했는데, 이 시제 차량은 북한이 자체 군수 산업에 병참을 맡기고자 한다는 의지를 명확히 보이는 것이라 할 수 있다. 2대의 시제 자주포 중에서 하나는 소련의 D-20 152mm 곡사포를 탑재했지만, 다른 하나는 M-46 130mm 평사포를 개량, 같은 구경인 SM-4-1의 포구 제퇴기를 장비한 독자 개발 화포를 탑재했다. 이때 얻은 경험은 그 후 수십 년에 걸쳐 활용되었고, 북한이 운용하는 거의 모든 세대의 자주포에 적용되었다.

북한의 자주포 국산화 계획은 1970년대에 3종류의 공용 차대를 개발하는 등 비약적인 발전을 이뤘다. 최초로 개발된 차체는 덕천(德川)이라 불리며 ATS-59를 베이스로 설계된 차량인데, 보다 자주포 운용에 맞게 개량되어 고폭탄 파편으로부터 탑승 인원을 방호할 수 있는 장갑이 추가되었다. 1970년대를 통틀어 적어도 세 종류의 화포를 각각 덕천 차체에 탑재하는 방식으로 5종류의 자주포가 개발되었다. 가장 최초로 생산된 형식은 서방 미디어에서 M-1974, 또는 M-1977이라 부르는 것이다. 이것은 소련의 D-20을 바탕으로 개발, 독자적인 포구 제퇴기를 장비한 북한제 곡사포를 탑재했는데, 북한의 발표에 따르면 1972년에 고안된 것 같다.[112] M-1974 자주포와 자주포에 쓰인 곡사포는 비교적 사거리가 짧지만 강력한 화력을 투사할 수 있어 조선인민군에

서 특히 많이 사용되었다. 그 밖에도 1974년에 등장한 M-1991/M-1992라 불리는 개방형 간이 포탑이 탑재된 형식과 포탑이 생략된 M-1975/M-1981이 존재하며 여기에는 앞서 설명한 M-46을 개량한 130mm 구경의 평사포가 탑재된다. 그리고 1978년에 개발된 것으로 생각되는 북한제 122mm 야포를 탑재한 모델도 있는데 이것은 미 국방부에서 M-1981이라는 명칭으로 구분하고 있다.[113] 이 덕천 차체를 사용한 최후의, 그리고 가장 현대화된 자주포의 개발은 1980년대 초에 시작된 것으로 보인다. 이 차량에는 종래의 152mm 곡사포가 탑재되었지만, 이번에는 완전 밀폐식 포탑이 탑재되었으며, 서방측 미디어에서는 이 자주포를 M-1985, 또는 M-1991이라 부르고 있다. 목격 사례가 적지만, 조선인민군이 보유한 최신 자주포 중 하나이다.

널리 수출된 초기 자주포의 대표작으로는 323식 병력 수송 장갑차를 베이스로 개발된 것도 있다. 이것은 D-30 122mm 곡사포를 거의 개조하지 않고 문자 그대로 장갑차 차체에 올린 희귀한 사례로 미 국방부에서의 명칭은 M-1977이다. 이 자주포는 1976년부터 생산하기 시작해 새로운 포구 제퇴기를 장착했는데, 차체에 약간의 개량이 더해진 파생형(미 국방부 코드네임: M-1985)도 1980년대에 등장했다. 이 M-1985는 원형인 M-1977을 대체할 만큼 대량 생산된 것으로 보이며, 최근의 군사 퍼레이드나 훈련에서 보이는 것은 전부 M-1985다. 하지만 초기 생산형인 M-1977은 해외로 수출된 북한제 자주포의 선구자적 역할을 했다. 1980년 에티오피아에 수출된 M-1977은 에리트리아 독립 전쟁과 그 후의 에리트리아-에티오피아 전쟁에서 자주 사용되었다.

여러 차대와 북한제 대전차포가 보급되면서 다양한 대전차 자주포가 개발되었다. 그중 적어도 3종류는 적지 않은 수가 생산되어 부대에 배치되었다. 가장 간단한 방식으로 생산한 모델은 323식 병력 수송 장갑차의 차체 뒷부분에 76mm포를 탑재한 대전차 자주포였다. 1972년대에 들어서 100mm 구경 대전차포를 탑재한 덕천과 323식이 등장했지만, 실제 생산된 것은 덕천 기반인 것으로 보인다. 이 자주포는 상당한 수가 배치되었으며 장거리 사격 시의 명중률을 높이기 위해 레이저 거리 측정기가 탑재된 차량도

대규모 포병 훈련에 참가 중인 덕천 차체의 152㎜ 자주포부대.
차량의 후방에 있는 것은 152㎜포의 조작 인원으로 견인포처럼 외부에서
포의 조작을 한다. (KCBC)

2012년, 김일성 탄생 100주년 기념 열병식에 참가한 덕천 자주포(M-
1981)에 탑재한 것은 D-74 122㎜ 평사포다. (David Flock)

사진의 덕천 차체의 자주포는 SM-4-1 해안포를 차량 탑재형으로 만든 130
㎜포이다. 반동 흡수용 대형 스페이드를 장비했다. (KCBC)

1992년, 조선인민군 창건 60주년 기념 열병식의 122㎜ 자주포 M-1985.
4연장 휴대식 대공 미사일 발사기는 조작성이 의심스럽다. (KCBC)

확인되고 있다. 하지만 장갑이 빈약하고 100㎜ 대전차포 또한 현용 주력 전차 앞에서는 거의 의미가 없다. 세 번째 대전차 자주포는 전술한 2종류의 자주포에 비해 그다지 알려지지 않은 103㎜ 구경의 포를 사용한다. 이 차량의 경우, 대폭 개조된 323식의 차체를 채용해 1974년부터 생산되었다는 자료가 있지만, 훈련에서 실제로 모습이 목격된 경우는 적다.[114] 그 밖에도 다양한 차체를 베이스로 하는 시제 차량이 개발되었지만, 실전 배치가 이뤄진 모델은 없는 것으로 보인다. 하지만 그중에서 흥미로운 것이 있다면 장갑 전투실을 가진 시제 자주포일 것이다. 이것은 독특한 접근법으로 현대적인 대전차 자주포 설계에 도전한 물건이었지만, 유감스럽게도 실전에는 그다지 효용성이 없을 가능성이 높다.

화포와 동시에 다수의 박격포 또한 자주화의 대상이 되었다. 그 원점에 있는 것이 트럭의 짐칸에 박격포 조작반을 싣는 단순한 물건으로, 이 간이 자주 박격포는 6.25 전쟁 중에 사용되기 시작했다. 현재 운용하고 있는 자주 박격포의 대부분은 1976년부터 1978년 사이에 생산이 개시되어 323식 병력 수송 장갑차를 오픈탑으로 개조해 82㎜ 또는 120㎜ 구경의 박격포를 탑재한 것이다. 그중에는 소련제의 2S9 노나(Nona) 120㎜ 자주 박격포와 유사한 차량도 존재한다. 이 차량은 2S9 노나와 같이 밀폐식 포탑이

탑재되었지만, 120㎜ 구경이 아닌 북한제 140㎜ 박격포를 탑재하고 있으며 323식 APC를 개조한 차체로 자주화했다. 1992년의 조선인민군 창건 60주년 기념 열병식에서 처음 공개된 이 자주 박격포가 최초로 생산된 것은 1981년이지만, 프로파간다 영상 등에서의 등장 빈도를 생각하면 생산된 숫자는 적을 것이다.[115] 하지만 생산 수량이 한정되었다 하더라도 기동성이 높을 뿐만 아니라 신속한 화력 지원도 가능한 자주 박격포는 후방 포병 부대에 의존하지 않고도 적의 진지를 제압할 수 있는 귀중한 전력이며 조선인민군의 전격전을 성공시키기 위해 필요불가결한 존재이다.

조선인민군 육군이 운용하는 자주포는 베이스가 되는 차체와 탑재되는 화포의 종류 등이 너무 잡다한 데다, 북한 특유의 비밀주의로 인해 전체상을 파악하기가 어렵다. 대략적으로 알려진 차제 외에 어느 계통에도 속하지 않는 거의 원오프(one-off:일회성 생산)의 특이한 자주포도 확인되는 등 북한 자주포의 전체적인 사정을 파악하기는 힘들다. 그 대표적 예로 들 수 있는 것이 덕천 포병 트랙터와 323식 APC를 융합했다고밖에 설명할 수 없는 차체에 D-30 122㎜ 곡사포를 탑재한 차량이다.[116]

하지만 이 자주포는 프로파간다 영상 이외의 곳에서 목격된

2013년, 전승절 60주년 기념 열병식에서의 130㎜포 탑재 덕천 자주포(M-1992).
이것도 SM-4-1 계열의 포이지만, 보급률이 높은 편이다. 이처럼 조선인민군 육군의 자주포는 다양하다. (KCBC)

2016년의 훈련에서 보이는 덕천 차체의 포탑형 152㎜ 자주포. 승무원은 차량 외부에서 포를 조작한다. (KCBC)

덕천 차체를 사용하는 100㎜ 대전차 자주포. 탑재된 레이저 거리 측정기가
시리아군의 북한 개수형 T-55와 같은 것으로 보아,
사격 통제 장치의 성능이 향상되었을 것으로 예상된다. (KCBC)

에티오피아에서 사용되고 있는 122㎜ 자주포 M-1977. (저자 소장)

경우가 없고, 서방 미디어는 물론 북한 국내에서도 거의 알려지지 않아서 개발이 성공했는지, 어느 정도 수량이 양산되었는지 자세한 사항을 알기 어렵다.

초기에 생산된 덕천 베이스 자주포는 프로파간다와 퍼레이드에도 자주 나오는 등 북한 스스로 정보를 공개해 비교적 잘 알려져 있다. 하지만 1980년대부터 양산이 시작된 2세대 주력 자주포는 그다지 정보를 찾기 어렵다. 주체포(主體砲), 한동안은 M-1989 170㎜ 자주포라는 서방 측 호칭으로만 알려졌던 이 자주포 시리즈는 좌우 각 6륜 배치 차체에 밀폐식 포탑을 탑재하여 화포와 포수, 그리고 승무원을 소화기와 유탄, 파편 등으로부터 보호할 수 있다.[117] 주체포 중에서도 가장 유명한 형식은 미 국방부에서 통칭 M-1991로 구분하던 것으로 1992년 조선인민군 창건 60주년 열병식에서 처음 모습을 보였다. M-1991의 세부 모습을 알 수 있는 사진은 열병식에 찍힌 것이 유일하다. M-1991은 1978년 제작된 덕천 베이스의 자주포인 M-1981과 같은 D-74 122㎜ 평사포가 탑재되어 있지만, 사격 기구

1992년, 조선인민군 창건 60주년 기념 열병식에 참가한 323식 APC 계열의 140㎜ 자주 박격포(M1992). (KCBC)

M-1977 122㎜ 자주포로 추정되는 정체불명의 자주포. 조선인민군 육군 포병 부대의 다양성을 보여주는 예시라 하겠다. (KCBC)

2017년, 김일성 탄생 105주년 기념 열병식에서의 M-1991 자주포. (NK Pro)

일을 줄여 준다. 그 결과 사격 시 포수가 포탑 외부로 피난할 필요가 있는 M-1991에 비해 M-1992는 포탑이 밀폐된 상황에서도 사격이 가능하여 보다 실용적이라 할 수 있다. M-1992의 생산은 1990년대 초부터 시작되었을 것으로 생각되며 상세한 정보가 밝혀진 것은 2018년 북한 건국 70주년을 기념하는 퍼레이드에 공개되면서부터의 일이다. 주체포 시리즈는 그 밖에도 몇 가지 파생형이 존재하며 아마도 각각 다른 구경의 화포가 탑재되었을 것이나 그 외 자세한 사항은 알 수 없다.

몇 장의 사진 자료 외에는 정보가 없어 양산 체제의 유무나 성능, 제원 등은 추측조차 할 수 없다. 하지만, M-1991과 M-1992가 훈련 등의 공식적인 자리에 모습을 보이는 빈도가 매년 늘어나고 있고, 2018년의 퍼레이드에서는 천마-216, 선군-915와 같은 사양의 추가 무장 시스템을 탑재한 최신형도 참가하고 있다. 다연장 휴대식 대공 미사일 발사기와 자동 유탄 발사기를 탑재하고, 포탑 위에는 새로이 14발의 연막탄 발사기가 장착되었다. 이들 개량점은 M-1991과 M-1992가 주력 공세 부대와 함께 최전선에서 사용될 것이라는 사실을 보여주고 있다. 최전선에 투입된다면 추가 장착된 무장 시스템을 사용해야 하는 상황에 처할 것은 충분히 예상될 것이다. 보다 단순한 구조의 MANPADS 발사기는 과거의 열병식에서도 가끔 탑재된 모습을 볼 수 있는데, 항공 공격에 취약한 전선 후방의 자주포에 장착할 것으로 보인다. 여러 자주포들 중에서 제일 유명하고 야심적인 설계가 적용된 것은 미 국방부 제식명으로 M-1978이라 구분되는 곡산(谷山) 자주포다. 앞서 설명한 M-1989와 종종 오인되기도 하는 이 차량은 8미터 길이의 거대한 포신을 가진 북한제 170㎜포가 탑재되며, 탑재 플랫폼이 된 것은 T-54/55, 59식 주력 전차의 차체로, 1973년부터 생산되기 시작했지만 개발 경위는 확실하지 않다. 1970년대부터 1980년대에 걸쳐 제작된 시제 차량에 대한 문서도 존재하지 않고, 많은 부분이 비밀에 싸여 있다. M-1978의 정보를 얻기 어려운 이유 중 하나는 그 170mm라는 기묘한 구경에 있다. 소련이나 중국은 물론 서방 어느 국가에서도 170㎜ 구경의 포를 채용하지 않았고, 포의 설계도 비슷한 예를 찾아볼 수 없는 독특한 것이기에 M-1978은 북한이 독자 개발한 것일 가능성이 높다. 곡산의 독자 개발에 성공한 것은 개발 시기를 생각하면 무시할 수 없는 업적이다. 초기의 느린 생산 속도는 북한이 양산 체계를 갖추는 데 많은 어려움을 겪었음을 보여준다.[118] M-1978을 개발할 때 북한이 참고했을 것으로 생각되는 화포는 소련제 해안포나 제2차 세계 대전에서 소련이 노획한 것을 북한에 양도했다고 추측되는 독일제 17cm 야포이다. 외국산 화포의 영향을 받아 M-1978의 개발이 시작되었을 가능성도 적지 않지만, 사실 곡산의 170㎜포는 세계

와 주퇴기가 개량되었다. 다른 파생형으로는 M-1992가 있지만, M-1991보다 알려진 정보가 훨씬 적고 현대화된 포탑에 신형 130㎜ 또는 152㎜포가 탑재되었을 것으로 보인다. 그리고 M-1992에는 배연기가 장착되어 사격 후 포탑 내부에 포연이 들어오는

2018년 9월, 북한 건국절 70주년 기념 열병식에서의
M-1992 자주포. 포탑에 신형 무장 패키지가 탑재되었다. (NK Pro)

훈련에서 170mm포를 사격하는 M-1978 곡산 자주포.
사진 좌측 하단의 탄약 상자 위에 포탄과 장약이 보인다. (KCBC)

거대한 M-1978 곡산 자주포 2대가 보이지만, 위장은 조잡하다. (KCBC)

의 어느 화포와도 유사하지 않고, 이후로도 그 기원을 찾을 수 없을 것이다. 개발 배경이 확실하지 않은 M-1978이지만, 개발 의도는 명확하다. 남북을 분단하는 군사 분계선이 제정된 후, 북한은 한국의 대포병 사격 사거리 밖에서 한국의 진지를 포격하는 아웃레인지 전법이 가능한 화포가 필요했다.[119] 170mm라는 독특한 구경은 사거리를 최대한 늘리기 위한 선택이었다. 이동 시 170mm포는 차체 중심에 위치하지만, 사격 시에는 후방으로 슬라이드식으로 이동하며 2개의 거대한 접이식 스페이드로 반동을 경감하는 구조를 하고 있다. 굵은 포신에 북한제 포구 제퇴기를 장착, 고도의 사격 통제 장치를 사용하여 초기에 양산된 M-1978 자주포는 상당히 높은 포구 초속을 낼 수 있어, 일반탄의 최대 사거리는 43km, 로켓 보조 추진탄(RAP)을 사용할 경우에는 최대 약 54km에 달한다.

물론 이렇게 긴 사거리를 확보하기 위해 감수해야 하는 단점도 있었다. 높은 연소 압력으로 인해 M-1978의 포신 수명은 짧았고, 연속 사격 시 파손될 위험도 높았다. M-1978은 이런 문제점을 안고 있지만, 생산이 시작된 1970년대 당시에는 세계 1위의 압도적인 사거리를 가졌고, 수십 년 동안 우위가 깨지지 않았다. 경우에 따라서는 포탄의 발사에서 착탄까지 1분이 넘는 경우도 있었고, 3분(실제로는 5분)당 1발의 사격 속도를 가진 M-1978의 장전 속도를 감안하면 몇 발을 포격한 뒤 적의 반격이 있기 전에 대피하는 것도 가능하다.

2008년, M-88A2 허큘리스 구난 전차로 견인되는 이라크군의 곡산 베이스 180mm 자주포.
S-23 평사포의 '페퍼포트(후추통)'형 포구 제퇴기에 주의. (United States Marine Corps)

2017년, 김일성 탄생 105주년 기념 열병식에서의 M-1989 주체 자주포. (NK Pro)

아랍에미리트에서 열린 IDEX 2005에 전시된 M-1989 주체 자주포.
사진의 좌측에 있는 것은
북한제 64식 14.5mm 대공 기관총(ZPU-4 카피). (Richard Stickland)

2문의 M-1989의 시제 차량과
화성5호의 초기형과 함께 전시된 370mm 3연장 자주무반동포. (KCBC)

아만 근교의 알 파우에 배치되어 장거리에서 요새화된 진지를 파괴하는 벙커버스터로 사용되는 등, 이라크를 지원하던 쿠웨이트의 유전을 포격하는 데도 활약했다. 이 가운데 적어도 1문은 이란의 포진지를 제압한 이라크군에 노획되어 전후 이라크에 전시되었다. 노획된 M-1978은 이라크에서 미국 본토로 수송되어 조사를 할 예정이었고, 이라크 정부도 허가했다. 하지만 갑자기 생각을 바꾼 이라크는 미국으로의 수송을 거부하고 대안으로 이라크 국내에서라면 제한 없이 조사할 수 있도록 했다.[121] 이라크의 군 관계자가 M-1978의 성능에 감명을 받았음은 분명하고, M-1978과 소련제 S-23 180mm포를 조합한 독자적인 자주포의 개발 계획도 세우고 있었다. 이 계획에 따라 동독제 BLG-60 교량 전차의 차체에 거대한 180mm포를 탑재하여 완성된 M-1978 베이스의 자주포는 미군에 노획되어 이라크 앙바르의 앙바르 대학 부근에서 조사를 받았다. 이라크군이 180mm 자주포를 개발한 것을 보면 M-1978처럼 강력하고 긴 사거리를 가진 자주포가 가진 매력이 어떤 것인지 알 수 있을 것이다.

곡산 자주포의 개발은 1970년대부터 1980년대 초에 걸쳐 계속되었다. 개량된 차체를 사용한 시제 파생형이 적어도 2대가 만들어졌다. 그 후 새로이 설계된 파생형도 개발되어 정식으로 양산되었다. 배치 수량이 증가하던 주력 전차와의 호환성을 높이기 위해 이 자주포는 차체가 T-55에서 천마호를 기반으로 하는 차체로 변경되었는데. 천마호 차체의 앞뒤를 바꿔 주포를 탑재한 결과, 엔진 데크에 부하를 주지 않고 원래 포탑이 있던 중앙에 무게중심을 두도록 할 수 있었다. 북한에 의하면 이 최종 생산형(미 국방부 제식명: M-1989)은 1983년부터 생산되었으며 차체 전면과 중앙에 얇은 철판으로 된 적재 공간이 추가되었다.

이 장갑 적재 공간에는 4명의 승무원이 탑승할 수 있다. 그리고 포탄을 적재한 탄약 보급차가 필요한 M-1978과 달리 자주포 자체에 포탄을 적재할 수도 있어 단독으로 작전 행동이 가능할 것으로 추측된다. 이로 인해 전투 지역 투입 직후부터 신속히 포격을 실시할 수 있고, 재설계된 주퇴기와 사격 기구에 의해 자주포 전체의 신뢰성과 사거리도 향상되었을 것이다. 신형의 2중 포구 제퇴기도 장착했지만 사용 의도는 확실하지 않으며, 구형과 혼용하고 있다. 곡산 자주포의 최신형이자 훨씬 선진적인 파생형인 M-1989는 소련의 2S7 피온 자주포와 몇 가지 공통점이 보인다. 곡산이 피온을 베이스로 개발되지 않은 것은 거의 확실하지만, 최종형인 M-1989의 개발에 조금은 영향을 받은 것으로 보인다. 구형 장비라도 퇴역시키지 않고 계속 사용하는 조선인민군의 원칙에 따라 M-1989도 구형 자주포를 대체하는 것이 아니라 보완하는 형태로 운용되고 있다. 이란-이라크 전쟁 중에 이란에 수출된 M-1978 이외에 최종형인 M-1989도 수출을 목적으로 생산되었

초기 생산된 곡산의 수는 극히 적어, 미 국방부는 1978년이 되어서야 M-1978의 존재를 인지했다. 1980년대 중반에는 M-1978의 총 생산수는 30문에 달했다.[120] 1980년대 후반에 들어서 양산 속도가 더욱 빨라져 현재는 파생형을 포함 100문 정도가 조선인민군 육군에 배치된 상태이다. 1980년대에는 이란-이라크 전쟁 중의 이란에도 소수의 M-1978이 수출되었다. M-1978은 페르시

는데, 확인된 예로는 아랍에미리트가 구입, 군사 박람회에 전시한 1문이 있다. 보다 긴 사거리와 화력을 가진 화포를 원하던 북한의 야심은 자주포의 국산화만으로 채워지지 않았고, 조선인민군은 완전히 새로운 타입의 무기를 연구·개발하기 위해 자금을 아낌없이 투입했다. 소련의 406mm 2A3 '콘덴사토르'나 420mm 2B1 '오카'라는 초대구경 화포의 개발은 수많은 기술적 문제를 일으켰고, 많은 동급의 대구경포 계획이 취소되었다. 이들 대구경포의 가장 큰 문제는 사격할 때마다 각각의 부품이 마모, 파손될 정도로 반동이 심하다는 점이었으며, 무겁고 거대한 포탄을 장전하기 위해 많은 시간이 소요되었고 발사 후 과열 방지를 위한 대기 시간까지 필요했기에 대구경포를 탑재한 자주포의 발사 속도는 심각하게 느린 경우가 많았다. 이런 문제에 대처하기 위해 북한은 타국과는 근본적으로 다른 접근 방법으로 대구경포 개발에 도전해 자주포에서는 흔치 않은 무반동포를 탑재한 시제 차량을 만들었다. 370mm 무반동포를 3문 탑재한 이 터무니없이 거대한 자주포는 천마 주력 전차의 차체를 베이스로 제작되었는데. 사격 시 반동을 걱정할 필요가 없어 차체는 전후 역전 구조로 개조 없이 그대로 사용되었고, 반동을 잡아 주는 스페이드도 없다. 포의 후미에 있는 연소 가스를 배출하는 3개의 대형 배기 노즐로 사격 시 반동의 대부분을 상쇄하는 구조다. 기존의 화포 설계에서 크게 벗어난 이 독특한 자주포는 북한 소식통이 '기밀'로 콕 집어 지정할 정도라 사거리조차 추정하기 어렵다.[122] 하지만 제2차 세계 대전 전후로 독일과 소련에서 개발하던 대구경 무반동포의 실험 결과에서 이 자주포의 성능을 어느 정도 유추해 볼 수 있는데, 예를 들어 소련의 무기 설계자인 레오니드 코르체프스키는 1930년대 초 대부분을 37mm~500mm 구경 무반동포의 연구에 매진했다. 그의 설계 중 하나인 305mm 무반동포는 소련 해군 구축함 '엥겔스'에 시험적으로 탑재되어 1934년에 시험 사격을 실시했지만, 만족할 만한 결과

원산 부근에서 실시된 합동 포병 훈련에서 일제 사격을 하는 수백 문의 자주포. 대부분 주체 자주포다. (KCBC)

를 얻지는 못해 최종적으로 폐기 처분되었다. 북한의 370mm 무반동포와 유사한 외관을 가진 이 305mm포는 구축함의 선체에 큰 부하를 주지 않고 330kg의 포탄을 최대 13.5km의 사거리로 발사할 수 있었다.

하지만, 포탄과 발사 장약을 따로따로 장전해야 하고, 장전에 크레인을 사용해야 했기에 발사 속도는 1시간에 겨우 1발이라는 한심한 지경이었고, 이와 같은 문제는 냉전 초기에도 발생했다. 당시 소련의 기술자들은 전략핵을 대구경 자주포로 발사하는 방법을 모색하고 있었는데, 요구된 사거리와 비행체의 크기에서 최적의 투발 수단은 무반동포라는 결론을 내렸다. 406mm 2A3 콘덴사토르와 420mm 2B1 오카에서 얻은 경험을 통해 전략핵을 탑재할 수 있는 규모의 포탄을 일반적인 화포로 발사하는 것은 기술적으로 어렵다는 것이 이미 판명되었기 때문이다. 이 계획은 1955년에 시작되어 S-103이라는 명칭으로 420mm, 280mm 2종류의 무반동포가 설계되었고, 1956년에 최초의 1문(420mm 구경)이 완성

복잡하고 비현실적인 발상임에도 불구하고 어느 국가보다 포병 화력 강화에 노력해 오던 북한은 포병 중심 전략을 추진하기 위해 초대형 무반동포의 기술을 기반으로 소련에서조차 시도하지 않았던 370mm 3연장 자주무반동포라는 괴물을 탄생시켰다. 이런 무기의 연구 및 개발은 타국이라면 시도조차 않았겠지만, 적에 대해 우위를 차지할 가능성이 조금이라도 있다면, 어떤 기술이라도 극한으로 추구하는 집념의 결과라 할 수 있을 것이다. (그림: David Bacquelet)

북한의 신형 자주포. T-72를 분석, 개량한 차체와 포탑의 다양한 무장 패키지에 주의. (NK Pro)

지는 않은 것 같다. 애초에 370mm 자주무반동포의 상세 정보가 거의 알려지지 않았고, 부대 배치에 이르지 못한 이유도 추측일 뿐이다. 전술한 것과 같은 대구경 무반동포 특유의 문제는 최대한 단순화한 설계와 3연장으로 만드는 방법으로 느린 발사 속도를 보완, 부분적으로나마 대처하고 있다. 계획이 취소된 이유로는 기대를 벗어난 사거리와 낮은 명중률, 낮은 내구도 등을 들 수 있으며, 이를 감안한다면 실존하는 1문도 그저 목업에 불과할지도 모르는 일이다.

1990년대 이후, 새로운 자주포의 개발은 사반세기 정도 정체되었다. 미국의 M109A2

되었다. 하지만 1956년, 101발째의 시험 사격을 고정 포가와 궤도식 자주포가에서 시행하던 도중 S-103이 폭발해 복구가 불가능한 손상을 입었다. 결국 280mm 구경의 두 번째 시제품이 완성될 때까지 이 계획은 서류상으로만 존재했다. 결과적으로 이런 대구경 무반동포는 복잡할 뿐만 아니라 일반 대구경 화포를 탑재한 자주포나 탄도 미사일에 비해 딱히 나을 것이 없다는 결론에 도달했다.

1950년대 이후, 북한이 3연장 자주 무반동포의 시제 차량을 완성한 1984년까지 대구경 무반동포를 실용화한 국가는 나타나지 않았다.[123] 이미 부대에 배치되어 5명의 승무원으로 운용되고 있다고 언급했지만, 이 자주포가 실제로 목격된 것은 다른 시제 차량과 함께 전시되었을 때 한 번뿐이었고, 실제로 제작, 배치되

를 베이스로 개발된 K55A1 자주포를 한국군이 도입한 것을 생각하면 현 상태의 포병 부대 장비에 만족하고 있던 조선인민군은 남측에 대한 화력 우위를 유지할 수 있다고 생각했을 것이다. 이 상황은 2010년대까지 계속되었지만, 2010년의 연평도 포격 사건에서 한국군이 사용한 K-9 자주포의 배치에 촉발되어 북한은 십수 년의 긴 공백에 있던 자주포 개발에 새로이 발걸음을 내디뎠다. 2018년 9월의 건국 70주년 기념 열병식에서 갑자기 선보인 신형 자주포, 후에 주체 107년식 155mm 자행형 곡사포라 알려진 이 차량은 기존에서 일신된 설계로 만들어졌고, 구성 전차 공장에서 생산된 전차의 파생형 차체를 사용하고 있다. 이 차체는 천마-216이나 선군-915의 차체를 전후좌우로 연장한 것으로 곡산 자주포와 같은 전후 역전 구조의 차체이다. 차체 위에는 넓은 폐쇄식 포탑

2019년 5월의 훈련에서 처음 공개된 신형 155mm 자주포. (KCBC)

이 있고, 155mm포(대략 52구경장)를 탑재했다. 기존의 152mm 구경이 아닌 155mm 구경을 선택한 것이 좀 의아할 수 있는데, 현재도 152mm 구경을 채용하고 있는 중국과 러시아권 국가들을 제외한 서방 국가 대부분이 155mm 구경을 사용하고 있는 것을 생각하면 북한이 최신예 자주포에 탑재하는 화포의 개발에 있어 155mm 구경의 화포를 운용하고 있는 서방 국가의 것을 어느 정도 참고했을 가능성이 있다.

하지만 세세한 부분을 비교해 보자면 실제 기술적 원형은 러시아의 2S19 므스타-S 자주포에 있는 것으로 보인다. 이 경우 탑재된 것으로 예상되는 52구경장의 주포는 세계의 어떤 현용 자주포에 비해도 떨어지지 않는 성능을 발휘할 것이다. 주체 107년식은 말할 것도 없이 K9처럼 대다수 현용 자주포와 유사한 외관을 지녔지만 유효 사거리와 발사 속도, 사용 탄종과 사격 통제 장치의 성능 등 세부 사항은 추측하기 힘들다. 자동 장전 장치나 탄도 계산기, 특수한 포탄 등, 높은 수준의 기술이 사용되었다면 동시 탄착 사격 같은 고도의 포격을 실행할 수 있다. 또는 정밀 유도탄의 운용 능력을 보유하고 있을 가능성도 있다. 신형 자주포의 외관, 그리고 동시기에 개발된 전투 차량의 성능에서 판단하면 NBC 공격에서의 생존 능력, 구형 자주포에는 없는 포탑 내부 탄약고, 그리고 고도의 사격 통제 장치를 보유했을 확률은 높다고 추측된다. 2연장 자동 유탄 발사기, 2연장 MANPADS 발사기, 그리고 연막탄 발사기나 레이저 교란 장치 등의 능동 방호 시스템은 전부 사격 통제 장치로 관제되어 전황이 불안정한 최전선 가까이에서 작전을 보조한다. 긴 구경장을 가진 155mm포는 170mm포를 탑재한 곡산을 제외한 나머지 구형 자주포보다 사거리도 길 것으로 생각된다. 사거리는 24km에서 최대 34km 정도가 될 것으로 예상되는데, 아웃레인지 전법의 위협을 받는 한국군의 구형 자주포로는 효과적인 대포병 사격을 할 수 없고, 지상 작전의 원활한 수행이 어려울 것이다. 북한이 실

제로 이 신형 자주포를 양산했을 때, 기존에 없던 구경의 포탄을 안정적으로 생산, 공급할 수 있는 병참의 재정비를 했는지는 알 수 없다. 하지만 2019년 5월에 공개된 자료에서 구성의 전차 시험장에서 시험 사격을 실시하는 신형 자주포가 찍혔으며, 20년대 이후로 여러 자료에서 목격되고 있다.

다연장 로켓

북한은 앞서 소개한 자주포 계획보다는 1970년대부터 시작된 다연장 로켓의 개발에 주력해 왔다. 1960년대에 63식 견인식 107mm 다연장 로켓, 그리고 BM-21 그라드 122mm 자주 다연장 로켓을 대량으로 입수한 북한군은 곧바로 북한 실정에 맞게 개량했다.

ZiS-151 트럭 차체에 탑재된 북한제 122mm 다연장 로켓 BM-11.
3×5발 구성의 블록 2기를 탑재하고 있다. (KCBC)

트랙터에 견인되어 퍼레이드를 하는 9연장 발사기를 2기 탑재한 122mm 다연장 로켓.
트랙터라도 MRL의 견인이 가능하다는 것은
민간용 차량이라도 전시에는 얼마든지 군용으로 쓰일 수 있다는 사실을 보여준다. (KCBC)

해안 방위 훈련에서 107mm 75식 다연장 로켓을 운반하는 여군 부대.
임무에 적합하지 않음에도 불구하고
다수의 다연장 로켓이 상륙 작전 저지용으로 배치되어 있다. (KCBC)

승리-61 트럭에 탑재된 107mm 다연장 로켓.
다른 트럭 탑재형 MLRS에 비해 상당히 이질적이지만, 생산 수는 많다.
운전석 후방에는 107mm 로켓탄의 예비 탄약고가 보인다. (KCBC)

열병식에 참가한 M-1993 122mm 다연장 로켓. BM-11과 같이 발사관이 2개의 블록으로 분리되어 있다. (KCBC)

BM-21은 승리-2 트럭을 베이스로 카피 생산했지만(미 국방부 제식명: M-1977), 독자 개발된 그라드의 개량형(미 국방부 제식명: BM-11)에 비해 보급률은 떨어진다. 1973년부터 생산이 개시된 BM-11은 원형인 그라드와 같은 122mm 로켓탄을 사용하며, 다양한 차체에 탑재되었다. 발사대로 사용된 차체는 생산 시기에 따라 다르며 초기에는 일본의 이스즈 HTW-11 트럭, 중국의 중국제일기차집단유한공사(中國第一汽車集團有限公司·FAW) CA-30 트럭, 후기에는 소련제 ZiS-151 트럭에 탑재되었다. 북한제 BM-11과 원형인 BM-21를 구분하는 일은 의외로 간단하다. BM-11의 로켓 발사관은 3×5발의 구성의 블록 2기인데 반해 BM-21은 4×10발 구성의 단일 블록식이고 앙각 기구도 다르다. 발사관의 블록을 2기로 분할한 이유는 유효 발사 속도를 최대한 높이기 위해서라고 생각되며, 실제로 BM-11은 초당 4발로 초당 2발을 쏠 수 있는 BM-21에 비해 밀도 높은 화력 지원이 가능하다. 북한은 그 밖에도 많은 122mm 다연장 로켓을 배치했는데, 3×3발 블록 2기 구성의 간이 견인식 MRL이 대표적이다. 이 견인식 다연장 로켓은 열병식 때에는 주로 민간 트랙터로 견인되어 유사시 일반 시민을 동원해 전투에 투입한다는 북한의 사상을 보여준다. 1960년대에 입수한 또 하나의 다연장 로켓인 63식 107mm MRL은 BM-21과 마찬가지로 곧바로 복제되어 북한 내 생산이 시작되었다. 북한에서 생산된 63식은 원형과 같은 3×4발 구성으로 75식으로 불린다. 범용성이 높은 63식/75식은 다양한 파생형이 개발되어 다른 구성의 발사관을 가진 자주형도 탄생했다. 그 예가 1993년부터 생산이 시작된 107mm 로켓탄을 4×6발 구성으로 승리-61NA 트럭에 탑재한 자주 다연장 로켓으로, 탑승 공간 뒤에 대형 탄약고가 있어 전용탄약 보급차가 없어도 연속 사격을 할 수 있다. 1980년대에 들어서 323식 병력 수송 장갑차에도 107mm 다연장 로켓이 탑재되었고, 그중에는 조준이 용이하도록 360도 선회식 발사대를 탑재한 파생형도 등장했다. 마찬가지로 3×8발의 다연장 로켓을 차체 후방에 탑재한 M-1992의 MLRS의 존재도 확인되었다. 하지만 M-1992에 탑재된 로켓 발사관이 선회 가능한지는 확인되지 않았고, 병력 수송 능력도 대폭 축소되거나 아예 배제되었을 것으로 보인다. M-1992 MLRS는 1992년의 조선인민군 창건 70주년 기념 열병식 이외에 목격된 예기 없는 것으로 보아 실제로 많은 수가 배치되었을 가능성은 낮다. 조선인민군은 자주화된 107mm 다연장 로켓을 풍부히 보유하고 있지만, 많은 수를 차지하고 있는 것은 견인식이다. 이들은 주로 예비군이나 준군사 조직에 배치되어 해안선과 진지 방어 임무에 사용되고 있다.

한편, 122mm 로켓포는 다양한 종류의 차체에 탑재되면

1992년의 조선인민군 창건 60주년 기념 열병식에서
M-1992 장갑차에 탑재된 24발 107mm 다연장 로켓. (KCBC)

서 다수의 파생형이 만들어졌고 이 과정에서 설계도 다듬어져 완성도 높게 변화했다. 최초는 이스즈 트럭에 간단한 개조를 한 4×5발 구성의 블록 2기를 탑재한 것에서 북한제 승리-64 트럭을 베이스로 탑승 공간과 MRL 사이에 예비 탄약 적재함을 설치한 M-1985라는 파생형도 생산되었다. 122mm 로켓탄을 사용하는 자주식 다연장 로켓의 개발은 1980년대에 진행되어 1990년에는 체코슬로바키아의 타트라 T813 8륜 구동 트럭의 탑승 공간을 단축해 좌석을 2개로 줄인 파생형(미 국방부 제식명: M-1993)을 개발했다. 마찬가지로 좌석을 줄인 자주식 다연장 로켓에는 체코슬로바키아제 RM-70이 있다. 하지만 RM-70과 달리 M-1993의 탑승 공간에는 장갑이 설치되지 않았다. 또한 M-1993은 세계적으로 주류인 단일 블록식 발사관이 아니라 2분할 다연장 로켓이 채용되었다.

하지만 후에 개최된 조선로동당 창건 70주년 기념 열병식에서는 장갑이 추가된 새로운 M-1993 파생형이 확인되었는데 MRL 본체와 앙각 장치를 제하면 거의 RM-70에 필적하는 성능을 가진 차량이라 하겠다. 양 차량의 유사성은 아마도 냉전기에 북한이 체코슬로바키아로부터 수량 불명의 RM-70을 입수한 데서 기인한

듯하다. 하지만 조선인민군은 통상 군사 퍼레이드나 훈련에 외국산 무기를 등장시키는 일을 선호하지 않고, 체코슬로바키아로부터 도입한 수량이 적을 가능도 높아 RM-70이 실제로 북한 국내에서 목격된 적은 없다.

122mm MRL을 사용하는 자주 다연장 로켓의 개발은 M-1993을 가져 일단 끝냈지만, BM-11이 대량으로 외국에 수출되어 각국의 독자적인 파생형이 무수히 나타났다. 워낙 많은 곳에 판매되었기에 실제로 그것이 북한에서 개발되었는지 아니면 BM-11을 운용하던 국가에서 개발했는지 명확히 판단하기는 어렵다. 예를 들어 시리아는 1980년대 초에 BM-11을 북한에서 수입하여 1982년에 레바논 내전에 실전 투입했다. 그 일부를 시리아가 지원하는 민병대가 사용해 최종적으로 이스라엘군에게 노획되었다. 시리아군에서 운용되던 BM-11은 1990년대 말에 레바논에 양도되어 다연장 로켓 본체를 M35나 M809 등 미제 트럭에 탑재했다. 소련의 영향을 받아 개발, 생산된 북한제 다연장 로켓이 미제 트럭에 탑재된 것은 아이러니한 결말이다. BM-11과 그 파생형을 북한 다음으로 많이 생산, 개발한 국가는 이집트다. 시리아와 동시기에 BM-11을 도입한 이집트는 BM-11을 베이스로 사크르(Sakr)를 개발했다. 그중에서도 사크르-18은 30연발 다연장 로켓을 탑재, 대대적인 화력 지원이 가능하다. 지부티, 예멘, 카타르, 소말리아 등의 나라가 사크르를 도입, 운용했지만, 소말리아의 경우 자치 정부인 '푼틀란드'만이 계속 사용하고 있다. 이집트제 122mm 로켓탄은 원형인 소련제 BM-21을 운용하고 있는 몇몇 국가에도 수출되어 시리아 내전에서 아사드가 이끄는 정부군이 사용했다. 시리아나 이집트보다 약간 늦은 시기에 BM-11을 북한에서 수입한 이란은 국산화를 위해 대규모 생산 시설을 세우고, 이란-이라크 전쟁에서 적극적으로 운용했다. 이란의 자국산 초기형인 HM-20과 여러 파생형이 전쟁에서 살아남아 여전히 운용되고 있다. 리비아도 BM-11을 대량으로 배치한 국가 중 하나로, 1980년대 초에 상당한 수를 북한에서 조달했고, 그중 일부는 1989년 수단에 양도되었다. 리비아에서 사용된 BM-11은 수십 년이나 적절한 정비를 받지 못했음에도 아직도 소수가 현존하고 있다. 그중 몇몇은 다연장 로켓을 브라질제 EE-11 우르투 병력 수송 장갑차에 탑재하여 제2차 리비아 내전에 투입하기도 했다. 아시아 국가로 한정하면 최근에는 방글라데시에 더해 M-1993를 비롯한 여러 북한제 MLRS를 운용하는 미얀마가 BM-11를 도입한 바 있다.

122mm 로켓탄을 사용하는 다연장 로켓 시스템의 개발은 2000년대를 지나서도 계속되었지만, 보다 구경이 큰 로켓탄을 사용하는 후계 MLRS는 이미 1980년대 중반에 등장했다. 240mm 로켓탄을 사용하는 최

승리-61 트럭에 탑재된 107mm 다연장 로켓. 다른 트럭 탑재형 MLRS에 비해 상당히 이질적이지만, 생산 수는 많다. 운전석 후방에는 107mm 로켓탄의 예비 탄약고가 보인다. (KCBC)

보스니아 전쟁에서 보스니아 헤르체고비나 공화국군이 사용한
122㎜ 다연장 로켓 BM-11. (저자 소장)

이란에서 찍은 M-1985 240㎜ 다연장 로켓.
북한제 240㎜ 다연장 로켓 중 가장 일반적이다. (저자 소장)

수단해방군의 BM-11 122㎜ 다연장 로켓.
생산 당시 원형 그대로 사용하고 있는 희귀한 사례다. (저자 소장)

초의 다연장 로켓 시스템은 미 국방부에서 M-1985라고 식별하고 있는 것으로 북한에서 생산이 시작된 것은 1984년부터이다.[124] 사거리가 M-1985에 비해 훨씬 짧은 소련제 BM-24를 제외하면 240㎜ 구경의 다연장 로켓을 채용한 사례는 적은 편이다.

M-1985는 2×3발 구성의 블록 2기를 탑재하며 이스즈 6륜 구동 트럭을 베이스로 개발된 차체를 사용하고 있다. 240㎜ 로켓탄의 전장은 5.2미터, 무게는 407kg으로, 90kg의 탄두에 45kg의 작약을 충진했다. 확인되지는 않았지만 집속탄 등 다양한 종류의 탄두가 존재할 것으로 여겨진다.[125]

M-1985의 최대 사거리는 43km라고 주장하고 있지만, 이는 동시기에 운용되던 소련의 220㎜ BM-27 우라간이나 미국의 227㎜ M270 MLRS가 북한의 240㎜ 로켓탄과 큰 차이 없는 중량의 탄두에 30~35km의 사거리를 가진 점으로 보아 실제 최대 사거리는 짧을 것이다. 하지만 당시 수준에서 비교해도 북한의 M-1985는 우수한 병기로, 성능을 무시할 수 없다. 북한은 1984년에 240㎜ 로켓탄을 18발 탑재하는 새로운 자주 다연장 로켓의 개발에 성공했다고 한다.[126] 다만 이 MLRS가 영상이나 사진에 등장한 적이 없고, 미 국방부에서도 식별되지 않아서 상세한 정보를 알 수 없다. 실제 생산되었는지도 역시 확인할 수 없다.

1985년에는 M-1985와 유사한 12발 구성의 발사관을 중국의 산시기차집단(陝西汽车集团) SX2150 6륜 구동 트럭에 탑재한 M-1989라고 불리는 다연장 로켓이 등장했다.[127] 북한은 M-1985아 M-1989를 각각 별도의 다연장 로켓 시스템으로 식별하고 있지만, 사거리, 명중률, 연사 속도 등의 성능 개선에 따른 차이가 얼마나 있는지는 알 수 없다. M-1985의 생산이 개시되고 1년 이내에 M-1989가 개발되어 둘 다 상당한 숫자가 생산된 것에서 미루어 봤을 때, 로켓포 본체가 아니라 탑재 차량(트럭)의 조달 사정에 따른 구분일 가능성

퍼레이드에 참가한 122㎜ 다연장 로켓 M-1989. 최근에는 예외 없이 차체가 신형으로 교체되었다. (KCBC)

훈련 중의 22연장 240㎜ 다연장 로켓.
차체는 상치홍앤(上汽红岩) 슈타이어(Steyr)-Ⅰ형. (KCBC)

이 높아 보인다.

240㎜ 다연장 로켓은 1980년대 후반부터 개발이 진행되었고, 1990년에는 22연장 발사관이 탑재된 M-1991로 완성되었다. 3×4발 구성에서 상단 외측의 1발이 빠지면서 11발 구성이 된 블록 2기를 탑재한 M1991은 16발 발사관 구성을 가진 소련제 220㎜ BM-27 우라간을 북한이 입수했다고 하는 신빙성이 떨어지는 소문의 출처가 되기도 했다. M-1991은 북한에서 개발한 240㎜ 로켓포 사용 다연장 로켓 가운데 최종형이라 할 수 있는 것으로, 다양한 차체에 맞춰 많은 파생형이 만들어졌다. 그 결과, 다연장 로켓과 탑재하는 차체를 통일한 경우에 비해 생산 효율이 떨어지는 것은 말할 것도 없을 것이다. 퍼레이드를 통해 모습을 드러낸 M-1991은 루마니아의 ROMAN제 트럭에서 파생된 북한제 6륜 구동 트럭을 사용하고 있지만, 이외에도 상치홍앤(上汽红岩) 슈타이어(Steyr)-Ⅰ형 트럭, 그리고 최근에는 중국중기(中国重汽) 하워(HOWO) 트럭과 같은 중국제 차량도 사용되는 것으로 보인다. 다연장 로켓의 앙각 장치는 중량이 늘어난 발사관을 지지할 수 있도록 설계가 일신되었다. 로켓탄의 사거리도 최대 60~70㎞로 연장되었다는 보도가 있었는데, 이것은 아마도 2000년대에 이뤄진 개수 작업의 성과일 것이다.[128] 북한은 이렇게 업그레이드된

MLRS를 신형 자주 다연장 로켓으로 분류하는 듯하다. 2011년부터 생산이 시작된 이 차량은 GPS 유도 로켓탄의 운용 능력을 갖춰 이전까지의 MLRS보다 훨씬 우수한 성능을 지니고 있을 것이다. 122㎜ 로켓탄을 사용하는 구형 MLRS과 비교했을 때, 이 신형 다연장 로켓은 사거리가 길 뿐 아니라, 22발의 로켓을 35초 이내에 발사하는 성능을 자랑한다. 이론적으로 군사 분계선 너머의 군사 거점을 공격하고 반격이 오기 전에 대피하는 것이 가능하기에 M-1991은 한국군 입장에서 특히 위협적인 무기 체계라 할 수 있다.

조선인민군 육군을 위해 대량 생산된 일련의 240㎜ 다연장 로켓은 최소한 4개국에 수출이 이뤄진 것으로 보인다. 최초로 수출된 곳은 이란으로 이란-이라크 전쟁이 끝날 무렵인 1980년대 후반에 많은 수량의 M-1985를 도입했다. 최종적으로 파지르(Fajr)란 이름의 파생형을 국산화했는데, 12발을 장전할 수 있는 다연장 로켓 본체는 그대로 사용하는 대신 차체는 일본제 이스즈 트럭이 아닌 독일의 메르세데스 벤츠 트럭으로 교체됐다. 앙골라는 2000년 이전 내전이 끝날 무렵 이란이 도입한 M-1985보다 약간 현대화된 북한제 230㎜ MLRS를 수입했고, 현재도 운용 중이다.

아랍에미리트도 M-1985를 북한에서 구입한 국가 중 하나이지만, 1980년대에 수령한 후 얼마 되지 않아 보다 일반적인 자주 다연장 로켓으로 교체했다. 따라서 당시 도입한 M-1985는 곧바로 퇴역했을 것이며, 장기 보존을 위한 모스볼 처리를 했거나 어딘가의 창고에 보관하고 있을 것으로 추정된다. 비교적 최근에 북한의 240㎜ 다연장 로켓을 도입한 국가를 꼽는다면 미얀마가 있다. M-1985 외에 2008년에는 M-1991까지 도입했는데, 이후 M-1985를 참고하여 차체를 변경하고 로켓 발사기 본체는 M-1991을 베이스로 설계한 것으로 추측되는 파생형을 개발, 자체 생산하고 있다.

북한은 소련의 붕괴로 촉발된 이른바 '고난의 행군'이라 불리는 대기근으로 경제 사정이 어려웠던 약 20년의 세월 동안에도 122㎜, 240㎜ 다연장 로켓의 생산과 개발에 꾸준히 예산을 투입했다. 그렇게 해서 2000년대 후반에 신형 다연장 로켓이 등장했

북한제 방탄 트럭에 탑재된 22연장 240㎜ 다연장 로켓. (NK Pro)

2016년 테스트에서 대형 로켓탄을 시험 발사하는 KN-09. 로켓탄의 탄두 부분에 안정익이 달려 있다. (KCBC)

다. KN-09라는 이름이 붙은 이 MLRS는 새로운 300mm 구경의 로켓탄을 탑재했으며, 2015년 10월의 조선로동당 창건 70주년 기념 열병식에서 처음으로 공개되었다.[129] 많은 전문가들이 북한이 소련제 BM-30을 베이스로 300mm 다연장 로켓을 개발했을 것으로 예측했지만, 실제로는 MRL 본체와 차체의 근원은 중국이었다. 중국의 HOWO 6륜 구동 트럭에 2×2발 구성의 블록 2기, 합계 8발의 발사관을 탑재한 KN-09는 위성 항법 시스템(GNSS)을 활용해 최대 200km 떨어진 목표를 정확히 공격하는 게 가능하다. 이로 인해 군사 거점이나 공군 기지 같은 중요 시설이 밀집된 한국 중부 지방까지 사정권에 들어간다. KN-09의 성능은 텔레비전으로도 방송된 2016년 3월의 공개 훈련에서 증명되었다. 훈련은 2014년에 실시된 것과 같이 동해안에서 적어도 6발을 발사해 150km 떨어진 섬에 설치된 표적에 허용 오차 범위 안에 명중했다. 이 훈련에 사용된 KN-09는 발사관이 두 개의 장방형으로 바뀌었고, 차량의 창문에 로켓탄 발사 시의 충격과 열풍으로부터 보호하기 위한 방호용 장갑 셔터가 추가되는 등 몇 가지 개량이 이루어졌다.[130] 그리고 KN-09가 발사 가능한 로켓탄의 정보가 처음으로 밝혀졌다. 훈련에서 시험 사격한 것은 통상의 작약형 단두였지만, 300mm 로켓탄에는 그 밖에도 열압력탄이나 집속탄 등의 탄종도 있을 것이다. 단두 앞쪽에 달린 작은 안정익은 북한세 로켓탄의 기원이 중국에 있다는 것을 보어주며 아마도 SY300 INS/GPS 유도 로켓탄을 카피했을 것이다. 그 후, 수개월에 걸쳐 반복 실시된 시험 사격에서 사거리 220km를 달성하는 데 성공했고, KN-09의 카탈로그 스펙이 단순한 과장이 아님을 증명했다. 2017년 초에 북한 고위 관료들에게 배포된 기밀 서류에 대한 미확인 보도에 따르면 한국 육해공군 본부가 있는 계룡대 등 주요 군사 거점을 전쟁 초기 단계에 신속하게 타격할 수 있도록 KN-09에는 다양한 목표가 사전 입력되어 있다고 한다.[131] 이를 일컬어 김정은은 '방사포탄에 감시경과 프로그램(영상 유도 장치)을 도입하여 남조선 전역의 1만 개 주요 대상들을 방사포만으로도 타격할 수 있는 준비가 완료된 것은 대단한 일입니다. 조국통일은 문제가 없습니다'

고 말했다. 북한의 신형 300mm 다연장 로켓 시스템은 전술 병기라기보다 전략 병기에 가까우며, 이미 운용하고 있는 전략 병기에 비해도 뒤처지지 않는 성능을 가지고 있다. KN-09는 이처럼 우수한 무기지만, 로켓탄의 유도가 GPS 재밍에 취약하다는 문제 등이 있어 결코 무적의 비밀 병기는 아니다. 전시하에 있어 군사 기지나 그 밖의 중요 목표에는 GPS 재머 같은 방해 장치가 광범위하게 사용되었을 가능성이 높고, 그럴 경우 KN-09는 최대의 장점이라 할 수 있는 정밀 타격 능력을 완전히 상실한다.

그래서 적의 방위 체제가 정비되기 전에 신속히 공격할 필요가 있고, 또한 GPS유도가 무효화될 경우 탑재된 관성 유도 장치로 보완하는 방식을 시험하고 있다. 전술 레벨에서도 300mm 다연장 로켓은 유용하다. 사전 정찰을 통해 가져온 정보를 바탕으로 전선의 적 병력이 집중된 지점을 최상의 타이밍에 공격하면 효과적인 타격을 줄 수 있다. 이것은 항공기에서 투하되는 정밀 유도 무기에 근접한 화력이라 할 수 있으며 조선인민군이 반드시 직면하게 될 제공권의 상실, 그에 수반한 근접 항공 지원의 부족을 조금이라도 만회할 수 있을 것이다. 하지만 이런 운용을 실현하기 위해서는 대량 생산에 필요한 재원을 확보해 KN-09가 주는 병참상의 부담을 어떻게든 해소할 필요가 있다. 다만 1문당 8발의 300mm 로켓탄을 일제 사격할 수 있는 것을 생각하면 집중 공격에 필요한 차량의 수는 비교적 소수로 대처할 수 있을 것이다.

2000년대에는 주로 122mm 및 240mm 다연장 로켓의 개량에 중점을 두면서, 300mm 다연장 로켓은 1990년대부터 지금까지 북한에 도입된 유일한 신형 다연장 로켓 시스템이 되었지만, 그 동안 조선인민군 육군 포병 부대를 강화하기 위한 투자는 계속되고 있었다. 특히 주목할 부분은 신형 포탄, 로켓탄, 미사일의 개발로, 이는 새로운 무기를 개발하지 않고 이미 배치된 무기의 성능을 손쉽게 강화할 수 있다. 예를 들어 다연장 로켓 부대에서 다수가 운용하고 있는 122mm MRL용으로 개발된 신형 유도탄은 구형 무기라도 GNSS(위성 항법 시스템) 유도 능력을 부여해 원형 공산 오차 13미터 이내의 정밀 사격을 가능하게 한다. 이들 유도탄은 통상탄과 같은 사거리와 탄두 중량을 유지히면서 대함 공격 같은 높은 정밀도를 필요로 하는 임무를 실행할 수 있으며 북한의 다연장 로켓 부대의 범용성을 크게 향상시키고 있다. 비교적 낮은 비용으로 생산 가능한 유도탄은 특히 정찰을 통해 얻은 정확한 정보가 있을수록 진가를 발휘하며 기존의 다연장 로켓을 보다 강력한 것으로 재탄생시켰다. 유도탄으로 대표되는 이들 신기술은 해외에도 적극적으로 수출되었고, 2013년 8월에 체결된 무기 수출은 수단에 100기의 122mm MRL 유도 제어 장치를 판매했다. 수

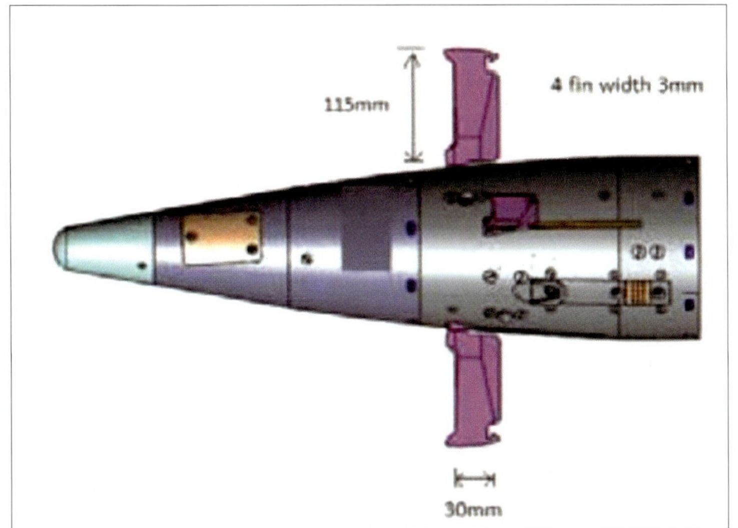

MIC사의 무기 판촉용 인쇄물에 실린
북한의 122mm GPS 유도식 로켓 탄두. (Military Industry Corporration)

퍼레이드에 참가 중인 300mm 다연장 로켓 KN-09.
차량을 방탄화했고 2016년의 테스트에서 보이던 발사관의 사각형 보호
커버가 없어졌다. (NK Pro)

다른 형식의 트럭에 탑재된 22연장 240mm 다연장 로켓. 이것은 북한에서
240mm MLRS의 생산이 계속되는 가운데 트럭의 생산량이 현재도 부족한
것을 보여준다. (NK Pro)

단은 현재 국영 기업인 MIC를 통해 국산화에 성공해 동일한 유도 제어 장치를 판매하고 있다.[132] 흥미롭게도 MIC가 제공하는 무기 중에 40km 사거리의 122mm 로켓탄(사거리 연장형)도 라인업에 있다. 이 로켓탄이 북한제를 베이스로 개발되었다는 직접적인 증거는 없다. 하지만 북한은 실제로 우수한 추진제와 소재를 사용한 선진적인 122mm 로켓탄을 생산하고 있고, 이것은 122mm 다연장 로켓을 운용하는 국가들에 수출되고 있다고 생각하는 게 자연스럽다.[133] 122mm 다연장 로켓의 신형 유도탄과 사거리 연장탄의 부대 배치가 어느 정도 진행되었는지에 달렸겠지만, 조선인민군 육군의 122mm 다연장 로켓 부대의 대부분은 사실상 한국의 모든 구형 자주포를 상회하는 사거리와 정밀도를 가지고 있다. 마찬가지로 240mm 구경의 MRL에 대해서도 연구 및 개발이 실행되어 70km의 최대 사거리를 가진 로켓탄이 이미 사용되고 있으며 GNSS 유도 방식의 유도탄을 122mm MRL 이상으로 대규모 도입했을 가능성도 있다. 신형 로켓탄으로 현행 다연장 로켓 부대가 실시 가능한 임무의 폭을 넓히는 데 성공했지만, 조선인민군이 호평하는 장점이 하나 더 있다. 2010년의 연평도 포격을 분석한 결과, 섬에 명중한 122mm 로켓탄 중 25%가 불발탄이었다. 이것은 상당히 높은 확률이다. 실질적으로 4문 중 1문이 발사한 전탄이 무의미했다는 뜻이다.[134, 135] 신형 로켓탄은 보다 높은 신뢰성을 가졌을 가능성이 있어 조선인민군 육군이 활용하는 다연장 로켓의 유효성을 높였다.

통상 화포의 경우 일반적으로 새로운 포탄을 도입하는 것만으로 사거리를 대폭 늘리기는 어렵다. GNSS 유도 방식을 사용하는 포탄은 상당한 고가이고, 비행 중 높은 부하가 걸려 신뢰성도 떨어진다. 기술 혁신에 의해 항력 감소탄(포탄 후미에 가스 분사관을 설치해 비행 중 받는 항력을 줄여 사거리를 늘린 탄)과 RAP탄이라는 신형 포탄을 사용해 사거리 연장도 가능해졌지만, 근본적인 사거리 개선을 위해서는 새로운 화포를 개발할 필요가 있다.[136] 하지만 자동 장전 장치나 최첨단 탄도 계산기 같은 최신 기술을 도입한 신형 화포를 개발하지는 않았고, 유일한 후보로 생각되는 것은 2018년에 등장한 신형 자주포뿐이다. 당장은 기존의 화포를 개량하여 생산을 계속하는 게 현실적이며, 대신에 다연장 로켓 부

대의 현대화를 우선 진행하고 있는 것으로 보인다.[137] 보다 우수한 장갑을 갖춘 파생형의 개발이나 구형 자주포에 간이 장갑을 추가하는 등의 방어력 개선도 특히 다연장 로켓 부대에서 실험적으로 실행하고 있다. 추가 장갑이 M-1991 240mm MLRS나 KN-09 MLRS에 설치되어 비산하는 파편이나 소화기 공격에 대해 생존성을 높였다. 지속적으로 도입되고 있는 신형 트럭은 새로 생산되는 자주 다연장 로켓의 기동성 향상에 공헌하고 있으며 사격 후 신속한 진지 전환을 가능하게 한다. 눈에 띄는 존재는 아니지만, 잊어서는 안 되는 것이 대포병 레이더의 존재다. 대포병 레이더 없이 유효한 대포병 사격을 하는 것은 비현실적이며 그 결과 한국 육군을 포함한 많은 군대가 대포병 시스템 개발에 막대한 예산을 투입하고 있다. 유감스럽게도 북한이 운용하는 대포병 레이더의 상세는 거의 알려지지 않고 있으며 주로 대박격포용인 소련의 SNAR 레이더 초기형의 존재가 확인되는 정도이다. 하지만 과거에 SNAR-10이라는 보다 고성능의 대포병 레이더를 소련에서 입수했을 확률이 높다. 현재 북한은 자국산 대포병 레이더를 생산, 수출까지 하는 것으로 알려져 있다.

2013년 말, 모잠비크가 북한과 대포병 레이더를 포함한 다양한 레이더 기기를 구입하는 계약을 맺은 것을 보면 북한이 대포병 레이더 기술 개발에 투자를 아끼지 않았음을 보여준다.[138] 보다

132mm 로켓탄을 발사하는 견인식 다연장 로켓. 제2차 세계 대전 시기의 BM-13 카츄샤의 MRL을 트레일러에 적재한 것이다. (KCBC)

현대적인 다연장 로켓과 화포가 조선인민군 육군에 배치된 결과, 많은 구형 장비가 최전선 배치에서 해방되어 후방 부대나 예비대에 배치될 것으로 예상된다. BM-13, BMD-20, BM-11 등에 탑재된 다연장 로켓은 보다 간편하게 사용이 간단한 견인식으로 전용되어 로농적위대 같은 준군사 조직에 배치되었을 것이다. 새로 생산하는 것이 아니라 오래된 치장 물자의 탄약을 사용하여 추가 비용의 지출 없이 손쉽게 화력 증강이 가능했다. 완전히 시대에 뒤처진 구형 장비인 것은 틀림없지만, 유사시 조선인민군을 보조하는 지원 전력으로서 활약이 예상된다. 북한과 대치하는 군대는 최신예 다연장 로켓에서 제2차 세계 대전 시기의 구형 화포 등 어느 나라에 비해도 압도적인 포병 부대를 보유한 북한을 어떻게 공략할 것인지 고민해야 할 것이다.

공병 부대

'쉼 없는 공격'이라는 모토 아래 막대한 수의 차량과 기계화된 부대로 전격전을 실행한다는 조선인민군의 전략 독트린 상, 북한이 차량을 정비하고 지원하는 공병 부대를 중요시하는 것은 극히 당연한 일일 것이다. 전투 공병 차량을 충실히 확보하기 위한 노력은 다른 나라에 비해도 전례가 없는 규모이며 이론적으로는 남진하는 동안 조우 하게 될 대부분의 장애물이나 하천, 산악 지대 등의 험난한 지형을 극복하는 것이 가능할 것이다. 한반도의 복잡한 지형은 하천과 산만이 아니라 산맥과 계곡 사이 건설된 과밀한 도시도 포함된다. 이같은 장애물들을 극복하기 위해 조선인민군 육군은 교량 전차, 구난 전차, 그리고 그 밖의 특수 차량 등을 보유한 거대한 공병 부대를 유지하고 있다.

공병 부대에는 다리나 도로의 복구와 가교 설치 같은 중요 인프라 공사만이 아니라 지뢰 매설과 제거, 전초 공군 기지의 정비, 진지 구축과 통신 회선의 확보, 그리고 손상된 차량의 회수, 수리 등의 다양한 임무가 요구된다.

6.25 전쟁 중에 쌓은 경험을 바탕으로 발족된 조선인민군 육군 공병 부대는 1970년대부터 시작된 기계화 부대의 확대와 함께 성장했다. 북한은 1970년대 이전까지는 소련군을 모방하는 형태로 장비 혁신을 진행했지만, 공세 우선 전략이 점점 중요시되면서 공병 부대의 규모도 같이 커졌다. 따라서 배치된 구형 장비의 대부분이 소련에 기원한 것이지만, 서서히 북한이 독자적으로 개발한 장비가 늘어나 공병 부대의 현재 주력 장비는 전부 북한 고유의 장비. 보유한 차량은 어느 것이나 다양한 임무에 특화된 특수한 것이지만, 그중에서도 조선인민군 육군 공병 부대를 대표하는 존재라 할 수 있는 것은 도하 장비다. 1,000대 가까운 수륙 양용 수송 차량과 2,000대의 가교 차량을 보유하였고, 도하용의 장비의 숫자만 해도 세계 어느 나라 군대의 공병 부대 전체 규모를 상회한다.[139] 다른 부대와 마찬가지로 공병 부대가 운용하는 도하 장비의 대부분은 북한 국내에서 생산된 것이다. 당초 K-61, 그리고 궤도식 PTS 수륙 양용차를 소련에서 입수했지만, 북한은 곧바로 자국산 수륙 양용 수송차의 대량 생산을 개시했다. 이 수륙 양용 차량들은 크게 3종류로 구별된다. 전체적으로 소련제 차량을 베이스로 개발되었지만, 큰 차이는 북한의 323식 병력 수송 장갑차 같은 기존의 차량과의 호환성을 높여 생산 라인을 일부 통합하여 병참의 부담을 줄였다. 3종류의 파생형 중 2종류는 소형으로 한 명의 조종수가 조작 가능하며 29~30명의 병력을 수송하는 게 가능하다. 나머지 대형은 통상 차량과 설비의 운송에 사용되며 후방에 적재 경사로를 장비하고 있다. 이들 파생형은 외관적으로는 비슷하지만, 보기륜의 수(소형은 5~6개, 대형은 7개)로 쉽게 구분할 수 있다. 한반도의 기후는 혹독해서 겨울철, 특히 북부에서는 하천이 얼어붙는다. 그래서 앞서 말한 수륙 양용 수송차에는 쇄빙을 위한 특수한 부착물을 장착하는데 이는 북한만이 가진 특이한 장비다. 이들 수륙 양용 수송차는 거의 전부가 전선 부대에 배치되었고, 유사시 진군 속도를 유지하며 병력과 물자의 신속한 도하에 활약할 것이다. 하지만 여전히 병사들이 도보로 도하하는 훈련을 빈번하게 실시하고 있으며 수륙 양용 수송차에 의지하지 않고 자력 도하할 수 있는 능력이 요구되고 있다.

조선인민군 육군이 보유한 차량의 많은 수가 수륙 양용 능력을 가지고 있으며 얕은 하천이라면 어렵지 않게 건너는 것이 가능하지만, 일부 장비, 예를 들어 견인포나 자주 대공포, 지원 차량 등은 도하하는 데 도움이 필요하다. 개전 후 곧바로 전략적으로 중요한 도로와 다리는 남측에서 파괴하여 사용 불능이 될 확률이 높

2012년, 김일성 탄생 100주년 기념 열병식에서 보인 수륙 양용 수송차. (David Flack)

평양의 과학기술전당에 전시된 수륙 양용 수송차의 모형. 이 차량은 소형차량 적재도 가능하다. (KCBC)

은 M-1992 자주 다연장 로켓이나 야전 구급차의 차체로 사용되며 가교 부대 전용의 차량이 동시기에 생산되었을 가능성도 있다. 어쨌든 이 PMS형 폰툰은 북한에서 국내 생산한 가교 장비 중에서도 자주 목격되고 있어 가교 부대의 주력을 담당하는 것으로 보인다. 폰툰 외에도 소련제 GSP라는 폰툰 페리나 자력으로 수상을 이동하는 간이형 부교 등도 사용되고 있다.

작은 하천이나 도랑 정도는 소형의 가설교로 대처하는 것이 일반적이다. 이것은 트럭으로 운반되어 현지의 공병이 조립하는데 이와 같은 도하 장비는 비효율적이며 설치도 힘든 편이다. 한편 보다 신속하게 작업을 할 수 있고, 단독으로 교량 설치가 가능한 특수 차량도 존재한다. 확인된 예로 소련제 MT-55, MTU-20, 동독의 BLG-60, 그리고 천마 주력 전차를 베이스로 개발된 2종류의 북한제 교량 전차가 배치되어 있다.[140]

겨울에 얼어붙는 하천을 극복하기 위한 특수한 대처법이 몇 가지 고안되었다. 보병이나 경차량이라면 얼음이 단단할 경우 곧바로 하천을 건널 수

다. 그렇기에 북한은 일반 차량 및 장비를 신속히 도하시키기 위해 폰툰(pontoon : 상륙이나 도하에 사용하는 군용 금속제 부유물 또는 선박. 국내에서는 교절이라 부른다)의 설치에 필요한 장비를 충실히 갖추는 데 주력해 왔다. 북한의 공병 부대는 현재 간이식 가설 부교를 신속히 설치하여 차량이 하천을 통행 가능하게 하는 폰툰 장비를 주로 2종류 운용하고 있다. 첫 번째는 설치하는 데 중장비와 많은 노동력이 필요한 것으로 폰툰을 하나씩 크레인으로 수상에 띄운 후 보트로 이동시키는 방식이다. 구형의 소련제 TPP형 폰툰이 이 방식을 채용하고 있고, 당연하게도 설치에 시간과 노력이 많이 들며 크레인 같은 전용 장비도 필요하다. 두 번째 방법은 소련의 PMP형 폰툰과 같이 접이식 가교를 사용하는 방식이다. 북한에서는 체코슬로바키아제 PMS가 사용되고 있고, 타트라 T813 트럭으로 운반되어 수상에 내려지면 자동으로 전개되는 장비로 다리를 설치하는 데 걸리는 시간, 필요한 인력과 노력, 기재, 그리고 사전 준비의 필요성이 대폭 줄어든다. 타트라 T813

있지만, 중량이 무거운 차량의 경우 얼음이 깨져 수몰될 위험이 있다. 그래서 나온 대처법 중 하나가 얼음 위에 폰툰을 설치하는 것이다. 그렇게 함으로써 만일의 경우 차량의 무게를 견디지 못하고 얼음이 깨지더라도 폰툰이 충격을 흡수하고, 횡단하는 차량이 낙하하는 것을 방지한다. 다른 수단은 폰툰을 설치하는 곳의 얼음을 폭약으로 미리 깨는 단순무식한 방법이다. 그 후 수륙 양용차로 얼음 사이로 도하하거나 폰툰을 설치해 주력 전차 같은 중장비를 도하시킨다. 이때 잊어서는 안 되는 것이 폭파 후 남은 얼음덩어리는 도하 시 장애물이 된다는 점이다. 실제로 도하 훈련 중 수륙 양용차가 파손되는 경우가 있었다. 그래서 얼음덩어리 같은 잔류물을 잘게 부수는 전용 차량이 개발되었다. 북한제 수륙 양용 수송차를 베이스로 개발된 이 특수 차량은 다양한 지형을 극복하고자 노력하는 조선인민군의 굳은 의지를 보여준다.

도하 장비 외에도 전투 공병차, 불도저, 참호 굴착차, 지뢰 제거 전차 등 다양한 임무에 대처 가능한 다수의 공병 장비가 조선

완성된 폰툰. 이런 방식의 부교는 설치에 막대한 노동력과 시간이 필요하다. (KCBC)

타트라 T813 트럭에 적재된 PMS식 폰툰의 유니트. 이 타입의 폰툰은 설치가 간단하고 시간도 적게 걸린다. (KCBC)

14.5mm 중기관총을 장비했다. 천마-216, 그리고 선군호 같은 최신예 주력 전차에 쓰인 차체는 과거에 쓰이던 차체보다 고출력에 신뢰성이 높다. 이처럼 종합적으로 우수한 성능을 가졌기 때문에 신형 차체가 그대로 전투 공병차에 활용되었을 가능성이 높다. 전투 공병 트랙터 개발의 베이스로 조선인민군이 선택한 것은 보급률이 높은 덕천 견인차다. 소련제 BAT-M 전투 공병차를 답습한 이 트랙터에는 전면부에 유압 도저 블레이드가, 차체 상부에는 크레인이 탑재되어 있다. 이 차량의 주요 역할은 도로를 막는 건물 잔해 같은 장애물 제거이며 공군 기지의 활주로 복구나 도로 공사에도 활용된다. 진지 구축과 토치카의 건설에는 소련제 MDK-2나 BTM 등이 사용되지만, 북한은 이런 작업을 보병에게 맡기는 경우가 많다. BAT-M, MDK-2, BTM, 그리고 북한제 카피 차량은 장갑이 없어 작전 행동 범위는 조선인민군이 제압한 지역에 한정되기에 후방에서 인프라의 구축, 복구에 전념한다. 천마호, 덕천, 323식 병력 수송 장갑차 베이스의 공병 차량 외에도 다수의 차량이 존재하지만 생산량이 극히 적고, 완성도도 낮아 생략한다.

인민군 육군에서 운용되고 있다. 소련에서 도입한 BTS-2 구난 전차는 곧바로 카피되어 국내 생산형이 개발되었다.

이 차량은 천마호의 차체를 활용한 것으로 자위용으로 KPV

조선인민군 육군의 공병 부대는 다양한 장애에 직면할 것이

천마 개량형의 교량 전차. 조종석이 측면 궤도 위에 있다. (KCBC)

이 2대도 천마 전차를 개조한 교량 전차이다. 하천이 많은 한반도에서 이런 종류의 공병 차량은 부대의 이동에 필수적인 존재다. (KCBC)

도하 연습 중인 제빙용으로 개조된 수륙 양용 수송차. 대형 버킷으로 집빙반(集氷盤)에 얼음을 수거하는 방식이다. (KCBC)

수거된 얼음은 분쇄 후 차체 옆으로 배출해 후속하는 수륙 양용 차량이 안전하게 항행할 수 있다. (KCBC)

퍼레이드를 위해 대기중인 BTS 구난 전차. 고장난 차량이 발생할 경우 신속히 회수하기 위한 것이지만, 퍼레이드에 참가하는 차량은 꼼꼼히 점검을 하기 때문에 그런 경우는 잘 일어나지 않는다. (NK Pro)

예상되지만, 그중에서도 도하, 인프라 정비와는 일선을 긋는 중요한 문제가 있다. 남북을 분단하는 군사 분계선의 양측에는 세계에서 유래를 찾아볼 수 없는 광대한 지뢰 지대가 펼쳐져 있어 대책도 없이 진군한다면 그 결과는 명확하다. 지뢰 지대를 개척하는 데는 몇 가지 방법이 있다. 그중에서 가장 시간이 걸리는 것이 인력으로 제거하는 방법이다. 지뢰 탐지기로 찾아 손으로 파내는 이 방법은 보통 평시에 사용하는 경우가 많다.[141] 전차의 전면부에 도저 블레이드를 장착해 지뢰를 파내거나 롤러로 밟아 기폭시키는 것이 일반적이지만, 이 대처법은 북한에서는 그다지 채용되지 않은 것 같다. 도저 전차나 마인 롤러 등의 장비가 북한제 주력 전차에 장착한 사례는 보이지 않는다. 그리고 미클릭(MCLC: 선형작약)을 활용한 지뢰 제거법이 있다. 이것은 와이어에 폭약을 줄줄이 매달아 로켓으로 쏘아 올린 뒤 기폭시켜 지뢰를 강제로 유폭되도록 해 차량이 통과할 정도의 개척로를 확보하는 방식이다. 북한은 323식 병력 수송 장갑차를 베이스로 MCLC의 운용이 가능한 지뢰 제거 차량을 개발하여 유사시 최전선에서 진로개척에 사용할 것이다. 역으로 지뢰의 매설도 공병 부대의 중요한 역할이다. 매설은 보통 수작업으로 하지만 PMR-3 견인식 지뢰 매설기를 사용한다는 보고가 있고, 그 밖에도 전용의 소형 지뢰를 항공기나 다연장 로켓으로 살포하는 것도 가능하다. 훈련에서도 공병 차량은 대대적으로 활용되고 있고, 때로는 화생방 무기 등에 오염될 경우를 가정한 훈련도 한다. 한반도에서 전쟁이 재개될 때 이런

덕천 베이스의 전투 공병차. 이런 형식의 차량은 종류가 많지만, 각각의 생산량은 적다. 국산화하지 않은 차종은 소련제 차량으로 보완하기 때문에 북한의 전투 공병 부대는 조선인민군의 각종 병과와 마찬가지로 전체를 파악하기 힘들다. (KCBC)

'오염' 무기가 실전에 투입될 가능성이 높은 것을 생각하면 이에 대비한 훈련을 실시하는 것은 중요하다. 오염에 대처하기 위한 특수 차량과 장비도 다수 배치되어 있다. 북한군은 충분한 수의 공병 차량을 보유했지만 이들 장비의 현대화라는 문제가 남아 있다. 사용되고 있는 차량의 대부분은 시대에 뒤처졌고, 도하 관련 장비를 빼면 현대 전장의 기준에 미치지 못하는 실정이다. 공병 부대의 유효성을 높이는 것은 조선인민군에 있어 필수적인 일이며 장래 구형 장비의 단점을 극복한 신형 전투 공병차가 개발될 가능성은 충분하다.

자주식 방공 시스템

도하에 성공하여 적의 기갑 차량을 격파, 그리고 보병이 진지를 무사히 제압하더라도 침공 작전은 제공권의 확보, 또는 방공 체제의 확립 없이는 성공했다고 말할 수 없다. 그러나 제공권의 확보는 북한에 있어 이룰 수 없는 꿈이나 마찬가지이기에 밀도 높은 방공망을 완성하려는 목적으로 다수의 자주 대공포(SPAAG)와 자주식 지대공 미사일이 다음 장에 설명할 고정식 방공 시스템과 함께 배치되어 있다. 자력 주행이 가능한 이들 대공 무기는 적에 의한 위치 특정을 곤란하게 만들고 대량의 휴대식 대공 미사일을 활용하는 조선인민군 보병 부대에 수반해 적지로 침입하는 것이 가능하다. 북한은 수많은 자주식 방공 시스템을 보유하고 있지만 대부분 구형 장비이고 타국에 비해 뒤처져 있다. 최근에는 고정식 방공 시스템을 자주화하는 정황도 있어 한국의 항공 전력은 새로운 위협에 대처할 필요가 있다.

6.25전쟁 중과 휴전 체결 직후에 사용되던 거의 대부분의 대공 무기는 선인식이지만, 북한이 자주 대공포에 관심을 가지지 않은 것은 아니다. 실제로 1948년 8월에 실시된 첫 열병식에서 DShKs 12.7mm 중기관총을 후방에 탑재한 GAZ-AA 트럭이 몇 대 참가했다. 그 밖에도 초기에 도입된 자주 대공포 중에는 주요 물자를 수송하는 열차를 보호하기 위해 ZPU 14.5mm 대공 기관총을 화물칸에 탑재한 경우도 있다. 물론 어디까지나 철도의 자위 수단으로밖에 기능하지 못했다. 현재도 철도 차량 탑재 대공포를 사용하는지는 확인되지 않고 있다. 북한이 자주 대공포 전력을 확보하는 데 관심을 가지기 시작한 것은 조선인민군 육군 전체의 기계화

가 진행되던 1970년대에 들어서면서부터이다.

냉전 시기 대부분의 공산 진영 국가들이 소련으로부터 자주 대공포를 수입한 것과 대조적으로 북한은 국산화에 집착하는 모습을 보였고, 자국의 상황에 맞는 대공 무기를 국산화하기로 결정했다. 그다지 놀라운 일도 아닌 것이 초기에 개발, 생산한 자주 대공포의 대부분이 ZPU-4 14.5mm 대공 기관총을 기반으로 개발된 것이고, 통상 트럭의 짐칸에 휴대식 대공 미사일과 함께 탑재되었다. 보다 선진적인 설계를 한 자주 대공포에는 323식 병력 수송 장갑차의 차체를 유용한 것이 있다. 이 차량은 ZPU-4를 대공 무장으로 탑재하고 장갑을 강화했다(미 국방부 코드네임 M-1983). 이들 자주 대공포는 조선인민군에 대량으로 배치되었지만, 시대에 뒤처진 수동 조준 방식이고, 제트기를 격추시키기에는 사거리가 짧은 대구경 기관총으로 무장해 현대전에서는 제 몫을 하지는 못하고, 헬기 같은 저속 항공기에 대해서는 어느 정도 효과를 발휘하는 정도다. 보다 고성능의 자주 대공포는 중국의 65식 37mm 대공포와 덕천 보병 견인차를 조합한 M-1978이라는 형태로 등장했다. 이것은 성능적으로는 미국의 M19 자주 대공포나 1문의 61-K 37mm 대공포를 탑재한 초기의 소련제 자주 대공포 ZSU-37과 동등한 정도의 물건이다. M19나 ZSU-37에 비해 M-1978은 우수한 발사 속도를 가졌지만, 여전히 목표 포착/추적용의 화

1948년에 개최된 조선인민군 첫 열병식에서 DShK 12.7mm 중기관총을 탑재한 GAZ-AA 트럭이 다수 보인다. (KCBC)

퍼레이드 중인 37mm 자주 대공포. 차체 후방에 휴대식 대공 미사일을 2기 탑재할 수 있다. 최근에는 사진과 같은 초기형 차량이 거의 목격되지 않고 있다. (KCBC)

2012년의 김일성 탄생 100주년 기념 열병식에서의 57mm 자주 대공포. 이 차량은 지상 지원에도 유효하지만, 북한에서는 지상 목표에 대한 사격 훈련까지는 하지 않는 듯하다. (KCBC)

기 관제 레이더를 탑재하지 않아 명중률 또한 낮았다. 37mm 대공포의 조작 인원은 3명(차량 전체 인원은 5명)으로 때에 따라 2기의 휴대식 대공 미사일을 추가로 장비하는 경우도 있어 포탑 내부는 비좁고 답답해 거주성이 나빴다. 성능면에서 특출난 점이 없는 M-1978은 생산량이 많지 않아 후속으로 개발된 신형 대공 차량이 생산되는 1980년대 중반까지 부대에 배치된 것은 소수에 그쳤다.[142]

조선인민군이 ZSU-57-2를 소련으로부터 수령하거나 포탑 250기를 중국에서 수입한 59식 주력 전차의 차체에 탑재했다는 주장도 있지만, 북한이 실제로 입수해 운용했다는 근거는 없다. 하지만 ZSU-57-2와 유사한 자주 대공포를 국내에서 생산한 것은 확실하다. 미 국방부는 이것을 M-1985라 지정했다. 탑재된 대공 기관포는 소련제 57mm S-68A를 모델로 북한이 독자 개발한 포이다. 그래서 S-68A와 같은 5연발 클립식 탄약을 수동 급탄한다는 결점도 그대로 계승했다. 그리고 차체의 베이스가 된 것은 ZSU-23-4 쉴카에도 쓰인 소련제 GM-575다. M-1985의 높은 발사 속도와 57×348mm SR포탄의 파편 효과를 생각하면 지상 목표에 대한 공격에도 효과적일 것이다. 하지만 목표 포착과 추적용 레이더가 탑재되지 않아 여전히 유효 사거리는 시계 범위로 한정된다.

북한이 레이더 유도식 자주 대공포의 개발을 시작한 것은 1980년대 초이다. 조선인민군이 부대에 배치한 자주 대공포 중 화기 관제 레이더에 의한 자동 조준이 가능한 유일한 자주 대공포(SPAAG)는 M-1989(이어서 개량형 M-1992도 등장)다.

기밀 해제된 CIA의 조사 보고서에 따르면 이 자주 대공포의 시험 제작 차량이 처음으로 확인된 것은 1983년이다.[143] 1970년대 초에 소수의 ZSU-23-4 쉴카가 소련으로부터 도입되었을 것으로 생각된다. 그리고 이것이 M-1989 개발의 베이스가 된 것은 명백하다.[144] M-1985와 마찬가지로 GM-575의 차체를 사용하였고, 대공 무장에는 AK-230 2연장 30mm 함재 기관포를 채용했다. 화기 관제 레이더는 쉴카에 탑재된 RPK-2와 유사한 외관이지만, 실상은 북한이 당시 국산화를 시도하던 MR-104 '드럼 틸트' 레이더에 가깝다. 발사 속도는 쉴카의 절반 정도인 분당 2,000발 정도지만, 사용되는 30×210mmB 기관포탄은 우수한 포구 초속을 가져 파괴력도 쉴카의 23mm탄과 비교하면 확실히 강하다. 그래서 M-1989는 근거리의 비행 목표에 대해서는 쉴카와 동등, 원거리 목표에 대해서는 쉴카 이상의 능력을 발휘한다.

1990년대에는 차체는 변함이 없이 자체 개발에 성공한 AK-630 베이스의 북한제 30mm 6포신 개틀링 기관포를 탑재한 새로운 자주 대공포가 등장했다. 사용된 탄은 30×210mmB 탄에 비해 탄도 성능이 약간 떨어지는 30×165mm 기관포탄으로 발사 속도는 분당 5000발, 유효 사거리는 4km이다. 더하여 포탑 측면에 4기의 휴대식 대공 미사일을 탑재해 개틀링 기관포와 같은 4km 범위의 단거리 대공 능력을 종합적으로 높였다. 조준은 새로 개발된 추적 레이더와 탐지 범위가 확대된 목표 포착용 레이더를 활용한다. 이 신형 자주 대

2012년의 김일성 탄생 100주년 기념 열병식에서의 북한제 30mm 자주 대공포. (Dvid Flack)

북한에서는 좀처럼 보기 힘든 ZSU-23-4 쉴카의 사진. 멀리 뒤쪽으로 보이는 것은 북한제 30㎜ 자주 대공포. (KCBC)

2017년, 김일성 탄생 105주년 기념 열병식에 참가한 스트렐라-10. 통상형과 달리 4연장 대공 미사일 발사기 2기를 탑재했다. (NK Pro)

공포(미 국방부 코드명: M-1994로 추정)가 조선인민군에서 실제로 운용되는 모습이 확인되지는 않았지만, 아프리카에서 작성된 무기 카탈로그에 게재된 것이 보인다. 높은 발사 속도의 개틀링 기관포와 MANPADS를 병용하여 단거리 방공 성능이 우수한 방공 무기임은 틀림없지만, 구체적인 생산량이 확인되지 않았다. M-1994는 조선인민군에 배치된 자주 대공포 중에서도 선진적인 것으로 적의 고정익기나 헬기의 근접 지원 공격으로부터 최전선의 병사들을 지켜줄 것이라 기대된다.

국산화한 자주 대공포를 제하고 조선인민군 육군이 운용하는 자주식 단거리 방공 시스템은 스트렐라-10M뿐이다. 이 구형 소련제 자주식 SAM을 1980년대에 도입한 북한은 국산화에 성공하지 못했음에도 번개-3라고 이름을 붙였다. 스트렐라-10의 성능은 사용되는 미사일의 종류에 크게 의존하므로 북한에서 사용하는 차량의 유효성을 단순히 판단할 수는 없다. 다양한 SAM을 발사할 수 있는 스트렐라-10의 유연성은 김일성 탄생 105주년 기념 열병식에서도 유감없이 보여줬다. 이때 평양의 거리를 당당히 행진하던 스트렐라-10은 이글라를 원형으로 하는 북한제 휴대식 대공 미사일을 4기 탑재한 발사관을 2기, 합계 8기의 MANPADS를 탑재했다.[145] 스트렐라-10은 보병이 사용하는 휴대식 대공 미사일

과 비교하면 우수한 방공 성능을 자랑하지만 유효 사거리가 5km 미만이라는 한계는 변함이 없다. 현재 조선인민군에 부족한 것은 자주 대공포와 스트렐라-10M이 담당하는 단거리 방공과 S-75 같은 고정식 SAM의 장거리 방공 사이를 메꿀 중거리 방공 시스템이다. 북한은 기존의 지대공 미사일을 중거리 방공 사양으로 개조하는 것으로 문제를 해결하려 했지만, 여전히 방공 시스템의 빈틈을 메꾸는 데 고민하고 있다. 현 상태로는 북한의 통합 방공 시스템은 적에게 손쉽게 돌파당할 것이다. 자주식 대공 무기를 더욱 충실히 갖추기 위해 휴대식 대공 미사일을 탑재한 차량이 적어도 2종류 확인되고 있다. 최초로 개발된 것은 323식 병력 수송 장갑차의 포탑을 철거하고 대신 4기의 휴대식 대공 미사일을 장착한 것이다. 두 번째는 M-1992 병력 수송 장갑차를 베이스로 4연장 MANPADS 발사기를 차체 후방에 탑재한 것이다. 조선인민군 무기 장비 전람관 이외에서 이 차량이 목격된 사례는 없는 것으로 보아 극히 소수만 생산되었거나 부대에 배치되지 않았을 가능성도 있다.

북한의 고성능 자주식 중거리 방공 시스템은 S-125를 자주화한 것이다. 이런 방식의 개조는 구 소련의 주변국이나 동맹 관계였던 여러 국가에서도 찾아볼 수 있으며 북한의 통합 방공 미사일의 중대한 결점을 부분적으로 보완하는 역할을 한다. 폴란드와 이라크가 자주화한 S-125를 배치하기 시작한 것은 2000년대부터다. 이라크는 이것을 2003년의 이라크 선쟁에 투입, 연합군에 대해 실전에서 사용했다. 현재는 더욱 많은 국가가 자주화된 S-125를 배치하고 있지만, 북한의 S-125는 그것들과는 한층 다른 위협을 느끼게 한다. 어째서냐면 S-125의 후속으로 보다 고성능인 지대공 미사일의 자주화가 진행되고 있음이 명백하기 때문이다. 북한의 자주화 S-125가 처음

자주화한 S-125. (KCBC)

북한으로 향하던 '청천강호'의 선내에서 발견된 4기의 쿠바제 S-75용 발사기 중 하나. (UN Panel of Expert)

'청천강호'에서 발견된 2기의 S-125용 발사기. 컨테이너에 수납하기 위해 절단되어 있다. 보기에는 아무렇게 절단한 듯 보이나 차량 탑재를 위해 불필요한 부분을 절단했다. (UN Panel of Experts)

확인된 것은 김일성 생일 100주년 기념 열병식으로, S-125와 S-75를 자주화하는 시도 자체는 2012년 이전부터 시작된 것으로 생각되며 시험 제작 차량을 시찰하는 김정은의 사진도 확인되었다. 발사기와 미사일 본체의 제작에 필요한 부품의 대부분은 국산화에 성공했을 것으로 보이지만, 비용 절감을 위해 적어도 몇몇 부품은 쿠바에서 수입된 것 같다. 수입한 부품은 선박수송 컨테이너에 적재하기 위해 거칠게 절단되어 밀수선을 조사하던 감찰관이 물품의 정체가 무엇인지 알아보기 힘들 정도였다고 한다. 하지만 실제로 잡다하게 분할되어 손상을 입은 부위는 북한의 자주화 S-125에 불필요한 부분이었다. 4연장 SP73 발사기는 자주형에 쓰일 2연장 발사기를 생산하기 위해 활용되었다. 자주화된 S-125에는 SNR-125 '로우 보우', P-15 '플랫 페이스', 그리고 PRV-11 '사이드 넷'이라는 레이더를 탑재한 차량이 수반된다. 흥미롭게도 2013년 7월에 파나마에서 나포된 밀수선 '청천강호'에서는 S-125용의

SP73 발사기, 미사일 본체, 그리고 S-75 이외에도 1기의 쿠바제 페이즈 도어 레이더, P-19 '플랫 페이스B'가 압수되었다.[146] 물론 그 자리에서 압수된 밀수품이 목적지에 도달하지는 않았지만, 밀수가 발각되기 이전에 수송된 부품의 일부가 북한에서 이미 활용되고 있을 확률은 높다. 따라서 북한은 S-125의 자주화에 성공했을 뿐 아니라 쿠바제 레이더를 사용해 유도 장치 및 사격 통제 장치 등의 현대화에도 진전이 있을 것으로 예상된다. 지금까지 발사기에 탑재한 모습이 확인된 것은 소련제 KrAZ-255B 트럭뿐이지만, 보다 선진적인 벨라루스제 MAZ-630308-224를 활용한 시제품도 존재한다.

자주식의 S-125에는 종래의 V-601 2단 고체 연료 미사일이 그대로 사용되었다. 이 미사일은 기동성이 높아 급격한 회피 기동이 가능한 현용 제트기에 대해서도 유효하지만, S-75 같은 다른 지대공 미사일과 비교하면 사거리가 짧다. 아마도 그런 이유 때문에 S-75를 태백산-96 트럭에 탑재해 자주화하는 계획이 세워졌을 것이다. S-75를 자주화한다는 생각 자체는 전혀 새로울 것이 없지만, 특이하게도 쿠바에서는 T-55의 차체를 사용해 자주형을 개발했다. 그리고 S-75의 중국 면허 생산형인 HQ-2B를 이동식 발사대에 탑재해 자주화한 전례도 있다. 하지만, 북한의 자주형 S-75에는 쿠바제와는 다른 장점이 있다. 개량된 V-750 미사일의 탄두에 적외선 시커를 탑재한 결과, 전자 방해 공격(ECM)에 대해 내성이 대폭 향상되었다는 점이다. 또한 미사일 발사 후 화기 관제 레이더를 끌 수 있어 대공 제압(SEAD)에 의한 반격을 받을 확률을 낮출 수 있다. 조선인민군 공군은 MiG-23ML이 사용하고 있는 R-24T 공대공 미사일의 적외선 시커를 유용한 것으로 보이는데, 이는 이라크군이 2K12 저고도 방공 시스템에 3M9 지대공 미사일의 적외선 시커를 이식한 성과를 반영한 것이다. 전쟁 중에는 적으로부터 엄청난 레이더 방해 공작 및 SEAD 공격이 예상되기에 이런 개수로 북한은 자군의 방공 미사일에 어느 정도 유용성을 부여했다. 자주화된 S-75는 아직 부대 배치에는 이르지 못한 것 같지만, 그래도 고정식 S-75

1990년대 초반에 설계되었음에도 불구하고, M-1994는 북한이 지금까지 양산한 자주 대공포 중에 가장 현대적이라 생각되는 것이다. 있으면 좋은 무기 임에는 틀림없지만, 만약 북한이 만족할 만한 단거리 방공 능력 부여에 투자를 아끼지 않는다면 이후로도 존속될 것이다. 그림의 차량은 포탑의 양측에 상자형의 소형 대공 미사일 발사기가 장착되어 목표 추척 레이더(앞)와 탐색 레이더(뒤)도 장비하고 있다. (그림: David Bocquelet)

S-125를 차량에 탑재해 비교적 저예산으로 어느 정도 효과적인 자주식 방공 시스템을 완성했다. 자주화된 S-75와 마찬가지로 발사기와 미사일을 쿠바 에서 수입해 기존의 고정식 SAM 사이트를 해체하지 않고 다수의 자주식 방공 시스템을 생산할 수 있었다. 그리고 자주식 S-125 및 S-75의 수는 수입된 수량보다 증가한 것으로 보이며 이것은 북한이 발사기를 자체 생산하고 있다는 의미다. 그림은 벨라루스제의 MAZ-630308-224 트럭에 탑재된 시험 제 작 차량. (그림: David Bocquelet)

MAZ-630308-224 트럭의 기동력에 적외선 시커가 장착된 V-750 미사일을 조합한 것으로 북한에서 가장 우수한 성능을 자랑하는 SAM 시스템으로 완성되었다. S-300의 북한 카피판의 생산이 늦어지면서 고정식 SAM 네트워크가 순항 미사일과 대공 제압(SEAD) 작전기의 위협 앞에 그 유효성을 유지하는 데 어려움을 겪으며 S-75의 차량 탑재화는 한미 항 공 전력에 대항하는데 있어 훨씬 경제적인 방법이다. (그림: David Bocquelet)

KrAZ-255B 트럭에 탑재해 자주화한 S-125 미사일. 2015년의 훈련에서. (KCBC)

적외선 시커를 장비한 S-75를 시찰하는 김정일.
기존의 고정식 SAM 발사대에 이 개량형 미사일이 폭넓게 보급된다면 기존의 구태의연했던 방공 시스템이 보다 위협적으로 바뀔 것이다.

에 적외선 시커를 장비한 지대공 미사일이 널리 도입된 데 따른 성능 향상은 특히 현대화될 사격 통제 장치와 조합하여 전술의 폭이 넓어지고, 1959년에 도입된 구형 방공 시스템의 개선에도 도움이 된다. 하지만 단순히 자주화에 성공하고 유도 방식이 약간 개선되었다고 북한의 방공망이 무적이 된 것은 아니다. S-75에 사용되는 자기 착화 추진제는 관리가 어렵고 미사일의 기동성도 평균 이하이다. 소련의 구형 장비를 자주화한 정도로는 북한의 통합 방공 시스템의 구멍을 메꿀 수는 없다. 휴대식 대공 미사일, 자주 대공포와 번개-5(자주식이지만 설치에 시간이 걸리고 관할도 조선인민군 공군에 있다.) 등의 전략적 역할을 맡은 고도의 방공 미사일 시스템 사이에 있는 갭을 메우기 위해서도 소련제의 9K37 '부크'를 도입 또는 그것을 원형으로 하는 파생형의 개발이 절실히 필요하다. 실제로 중거리 SAM 시스템이 개발 중에 있는지 그리고 어떤 형태로 완성될지는 전혀 알 수 없다. 이렇듯 북한의 손에 무엇이 있는지 전혀 밝혀지지 않고 있다. 북한의 통합 방공 시스템은 수동적인 면에서도 아직 개선의 여지가 있다. 북한의 군수 전자 기기 산업은 다양한 신형 레이더나 전파 방해 장치의 개발에 성공했을 뿐 아니라 해외 수출에도 적극적인 것으로 보아 격렬한 전자전이 벌어지는 현대전에 잘 순응한 것으로 보인다.

전파 방해 장치 분야에서는 코멧-1이라 불리는 GPS 재머를 수출 사양으로 판매중이다. 코멧-1을 통해 북한의 패시브식 무기에 대하여 고찰해 볼 수 있다. 이 시스템은 6대의 차량에 방해 전파 발신기를 1기씩 탑재하고 그중 1대는 수신기를 탑재하여 100km

를 넘는 범위에 방해 전파를 발신하는 게 가능하다. 이것은 도시 전체를 커버할 정도의 범위다. 2010년대 이후, 북한은 이같은 전파 방해 장치의 실험을 반복해 왔다. 때로는 방해 범위가 군사 분계선 너머에 있는 항공기와 선박의 GPS 항법 장치에 영향을 주기도 했다. 만약 전쟁이 시작되면 북한의 전파 방해 장치는 적이 사용하는 정밀 유도 무기를 무력화, 또는 혼란시킬 것이다. 코멧-1 같은 고도의 전파 방해 장치는 아마도 총참모부 전자전국이나 정찰국 기술부의 관할하에 있을 것이라 생각된다. 그리고 보다 소형의 전파 방해 장치가 부대에 배치된 것이 확인되며 전선 병력의 생존율을 높이는 데 활용될 것이다. 통상 무기와 달리 이런 전자 기기는 탄약을 소비하지 않기 때문에 비용이 적게 들어 자금난에 시달리는 북한과 상성이 좋은 존재라 하겠다. 최근 일어나는 전쟁이나 내전, 예를 들어 2003년의 이라크 전쟁이나 2011년에 일어난 리비아 내전에서 전자 기기를 사용하는 대규모 전파 방해는 없었다. 전파 방해 장치는 아직은 최신 기술이고, 전장에 주는 영향도 정확히 판명되지 않아서 조선인민군 육군의 전자전 부대는 비장의 한 수라 하겠다. 그중에서도 중점적으로 연구 및 개발이 된 것은 GPS 재머이지만, 레이더파 방해 장치나 레이저 교란 장치 등 북한은 ECM 분야 전체에 적극적인 투자를 하고 있다. 군수 전자 기기 산업의 발전은 조선인민군의 전자전 능력 증강에 공헌할 뿐만 아니라 타국 군대에서도 큰 관심을 보이고 있다. 따라서 지금까지 경제적 수익의 일부를 무기 수출에서 얻던 북한에게 있어 새로운 재원이 될지 주의 깊게 지켜볼 필요가 있다.

2

특수작전군
Special Operation Force

세계 유수의 규모를 가진 북한의 특수작전군은 명령이 내려지면 20만이라는 병력이 곧바로 한국, 일본 등 적성국에 대한 공격을 개시할 수 있도록 상시 대기 중이다. 하지만 특수작전군과 첩보부의 상세는 거의 알려지지 않았고, 정확한 정보가 부족해 신화처럼 전해지는 이야기와 실제 전력에는 큰 차이가 있을 가능성이 높다. 그럼에도 불구하고 특수작전군 및 첩보부가 장래 일어날 전쟁에서 중요한 역할을 맡는 것은 의심의 여지가 없으며, 양자가 가져올 위협은 평시와 전시에 관계없이 상당히 높다. 철저한 비밀주의하에 활동하고 있는 북한의 특수작전군과 첩보부에 관해서 한 가지 확실한 것이 있다. 그것은 상정되는 전면전에서 한국을 상대로 이기기 위해 없어서는 안 되는 3개의 전략 지침 중 하나인 '전선의 적 후방에 침투해 제2 전선을 형성한다'는 중대한 임무를 맡고 있다는 점이다. 이것은 말하자면 후방에서 게릴라전을 전개하는 것으로 '일격보급(一擊普及)의 공격'을 모토로 공세를 펴는 아군 주력을 지원하는 역할이다. 특수작전군에 소속된 병사들은 특수 잠항정이나 공작선, 수송기 등을 통해 한국으로 침입 경로를 확보, 목표 지점에 대해 안전하고 은밀하게 잠입한다. 목적지에 도달한 특수작선군은 각각 부여된 전략, 전술, 그리고 작전 레벨의 임무에 따라 주요 군사, 민간 목표를 무력화한다. 군사 분계선으로 향하는 한국 육군을 저지하기 위해 기간 시설을 파괴하는 동시에 군대와 정부의 고관을 저격, 그리고 아군의 포병 부대와 탄도 미사일의 표적선정도 특수작전군에 할당된 임무다. 더하여 특수작전군은 일반 부대를 직접 지원하는 것뿐만 아니라 교란 공작을 통해 적의 주의를 돌리는 등 미끼 역할도 요구된다.

북한은 이런 중요한 임무를 수행하는 특수작전군에 지금까지 많은 투자를 했고, 21세기의 현대전에도 통용되는 전력으로 단련시키면서 규모, 전력, 장비를 향상시켜 왔다. 특수작전군의 예하 부대는 조선인민군의 일반 병력에 비해 보다 선진적인 장비가 우

특수작전군의 군기. 뒷면에는 조선로동당 문장이 들어간다. 군기의 한글은 육군기와 같다. (Sshu94 via Wikimedia Commons)

상륙 훈련 개시 전, 특수작전군 부대를 시찰하는 김정은. (KCBC)

선해서 지급될 뿐만 아니라 야간이나 도시, 산악 지역에서의 전투를 상정한 가혹한 훈련을 자주 실시하고 있다. 도시와 산악 지대는 한국에 침입하는 데 피할 수 없는 지형으로 훈련 내용에서 특

히 중요시되고 있다.[1] 그리고 특성상 특수작전군은 장비의 연구 및 개발로 대표되는 현대화에 막대한 예산이 필요한 해·공군이나 전략 무기에 비해 적은 비용으로 전력을 끌어 올릴 수 있다. 그 진 가는 비대칭 전쟁에서 발휘되기 때문에 특수작전군에 대한 투자 는 꾸준히 증가 일로에 있다. 특수작전군에 대한 예산의 증가에 더해 조직 구조 개선을 목적으로 재편성이 이뤄졌다.[2] 다만 조선 인민군 대부분의 조직과 첩보 기관도 각자 독자적인 특수 부대를 예하에 두고 있다. 이 특수한 조직 형태는 북한의 특수 부대가 맡 은 임무의 폭이 넓은 데서 기인한다. 특수작전군은 역할에 따라 세분화되어 있지만, 근간을 이루는 두 축은 특수 부대와 경보병 부대이다.

특수 부대는 전략 레벨로 운용되는 항공기나 선박으로 한국, 또는 일본에 침입, 적 후방에서 게릴라전을 벌이는 것이 주임무 다. 그리고 경보병 부대는 기계화 부대에 선행해 험한 산악 지대 를 답파해 주력 공세 부대가 원활하게 진군할 수 있도록 교량이나 터널 등의 주요 인프라를 점령, 방어하는 것이 주임무다. 이것은 북한의 침공 작전의 성패를 결정하는 상당히 중요한 임무다. 경보 병 부대는 문자 그대로 경장비의 보병으로 구성되어 일반적인 병 사보다도 기동력이 우수하면서도 동등한 전력을 보유하고 있다. 특수 부대와 경보병 부대 양자에 부여된 역할은 중복되는 부분도 있지만, 경보병 부대의 실체는 특수한 부대라기보다는 일반 부대 취급이어서 특수작전군의 전력에 포함하지 않을 것이다. 말하자 면 북한 특수작전군의 병력을 18~20만 명 규모라 하지만, 여기서 경보병 부대 소속의 12만 명을 제한 약 6만 명이 보다 현실적인 수치다.

경보병 부대와 남침용 땅굴

전술한 것처럼 실제로 경보병은 특수 부대보다도 일반 부대 같은 존재이다. 하지만 기존 경보병 부대의 규모를 확대하는 동시 에 최전선에 전개한 보병군단에도 새로이 경보병 부대를 신설하 는 등, 북한이 경보병을 중요시하는 것은 명백하다. 2000년대 초 에는 기존의 경보병사단이 연대 규모로 확대되어 7개 보병사단이 경보병사단으로 개편되었다.[3] 그 결과 경보병 부대는 일국의 군 대를 넘어서는 규모로 확대되었다. 하지만 아무리 강대한 부대라 도 요새화된 방어 진지와 광대한 지뢰 지대에 저지당해 휴전선에 서 발이 묶여서는 의미가 없다. 과거에는 소수의 잠입 부대가 군 사 분계선을 은밀히 넘어가는 데 성공했지만, 대규모 병력이 월경 하는 것은 여러모로 어려운 문제다. 그래서 조금이라도 많은 병력 을 진군시키기 위해 육로, 해로, 그리고 항공 수송에 한정하지 않 고 지하를 관통하는 땅굴을 파낼 생각을 북한이 했다는 것은 그다 지 놀랍지도 않다.

한국에서 '남침용 땅굴'이라 이름 붙인 터널은 전시에 북한 경 보병 부대의 주요 침입 경로가 될 것이다. 몇 개의 땅굴 출입구는 한국 측에서 이미 파악하고 있어 전쟁이 발발하면 가장 먼저 공격 에 노출될 것이다. 그래서 남침용 땅굴이 가진 전략적 가치는 적 다고 생각하는 사람도 많다. 하지만 개전에 선행해 경보병 부대가 은밀히 잠입하는 것이 가능하기 때문에 북한은 여전히 비장의 한

1974년에 발견된 최초의 남침용 땅굴의 내부. 협궤 레일은 본래 공사용 콘크리트 블록을 운반하는 용도로 설치되었으 나 필요에 따라 병력과 장비를 수송하는 데도 쓰인다. (Korean Overseas Information Service)

1974년의 남침용 땅굴은 지표에서 50센티미터도 되지 않는 깊이의 지하 에서 굴을 팠다. (KTV)

수로 여기고 있다. '1개의 땅굴은 10발의 핵폭탄보다 효과적이다.' 라고 김일성이 남긴 말에서도 땅굴의 중요성을 엿볼 수 있다. 군 사 분계선 바로 아래를 통과하는 땅굴의 굴착은 1971년에 계획되 어 다음 해부터 시작되었다고 한다.[4, 5]

무수히 많은 땅굴을 구축하기 위해서는 막대한 예산과 노력 이 투입되었을 것이다. 또한 동시기에 준공한 평양 지하철 건설에 서 얻은 노하우가 남침용 땅굴 공사에 활용되었음은 충분히 예상 된다. 내부에 고이는 지하수를 북한 쪽으로 배출하기 위해 남쪽이 높게 경사를 주었다. 교묘히 숨겨진 땅굴은 깊은 곳은 지하 100미 터 이상인 경우도 있었다. 땅굴의 남측, 즉 한국 쪽의 출구는 완전 히 개통하지 않고 유사시 나머지 굴을 파내는 식으로 은밀성을 유 지한다.

남침용 땅굴을 한국이 처음 발견한 것은 1974년 11월이었다. 서울에서 북쪽으로 65km 지점에 위치한 연천군 고랑포 부근 군사 분계선 서쪽 구역 일대에서 지면으로부터 수상한 증기가 올라오 는 것을 순찰 중인 한국 육군 병사가 발견했다. 출입구를 발견한 한국군 병사들은 북한으로부터 산발적인 공격을 받았지만, 수색 을 계속해 폭 45센티미터의 협궤 선로(공사용 규격의 선로)가 부 설되었고 주위는 콘크리트로 보강된 땅굴을 발견했다.

제2 땅굴에는 넓은 공간이 있어 부대의 재편성과 진격 순서 조정에 사용할 수 있다. (Korean overseas Information Service)

발견한 제4 땅굴 내부에서 북한군을 경계하는 한국군 병사. (Korean overseas Information Service)

땅굴의 길이는 약 3.5km로 군사 분계선을 넘어 남쪽으로 1km 전진한 지점까지 이어졌다. 폭 1.2미터, 높이 90센티미터의 땅굴에는 저장고나 수면실까지 설치되었고, 1시간 정도면 연대 병력이 월경할 수 있을 정도의 규모였다. 내부를 탐색하는 한국에 대한 북한의 방해 공작은 격렬했다. 땅굴 내에 남아 있는 부비트랩에 많은 한국군 병사들이 부상을 입었고, 안타깝게도 2명의 사망자가 발생했다. 발견된 당시 이 땅굴은 단순히 공작원을 남쪽으로 침투시키는 용도라 생각했지만, 1975년에 2명의 탈북자가 다른 남침용 땅굴이 존재하며 그 외에도 많은 땅굴이 건설 중이라고 폭로했다.[6] 그들은 발견된 땅굴이 공작원만이 아니라 수십 만의 병력을 신속히 이동시키기 위한 본격적인 침입 경로라고 주장했다. 탈북자 중 한 명은 9개의 땅굴이 건설된 것을 목격했다고 말하며, 군사 분계선 부근에 전개한 10개의 보병사단에 각각 2개의 대형 땅굴이 할당되어 있다고 증언했다. 탈북자가 증언한 말의 신뢰성을 확인하기 위해 한국 당국은 곧바로 조사를 개시해 최대 20개가 있을 것으로 예상되는 땅굴을 찾기 시작했다.

그렇게 하나, 둘 새로운 땅굴이 발견되며 최종적으로는 4개의 땅굴이 발견됐다. 고랑포에서 최초의 남침용 땅굴이 발견되고 난 후 곧바로 두 번째 땅굴이 발견되었다. 발견하게 된 계기는 한국군 진지 바로 아래에서 들려오는 기묘한 폭발음이었다. 그 폭발음을 경계 중이던 병사가 듣고, 의심되는 곳에 몇 개의 시추공을 굴착하면서 병사들의 의심은 확신으로 바뀌었다. 1975년 5월, 반격하듯이 역방향으로 굴착해 들어간 한국 측의 갱도가 지하 50미터 깊이에 있던 북한의 땅굴과 연결되었다. 최초로 발견된 땅굴에 비해 약 2배의 폭과 높이의 제2 땅굴은 50미터에서 160미터의 깊이에 단단한 화강암을 굴착하여 내부를 콘크리트로 보강할 필요가 없었다. 길이는 약 3.5km, 수도인 서울에서 100km 정도 떨어진 위치였고, 대략 1시간이면 사단 규모 병력인 약 3만 명의 병사를 이동시킬 수 있다고 한다. 이 수치는 크게 과장되었을 확률이 높지만, 땅굴 내부에 집합 장소까지 건설된 것을 보면 그 규모와 실용성이 제1 땅굴보다 훨씬 높은 것을 알 수 있다. 땅굴의 존재를 발각당한 북한은 한국군의 탐색을 방해하기 위해 부비트랩과 격벽 등의 장애물을 설치했고, 최종적으로 땅굴의 출입구를 철근 콘크리트로 봉쇄했다. 3번째 땅굴의 존재는 1978년 6월에 울려 퍼진 큰 발파음과 탈북자들의 증언을 통해 어렴풋이 존재를 인식하고 있었지만, 정확한 장소가 판명된 것은 4개월 후인 1978년 10월이었다. 이 땅굴은 제2 땅굴과 규모와 구조가 비슷했고, 서울에서 44km 정도 거리, 그리고 '평화의 집'과 공동 경비 구역이 있는 판문점에서 겨우 4km라는 코앞에 위치했다. 전장은 1.6km로 짧으며 깊이는 73미터, 군사 분계선에서 남쪽으로 435미터 위치이다. 폐광으로 위장하려는 목적인지 땅굴 전체에 석탄 가루를 발랐지만, 그런 노력에 걸맞은 설득력을 얻었다고 말하기는 힘들다. 1970년대에 연달아 발견된 것과 대조적으로 1980년대에는 군사 분계선에서 새로운 남침용 땅굴이 발견되지는 않았다. 이것이 땅굴 굴착 공법이 보다 정숙하고 안전한 방식으로 개선된 결과인지 아니면 단순한 우연인지는 확실하지 않다. 적어도 탈북자들은 '20개 이상의 땅굴'이 있다고 이구동성으로 주장하고 있어 땅굴의 존재에 신빙성을 더하고 있다. 이에 대해 한국은 보다 고성능의 탐사 기기를 동원해 수색 활동에 박차를 가했다. 그럼에도 남침용 땅굴이 발견되지 않다가 1990년 3월에 네 번째이자 최후의 땅굴이 양구군 부근에서 발견되었다. 이 땅굴은 양구군에 가까우면서 과거의 땅굴에 비해 동해안에 가까운 쪽으로 파고 들어갔다.

제4 땅굴은 제2, 제3 땅굴과 거의 비슷한 구조이며 전장 약 2km의 땅굴은 아마도 동시기에 같은 설계를 바탕으로 굴착되었다고 생각된다. 지금까지 북한은 남침용 땅굴의 관여를 일체 부정하고 있으며 한국의 날조, 또는 일제 식민지 시절의 탄광이라 주장했다. 하지만 땅굴 벽면의 여기저기에 북한의 당 슬로건이 쓰여 있었고, 그 밖에도 북한의 관여를 보여주는 물증이 대량으로 발견되었다. 하지만 1990년에 발견된 제4 땅굴에 관해서는 놀라울 정도로 순순히 관여를 인정했다. 군사 분계선의 대형 선전 스피커에서 말하는 내용에 따르면 이 땅굴은 '평화적인 한반도 재통일 촉진'을 목적으로 건설되었다고 주장했다.[7, 8] 동해안 근처에서 발견된 제4 땅굴에 의해 북한이 군사 분계선 전역에 걸쳐 땅굴을 건설하고 있음이 분명하며 (당시) 10개 보병사단에 각각 2개의 남침용 땅굴을 할당했다는 주장에 다시 한번 신빙성을 부여했다.

결과적으로 1990년부터 지금에 이르기까지 새로운 터널의 존재가 공표되지는 않았다. 북한이 더욱 신중히 굴착을 하고 있는 것인지 단순히 한국 정부가 공표하지 않는 것인지 진상을 알 수는 없다. 하지만 주한미군 육군 제8군 소속의 G-2 터널 제압대가 1987년까지 땅굴로 의심되는 25~30개소를 발견한 것으로 보아 남침용 땅굴은 4개 이상 있을 것으로 판단해도 좋다. G-2가 특정한 북한과 연결되었을 가능성이 높은 이들 땅굴의 대부분은 한국에 대한 주력 공세가 실행될 장소 중 하나인 철원에 있다.[9] 북한은 아직 발견되지 않은 20개 전후의 땅굴을 활용해 수십만 명 규모의 병력이 은밀하게 군사 분계선을 통과하게 할 수 있을 것이고, 개전 후 곧바로 한국에 대한 기습을 시도할 가능성이 높다. 제2, 제3, 제4 땅굴은 소형 차량이나 화포도 통행 가능하리라 추정되지만, 실제로 차량이 통행 가능할 정도의 폭, 높이가 땅굴 내부에 있다고 해서 북한이 차량과 화포의 통행을 상정하고 남침용 땅굴을 건설했는지는 알 수 없다. 지뢰 지대와 대전차 장애물을 돌파해 군사 분계선을 넘는 것은 현실적이지 않기 때문에 기갑 차량이나 대형 화포가 통과할 수 있는 규모의 땅굴이 별도로 존재할 가능성도 있다. 하지만 이런 대규모 지하 시설에는 공기 순환 장치와 보다 튼튼한 지지 구조가 요구되며 건설에 필요한 비용도 비싸지고, 공사 기간 또한 길어진다. 거기다 일단 발견되면 쓸모가 없어진다는 크나큰 약점을 가진 남침용 땅굴 건설 사업은 투자에 걸맞은 성과를 기대하기는 어렵다.

땅굴 탐색은 한국군과 민간 단체에서 현재도 진행하고 있지만, 새로운 땅굴이 발견되지는 않았다. '적군의 비밀 땅굴'이라는 뉴스는 한국의 많은 사람들의 관심을 불러 모아 땅굴을 찾는 데 일생을 바치는 매니아도 탄생했다. 그들은 군사 분계선 근처만이 아니라 서울 중심부에도 땅굴이 존재하며 서울 도심 바로 아래의 하수도와 연결되어 있다고 주장한다. 지금까지 발견된 땅굴 중에 제1 땅굴을 제하고 나머지가 인기 있는 관광지로 조성되어 내부를 관람(물론 한정된 범위에서만)할 수 있다. 북한이 1970년대, 1980년대에 땅굴을 굴착하는 데 상당한 투자를 했지만, 그 땅굴이 지금은 한국의 관광 수입에 기여하고 있는 것은 아이러니하다.

아직 발견되지 않은 남침용 땅굴은 평시에도 소수의 공작원을 잠입시키는 침투 경로로 사용되고 있을 가능성이 있다. 땅굴을 사용하면 군사 분계선의 이런저런 장애물을 넘어야 하는 지상 루트에 비해 손쉽게 월경하는 게 가능하다. 하지만 동시에 소수의 공작원 침투를 위해 땅굴 자체가 발각당할 위험을 감수해야 할 수도 있다. 북한은 쌍방의 이점과 결점을 신중히 저울에 올릴 필요가 있다. 하지만 만에 하나 전면전을 피할 수 없는 사태가 벌어지면 위험을 무릅쓰고 공작원을 보낼 것이다. 한국군 육군 병사로 위장한 공작원은 주력 공세 부대가 준비를 하는 사이 적을 혼란에 빠뜨릴 수 있다. 한편 이들 땅굴은 한국 후방 깊숙이 전력을 투입하는 데는 적합하지 않다. 일반적으로 남침용 땅굴은 비교적 길이가 짧아 군사 분계선 부근의 경계 구역을 넘어갈 수 있는 것은 아니기 때문에 제2 전선의 형성에 필요한 한국군의 전선 후방에 도달하는 것은 불가능하다. 다만 남침용 땅굴은 전쟁 발발 초기만이 아니라 이후 단계에서도 쓸모가 있을 가능성이 있다. 본래의 의도에서 벗어난 운용법이기는 하지만 이 땅굴은 전쟁 중반부터 후반까지 적으로부터 발견되지 않는 튼튼한 지하 요새로 활용이 기대된다. 이런 전법은 북한에게 익숙한 전법으로, 특히 6.25 전쟁 중에 일어난 '하트 브레이크 릿지 전투(Battle of Heartbreak

Ridge : 단장의 능선 전투)'에서 지하에 구축한 포병 진지가 활약했고, 대승리를 거두었다고 프로파간다에 인용된다.[10] 군사 분계선 아래를 통과하는 남침용 땅굴의 주요 의의는 경보병 전력의 신속한 투입이다. 전쟁이 갑작스레 발발할 경우, 대략 1시간 정도에 수천에서 수만 명의 병사가 통행 가능하다고 여겨지는 20개 이상의 땅굴이 전황에 미치는 영향은 헤아릴 수 없다. 한편 이들 땅굴 대부분이 한국군에 의해 대비가 되어 있는 상태라면 역으로 통행 중인 경보병 부대들을 위험에 빠뜨리는 양날의 검이 된다.

남침용 땅굴만이 경보병 부대가 군사 분계선을 넘는 유일한 침입 경로인 것은 아니다. 적어도 일부 병력이 공수 훈련을 받고 있고, 이 부대가 경보병 부대 중에서도 보다 특수 부대에 가까운 임무를 맡는다.[11] 전시에 상정한 시나리오에서는 공수 경보병은 적 후방에 강하하여 각종 인프라의 점령, 파괴 및 수색을 행한다. 주력 공세 부대의 장애가 되는 적 포병같은 일반적인 경보병 부대가 처리하기 힘든 중점 목표를 무력화한다. 하지만 그들의 작전 행동 범위는 특수 부대와 비교하면 좁다. 전쟁의 승패를 좌우하는 존재인 경보병 부대의 중요성을 생각하면 최전선의 각 보병군단에 2개 경보병여단이 배치된 것은 특별히 놀라운 일은 아니다. 이들 경보병여단은 사전에 정해진 작전 영역이 각 부대에 할당되어 있고, 보병군단의 일반 부대에 선행해 투입된다. 모든 경보병 부대의 공통점이라 말할 수 있는 것은 경무장에 지원 화력을 보유하지 못한 점이다. 그래서 장비가 충실한 한국 육군 부대를 상대로 정면 공격을 하는 것은 무리다. 경무장이라는 특성상 경보병 부대는 적 정규 부대의 격파를 조선인민군의 통상 전력에 맡길 필요가 있다. 하지만 필요한 상황에 처하면 수적 우위를 최대한 유효하게 활용하여 적이 태세를 정비하기 전에 방어 진지를 제압할 수 있을지도 모른다. 그리고 대전차 유도 미사일, 휴대식 대공 미사일, 그리고 소구경 박격포 등 보병이 휴대 가능한 장비를 사용하여 한정적인 지원 화력을 발휘할 수 있다. 이로 인해 특히 개전 직후의 중요한 국면에서 소규모 한국 육군 부대 정도라면 직접 대처할 수 있을 것이다.

경보병 부대가 부여받은 임무를 전부 달성해 내면 조선인민군의 주력 공세 부대가 신속히 군사 분계선을 넘어 남진해 수도 서울을 향한 전격전이 전개된다. 이 전략은 서울만이 아니라 수비가 단단한 다른 요충지에도 시행된다. 경보병 부대는 항상 선행해 적진에 침공하여 주력이 안전하고 빠르게 진군할 수 있도록 하는 디딤돌 역할을 한다.

특수작전군

조선인민군의 특수작전군은 3개의 저격병여단, 4개의 경보병여단, 그리고 3개의 항공육전병여단으로 구성된다. 유사한 특성을 공유하고 있지만, 분류상으로는 별개의 여단으로 기능하고 있다. 각각 특정 임무와 역할이 부여되어 쓰이는 전술도 다르지만, 특수 작전과 적진에 깊게 파고들어 실시하는 작전을 주로 실행하는 점은 같다. 조선인민군에도 동명의 여단이 존재하지만, 결코 양자를 혼동해서는 안된다. 다만 모든 여단이 특수작전군 예하에 있지는 않다. 예를 들어 공군과 해군은 각각 1개씩 저격여단을 관

고무보트에서 하선 후, 특징적인 대형 헬리컬 탄창을 가진 98식 보총을 사격하는 특수작전군 병사. (KCBC)

한국군 군복을 입고 미군 특유의 올리브 드랍 위장색의 지프에 탑승한 북한군 병사. 북한의 특수작전군과 공작원이 한국 장비로 위장하고 차량을 사용해 후방 교란을 시도할 것이다. (KCBC)

할하고 있다(공군은 공수부대, 해군은 수륙 양용 전투 부대). 그리고 총참모부와 육군도 몇 개의 전속 특수 부대를 보유하고 있다. [12] 정찰총국 산하에 3개의 저격여단이 존재한다는 정보도 있지만, 실제로 지휘권을 가지고 있는지는 확인되지 않았다. 다만 몇 개의 특수정찰대대를 보유하고 있는 것은 확실하다. 전부를 합하면 대략 100개 가까운 대규모 특수 부대가 존재해 총 전력은 약 6만 명이다. 앞서 설명한 20만 명과는 차이가 크지만, 그래도 경탄할 만한 규모이고, 세계 어느 나라의 군대에 비해도 뒤처지지 않는 규모다.

특수작전군은 조선인민군의 특수 부대 대부분을 관할한다. 특수 부대원은 육해공의 다양한 환경에서 활동할 수 있도록 훈련을 받아 높은 숙련도를 가진 병력으로 조선인민군 중에서도 사기가 높다. 특수 부대의 주안점은 한국군(또는 일본의 자위대)의 후방 교란에 있다. 이하의 3개 단계의 작전 행동이 전부 가능하다.

1. **전략 단계**: 적 지휘 계통, 통신, C4I 시스템의 무력화 또는 점령, 한국 정부 고위층 및 군 관계자의 암살
2. **작전 단계**: 주요 군사 기지, 공군 기지, 항구와 보급 기지를 파괴
3. **전술 단계**: 포위망의 형성, 진지의 강습, 정찰 등으로 대표되는 일반 부대의 지원

이것은 적의 정상적인 의사 결정 프로세스를 교란시켜 군수 물자를 소모시키며 한국 전체의 방위력을 저하시킨다. 더하여 북한의 특수 부대에 대응하기 위해 한국 육군은 귀중한 전력을 후방에 배치할 필요가 있고, 그 결과 최전선의 전력이 약해진다.

요인 암살은 특수작전군에 있어 특히 중요시되고 있고, 북한 같이 암살 임무를 군사 독트린에 명시하는 국가는 세계 어느 국가를 찾아봐도 없다. 전시에 정부나 군대의 고관은 물론 본래라면 전쟁의 수행에 직접 영향을 주지 않는 시장이나 그밖의 행정 관계자도 암살 또는 유괴의 대상에 포함된다. 아마도 특수작전군의 각 중대는 한국의 주요 도시가 작전 지역으로 할당되었을 것이다. 암살 부대가 그 도시에 존재하는 요인을 살해 또는 유괴하는 한편 다른 부대는 지역의 방송국 등을 점령해 인프라를 파괴하는 방해 공작과 정찰을 실행한다. 더욱 중요한 요인의 말살에는 확실한 성공을 위해 3중으로 암살 부대를 투입하는 등 몇 단계에 걸쳐 예비 전력을 투입한다.[13] 또한 암살의 대상이 되는 인물의 선정에는 정치적인 요소도 가미된다. 예를 들어 북한과의 화해를 지지하는 정치가를 온존시켜 두는 것은 친북 괴뢰 정권의 수립이라는 원해 마지않는 정치 체제를 한국에 가져올 가능성을 높인다. 이들 특수작전군의 작전은 평시의 유괴/암살 작전에 있어서 풍부한 경험을 가지고 있는 첩보 기관의 작전과 중복되는 경우도 있다.

길게 늘어선 암살 대상 리스트에서 가장 최상위에 있는 개전 초기 단계에서의 말살이 절실히 요구되는 목표는 한국 대통령이다. 대통령 암살 임무는 총참모부 정찰국에 일임되어 있을 가능성이 높다. 특수작전군의 특수 부대도 한국의 대통령 관저인 '청와대' 습격을 시뮬레이션하며 훈련하는 데 대대적으로 참가하고 있다. 2016년 12월에 실시된 이 모의 훈련은 프로파간다 색채가 강하며 대통령의 집무실과 관저의 축소 모형을 분쇄하는 등의 현실성을 도외시한 훈련이었다. 다연장 로켓이 청와대를 포격하는 동시에 낙하산 강하와 수송 헬기를 통해 특수 부대가 투입되어 작전 수행 후, 어째서인지 차량이나 오토바이로 귀환한다는 황당무계한 내용이다. 하지만 대통령 관저에 대한 공격은 어느 사건으로 인해 보다 현실적인 위협으로 인식되고 있다. 그 사건은 평시에 일어난 테러 공격으로 유명한 일화다. 1968년 1월 21일의 청와대 습격 미수 사건이다. 당시 한국 대통령인 박정희의 암살 시도로 남북 간의 긴장이 가장 높았던 1970년대를 상징하는 사건이다. 특수 부대에 소속된 31명의 병사가 북한에서 보내졌지만, 청와대를 눈앞에 두고 발각되어 결과적으로 작전은 실패로 끝났다. 며칠에 걸친 토벌 작전 끝에 2명을 뺀 전원이 사살, 또는 자살했다. 1명은 자수했고 마지막 1명은 북한으로 도주했다.[14] 남측의 피해는 한국이 26명, 미국이 4명이었고, 그 밖에 수십 명의 민간인을 포함해 많은 부상자가 발생했다. 습격에 대한 한국 측의 보복 공격은 사건이 일어난 이틀 후에 푸에블로호 사건이 발생하면서 중지되었지만, 대신 한국은 역으로 김일성을 암살하기 위해 악명 높은 제684 부대를 결성했다. 하지만 남북 관계가 완화되면서 한국 정부의 냉대를 받던 제684 부대는 결국 반란을 일으켰고, 대원 수십 명이 사망했다.

청와대 습격 사건에서 포로가 된 1명의 병사를 통해 알아낸 정보를 바탕으로 북한의 특수 부대의 실정, 전법, 그리고 그 위협

1980년대, 조선인민군의 68식 자동보총과 88식 자동보총, 한국군의 M16A1과 M2 카빈에 대해 설명을 듣는 김일성. (KCBC)

이 일부 밝혀졌다. 습격에 참가한 조선인민군 엘리트 부대인 제124 부대는 실물 크기 청와대 모형 건물을 사용해 집중적이고 장기적인 훈련을 거쳐 1968년 1월 17일에 군사 분계선을 돌파했다. 19일에는 4명의 민간인이 수상한 움직임을 보이는 제124 부대를 목격, 한국 당국에 신고했지만, 북한 특수 부대는 20일, 서울에 도착하는 데 성공했다.[15] 제124 부대는 소련제 PPS-43 기관단총과 권총, 대전차·대인 수류탄 등의 소화기로 무장했고, 잠입의 편의를 위해 실물과 차이가 없는 한국 육군 군복을 입었다. 한국군 군복을 착용하는 전술은 특히 주목을 받았다. 전쟁이 발발하면 북한 특수 부대는 한국 육군 병사로 위장해 숨겨 뒀던 소화기 등을 이용해 교란 공작을 시도할 것이다. 이에 대해 한국은 대응책으로 보다 엄격한 경비 수단을 채용해 실행하는 것이 급선무였다. 과거에 실시되었던 잠입 작전에서도 같은 전술이 적극적으로 채용되어 왔다. 1990년대에는 한국 육군에 보급된 M16A1 자동소총으로 무장한 북한 공작원이 다수 목격되었다. 이 M16A1 중에 몇몇은 베트남을 경유해 입수한 미국제인 듯하다. 하지만 그중에는 한국에서 사용되던 사양을 모방해 특별히 제조한 M16A1도 존재한다. 현재 한국 육군의 일반 부대는 신형 군복과 최신 장비를 보급받고 있어 전과 같은 기만 공작을 북한이 실행하기는 어렵다. 그래서 전시에 단순히 민간인으로 위장해 한국의 일반 시민에 섞여 들어가는 수법을 쓸 것이라 예측된다. 소형에 은닉하기 쉽고 소음기도 장착할 수 있는 총기로 체코슬로바키아제 Vz.61 기관단총과 FN 베이비 브라우닝 등이 애용되었다(특히 FN 베이비 브라우닝의 경우 소음기를 장착하고 사용하는 경우가 많았다). 1990년대에 한국 육군은 주력 소총을 국산인 K2 소총으로 변경하였고, 현재 M16A1은 예비군에 배치되었다. 그에 따라 북한이 M16A1을 특수 부대용으로 유지할 필요성이 없어져 현재는 사용하지 않을 확률이 높다. 다만 적의 장비를 활용해 잠입 성공률을 높인다는 전술을 전면적으로 폐기하지는 않은 것 같다. 2015년 서부전선 포격 사건에서는 한국 육군 병사가 한국군의 '화강암' 패턴 위장무늬 전투복을 착용하고 K2 소총으로 무장한 북한 병사가 군사 분계선 근처를 걸어가는 것을 목격했다는 증언이 있다.[16] 북한이 독자적으로 한국 육군의 최신 위장복을 카피 생산했을지도 모르

나 그보다는 인접한 중국에서 수입했을 가능성이 높다. 현재 중국의 특정 공장은 한국 육군의 '화강암' 패턴 위장복을 포함해 세계 각국의 군복 모조품을 불법 생산하고 있다. 북한이 K2 소총의 카피에 성공한 것은 주지의 사실이지만 원형이 된 소총의 입수 경로에 관해서는 논란의 여지가 있다. 1997년에 발생한 사건에서 '백 소령'이라는 인물이 한국 육군 제51 보병사단의 초소를 방문해 병사 1명에게 K2 소총과 탄창 2개를 내놓으라고 명령해 탈취 후 사라졌다. 그 후 한국 당국은 '백 소령'을 철저히 수색했지만, 소령과 K2 소총의 소재는 현재도 불명이다. 어떤 이는 '백 소령'을 한국의 주력 소총을 입수해 역설계하기 위해 보내진 북한 스파이라고 주장한다.[17] 이 추론이 사실이든 아니든 북한은 나이지리아나 캄보디아 등 K2를 채용한 나라를 통해 보다 손쉽게 K2 소총을 구할 수 있다.

작전 레벨에서 전개하는 작전에는 중점 목표 중에서도 비교적 경계가 느슨한 공군 기지 같은 시설에 대한 공격 임무도 포함된다. 한국 공군의 기지 대부분이 육군 보병으로 구성된 경비대로 방위되고 있지만, 화포나 다연장 로켓 등의 지원 공격에 따른 혼란을 틈타 한국 병사로 위장한 특수 부대가 잠입해 빠르게 점령할 가능성은 충분하다. 또는 이미 한국 내부에 숨겨 놓은 무기고에서 휴대식 대공 미사일을 꺼내 공항에 주기 중이거나 이착륙 중의 무방비한 항공기를 노리는 것도 가능하다.

박격포탄 또한 공군 기지를 공격하는 데 효과적인 지원 화기 중 하나다. 항공기는 물론 연료 저장고와 탄약고 등의 비축 설비에도 큰 피해를 줄 수 있다. 한국의 자주포 부대와 탄도 미사일 부대도 노릴 테지만 이동식에 높은 기동성을 가진 이들 부대를 도보로 이동하는 북한의 특수 부대 병사가 추격하기는 어렵다. 전방 부대와 후방의 보급로를 끊기 위해 군사용, 민간용의 구분 없이 철도, 간선 도로, 교량, 공항 등의 기간 시설도 파괴 대상이다. 보급선이 붕괴해 한국과 미국이 전선으로 물자 지원을 적절히 하지 못할 경우 북한은 전황을 유리하게 가져올 수 있다. 지휘사령부처럼 철저히 방어되고 있어 공략하기 어려운 목표 시설도 공격 대상 리스트에 포함되는 건 확실하다. 지휘사령부를 공격, 제거하는 데 성공한다면 한국군과 미군은 괴멸적인 타격을 입을 것이 예상된다.

전술 레벨에서 특수작전군이 맡는 역할은 주로 정찰과 색적을 통한 적의 위치 확인, 그리고 요인의 포착에 있다. 이들 임무를 원활히 수행하기 위해 특수작전군과 관할을 일부 공유하는 총참모부 정찰국 예하의 7개의 정찰대대가 지원한다. 정찰과 색적을 통해 적의 정확한 위치를 알아내는 것은 공격기나 포병 부대, 탄도 미사일 등의 정밀 조준이 필요한 공격 수단에는 필수적인 요소다. 타국에서는 UAV(무인 항공기, 드론 등)의 사용을 포함한 다양한 방법으로 정찰하지만 북한에는 널리 보급되지 않았다. 그래서 조선인민군은 여전히 지상 정찰을 주로 활용하고 있다.

보통 특수 부대는 남성만으로 구성된다. 하지만 북한의 특수작전군에는 여성 병사도 존재하며 유사시 여성 병사도 남성 병사와 함께 전투에 참가한다. 특수작전군의 훈련은 엄격하고, 한국군과 대치하며 발생하는 다양한 상황에 대응할 수 있도록 단련하기 위해 그 내용도 다양하다. 특수한 임무를 맡은 부대에서는 더욱

훈련 중, 66㎜박격포로 표적을 조준하는 북한의 공수부대원. 이 소형 경량 박격포의 위력은 제한적이지만 공수부대에게는 귀중한 분대 지원 화기다. 적 부대와 연료/탄약고 등의 공격에 이용된다.

북한에 약 300기 존재하는 An-2/Y-5 중 4기에서 낙하산 강하를 하는 특수 작전군 병사. An-2의 병력 수송 능력은 제한적이지만, 특수작전군이 운용 하는 수가 많아 문제가 되지는 않는다. (KCBC)

맨손으로 기와를 격파하는 병사들. 기와 깨기는 북한의 고관이나 VIP 앞에 서 자주 선보이는 단골 시범 메뉴다. (KCBC)

착지를 준비하는 2명의 공수부대원. 88식 자동보총의 탄창을 '정글 스타일 (테이프 결속)'로 하고 있다. (KCBC)

고도의 전문적인 훈련을 받을 것이다. 특수 부대는 '제630 대련합 부대'라는 위장 단대호로 북한의 국영 텔레비전이 방송하는 프로 파간다 영상에 빈번히 등장한다. 유리조각 위를 걷거나 구르고, 맨손으로 벽돌 깨기, 각목을 맨몸에 가격해 부러뜨리기, 단검과 도끼 격투술, 불 붙인 링을 통과하기 등 곡예사와 같은 묘기를 보 여준다. 이를 보고 기괴하고 바보 같은 시범 영상이라 평하는 사 람도 많다. 시범에서 보여주는 능력이 실전에서 얼마나 도움이 될 지는 의문스럽고, 많은 나라의 조소를 받지만 특수 부대 대원들의 사기, 규율의 엄격함, 그리고 용감함을 어필하는 데는 최적의 퍼 포먼스다. 물론 화기와 전투 차량, 북한 고유의 근접 격투술인 '격 술' 등 보다 실전적인 시범 영상도 방영되었다.

　특수 부대에서 사용하는 장비는 통상 조선인민군이 보유하는 것 중에서도 최고의 장비인 경우가 많다. 기술 수준도 높고 품질 이 좋은 장비 외에도 일반 부대에는 잘 보급되지 않는 무릎 보호 대, 헬멧, 방탄 조끼, 전술 조끼 등이 우선적으로 지급되고 있다. 최근 특수 부대가 사용하고 있는 소총은 주로 98식 보총과 단축 형 98식이다. 그중에는 헬리컬 탄창을 장착 가능한 것이나 NK11 복합보총도 있다. 98식의 파생형도 서서히 배치 수량이 증가하는 것 같다. 높은 화력을 가진 지원 화기는 73식 대대기관총과 78식 저격보총 외에 로켓 발사기, 66㎜ 경박격포 등으로 구성되어 있 다. 그 밖에도 다양한 수류탄(미군의 M26 수류탄의 카피 포함),

지원 화기용 예비 탄약을 매달고 있는 북한의 공수부대원. 좌측의 병사는 68년식 7호발사관용 F-7탄 2발, 우측 병사는 박격포탄 2발을 낙하산 가방 사이에 찔러 넣었다.(KCBC)

폭발물, 그리고 일반 부대에 속하는 보병에는 통상 지급되지 않는 권총 등을 사용한다. 그리고 특수작전군은 조선인민군에서 유일 하게 암시 장치를 대량으로 보유하고 있는 조직이다. 북한이 과거 에 쿠바, 또는 미국 등의 나라에서 암시 장치를 수입한 정황이 있 지만, 현재 많이 보급된 장비는 적어도 부분적으로 북한에서 자체 제작한 것 같다.[18] 특수 부대의 대부분은 낙하산 강하를 통해 작전 영역에 투입된다. 도보로 장거리를 이동하기 때문에 중화기 종류 는 기본적으로 휴대하지 않는다. 대원들은 중장비도 다룰 수 있도

2016년 12월, 청와대 습격 작전의 모의 훈련에서 Mi-8 헬기에 탑승하는 제 525 부대 대원들. (KCBC)

2016년의 청와대 습격 모의 훈련 중 특수작전군 대원의 머리 위를 날아가는 MD-500E. 그후, 헬기는 한국 정부 요인역의 마네킨 인형을 수용했다. (KCBC)

록 훈련을 하지만, 중박격포, 휴대식 대공 미사일, 대전차 유도 미사일 등의 운용은 거의 불가능하다. 따라서 한국군의 후방에서 게릴라전을 전개하는 부대의 경우 탄약을 소모해도 보급을 기대할 수 없고, 은밀성도 요구되기에 중화기의 휴대는 한 층 더 비현실적이다. 그래서 중화기의 사용은 현지에서 노획에 의존해 한국군이 사용하는 화기를 활용하는 방식으로 제한된다.

전쟁이 시작되면 특수작전군은 항공기나 헬기의 공중 강하, 또는 모터보트, 공기 부양정, 양륙정, 더하여 특수한 잠입정 등을 사용해 부대를 투입한다. 조선인민군은 약 300기의 An-2 복엽기, 약 150기의 Mi-2, Mi-4 헬기, 그리고 약 200정의 공기 부양정을 특수 부대의 수송 용도로 보유하고 있지만, 특수작전군의 수요를 채울 정도의 수송 능력을 확보하지는 못했다. 이 수송 능력 부족의 해소는 특수작전군을 한국군의 후방에 침투시킬 필요가 있는 북한에게 있어 시급히 해결해야만 하는 중요한 과제다. 전술한 수송 수단을 최대한 활용해 수송할 수 있는 병력은 최대 1만 3000명 정도라 생각되지만, 이들 수송 수단 전부 전선 후방에 수송하는 데 적합하지는 않다. 또한 무사히 강하 지점까지 도착한 수송기나 수송함의 대부분은 귀환 도중 한국군이 공격할 절호의 표적이 될 것이다. 만약 수송기, 수송정의 대부분이 적에 포착되지 않고 군사 분계선을 넘는다 가정하더라도(현실적으로는 불가능하다), 이 중 북한까지 무사히 생환할 수 있는 것은 극히 일부다. 그래서 제 2파의 수송이 실시될 가능성은 적다고 생각된다. 이것은 말하자면 만약 특수 부대 1만 3000명의 투입에 성공하더라도 6만 명 규모의 특수작전군의 대부분은 수송 수단을 상실, 발이 묶여 어쩔 수 없이 지상 경로로 침입해야 한다는 뜻이다.

항공 수송은 주로 조선인민군 공군 소속의 헬기 부대와 An-2 부대, 이 두 곳에서 실시한다. 후자는 최전선 부대를 지원하기 위해서도 활용되지만, 최대 12인의 공수부대원을 저고도로 침투해 적의 눈을 피하면서 장거리 수송을 할 수 있어 특수작전군에서 중요하게 취급된다. An-2는 험지에서의 운용에 특화되어 있어 그 이점을 살려 북한 전역에 간이 활주로가 수십 개 있다(대부분 군사 분계선 부근에 집중). 옛날에는 동일 비행 루트를 날아가는 2~3개 정도의 대규모 An-2 편대에서 낙하산 강하를 실시하는 전술이 채용되었지만, 현재는 보다 산개해 운용하는 것을 선호하는

것 같다. 편대가 크면 클수록 한국 방공망의 먹이감이 되기 쉽고, 이들 수송기가 북한 전투기의 호위를 받기는 어렵기 때문에 광범위하게 산개해 단기 또는 소규모 편대로 비행하는 편이 목적지에 도달할 가능성이 높다. 야간에 어둠을 틈타 침투를 시도하는 수송 임무는 비행 중에 길을 잃어버릴 위험이 따르지만, 새로이 장비한 항공기용 GPS와 지형 추적 레이더를 사용해 어느 정도 문제를 해결했다. 특히 후자는 적의 강력한 GPS 방해가 예상되는 북한에게 있어 큰 도움이 된다. 또한 지형 추적 레이더는 항법만이 아니라 험한 산악 지대가 많은 한반도를 수십 미터 정도의 저고도로 날아가는 초저공비행 시에도 활약할 것이다. Yak-18 같은 다른 프롭기는 수송기에서 주의를 돌리기 위해 채프나 디코이를 투하하는 임무에 투입될 것이다. 하지만 현대의 군용 레이더의 성능으로 이런 기만 전술을 식별하는 것은 쉬운 일이다. 많은 An-2에는 소형 로켓 포드, 항공 폭탄 또는 그 밖의 특수한 무장이 탑재되며 가벼운 수준의 근접 항공 지원도 가능하다.

하지만 공대공 미사일 같은 자위 수단이 없는 An-2의 운용 주안점은 여전히 신속한 수송에 있고, 주임무에서 크게 벗어나는 운용을 하지는 않는다.

헬기 부대는 통상 An-2에 비해 근거리 수송 임무에 많이 사용되지만 실제로는 경공격기 역할을 담당하는 경우가 많다. 수송용으로 사용하는 헬기의 대부분은 최전선 근방의 작전에 투입되어 특수 부대 이외에도 경보병 부대 등에서 사용되고 있다. 1980년대 후반에 대량으로 도입된 MD-500은 2~6인(6인 탑승의 경우, 4인은 기체 외부에 탑승)의 인원을 운반하는 게 가능하나 교전 지역에서 이와 같은 수송 임무를 실제로 맡는 경우는 적다. 다만 MD-500이 특수작전군에 있어 이상적인 헬기인 것은 분명하고 이것은 2016년의 청와대 습격 훈련에서 요인 수송기로 사용된 사실에서도 증명된다. 더하여 MD-500은 한국군에서도 운용된 바가 있기에 적의 혼란을 노리고 사용될 것으로 예상된다. 다만 한국군이 사용하는 통신 체계나 피아 식별 장치를 생각하면 이런 교란 공작이 성공할 확률은 매우 낮다. 또한 한국군의 MD-500은 10년 이내에 전량 퇴역할 예정이므로 특수작전군이 동일 기종을 운용함으로써 얻을 수 있는 이점은 점점 사라지고 있다. 특수

대용량 헬리컬 탄창과 접철식 개머리판을 장착한 98식 보총을 지닌 호위사령부 소속 경비병. (그림: Adam Hook)

98식 카빈으로 무장하고 강하 지점으로 향하는 수송기에 탑승한 특수작전군 공수부대원. 암시 장치(고글)에 주목. (그림: Adam Hook)

NK-11 복합보총의 조준기로 조준하는 북한 특수작전군 병사. 디지털 패턴 위장색
방탄조끼와 신형 헬멧의 암시 장치 마운트에 주의. (그림: Adam Hook)

이런 소형 보트는 북방 한계선 부근 도서지역에 대한 비밀 잠입 작전에 적합하다.(KCBC)

상륙 훈련 중인 조선인민군 해군의 공방급Ⅱ와 공방급Ⅲ 공기 부양정. (KCBC)

삽을 들고 공방급Ⅱ 공기 부양정에서 뛰어내리는 특수작전군 병사. (KCBC)

부대의 투입에 더욱 크게 공헌할 조선인민군 공군 수송 헬기 부대의 주력 기종은 소련 또는 폴란드제 Mi-2 헬기다. Mi-2는 경헬기로 분류되며 무유도 로켓 등의 무장을 탑재하면 탑승 정원이 감소하지만, 최대 8명의 병사를 수송할 수 있다. Mi-2 부대는 약 40기 정도의 Mi-4의 보조를 받는다. Mi-4는 최대 16명의 병력을 수송할 수 있지만, Mi-2에 비해 속도와 기동성이 떨어지기 때문에 보통 성공적인 수송 작전을 수행하려면 보다 안전한 지역에서의 운용이 필요하다. 그리고 대형인 Mi-8은 앞의 2기종에 비해 훨씬 우월한 수송 능력을 가졌고, 최대 26명의 장거리 운송이 가능하다. 하지만 Mi-8의 배치량은 극히 적어서 특수작전군의 수송 수요를 충족하지 못하며 행동반경도 주로 조선인민군의 후방으로 한정되고 있다. 총괄하면 대략 5,600명 정도의 특수 부대원이 항공 수송으로 군사 분계선을 넘어 한국으로 투입될 것으로 예상되지만, 그 수는 제2파, 제3파 수송이 계속될수록 급격히 감소할 것이다.

한편 조선인민군 해군 관할하의 특수 부대인 2개 저격여단의 수송은 항공 수송에 비해 상대적으로 사정이 나은 편이다. 수송에 사용되는 것은 약 200척의 공기 부양정, 그리고 그 밖의 경양륙정, 경식 고무보트(복합정) 등으로 구성된 해군의 수송 함대다. 공기 부양정 부대의 근간이 되는 공방(攻防)Ⅱ급과 Ⅲ급은 각각 50명과 40명을 운반할 수 있으며 공기 부양정 부대만으로 최대 8,000명의 병력을 한 번에 수송할 수 있다. 이들은 주로 대규모 상륙 작전에서 활용되며 적이 대응하기 전에 압도적인 속도로 기습할 수 있는지에 따라 작전의 성패가 결정된다. 이것은 공기 부양정 부대가 제2파를 수송한다는 것은 항공기나 헬기에 의한 제2파 수송보다도 더욱 위험한 자살 행위에 가깝다는 말이다. 공기 부양정 부대 대부분이 무사히 북한으로 귀환한다고 가정해도 지속적인 수송은 어렵다. 최초의 상륙 후, 한국군은 당연히 주변 해역의 경계를 강화할 것이기 때문이다. 단거리라면 모터보트로 은밀하고 신속히 병력을 운반하는 게 가능하지만 장거리 수송에 적합한 특수정과 잠수정은 총참모부 정찰국에서만 사용되고 있다. 해군 관할하의 저격여단이 사용하는 수송 수단에는 '인간 어뢰'라 불리는 잠수정도 있다. 이것은 수중 스쿠터의 일종으로 전장 18미터급의 잠수정 32척이 북한 국내에서 생산된 것으로 확인된다. 개중에는 구일본해군의 '카이텐(回天)'과 같은 자살 공격용 '인간 어뢰'가 사용될 위험이 있다고 보는 사람도 있지만, 실제로는 특수

실탄사격 훈련을 시찰하는 김정은. 후방에서 사주경계 중인 호위사령부 소속의 병사는 예비 헬리컬 탄창 2개를 대형 파우치에 휴대하고 있다. (KCBC)

부대원이나 공작원의 잠입 작전 이외의 임무에 쓰이지는 않을 것이다.[19]

해상에서 특수 부대가 침투한 유명한 사례가 1968년 10월 30일에 일어난 '울진-삼척 무장 공비 침투 사건'이다. 북한은 박정희 정권의 전복을 위한 한국인 주체의 혁명군을 결성하기 위해 동해안의 산악 지대에 거점을 구축할 120명의 특수 부대 대원을 해상을 통해 잠입시켰다. 하지만 북한의 예상과 다르게 현지의 주민들은 혁명에 무관심했고, 신고를 받은 한국군 치안 부대가 곧바로 태백산맥에 잠복한 북한 특수 부대의 토벌을 시작했다.[20] 북한 병

사는 현지 주민을 모집해 혁명군을 결성할 틈도 없이 한국군과 전투에 들어갔다. 큰 이변 없이 토벌이 개시된 지 1개월 후 북한 특작부대원들은 대부분 사살되거나 체포되어 작전은 참담한 실패로 끝났다.

1만3,000명의 특수 부대 병력을 단번에 수송 가능한 특수작전군의 수송 능력은 일견 감탄이 나온다. 하지만 그 수송 능력을 가지고도 조선인민군이 승리를 얻기 위해 필수적이라 생각하는 제2전선을 형성하기에는 불충분하다. 그래서 특수작전군은 방어가 단단한 적의 군사 기지나 요새를 점령 또는 파괴하는 데 병력을 소모하는 게 아니라 게릴라전을 전개해 적 전력의 분산을 노린다.

사실, 1996년에 발생한 '강릉 무장공비 침투사건'에서 한국은 십수 명의 공작원을 찾기 위해 대규모 수색대를 편성하는 등 많은 인원과 물자를 투입했다. 한국 육군의 일반 부대는 아마도 군사 분계선 부근의 전선에서 경계를 하고 있어 후방에서 날뛰는 북한 특수 부대의 대응은 훈련이 부족하고 장비도 빈약한 예비군이 담당했을 것이다. 특수작전군의 형태와 운용 능력의 많은 부분은 베일에 싸여 있어 특수작전군의 전력과 위력을 정확히 예상하는 것은 어렵다. 조선인민군의 비장의 한 수 중에서도 기대치가 높은 특수작전군은 전략적으로 한국군의 후방을 완전히 마비시킬 가능성이 있는 동시에 북한에 있어 전쟁의 승패를 좌우하는 중요한 존재다.

특수작전군의 관할 외에 있는 정예 부대 중에도 특필할 만한 것이 김씨 일가와 고급 관료, 장군, 그 외 요인의 경호를 맡은 호위사령부다. 이 조직은 개인 차원의 호위부터 방문하는 시설이나 저택의 안전을 확보하는 경비 업무까지 다양한 상황에서 경호하는 것으로 유명하며 일반인으로 위장해 은밀히 요인을 경호하기도

한다. 호위사령부는 경호 임무에는 어울리지 않는 과도한 무장을 보유하고 있다. 이것은 일반 부대가 김씨 정권에 반발해 무장봉기 또는 쿠데타를 일으킬 경우 어느 정도 대응하기 위해서다. 유사시 호위사령부는 평양 방위를 담당하는 제91 수도방어군단과 밀접히 협력해 반란군에 대처한다.

호위사령부의 전신이 되는 조직은 1946년에 설립되었지만, 1990년대 초 김정일 정권이 발족했을 때 권력의 중심이 이동하며 조직의 형태가 변했다.[21] 호위사령부를 재편하는 사이 김정일은 자신의 호위를 전담하는 2.16부대(2.16은 김정일의 생일이다)를 신설했다. 이어서 김정은도 아버지의 전례를 따라 자신의 전속 호위 부대를 창설했을 가능성이 높다. 북한의 정부 조직의 대부분과 마찬가지로 호위사령부에도 당과 군의 상층부를 조사하는 첩보부가 조직 내에 존재할 것으로 생각된다. 최고지휘자 직속의 조직인 호위사령부는 김정은이 신뢰하며 중요시하는 조직이다. 김정은이 북한 내를 시찰할 때 동행하며 경호를 담당하는 부서도 호위사령부다.

김정은의 시찰은 보통 국가 선전 활동의 일환으로 국영 텔레비전 방송국에서 방영하기 때문에 호위사령부의 경호원들은 카메라를 피하기 위해 최대한 주의를 기울임에도 불구하고 그 모습이 자주 등장하고 있다. 또한 호위사령부는 헬리컬 탄창을 쓰는 신형 98식 보총을 배치한 최초의 조직이기도 하다. 헬리컬 탄창에는 약 150발을 장전 가능하며 더하여 2개의 예비 탄창을 휴대하여 병사 각각의 지속 교전 능력이 대폭 향상되었다. 헬리컬 탄창은 적대적인 군중의 제압 또는 매복 공격을 당할 경우 장기전에 대처하기 적합하다. 이는 호위사령부에 있어 기뻐할 만한 장비 혁신이다.

조선인민군 항공 및 반항공군
Korean People's Army Air and Anti-Air Force

조선인민군 항공 및 반항공군(이하, 조선인민군 공군)은 지난 20년 동안 정체 상태에 있는 것으로 보인다. 상당히 시대에 뒤쳐진 보유 기체를 신형기로 일신할 기회도 거의 없었고, 그래도 어느 정도의 공중 전투 능력을 유지하기 위해 기발한 전술을 도입하는 등 필사적으로 몸부림치고 있다. 그렇게 조선인민군 공군은 현대전의 역사에 있어 과거에 전례가 없는 독특한 방식으로 운용되는 공군이 되었다. 공군이라는 현용 군대에서 빠질 수 없는 중요한 조직을 현대화하기 위해 북한이 들인 노력이 결실을 맺었다고 할 수는 없지만, 적어도 직면한 과제의 일부나마 극복하기 위해 다양한 시도를 하고 있는 것은 확실하다. 그리고 이 기묘하기까지 한 시행착오가 실질적인 전투 능력을 정확히 추측하기 힘든 오늘날의 조선인민군 공군을 탄생시켰다. 조선인민군 공군의 항공기는 구형 기체가 대부분이지만, 새로운 항공기나 주변 기재의 도입이 완전히 정체된 것은 아니다. 고정 방공망의 유지 및 강화에 막대한 예산을 투입하며 구형 기체의 오버홀과 개량, 그리고 신형기의 배치도 조금씩이지만 진행되고 있다.

조선인민군의 주요군으로서, 그리고 독립된 공군 조직으로서 조선인민군 공군은 북한의 모든 항공 작전을 책임지는 입장으로 고정익기 및 헬기를 운용하는 유일한 조직이기도 하다. 배치된 항공기의 대부분은 반세기 가까이 전에 생산된 것들이지만, 기체의 가동률은 썩 나쁘지 않으며 약 850기의 제트기, 약 350기의 수송기, 약 250기의 헬기, 그리고 약 179기의 경연습기라는 막대한 보유기 수를 유지하고 있다. 총 병력은 10만 명 가까이 되며 조선인민군에서 두 번째의 크기를 가진 조직이 조선인민군 공군이다. 이 거대한 조직 규모는 조선인민군이 항공기에 의한 공중전만이 아니라 통합 방공 체계에 의한 북한 영공 방위라는 역할도 맡고 있기 때문이다.

조선인민군 공군 보유 기체의 대부분은 소련에서 도입된 기체들이다. 소련은 1991년에 붕괴할 때까지 조선인민군 공군을 지원해

특수작전군의 군기. 뒷면에는 조선로동당 문장이 들어간다. 군기의 슬로건은 육군기와 같다. (Sshu94 via Wikimedio Commons)

오던 오랜 파트너였다. 하지만 냉전기 중반에 양국의 관계가 냉각되면서 조선인민군 공군은 전투기 등의 구입처를 타국으로 변경해야 했다. 그래서 1970년대부터 1980년대 초까지 중국이 우선 공급자의 지위를 이어받았다. 1960년에는 항공기의 국산화 연구가 진전되어 적은 수지만 실제로 개발, 생산도 되었다. 하지만 지금까지 그래왔듯이 성공적인 국산 기체가 개발된 징후는 특별히 보이지 않는다. 또는 실전 배치된 시점에서 이미 시대에 뒤처져 성능이 부족할 가능성이 높다. 한편 북한의 항공기 산업은 녹다운 방식을 통해 항공기 조립 부분에서는 어느 정도 성과를 거두었고, 조선인민군 공군의 구형 기체를 유지하는 데 필요한 예비 부품의 생산과 정기적인 오버홀이 가능했다. 하지만 소련 붕괴 후 러시아는 북한에 대해 냉소적이었고 북한의 경제는 큰 타격을 받았다. 그리고 조선인민군 공군 또한 경제난의 영향을 크게 받았다. 북한은 당시 대부분의 공산 진영과 마찬가지로 항공기와 장비를 획득하는 데 소련의 원조에 의존했다.

이미 악화 일로에 놓인 북한 경제는 소련의 붕괴로 인해 괴멸적인 상태가 되었고, 조선인민군 공군은 노후화된 기체의 교체나 수입

에 의존하던 값비싼 예비 부품의 공급도 바랄 수 없게 되었다. 1990 년대에는 구형 기체에 필요한 예비 부품의 대부분을 국내 생산을 통해 해결했지만, MiG-29 전투기나 SU-25 공격기처럼 새로이 도입된 신예기에 사용할 부품은 귀중한 자산을 투자해 해외 루트를 통해 구입해야만 했다. 이런 어려운 상황에서도 북한은 소련 붕괴 이후 주로 암시장에서 다양한 종류의 항공기를 구입하는 데 성공했다. 북한의 경제 사정이 좋아지리라 말할 수는 없지만, 조선인민군 공군의 운용 상황은 최근 몇 년간 호전되어 조금씩 개선이 이루어지고 있다.

그러나 적에 대한 일정 수준의 억제력을 유지하기 위한 노력을 기울이며 신형기 도입에 안간힘을 썼음에도 조선인민군 공군의 본질적인 문제를 해결하지는 못했다. 충분한 수의 신형기를 도입하지 못하는 북한과 대조적으로 압도적인 성능의 항공기를 보유한 한국 공군, 양자 간의 격차를 고려하면 조선인민군 공군이 한반도의 제공권을 확보할 수 있는 확률은 제로에 가깝다. 전면전이 발발할 경우 공군이 주요한 역할을 맡게 되는 것은 분명하다. 한국의 항공기에 대항하는 유효한 수단을 거의 가지고 있지 않은 조선인민군은 끝없이 하늘에서의 공격에 시달릴 것이다. 또한 연료 부족과 기체의 노후화에 따른 신뢰성의 저하 문제도 심각하며 전시 중은 물론 평시에도 훈련 부족과 사고의 원인이 된다. 앞으로 북한 경제가 회복될 전망이 보이지 않고, 정치적으로나 경제적으로 대대적인 개혁이 실시되지 않는 한, 가까운 장래에 조선인민군 공군의 현황이 개선될 가능성은 낮다.

역사

조선인민군 공군은 1945년, 일본 치하에서 한반도가 해방된 직후 발족했다. 1947년 8월 20일에 김일성이 상설 비행대의 설립을 지시해 정식으로 창설되었고, 이후로 8월 20일은 '공군의 날'로 정해졌다. 창설 초기 조선인민군 공군에 배치된 기체는 국내에서 조립된 기초적인 글라이더와 구 일본군의 군용기뿐이었지만, 얼마 후 소련으로부터 양도받은 제2차 대전기의 기체로 보완된다. 그 후 일어난 6.25 전쟁은 조선인민군의 각 조직의 근간을 쌓는 결정적인 시기라 볼 수 있으며 조선인민군 공군도 예외가 아니다. 주로 미국, 영국제 기체를 사용한 유엔군에 비해 북한이 운용한 항공기의 대부분은 성능이 많이 뒤떨어졌다. 그래서 조선인민군 공군은 야간에 공격하는 경우가 많았고, 보급선이나 방어가 허술한 표적 등에 기습적으로 폭격을 하고 도망가는 일격 이탈 전법을 사용했다. 이런 공격의 대부분은 전간기의 기체인 Po-2 복엽기나 보다 현대적인 Yak-18 연습기 등의 구형 프롭기로 실시되어 특히 전쟁 초기에 큰 성과를 올렸다. 당시의 조선인민군 공군에게 있어 최신예 대지 공격기는 Il-2였고 중국에 거점을 둔 Tu-2 쌍발 폭격기(실전 참가는 거의 없었고, 곧바로 Il-28 쌍발 제트 경폭격기로 대체되었다)로 보완되었다. 전쟁 초기에 북한의 대지 공격기는 한국군과 연합군 상대로 성과를 거두었지만, 연합군이 신예기를 도입하고 방공 체계를 정비하면서 심각한 손실을 입기 시작했다.

이에 Yak-9과 라보츠킨 시리즈 전투기로 제공권 탈환을 시도했지만, 서방측 전투기를 상대로 패배를 거듭해 공격기와 마찬가지로

MiG-15가 6.25 전쟁에 투입되기 전까지 조선인민군은 Yak-18 같은 프롭기로 전투를 치렀다. Yak-18과 CJ-5(중국제 Yak-18)는 아직도 현역이다. (저자 소장)

1960년, 한국 망명 직전의 정낙현과 MiG-15bis. 정낙현은 속초 부근 간이 비행장에 기체를 무사히 착륙시켰다. (KTV)

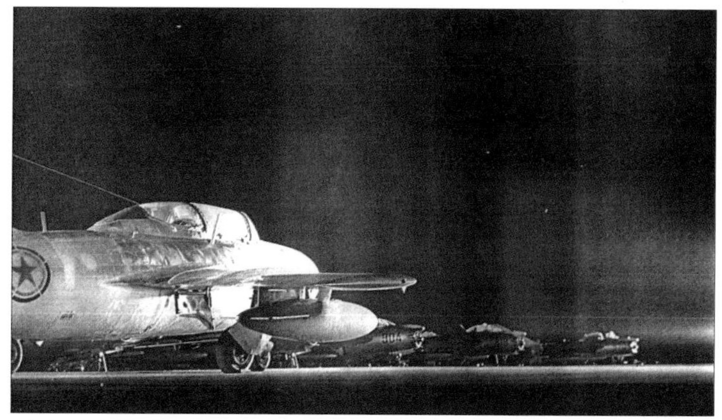

사진 전방의 기체는 MiG-15UTI. 후방은 MiG-17PF 전천후 요격기. 1960년대 중반~말 배치 이래 지금도 현역이지만 MiG-17PF의 목격 사례는 2건밖에 없다. (KCBC)

큰 피해를 입었다. 양 진영의 공중 전력이 비등해지기 시작한 것은 MiG-15와 MiG-15bis 등의 소련제 제트 전투기가 전투에 참여한 1950년 말부터였다. MiG-15는 6.25 전쟁에 직접 관여하는 것을 숨기기 위해 비밀리에 소련군 조종사들이 몰았고, 그때까지 북한을 종횡무진 누비고 있던 B-29 폭격기의 요격에 활약했다. 세계 최초로 제트기끼리의 대규모 공중전이 일어난 북한의 서북부는 '미그 회랑(MiG Alley)'이라 불렸으며 소련군 조종사가 모는 MiG-15는 미공군의 F-86 세이버와 대치했다. F-86은 성능적으로는 MiG-15bis와 거의 동등한 성능을 가졌지만, MiG-15에 대해서는 우세한 교전비를 자랑한다. 중국도 MiG-15를 배치하고 있었지만, 이들 전투기 부대는 1951년 말까지 적극적으로 전선에 투입되지 않아 소련은 불만을 표시했다. 북한의 MiG-15부대는 훈련 진행이 늦어진 결과 실전에 참가한 것은 개전한 지 1년 후였다. 소련의 최신예 제트기의 성

소련제 Li-2는 1930년대의 유명한 DC-3 여객기의 라이선스 생산형이다. 조선인민군 공군은 적어도 11기를 도입했지만, 몇몇 기체는 원본 기체에 소련제 엔진을 장착한 듯하다. 6.25 전쟁 휴전 후 조선인민군 공군과 조선민항의 공동 운항이 시작되었다(도장은 민간 사양이었다). 북한에서 Li-2가 퇴역하기 시작한 것은 2000년대가 되어서였고, 적어도 3기는 2003년까지 현역이었다. 수 년 동안 보존되다 스크랩 처리가 결정된 것은 2000년대 중반부터이며 마지막 기체가 송덕에서 처분된 것은 2013년이었다. 북한에서 운용 기간 중 이들 Li-2에는 동체 하부에 지형 추적 레이더를 추가하거나 조종석 측면에 물방울형 관측창을 설치하는 등의 개수가 이루어졌다. (그림: Tom Cooper)

능을 상세히 파악하기 위해 미국은 MiG-15를 연합군 진영에 가져온 자에게 10만 달러(현 시세로 약 14억 7,000만원 상당)의 포상금을 약속했다. 이 제안은 1953년 9월 21일, MiG-15를 타고 한국으로 망명한 노금석 중위에 의해 현실화되었다. 당시 노금석 중위는 포상금의 존재는 몰랐다고 한다. 이어서 Yak-18과 또 1기의 MiG-15가 넘어왔는데, 당시 항공기를 통한 망명이 더 많았던 쪽은 북한이 아니라 중국이었다.

6.25 전쟁에서 자주 실시된 기습 공격을 통해 얻은 노하우는 공중 항로를 통한 특작부대의 투입 등 현대 조선인민군 공군이 채용한 전술에 크게 활용되고 있다. 1950년대에 들어서 소련, 폴란드, 중국에서 300기 정도의 An-2 복엽기가 북한에 도입되어 조선인민군 공군이 보유한 항공기 중에서도 많은 수를 차지하는 기체가 되었다. 그리고 중국에서는 An-2뿐만 아니라 라이선스 생산기인 Y-5도 수입되었다. An-2/Y-5 로 구성된 수송기 부대는 2000년대 초까지 운용된 수십 기의 Li-2 쌍발 수송기가 추가되며 규모가 확대되었다. 6.25 전쟁을 통해 반강제적으로 제공권이 가진 중요성을 깨달은 북한은 1950년대 말에 추가로 MiG-15, Il-28 그리고 Yak-18을 도입하여 조선인민군 공군의 확대를 꾀했다. 그리고 수십 기의 Mi-4 헬기와 225기의 MiG-17 전투기를 소련으로부터 공급받았다. 이 225기의 MiG-17에는 중국에서 라이선스 생산된 J-5 전투기는 포함되지 않은 듯하다.[1, 2] 흥미롭게도 통상형과 함께 적어도 1개 비행대 분량의 MiG-17PF 전천후 요격기가 도입되었다. 이것은 북한이 처음으로 운용한 레이더 탑재 기체이기도 하다. 6.25 전쟁이 휴전이라는 형태로 끝나고 더욱 많은 MiG-15와 Il-28이 소련으로부터 공급되어 MiG-17과 함께 이들 항공기는 그 후 몇 년에 걸쳐 조선인민군 공군의 기초를 형성하게 된다.

1960년대에 들어서 조선인민군 공군을 초음속 시대로 이끈 신형기가 배치되기 시작했다. 소수의 MiG-19 전투기와 MiG-21 전투기(F-13형이 1962년말 도입, 1965년 시점에는 14기를 보유)가 소련에서 도입되었고, 그 후로도 더욱 많은 수의 MiG-21PFM을 도입했다.[3] 조선인민군 공군은 이를 통해 공대공 미사일(AAM) 운용 능력을 보유한 전투기를 처음으로 손에 넣게 되었다. MiG-21 F-13은 R-3S 적외선 유도 공대공 미사일, 그리고 MiG-21PFM은 R-3S 외에 RS-2U(S) 빔 라이딩 유도식 AAM 운용이 가능했다. 그리고 이유를 알 수 없지만 북한은 이들 소련제 제트기를 입수한 것을 중국에 숨기려 하였고, 당시 소련군 조종사들에게 혼란을 초래했다.[4] 대량의 신예기가 새로 배치된 것과 동시에 소련은 북한에 최초의 S-75 지대공 미사일 시스템의 공급을 개시했다. 얼마 후 중국이 S-75를 개량한 HQ-2도 도입했다. 한편 헬기 부대는 1968년에 소수의 Mi-8를 수령하여 전력을 강화했다. Mi-8은 공격 헬기로도 운용이 가능한 Mi-2나 Mi-4/Z-5(이들 기체도 후에 추가로 배치되었다)와는 달리 후방의 물자, 요인 수송 임무만을 맡았다. 이 시기 조선인민군 공군은 대한민국 공군(이하 한국 공군)이 얕볼 수 없을 정도로 성장했지만, 1960년대 후반에 F-5A 전투기와 F-4D 전투기가 한국 공군에 배치되면서 항공 전력 격차는 벌어지게 되었다. 소련으로부터 성능적으로 대등한 전투기를 입수하지 못한 조선인민군 공군은 서서히 장비를 확대, 현대화하는 한국 공군에 대한 대응책을 찾지 못한 채 공군력의 차이가 점점 벌어지고 있다.

그렇더라도 조선인민군 공군은 앞날을 내다보는 야심찬 계획을 세워 나갔다. 1960년대 후반은 북한의 국내 항공기 산업의 기초를 쌓아 올린 시기였지만, 초기에는 그다지 성과를 올리지는 못했다. 실제로 항공 전력의 향상에 공헌하지는 못했지만, 이 시기의 노력이 없었다면 현재의 조선인민군 공군은 존재하지 못했을 것이다.

6.25 전쟁 후의 위태로운 휴전 체제는 동해에서 정보 수집 임무를 수행하던 미군 정찰기의 격추라는 형태로 노출되었다. 최초의 사건은 1959년 6월 16일에 발생했다. 동해상을 비행 중이던 미해군 P4M-1Q 머케이터 정찰기에 대해 2기의 MiG-17이 발포했다. 이때 공격을 받은 P4M-1Q는 무사히 주일 미군 기지로 귀환했다. 북한이 이 공격을 공식적으로 인정하지는 않았지만, 2기의 MiG-17이 조선인민군 공군 소속인 것은 확실하다. 비슷한 사건은 1965년 4월 27일에도 일어났다. 이때는 적어도 2기, 경우에 따라 4기의 MiG-17이 미공군의 RB-47H 전자 정보 수집 정찰기를 동해상에서 요격, 발포했다. RB-47H는 23mm 기관포에 맞아 대파당했지만 일본의 요코타 기지에 긴급 착륙해 생환했다. 1960년대 중반부터 후반까지 급증한 도발 행위는 한국 정부의 전복을 노린 북한의 의도가 보인다. 이런 도발 행위는 그 후 수십 년에 걸쳐 계속되어 현재 북한의 무력 도

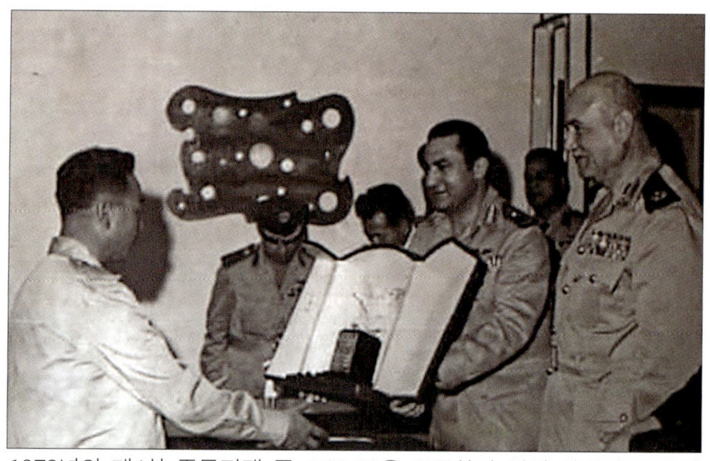

1973년의 제4차 중동전쟁 중, MiG-21을 조종하기 위해 파견된 30명의 북한 조종사에게 훈장을 수여하는 당시 이집트 공군 사령관 겸 국방차관 호스니 무바라크와 육군사령관 겸 국방장관 아흐마드 이스마일 알리. (Egyptian MoD)

원산 공군 기지의 F-7 앞에서 포즈를 취하는 김정은과 조종사인 길훈. 1960년대에 설계된 기체이지만 1982년부터 도입된 F-7은 조선인민군 공군이 입수한 최신 전투기 중 하나이다. (KCBC)

이집트에서의 파견 임무를 마치고 수훈식에 참석한 북한 조종사들. 이들은 6.25 전쟁과 베트남 전쟁에서 공중전을 경험한 베테랑 조종사일 가능성이 높다. (Egyption MoD)

북한이 1970년대에 처음으로 입수한 F-7은 20여 기 뿐이었지만, 1985년에 최초의 MiG-23ML이 배치되기 전까지는 조선인민군 공군의 최신예 전투기였다. (KCBC)

발 정책의 토대가 되었다. 군사 분계선 부근에서 한국군과의 소규모 충돌이 끊이지 않았지만, 조선인민군 공군이 직접 미군에 대해 무력을 행사한 것은 RB-47H 사건으로부터 4년 후, 1969년 4월 15일의 일이었다. 이것은 '미해군 EC-121 격추 사건'이라 널리 알려졌다. 이날, 2기의 MiG-21PFM이 공해상을 비행 중이던 미해군 소속 EC-121M 워닝스타 전자 정찰기를 격추시켜 탑승한 31명의 승무원 전원이 사망했다. 북한은 EC-121M을 '일격'에 격추시켰다 주장했는데, MiG-21PFM에는 고정 무장인 기관포가 탑재되지 않았으므로 공대공 미사일이 사용되었을 것으로 추측된다. 더하여 북한은 이 사건이 극히 우발적으로 발생한 사건이며, 격추된 미해군기는 북한의 영공을 침범했다고 항의했다. 하지만 사건을 둘러싼 상황과 증거로 보아 이 주장의 신빙성은 낮다. 본 사건은 반복되는 무력 도발에 의해 남북 관계가 전에 없이 악화된 와중에 일어난 것이었다. 더군다나 4월 15일은 김일성의 탄생일이기도 했다. 하지만 EC-121이 정찰하는 항로는 간단히 예측할 수 있었고, 요격에 나선 MiG-21PFM이 당시 도입된 지 얼마 안 된 신예기인 것에서 이 격추 사건은 계획적으로 실행되었다고 보는 편이 설득력이 있다. EC-121을 격추시킨 2기의 MiG-21PFM은 지금도 현역으로 각각 '4.15', '415'의 기체 번호가 부여되어 실제로 격추한 것은 1기임에도 관계없이 각각의 기

체에 킬마크를 그려 넣었다. 실전 경험은 1967년부터 1969년에 걸쳐 베트남으로 파견된 87명의 북한 조종사를 통해 쌓았다. 월남전에서 조선인민군 공군은 14명의 조종사의 목숨과 바꿔 미군기 26기를 격추했다.[5] 몇 년 뒤 발발한 1973년의 제4차 중동전쟁에도 북한은 20명의 조종사를 이집트에 파견했다. 이때는 이스라엘 공군과 교전했지만, 1기의 MiG-21이 이집트군의 지대공 미사일에 오인 사격을 받아 격추되었다.[6]

1970년대에는 6.25 전쟁 이후 처음으로 실전을 경험할 수 있었지만, 신형기의 배치는 생각만큼 진전이 없었고, 조선인민군 공군의 장비 혁신이 정체된 시기이기도 했다. 이 무렵 적어도 24기의 Su-7BMK 전폭기가 도입되었다. Su-7은 원래 전투기로 개발된 기체였지만, 조선인민군 공군에게 있어 첫 정규 전폭기가 되었다. Su-7은 북한이 보유한 항공기 중에서도 특히 비밀에 싸인 기체이다. 오랫동안 지하 격납고에서 운용했기 때문에 위성 사진이나 프로파간다 영상에 보이는 경우 자체가 드물다. 마찬가지로 상세가 알려지지 않은 기체는 1970년대 초기에 수령한 MiG-21의 파생형을 들 수 있다. MiG-21MF는 당시 조선인민군 공군이 보유한 항공기 중에서도 선진적인 기체로 대략 20기 정도가 배치되었다. 이 도입 물량을 마지막으로 소련에서 신형기 수입은 10년 가까이 멈추게 된다.[7] 소련 대

소련이나 중국에서 개발된 기체만을 도입하던 경향에서 벗어나는 이색적인 존재인 미국제 MD-500 헬기. 북한의 근접 항공 지원을 중시하는 소형 헬기의 운용 방침에 완벽히 맞아 떨어지는 기체이다. (Sam Wise)

비밀리에 조달한 대전차 공격 버전 MD-500을 시찰하는 김정일. 이 기체는 말륫카 ATGM을 2기씩 탑재하고 있다. (KCBC)

북한으로 페리 비행 중에 촬영된 MiG-23ML의 사진. 이미 조선인민군 공군의 라운델이 그려져 있다. 장거리 수송 비행을 위해 주익 아래에 외부 연료 탱크를 2개 장착하고 있다. (저자 소장)

신에 새로운 선택지로 눈을 돌린 곳은 중국이었다. 1972년부터 1978년 사이 선양 F-6 전투기 170기, H-5 폭격기 16기를 중국에서 수입했다. 하지만 1970~1980년대 초에 걸쳐 악화된 소련과의 외교 관계는 개선되지 않았고, 보다 선진화된 항공기의 배치는 이루어지지 못했다.[8, 9]

이 상황이 1980년대 중반까지 계속되자 초조하던 북한은 1982년에 40기의 J-7I 전투기를 중국에서 추가로 입수했다.[10] 서방 국가의 군용기에 비해 성능적으로 떨어지는 기체를 이 시기에 극히 소수만을 배치한 것은 결코 자랑할 일이 아니다. 하지만 헬기 부대는 1974년에 40기 이상의 Z-5(Mi-4의 중국 라이선스 생산기)를 수령하는 등 순조롭게 전력을 증강했다. 조선인민군 공군이 보유한 헬기의 수는 Z-5 이외의 기체도 포함하면 이전에 비해 10배나 증가했다.[11]

몇 년 후, Mi-4와 극히 소수만이 배치된 Mi-8로 구성된 헬기 부대에 100기 이상의 Mi-2가 추가로 배치되었다. 이것은 폴란드제를 부분적 녹다운 생산으로 북한 국내에서 조립한 것이다. 혁신(革新)-2라는 이름으로 알려진 이 헬기는 주로 잠입 작전의 수송 임무와 근접 항공 지원의 용도로 사용하기 위해 도입되었다. 북한이 혁신-2의 국내 생산 라인을 설치했다는 보고도 있지만, 이것은 앞서 설명한 부분적 녹다운 생산한 것이 와전된 것이다. 그리고 47기 수입되었다는 Mi-24D 하인드 공격 헬기는 수십 년의 전 조사 과정에서 미 의회 조사국의 오인에 기인한 것으로 사실이 아니다. 북한의 군사 독트린이 중무장 공격 헬기보다는 기동성이 우수한 경공격 헬기를 선호하는 것만 보아도 조선인민군 공군이 Mi-24 하인드를 보유하지 않은 것은 확실하다. 마찬가지로 같은 기간에 소수의 Mi-14PL 대잠 헬기에 관한 보고도 오인일 가능성이 높다. 한편 북한이 점진적으로 MI-8을 수령한 것은 확실하고 그중에는 민간 수송형인 Mi-8P도 포함되어있다. 민간용은 요인 수송 임무나 고려항공(당시는 조선민항)에서 사용되고 있다. 그리고 소련 붕괴 전에 실시된 최후의 헬기 대량 조달은 아이러니하게도 북한이 가장 적대시하는 나라를 통해서였다. 이 조달은 미국과 서독에 있는 2개의 위장 회사를 통해 비밀리에 실시되었다. 밀수 계획이 성공하면 북한의 헬기 보유기 수는 단숨에 늘어나게 된다. 당시의 가치로 4,000만 달러 이상의 금액으로 102기의 휴즈 MD-500 헬기를 구입하는 계약이 성사되어 미국의 조사 기관이 사태를 파악해 출하 정지를 명령할 때까지 최종적으로 합계 87기가 북한에 도착했다.[12] 그 내역은 66기의 MD-500E, 20기의 MD-500D 그리고 1기의 휴즈·슈바이처 300C이다. 이 헬기들은 곧바로 대전차 공격 헬기로 개조되었다.

1980년대에 들어서서 소련과 북한의 관계는 극적으로 개선되었

북한에 인도된 후에도 항공사명을 지웠을 뿐 그 외의 도장은 아에로플로트 러시아 항공사 그대로인 Mi-26. (KCBC)

순천 공군 기지에서 대기 상태인 2기의 Su-25UBK. 후방은 착륙 태세에 들어가는 MiG-29UB. (KCBC)

R-27R 2기, R-60MK 4기의 공대공 미사일을 달고 택싱(지상주행) 중의 MiG-29S-13. 기체 번호는 '415(김일성의 생일)'다. (KCBC)

조선인민군 공군의 최신예 전투기인 MiG-29는 최고 지도자인 김씨 일가 앞에서 시범 비행을 하는 경우가 많다. 기체에는 참관 기념명문이 적혀 있다. (KCBC)

조선인민군 공군의 거대한 Mi-26. 이 기체의 대량 수송 능력은 군사 목적만이 아니라 북한 각지의 건설현장에 중량물을 운반할 때도 활용되었다. 이런 비전투 임무에 때때로 Mi-8도 동원되었다.

보육기를 운반하는 Mi-8. 사진에서처럼 Mi-8은 인민을 위해 공헌하는 헬기라는 콘셉트로 프로파간다에 자주 등장했다. 완전히 비군사 목적으로 사용되는 예시로 Mi-2를 활용한 농약 살포나 2000년대 홍수 이재민 구출 활동, 한 번뿐이었지만 MD-500의 곡예 비행, Mi-8/17을 관광 용도나 건설 지원에 사용한 일이 있다. (KCBC)

다. 조선인민군 공군을 현대화하기 위해 그리고 1970년대에 F-5E/F-4E를 도입한 한국 공군을 따라잡기 위해 필요한 소련제 신예기를 도입하게 되었다. 이 시기는 조선인민군 공군의 '황금기'라 여겨진다. 항공기 이외에도 S-125와 S-200 신형 SAM 시스템의 도입으로 방공 체제의 완성도를 높일 수 있었다. 1985년부터 1986년까지 최초로 수령한 것은 최대 46기의 MiG-23ML 전투기, 그리고 MiG-23UB 훈련기이다. 이 전투기들은 북한에서 처음으로 도입된 시계외 사거리를 가진 R-24R 레이더 유도 미사일 외에 R-24T 적외선 유도 미사일, R-60MK 적외선 유도 공대공 미사일의 운용이 가능했다. 그리고 대지 공격 능력의 강화를 위해 36기의 Su-25K 공격기, 4기의 Su-25UBK 훈련기가 1987년 말부터 1989년 사이에 도입되어 소규모인 Su-7을 중심으로 하는 전폭기 부대를 보완했다.

놀라운 것은 1987년에 북한에 최초로 MiG-29 전투기가 도입되었다는 사실이다. 당초 대량으로 배치될 예정이었지만, 겨우 13기의 MiG-29 9.12B, 3기의 MiG-29 9.13 그리고 2기의 MiG-29UB까지 합계 18기의 MiG-29가 북한에 매각되었다. 흥미로운 점은 조선인민군 공군은 도입을 타진하던 Su-25를 MiG-29의 연습대로 유효하게 활용했다. 수송을 위해 소련에서 북한 공역으로 들어간 Su-25 전부가 MiG-29의 모의 요격 훈련의 표적이 되었다.[13] 그 밖에도 주목할 것은 1990년대 초에 시작된 MiG-29S-13의 부분적 녹다운 생산이다. S-13형은 소련의 영향 아래에 있는 국가 중 신뢰받는 멤버로 구성된 바르샤바 조약 기구의 가맹국에조차 수출되지 않던 기종

민간인 또는 VIP 수송용으로 개장된 북한의 Mi-17 헬기. (San Wise)

2014년 전투비행술 대회에서 소티(단독 출격 횟수)를 위해 이륙하는 MiG-21bis. 대회가 끝나고 몇 개월 후, MiG-21bis의 도장이 기존의 MiG-21bis, MiG-29, Su-25에 적용되던 녹색 계열 위장색에서 백색과 회색의 신형 제공 위장색으로 변경되었다. 위 사진은 녹색 위장색 MiG-21의 최초이자 최후의 공개 비행 모습이다.

이다. 당시 최첨단 기술이 들어간 S-13형을 북한이 녹다운 방식으로 독자적으로 조립했다는 사실은 냉전 중에 성사된 무기 판매 거래 중에서도 상당히 이례적인 경우다.

이렇게 다양한 신예기를 도입하던 '황금기'는 소련 붕괴를 경계로 갑작스레 종언을 고하게 된다. 조선인민군 공군은 1990년대 대부분의 기간 동안 극심한 자금난에 시달리게 되었다. 이것은 대량의 F-16을 도입하면서 항공 전력에서 결정적 우위를 획득한 한국 공군과는 완전히 반대되는 상황이었다. 조선인민군 공군과 한국 공군의 전력 격차는 북한이 공군력으로 대항할 기회조차 사라진 수준이었고, 이 전력차는 지금도 계속해서 벌어지는 중이다. '고난의 행군'이라 불리는 대기근에 고통받던 북한이 1990년대 초부터 중반까지 공군의 증강에 성공한 사례는 겨우 4기의 Mi-26 대형 수송 헬기를 획득한 정도이며, 이 Mi-26은 원래 아에로플로트 러시아 항공에서 사용하던 민간기이다. 북한에 도착한 직후 촬영된 사진에서는 항공사 고유 도색을 한 Mi-26의 모습이 확인된다. 다만 기체 측면에 적힌 항공사명은 지워졌다. 이 Mi-26은 원래 중장비와 자재의 운반 등 건설 용도로 사용되었지만, 지금은 위장색으로 재도장하여 조선인민군 공군의 주요 헬기 기지인 북창 기지에 배치되어 있다. 북한은 헬기 부대의 전력 증강을 위해 1990년대에 추가로 Mi-8 및 Mi-17 중형 다용도 헬기의 수입을 시도하였지만, 1998년 10월, 5기의 Mi-8을 불법적인 방법으로 통관을 시도하다 러시아 당국에 적발되어 실패했다.[14]

밀수 적발로 북한의 헬기 도입 계획이 폭로되었지만, 조선인민군 공군이 보유한 Mi-8/Mi-17 부대를 주의 깊게 살펴보면 몇몇은 밀수에 성공한 듯하다. 운용되고 있는 Mi-8/Mi-17의 파생형은 8종류 이상으로 그중에는 Mi-8MTV-1 같은 비교적 신형도 있고, 조선인민군 공군 이외에도 고려항공에서도 사용하고 있다.

유인기라는 범위에서 벗어나지만 1990년대에 실시된 항공 기재 조달 중에 특필할 만한 것이 러시아로부터 1990년대 중반에 취득한 12기의 프첼라-1T 무인 항공기(UAV)의 존재다.[15] 이것은 북한이 도입한 최초의 무인 항공기라 생각되지만, 이미 몇 년 전에 중국에서 수량 불명의 무인기가 배치되었다는 보고도 있다. 여기서 말하는 중국제 무인 항공기는 아마도 D-4(시안 ASN-104로 판명됨)일 것이다.[16] 1990년대 후반에 쿠바와 비공식적으로 맺어진 무기 판매 계약을 통해 북한은 처음으로 대잠 초계용 헬기를 손에 넣었다. 적어도 4기의 Mi-4PL과 2기의 Ka-28이 도입되어 지금까지 대잠 임무에 투입되던 Mi-4를 대체하게 되었다.[17] 조선인민군 공군은 그 밖에도 3기의 Ka-27을 운용하는 것으로 알려졌는데 정확한 입수 경로는 알 수 없다. 수입처로 생각되는 곳은 러시아와 우호국일 가능성이 높고, 2000년대에 조달한 것으로 보인다.

최근 확인된 전투기 부대의 증강된 전력은 1999년, 카자흐스탄에서 불법적으로 입수한 30기의 MiG-21bis이다. 1996년에도 구매를 시도했지만, 이때는 카자흐스탄 국방부가 미국의 압력에 굴복해 계획된 133기의 입수는 실패로 끝났다. 최초의 조달이 실패하고 1997년에 두 번째 시도가 있었지만, 수출 지역을 시에라리온과 페루로 한 위조 신청서가 발각되어 실패한다. 거듭 실패를 겪은 북한은 카자흐스탄 국방부가 아닌 무기 판매 업자에 접근, 40기의 MiG-21bis를 800만 달러에 구입하는 계약을 체결한다.[18]

이들 MiG-21bis는 해체된 상태로 수송될 예정이었고, 계약에는 재조립에 필요한 기술자의 파견도 포함되었다. MiG-21bis를 수송한 An-124의 비행 기록에는 카자흐스탄에서 아제르바이잔의 수도 바쿠를 경유해 체코 공화국과 슬로바키아 공화국으로 향했다고 기록되어 있지만, 실제로는 바쿠를 경유한 후 곧바로 북한으로 비행했다. 대부분의 정보가 약속된 40기 중 38기의 조달에 성공했다

청천강호에서 발견된 MiG-21bis용 투만스키 R-25 엔진. 북한은 구형이 되어 생산 중단된 전투기용 터보제트 엔진을 우호국이나 암시장에서 조달할 수밖에 없었다. (UN Panel df Experts)

2013년, 청천강호의 선내에서 분해 상태로 발견된 MiG-21UM 2기 중 1기. (UN Panel of Experts)

북한 방문단의 선두에 선 김정일. 2002년, 러시아의 콤소몰스크나아무레 항공기 공장에서. (Sergey Pashkovsky)

북한에서 조립된 세스나 172를 조종하는 김정은. 이 경비행기는 국내 각지에 있는 김씨 일가의 전용 활주로/헬기 착륙장이 딸린 별장으로 이동하는 용도로 운용되고 있다. 와이퍼 등 몇 가지 사양이 북한에서 추가된 것 같다. (KCBC)

고 보고하고 있지만, An-124에 의한 6번째의 수송은 서류 미비로 바쿠 세관에 발이 묶였다. 이때 기내에서 6기의 MiG-21bis 그리고 14명의 기술자가 발각되었다. 1회의 수송에 평균 6기가 운반되었으며 북한에 무사히 도착한 것은 30기뿐이라 추측된다. 실제로 당시의 한국 첩보 기관은 북한 국내에 30기의 MiG-21bis가 존재함을 확인했다. 이 거래는 소련 붕괴 후 다양한 국가와 맺은 거래 중 하나로 북한은 국제 정세의 변화로 혼란에 빠져 있던 구 동구권에서 대량의 무기를 싼 가격에 구매할 수 있었다. 북한이 전투기의 획득에 눈독을 들인 곳은 구 동구권 국가들뿐만이 아니다. 과거에 쿠바와 몽골에서도 항공기를 구입한 것이 밝혀졌다. 이때 가장 어려운 일이 구입한 항공기를 비밀리에 북한으로 가져오는 일이었다. 북한의 항공기 밀수에 관련된 정보의 대부분은 노출된 거래를 통해 처음으로 얻은 것이 대부분이다. 역으로 말해서 이들 밀수가 우리들이 모르는 사이 성공해 조선인민군 공군의 전력 증강에 공헌했을 가능성이 크다고 하겠다.

북한의 항공기 밀수 시도는 몽골에서 MiG-21의 엔진과 예비 부품 구입을 시도한 것이 2011년의 보고에서 재확인되었다.[19] 2009년에 체결된 거래는 나중에 몽골 국방부에 의해 취소되었다. 몽골은 소련에서 얻은 기재를 외국에 판매하는 것이 금지되어 있었고, 러시아에서 양도 허가를 받지 못했기 때문에 MiG-21PFM의 예비 부품

북한은 VIP 수송형 Il-62M를 2기 보유하고 있으며 현재도 김정은의 전용기로 사용되고 있다. 추가로 쿠바에서 부품용으로 Il-62M을 1기 입수해 충분한 예비 부품을 확보했다. (KCBC)

이 북한에 보내지는 일은 결국 없었다. 이에 대해 정부간의 공식 교섭은 결렬되었고, 그 후 몽골 공군 사령관이 위조 문서를 작성해 개인적으로 판매를 시도했지만 이것도 실패로 끝났다. 150만 달러 상당의 이 불법 거래는 대금을 지불하고도 부품을 받지 못한 북한이 항의하면서 발각되었다. 그 사이에도 북한은 항공기를 획득하기 위한 노력을 아끼지 않았고, 2013년 7월에는 파나마에서 다수의 밀수품을 적재한 북한 선적 화물선인 '청천강호'가 나포되는 사건이 발생했다. 산더미처럼 적재된 밀수품 중에는 2기의 MiG-21UM 그리고 MiG-21 15기분의 엔진이 포함되어 있었다. 북한은 이것들을 수리를 위해 북한으로 운송하던 것으로, 수리 후 쿠바로 반환될 예정이었다고 주장했지만, 조선인민군 공군에서 사용할 목적으로 밀수되었음은 명백하다. 북한 국내에서 쿠바에서 들어온 무기가 많이 발견된 것으로 보아 쿠바와의 밀수 거래는 정기적으로 실행되어 상당히 많은 양의 거래를 성공했음이 틀림없다. 그리고 쿠바에서 퇴역한 상당수의 기체 중 북한에서는 현역인 기종도 있어 유엔의 대북 경제 제재 결의안을 위반하고 밀수되었을 가능성이 높다. 또한 쿠바 혁명공군의 전투기 부대 규모는 사상 최저 레벨까지 떨어져 있어 대량의 잉여 공대공 미사일도 북한에 보내졌을 가능성이 있다.

김정은은 참매 1호를 현지 시찰이나 Il-62가 이착륙 가능한 공군 기지로 이동할 때 자주 사용하고 있다. (KCBC)

김정일과 달리 김정은은 항공기 전반에 높은 관심을 보였다. 사진은 2014년의 고속도로 이착륙 훈련 중의 MiG-29로 보인다. 전투기 조종석을 '시찰'하는 경우도 자주 보인다. (KCBC)

MiG-21bis는 조선인민군 공군의 주력인 MiG-15, MiG-17, F-6 그리고 구형의 MiG-21 파생형에 비해 우수한 성능을 발휘할 수 있지만, 수십 년 전에 도입된 MiG-23, Su-25, MiG-29와 비교하면 성능이 크게 뒤떨어진다. 이런 구형기를 2010년대에 들어서도 밀수를 시도하는 북한의 움직임으로 생각만큼 현대화되지 못한 조선인민군 공군의 심각한 현황을 엿볼 수 있다. 2000년대부터 2010년대에 걸쳐 반복된 무력 도발로 인해 북한은 더욱 고립되었고, 경제 상황도 과거에 비해서 더욱 나빠졌다. 그 결과 공군의 현대화는 이 기간 전혀 이뤄지지 못했다. 러시아 및 중국과 협의를 거듭하였지만, 신예기의 도입이라는 비원은 결국 이루지 못했다. 김정일은 개인적으로 몇 번이나 러시아를 방문해 2002년에는 Su-27과 Su-30MK2 다목적 전투기를 생산하는 콤소몰스크나아무레 항공기 공장도 방문했다.[20]

당시 중국 국가주석인 후진타오와 북경에서 대담을 나누는 동안 김정일은 J-10, J-11 전투기의 구입을 요청했다. 그리고 2011년과 2015년에 Su-30, Su-35, JH-7의 구입을 요청했음이 확인되었지만,[21.]

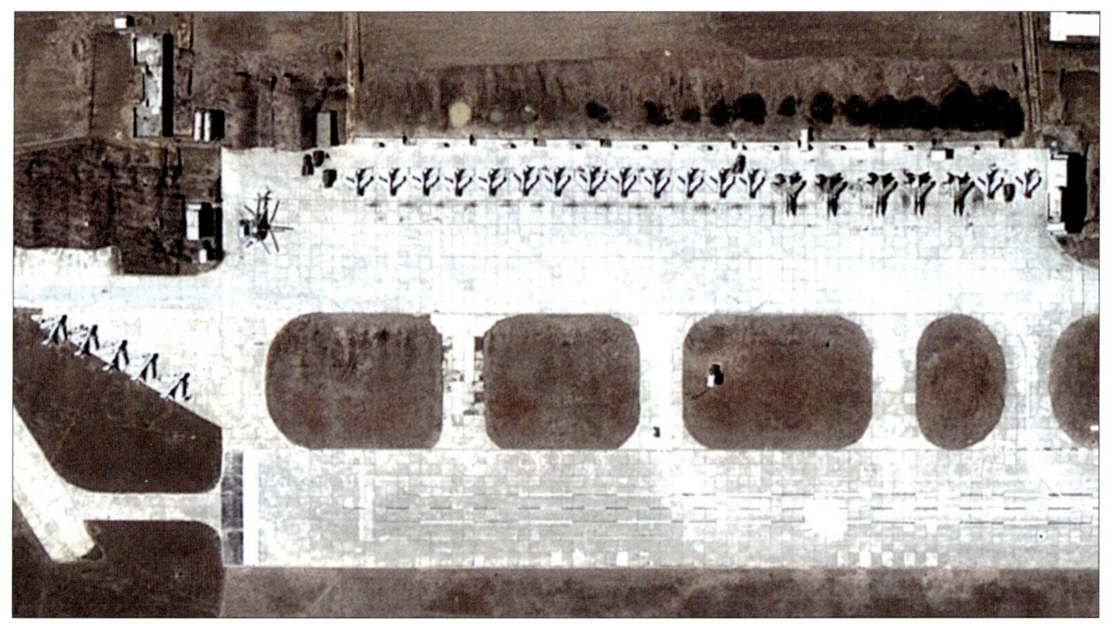

한국의 초계함인 '천안함' 침몰 8일 전에 촬영된 과일 공군 기지에 전선 배치된 MiG-29(사진 우상). 기지 소속의 MiG-17 옆에 보이는 Mi-8 헬기는 다른 공군 기지에서 방문한 것으로 보인다. (Google Earth-Image@2019 Digital Globe)

2003년, 미군의 RC-135C를 상대로 요격 중인 순천 공군 기지의 제1 비행전투사단 소속 MiG-29S-13 9.13. 주익 아래에 PTB-1150 외부 연료 탱크와 R-60 공대공 미사일을 장착. (US DoD)

2기의 MiG-29B(기체 번호 '545', '550')와 1기의 MiG-29S-13(기체 번호 '415'. R-60AAM을 4기 장착). 2016년의 전투비행술 경기 대회에서. (KCBC)

[22] '유감스럽게도' 이런 노력은 성과를 거두지 못하고 끝났다. 다만 정세의 변화가 있어 경제 제재가 완화될 경우 북한이 새로운 항공기의 획득에 매진할 것은 분명하다. 하지만 현재는 2015년에 러시

아 업체에서 기구(氣球)를 구입했을 때의 사례에서 증명되었듯이 군사용으로 전용할 가능성이 조금이라는 있는 물품은 민간용이리도 구입에 실패하고 있는 실정이다.[23] 적으나마 거래에 성공한 사례는 요인 수송용의 세스나 172 경비행기나 프로파간다 영상 촬영용으로 도입한 적어도 1기의 AS350 에퀴아이 헬기 등이 있다. 고려항공의 보유기도 2기의 Tu-204와 2기의 An-148 여격기가 추가되었다. 그중에서도 후자는 김정은이 국내를 이동할 때 사용하기도 한다. 더하여 1기의 Il-62M을 쿠바의 국영 항공사인 쿠바나 항공에서 구입하여 2012년 10월에 북한에 도착했다. 이 기체는 북한의 '에어포스 원'이라 할 수 있으며 통칭 '참매 1호'로 불리는 Il-62M 2기의 예비 부품용으로 쓰인다. 그 밖에도 북한의 관광 산업을 지원하는 목적으로 알피 파이오니어 400, 파이퍼 PA-46R-350T 매트릭스, 세스나 208B 그랜드 캐러밴, PAC P-750 XSTOL 등이 수입되었다. 이런 거래는 북한에 부과된 경제 제재를 준수하지 않는 행위였고, 항공기의 판매 및 수입에 관여한 회사는 최종적으로 7만 5,000달러(한화 약 1억 원) 상당의 벌금이 부과되었다. 그 밖에 확인된 유일한 항공기 구입은 몇 기의 중국제 A2C 울트라라이트를 베이스로 하는 초경량 비행기로 이것은 평양 상공의 관광 비행 투어를 기획한 미림항공클럽(미림 항공구락부)에서 운용하고 있다.

A2C는 중국제지만 부품만을 수입해 북한 국내에서 조립했을 가능성도 있다. 이런 현실에도 불구하고 자신이 북한의 전권을 장악한 이래 김정은은 해외에서 최신 전투기를 입수하기 위한 시도를 계속하고 있다. 미디어 전략에 정통한 김정은은 항공기에 관련해서 큰 관심을 보이고 있으며 직접 조종석에 앉아 있는 모습이 프로파간다 영상 등에서 종종 목격되고 있다.[24]

조직 형태

국가의 경제력과 인구에 비해 상상도 할 수 없는 거대한 규모를 자랑하는 조선인민군 공군은 조직 구조 역시 요구되는 다양한 역할에 맞게 복잡하다. 정식으로는 '조선인민군 공군 및 반항공군'으로 알려진 조선인민군 공군은 항공기를 운용하는 것만이 아니라(항공군) 전략 방공 체계도 관할하고 있다(반항공군). 결과적으로 생겨난 조직의 복잡함은 상상 이상이었고, 현재 조선인민군의 구체적인 조직 형태는 완전히 판명되지 않았다. 평양에 본부를 두고 있는 조선인민군 공군은 대략 1,700기의 항공기와 10만 명의 병력을 보유하고 있으며 4개 비행사단과 2개 전술수송여단으로 구성되어 있다. 조선인민군 공군의 조직 구조는 창립 직후에 소련 공군을 참고해 확립되었기에 훈련 내용과 장비에 관해서도 양 공군에는 많은 공통점

이 있다. 그 후 대량의 중국제 항공기를 수령하면서 조선인민군 공군은 중국인민해방군 공군의 영향을 강하게 받기 시작하였고, 조직 역시 보다 세련된 모습으로 변화했다. 4개 비행사단의 구성은 3개 비행전투사단, 1개 비행 훈련사단, 2개 전술수송여단으로, 그중 비행 훈련사단은 비행전투사단과 동등한 전투 임무가 2차적으로 할당되어 있다.[25, 26] 각 비행사단은 비행연대로 분할되며 각 사단은 대략 6개 연대로 구성되어있다. 최신 정보에 따르면 10개의 전투연대, 8개의 특수목적연대, 2개의 수송사령부 그리고 각각 1개씩 경폭격연대, 중폭격연대, 습격연대가 존재하고 있다. 다음으로 각 연대는 대대(또는 비행대)로 분할되어 통상 3개 대대가 1개 연대를 형성한다. 비행사단은 항공기의 운용은 물론, 레이더나 그 밖의 보조 설비 등을 포함한 방공 체계의 관할도 맡고 있다.

조선인민군 공군에 부여된 국토 방공이라는 역할은 북한 전토의 영공을 커버하는 통합 방공 체계를 통해 실시되고 있다. 방공 작전을 총괄하는 곳은 평양 근교에 있는 국가방공사령부이다. 여기에는 제1, 제2, 제3, 제8 비행사단 그리고 적어도 몇 개의 고정 지대공 미사일 진지의 통제 및 유도를 담당하고 있다. 여기서 사용되는 C4I 시스템은 플루토(PLUTO)-4S로 해외에도 수출되고 있다. 플루토-4S를 도입한 국가는 대표적으로 시리아가 있고, 그 밖에도 몇몇 국가에 판촉 중인 것으로 확인되고 있다.[27] 지금까지 북한은 조선인민군 공군의 지휘 계통을 개선하기 위한 몇 가지 방책을 시도했지만, 구역을 세분화한 방공 공역이나 복잡한 지휘 체계로 대표되는 많은 문제점을 가지고 있어 종합적으로 보면 지휘 계통이 세련되었다고 말하기 힘들다. 그래서 유사시 영공에 진입한 적 항공기에 대한 대응이 늦어지고, 조선인민군 공군 부대가 복잡한 전황에 적절한 대응을 하지 못할 가능성이 높다.

제1 비행전투사단(제1 항공 및 반항공 근위사단)은 조선인민군 공군 예하의 사단 중에서도 가장 규모가 크고 가장 선진적인 장비를 보유한 정예 사단이다. 담당하는 공역은 수도 근교와 핵 실험 시설, 탄도 미사일 기지 같은 최중요 시설이 있는 장소이다. 또한 본 사단은 공중전에 있어 적 전투기 부대에 대해 어느 정도 대응이 가능한 유일한 사단이기도 하다.

제1 비행전투사단의 주력을 구성하는 것은 MiG-29와 Su-25를 사용하는 금성근위 제55 비행련대, 그리고 MiG-23을 사용하는 제60 비행련대의 2개 연대. 이들 최신예기는 보통 평양 부근의 공군 기지에 있지만, 무력 도발 시, 예를 들어 '천안함'의 격침이나 연평도 포격이 있기 전에 현장에 가까운 전선 기지에 전개되었다. 더하여 2003년에 미국의 RC-135S 정찰기를 20분간 요격한 MiG-23과 MiG-29도 제1 비행전투사단 소속기이다.

제2와 제3 비행전투사단은 각각 북한 영공의 동쪽과 남쪽의 방공을 담당하고 있고, MiG-21과 MIG-15 같은 구형기가 많이 배치되는 경향이 있다. 이들 구형기가 공중전에 투입될 가능성은 낮고, 공중전에 참가하더라도 제 역할을 다하지 못할 것이다. 그래서 이들 기체는 지상의 아군을 지원하거나 적의 지상 부대를 습격, 제압하는 대지 공격기로 운용되고 있다. 하지만 적 지상 부대에 수반되는 대공 차량 등에 대항할 수단을 가지고 있지 않다. 제8 비행사단은 훈련사단이고 한반도 최북단에서 프롭기나 MiG-15을 운용하고 있으며 그 밖에 수도 평양 인근에 프롭기를 배치한 소규모 항공 기

R-3S, RS-2U 공대공 미사일을 대차에 싣고 MiG-21로 향하는 보급병. 조선인민군 공군은 스크램블 기체를 상시 유지하지 않아서 기습에 대해 신속한 대처가 어려울 가능성이 있다. (KCBC)

2014년의 긴급 대응 훈련에서 고속도로에 착륙한 MiG-29 9.12. 실전에서 이런 식으로 고속도로에서 이착륙하는 기체는 대부분 정찰 위성에서 포착되기에 곧바로 작전 능력을 잃게 된다. (KCBC)

원산에 있는 김정은의 피난소 부근 VIP용 비행장과 철도역. (GooGle Earth-Image@2019 Digital Globe)

지를 보유하고 있다. 이 사단은 훈련생을 육성해 각 사단에 신규 조종사를 공급하는 것이 주임무이다. 하지만 2차 임무로 전투에 참가하는 것도 상정하고 있고, 공격 훈련도 자주 실시되고 있다. 각지의 공군 기지에는 전속의 훈련기가 존재하며 통상 MiG-15나 MiG-17 같은 구형 기체가 사용된다. 이들 훈련기는 제8 비행사단이 아닌 기지를 관할하는 각 사단에 종속되어 있다. 제5 및 제6 수송련대는 기로 구성되어 있고, 그에 따라 북한 북부의 비행장에 주둔하고 있다.

북창 공군 기지에서 이글루에 주기한 MiG-23ML. 격납고 내부가 포착된 상당히 희귀한 사진이다. 이 격납고는 방폭문이 없어 유효성은 떨어진다. (KCBC)

북한에서는 전투기가 배치된 공군 기지의 대부분에 이글루가 있지만, 공군기의 대부분은 사진의 MIG-19처럼 야외에 주기되어 있다. 제트기 운용 기지의 경우 보통 대규모 지하 시설도 같이 건설된다. 지하 시설은 비활성 기체의 장기 보관에 사용되는 듯하다. (KCBC)

북창 공군 기지에서 위장된 이글루 부근에 주기한 6기의 MiG-29와 1기의 Su-25. 양 기종 모두 밝은 신형 위장색을 하고 있다. 좌상의 MiG-29 3기는 기수에 검은색 방수포를 덮었다. (Google Earth- Image@2019 Digital Globe)

각 기지에는 약 3기의 An-2가 할당되어 있고, 전시에는 고려항공의 항공기도 통제하는 것으로 추정된다. 제5 수송련대, 제6 수송련대 예하의 An-2는 전시에 특작부대를 한국에 침투시키는 중요한 역할을 맡는다. 조선인민군 공군이 보유한 2개 저격여단의 투입도 본 사단이 담당하며 그들은 전선 너머까지 진출해 한국군의 후방에서 '제2전선'을 형성, 게릴라전을 전개할 것이다. 이 부대는 주로 An-5/Y-5와 헬기 부대(그리고 고려항공의 Il-76)를 통해 투입되며 목적지에 도착한 후에는 지상에 강하한 특작부대에 대한 근접 항공 지원을 한다. 여담으로 제4 비행사단과 제7 비행사단은 현재 존재하지 않는다.

통상 작전 임무에는 조선인민군 공군 소속의 29개 주요 공군 기지와 7개 헬기 기지(몇몇 곳은 공군 기지와 병설)가 사용된다. 콘크리트로 포장된 활주로와 방폭 격납고(이글루)를 갖춘 공군 기지가 대부분이지만, An05/Y-5 등의 구형기를 주로 운용하는 기지 중에는 비포장 활주로를 사용하는 곳도 많다. 모든 공군 기지가 완전히 기능하지는 않고, 특히 군사 분계선 부근의 기지는 비교적 소수의 항공기만이 배치되어 있으나 헬기 부대만이 파견되는 등 전시에 전방 작전 기지로 사용될 것을 상정해 용용하고 있다. 그리고 비포장 활

주로만을 설치한 간이 기지가 군사 분계선 부근에 밀집되어 있다. 그런 곳에는 주로 An-5/Y-5 같은 경비행기가 사용되며 한국으로 침투하는 특작부대 병사가 탑승하는 집결 지점으로 활용된다.

몇몇 고속도로는 제트기의 이착륙을 염두에 두고 설계, 건설되어 훈련 중 임시 활주로로 사용되는 경우도 있다. 하지만 이착륙을 쉽게 하기 위해 노폭이 넓은 점을 제하면 항공기용 셸터나 보조 설비가 없기 때문에 본격적인 공군 기지로 사용할 수는 없다. 2017년 이후 이들 고속도로에 보강 공사가 실시된 것으로 보아 아직 활주로 용도로 유지되고 있는 듯하다. 또한 2010년대를 경계로 북한은 노후화되어 사용을 중지한 공군 기지를 서서히 수리하기 시작했다. 이것은 주로 민간용, 또는 요인용으로 정비되어 국내 각지에 새로 건설된 헬리포트와 병행해 정부 고관이나 고급 장교들이 원활하게 사령부나 그 밖의 중요 시설 간을 왕래하는 데 사용되고 있다.

많은 제트기 기지가 산간 부근에 건설된 경우가 많은데 이는 의도적인 설계이다. 기지에 인접한 산에는 대규모 터널 공사가 실시되어 공중 폭격에도 견딜 만한 단단한 격납고, 정비용 행거, 탄약고 등의 지하 시설이 건설되어 있다. 1960년대에 많이 건설된 이들 기지에는 각종 전투기를 격납할 수 있다. 전장 수백 미터, 때에 따라 지하 200미터의 깊이로 파내려간 터널에 2~3개의 출입구가 연결되어 있다. 이들 기지는 전국에 19개 존재하며 공습이나 미사일 공격으로부터 다수의 기체를 오랫동안 안전하게 지킬 수 있다. 지하 기지에 연결된 입구는 방폭 성능이 우수한 보강문으로 지켜지며 일부 기지에는 이글루도 설치되어 있지만, 현대의 선진적인 정밀 유도 무기나 벙커버스터를 상대로 얼마나 효과를 발휘할지는 의문이다. 그래도 북한 공군의 지하 기지의 유용성을 낮게 봐서는 안 된다. 1980년대에 순천 공군 기지를 방문한 소련 조종사는 이렇게 말했다. "나는 북한의 공군 기지에 큰 감명을 받았다. 항공기에서 착륙 후, 북한 병사가 운전하는 우랄 트럭을 타고 5분 후 산속(터널)의 연료 보급 시설에 도착했다." [28]

1960년대에는 주로 MiG-21을 모사한 항공기형 디코이(위장 모형)를 기지 내에 배치하는 위장 공작을 많이 했으며, 위장 표적에 적 공격기 및 폭격기를 유도하기 위해 주로 활주로 근처에 디코이를 배치했다. 이같은 전술은 1999년의 코소보 공습에서 활용되어 연합군의 폭격에 대해 예상외의 효과를 발휘했다. 하지만 항공기에 탑재된 적외선 카메라나 정찰 위성 등의 성능이 월등히 향상된 현대에는 그

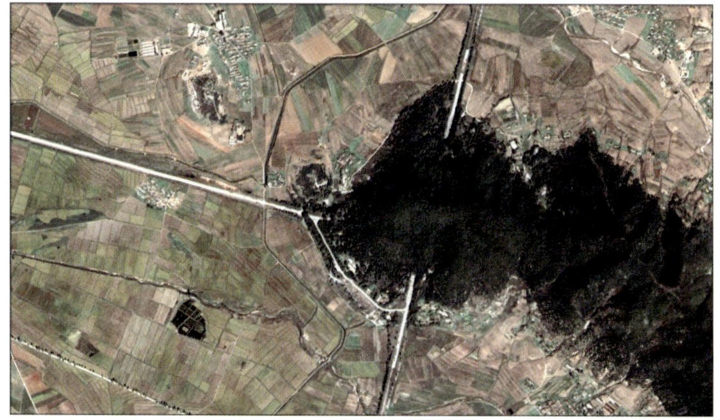

온천의 지하 활주로. (Google Earth-Image@2019 Digital Globe)

유용성이 어느 정도 발휘될지 의문시되며 북한의 공군 기지에 배치된 디코이의 수도 매년 감소하고 있다.[29] 주변의 지형을 이용해 공군 기지의 생존성을 높인 가장 좋은 예가 온천과 강다리에 건설된 지하 활주로다. 두 기지 모두 표고 100미터 정도의 언덕을 똑바로 종단하는 형태의 활주로가 설치되어 있다. 1990년대 초 최초로 완성된 온천 기지는 가까이 있는 언덕을 700미터에 걸쳐 굴착해 기존의 제2 활주로에 연결되는 새로운 지하 활주로를 신설했다. 지하 활주로의 양끝은 외부를 향해 각각 1km씩 연장되어 있다. 이것은 조선인민군 공군이 보유한 모든 기체의 이착륙이 가능한 길이이지만,

활주로의 대부분이 비포장이어서 착륙 시에는 연결된 제2 활주로만을 사용하는 것으로 추측된다. 당초 이 기지에는 MiG-29를 운용하는 비행대가 주둔할 예정이었지만, 기체의 배치 수가 원래 계획보다 적어졌고, 터널 내부에 가스가 충만할 위험성이 지적되어 실현되지는 못했다. 하지만 현재 부대 규모는 미상이나 F-6 전투기를 장비한 비행대가 주둔하고 있는 듯하다.[30]

현재 온천의 지하 활주로는 어느 정도 성공적인 결과를 거두었고, 2000년대에 들어서 두 번째 지하 활주로가 강다리의 간이 활주로 근처에 건설이 개시되었다. 하지만 강다리의 지하 활주로는 2018년 말이 되어서도 진척이 보이지 않는다. 이착륙장을 연결하는 다리는 건설 중인 상황이며 산을 관통해 설치되는 주활주로(이륙만을 상정한 설계로 착륙은 다른 활주로에서 한다)는 사용 가능한 상태로 보이지 않는다. 아마도 비행연대와 그 지원 설비 전체를 수용할 수 있는 규모의 지하 비행장의 건설은 비용에 걸맞는 이점이 없다 판단했을 것이다. 또 한 가지 생각되는 이유는 정밀 유도가 가능한 벙커버스터의 등장에 따라 북한 상층부의 방침이 변경되었을 가능성이다. 만에 하나 정밀 유도 무기가 터널 입구를 한쪽이라도 파괴하면 북한은 단 1발의 폭탄에 기지 전체의 기능을 상실하게 된다.

조선인민군의 전 조직과 마찬가지로 조선인민군 공군은 각 기지의 전력을 '부대'로 묶어서 호칭한다. 부대에는 그 기지에 주둔하는 모든 인원, 장비가 포함되며 대부분의 경우 독자적인 농장이나 풍

현재 운용 중인 모든 비행장과 활주로를 기재한 북한 지도. (George Anderson 작도)

력/태양광 발전 시설을 구비하여 완전한 자급자족이 가능하다. 공군 기지에 여러 연대가 혼재하는 경우 련합부대(사단급)라 부른다. 그 예시로 북창 공군 기지의 '제447 련합부대'는 MiG-23을 운용하는 제60 비행련대와 정체불명의 헬기 부대를 포함하고 있다. 북한은 훈련도가 높은 정예 부대에는 특별히 영웅 칭호와 인물명이 수여되는 경우가 있다. 오중흡7련대, 김지상 영웅추격비행련대, 길영조 영웅추격비행련대 같은 식이다.[31, 32, 33] 이로 인해 조선인민군 공군 일부 부대의 정식 명칭은 터무니없이 길어지는 경우도 있다. 예를 들어 순천 기지에서 MiG-29를 운용하는 연대의 정식 명칭은 '제1 항공 및 반항공 근위사단 오중흡7련대 제1027 련합부대 제55 금성친위련대 제1대대 제1비행대'이다. 전투기가 배치된 연대는 비록 대지 공격용으로 사용되더라도 추격비행련대라 불린다. 폭격기나 대지 공격기로 구성된 경우 각각 폭격련대, 습격련대라 호칭한다.

그리고 수송연대, 직승기연대, 훈련비행연대 등이 존재하지만, 이들은 주로 An-2나 각종 헬기, CJ-5, CJ-6 등의 연습기를 운용하는 연대다. 동해안에 위치한 해군항공대도 조직 계열상은 조선인민군 공군에 종속되지만, 현재는 활발히 활동하지는 않는 듯하다.

2010년대에는 부활의 징조가 다소 보였지만, 조종사 육성에 필요한 연습기를 운용할 연료조차 부족한 심각한 상황이었고, 연료 부족 문제는 조선인민군 육군과 해군 조직에도 큰 영향을 주고 있었다. 그래서 모든 공군 기지에 비행 시뮬레이터(완성도가 높은 것과 간이형 등이 혼재)가 설치되어 모의 비행 훈련 또는 특별한 기재가

훈련용 시뮬레이터는 Il-28/H-5 폭격기용까지 있다. 흥미롭게도 시뮬레이터 후방의 벽면에 미 항모전대를 공격하는 Il-28 비행대가 그려져 있다. 전시에 요구되는 역할 중 하나를 명시한 셈이다. (KCBC)

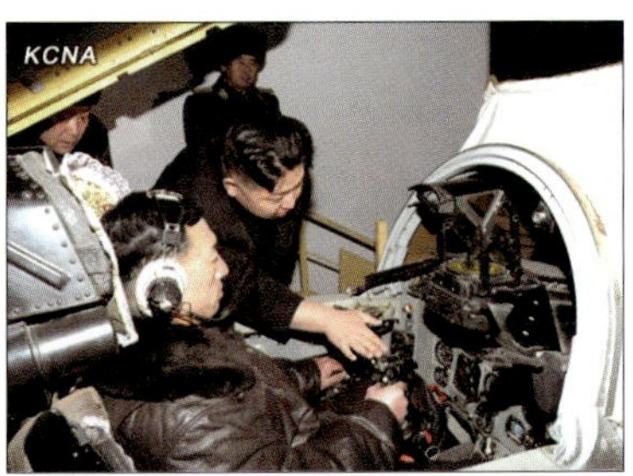

조선인민군 공군 유일의 MiG-29용 시뮬레이터. 조종석의 출처는 불명이지만, 용도 폐기된 것이나 수입품일 것이다. (KCBC)

미 항모에 대한 최적의 공격법을 검토하는 MiG-21 조종사들. 이 모형은 북한 동해안의 다른 공군 기지의 선전 영상에서도 보이는데, 1979년의 대개장을 거쳐 철거된 SCANFAR 레이더가 달린 무렵의 USS 엔터프라이즈이다. (KCBC)

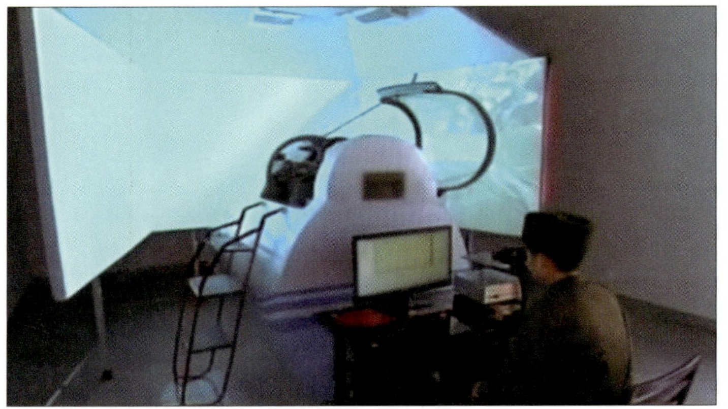

북한 공군에서 사용하는 선진적인 비행 시뮬레이터. 이런 신형 시뮬레이터는 용도 폐기된 조종석을 활용하는 경우가 많다. 사진은 MiG-21PFM의 조종석. (KCBC)

사진의 화면은 MiG-17로 보인다. 이처럼 골동품급의 구형기를 운용하는 부대에서는 간소한 시뮬레이터로 대처할 수밖에 없다. (KCBC)

필요 없는 기초적인 비행 특성 훈련을 도상으로만 하는 등 최근은 실제 비행에 의존하지 않는 비행 훈련에 중점을 두고 있다. 비행 시뮬레이터의 사용 사례가 최초로 확인된 것은 1986년으로 상당히 간소하고 단순한 구조의 물건이었지만, 최근은 조종석을 완전히 재현하고 전면에 거대한 스크린 영상을 투영하는 현대적이고 보다 몰입감 있는 훈련이 가능한 장치도 사용되고 있다. 이런 필사적인 절약 조치에 전시 항공기의 작전 행동에 필요한 연료의 비축량은 충분할 것이라 생각되며, 이렇게 비축된 연료는 단단한 방어 시설이 갖춰진 각지의 방폭 저장고에 보관되어 있다. 다만 비축된 연료가 떨어지기 전에 조선인민군 공군의 항공기가 전멸할 가능성이 크다는 것이 현실적인 전망이다. 더하여 조선인민군 공군 대부분의 비행대는 부대 전속 훈련기로 구형기를 몇 대 가진 정도이고 이것들을 훈련에 활용하여 실전에 쓰일 작전기를 온존하고 있다. MiG-29나 MiG-23을 운용하는 부대의 경우, 훈련기로 사용되는 기체는 MiG-17이다. MiG-21 및 F-6을 운용하는 그밖의 대부분 기지에서는 MiG-15를 대신 사용한다.

조금향과 림설은 북한 최초의 여성 제트기 조종사로 북한의 프로파간다에 자주 등장한다. 두 사람 모두 원산 항공축전(에어쇼)에서 MiG-21bis의 시범 비행을 했다. (KCBC)

정기적으로 실시되는 비행 훈련과 김정은이 시찰하는 대규모 훈련에 더해 조선인민군 공군은 창설 이래 거의 매년 전투비행술경기대회를 전통적으로 개최해 왔다. 이 경기대회에는 많은 부대가 참가하며 무유도 로켓탄과 폭탄, 낙하산을 이용한 물자 투하의 정확도 등 다양한 분야에 걸쳐 1위 자리를 경쟁한다. 하지만 경기대회나 요인 시찰과 방문에 맞춰 하는 행사는 훈련의 실용성보다는 곡예비행이나 스릴 만점의 저공비행처럼 관객과 텔레비전 카메라를 만족시키는 연출을 우선하는 겉보기에 치중하게 된다. 하지만 기지 활주로를 표적으로 하는 공격 훈련과 피격 후 활주로 수리 훈련 등 보다 실전적인 훈련도 정기적으로 실시되어 실전에 대비하는 준비 태세를 과소평가할 수는 없다. 많은 신입 조종사가 훈련을 완료하고 대기중인 것에 관계없이 조선인민군 공군의 현역 조종사의 평균 연령은 비교적 높다. 이 사실은 북한에서 조종사가 되기 위한 엄격한 요건을 반영하고 있으며 기량과 지능의 우수함뿐만 아니라 정치적으로도 엘리트 교육을 받고 충성심이 높을 필요가 있음을 알 수 있다. 그래서 조선인민군 공군에 소속된 조종사가 탈북하는 경우는 극히 드물며 1996년 이후로 망명에 성공한 기록은 없다. 또한 흥미로운 점은 북한은 여성 조종사를 채용하는 것에 그다지 저항감이 없다는 점이다. '강인한 조선 녀성은 남자보다 떨어지지 않는 비행술을 가지고 있다'며 김일성과 김정일은 1993년 3월에 '녀성 전투 비행단' 계획을 세웠다. 현재는 Yak-18/CJ-5, MiG-15, MiG-21bis 등에 여성 조종사가 배치되어 비행하는 것으로 알려져 있다.

북한의 조종사는 공중전 역사에 있어 전례가 없을 정도로 불리한 전장에 던져질 신세이다. 미국과 한국의 전투기 조종사는 가상 적기 부대를 활용한 모의 훈련을 적극적으로 실시하고 있지만, 그래도 조선인민군 공군의 MiG-15, MiG-17과 그밖의 구형 프롭기가 전장에서 어떤 활약을 할지 정확히 예상하기는 힘들다. 이런 시대에 뒤처진 구형기는 현대전에 활용할 공대공 전투 능력이 전혀 없

2016년 전투비행술 경기대회에서 우승자들과 포즈를 취하는 김정은. (KCBC)

MiG-15 앞에서 2명의 여성 조종사(좌측이 조금향)와 기념 촬영을 하는 김정은. (KCBC)

지만, 그 진가는 대지 공격 임무에서 발휘된다. 조종하는 조종사보다도 연식이 오래된 기체와 마찬가지로 조선인민군 공군에서 사용되는 장비 또한 구형에 낡은 것들이 많다. 최근에는 신형 헬멧이나 비행복을 도입하기도 했지만, 구형기를 운용하는 비행대에선 아직도 가죽 비행모와 비행복을 사용하는 등 조선인민군 공군 내에서도 부대 간에 현저한 격차가 있음이 판명되고 있다.

랜딩 기어를 수납하는 MiG-29S-13. 흥미롭게도 MiG-29B와 MiG-29S-13 양쪽에 기체 번호 555의 기체가 존재한다. (Sam Wise)

항공기

조선인민군 공군은 상당한 수의 고정익기와 헬기를 보유하고 있으며 현역 보유 기체수로만 따지자면 세계 최대 규모의 공군 중 하나이다. 아군보다 선진적인 기체를 보유하고 몇 배나 우월한 전력을 가진 적 공군에 맞서야 하는 조선인민군 공군은 상당히 곤란한 입장에 서 있으며, 이 문제를 극복하기 위해 세계에 유례를 찾아볼 수 없는 독특한 전략 및 전술을 독트린에 반영하고 있다. 조선인민군 공군은 수십 년간 노후화된 기체의 세대교체를 하지 못했지만, 배치된 막대한 수의 구형기를 활용해 필요한 임무를 수행하고자 한다. 타국에서는 오래전에 퇴역한 구형기를 지금도 현역기로 대량 운용하고 있고, 이들 기체가 가까운 장래에 퇴역될 기미도 없다. 조선인민군 공군의 보유기는 퇴역이라는 형태가 아니라 비전투 손실만으로도 감소하고 있다.

공군의 유효성을 높이기 위한 여러 노력에도 불구하고 한반도에서 전면전이 발발할 경우 북한이 제공권을 장악할 가능성은 전무한 실정이다. 작전의 대부분은 전투기의 공중전이 아니라 6.25 전쟁에서처럼 적기와의 교전을 피하며 수행하는 소규모 폭격이나 대지 공격이 주를 이룬다. 개전할 경우 많은 사람들이 북한이 미국의 최신예 전투기를 상대로 수백 대나 되는 구형 소련제 MiG 계열 전투기를 동원해 옛날 방식의 도그파이트가 전개되리라 예상할 것이다. 하지만 실제로는 조선인민군 공군에서 순수한 공대공 전투 임무에 투입할 수 있는 제공 전투기는 극소수이며 공군을 구성하는 기체의 대부분이 대지 공격기나 근접 지원 경공격기인 것이 현실이다.

공중전에서 한국 전투기를 상대로 한 방을 먹일 수 있는 존재는 북한이 보유한 기체 중에서도 높은 성능을 가진 유일한 현대적 기체인 수십 기의 MiG-29뿐이다. MiG-29에는 2기의 R-27R 중거리 공대공 미사일과 4기의 R-60MK 단거리 공대공 미사일을 탑재할 수 있다. 물론 고정 무장인 30mm GSh-30-1 기관포도 포함된다. 모든 MiG-29에는 한반도 전역을 항속 거리 안에 둘 수 있는 PTB-1500 외부 연료 탱크를 동체 중앙 파일런에 탑재할 수 있다. 그리고 주익 아래에 R-27R 미사일 대신 2개의 RTB-1150 외부 연료 탱크를 장비하면 항속 거리를 더욱 늘릴 수 있다. 다만 이는 MiG-29S-13 9.13 기종만이 가능하다. 2003년, 미 공군의 RC-135S 코브라볼을 요격

MiG-29와 Su-25의 조종사들이 착용하고 있는 것은 소련의 일반적인 비행복으로 기체와 세트로 북한에 인도된 것이다. (KCBC)

프롭기나 MiG-15, Il-28/H-5 등의 구세대 제트기의 조종사는 현재도 가죽 비행복을 사용하고 있다. (KCBC)

2015년부터 출현하기 시작한 신형 헬멧과 비행복 (앞줄 왼쪽에서 세 번째부터)을 착용한 MiG-21bis의 조종사들. 이 신형 헬멧과 비행복은 중국제로 추정된다. (KCBC)

MiG-29S-13 기체 번호 '555'. 2003년에 동해에서 미 공군의 RC-135S 코브라볼을 요격할 때, PTB-1150 외부 연료 탱크 2개에 긴급 발진용 R-60MK 공대공 미사일 4기를 주익 아래에 장착했다. 그림에는 PTB-1500 센터라인 외부 연료 탱크, R-27R 반능동 레이더 유도 공대공 미사일(통상 주익 외부 연료 탱크 위치에 장착), B-8M형 80㎜ 무유도 로켓탄 포드, 100Kg 또는 500Kg 무유도 폭탄. (그림: Tom Cooper)

2010년, 오버홀하면서 MiG-23ML에 처음으로 위장색이 적용되었다. 기체 번호 '71'의 MiG-23ML은 양익 아래에 R-24R 1기, 동체 아래에 R-60MK를 연장 파일런에 2기 장착한다. 그림은 MiG-23ML용의 장비로 왼쪽부터 R-24T 공대공 미사일, UB-16 또는 UB-32형 57㎜ 로켓 포드, S-24 무유도 로켓탄, 250kg 무유도 폭탄 2종과 500kg 무유도 폭탄이다. (그림: Tom Cooper)

MiG-21bis 기체 번호 '42'는 1999년에 카자흐스탄에서 비밀리에 조달된 약 30기 중 1기이다. 그림의 두 가지 색상의 회색 제공위장색은 오버홀 후의 다른 제트 전투기와 같은 사양이다. 그림은 MiG-21bis용 장비다. 왼쪽부터 100kg 또는 250kg 무유도 폭탄, 키트 장착 상태의 AGP-250 활공 폭탄, 주익 아래 발사 레일에 장착된 것은 R-60 및 R-3S 공대공 미사일. (그림: Tom Cooper)

할 때 외부 연료 탱크를 3개 탑재한 MiG-29S-13 9.13이 발진했다. MiG-29는 대지 공격용 무장의 운용 능력을 가지고 있어 북한이 소련으로부터 수령받을 때 항공기용 로켓탄과 폭탄 등 MiG-29용 무장을 국내에 수입했다.

하지만 MiG-29가 실전에서 대지 공격 임무를 맡을 가능성은 한 없이 낮다. 보통 훈련에서도 제공 전투기를 상정한 훈련을 하고 있다. 최초로 취득한 18기 중 복좌형인 2기의 MiG-29UB를 포함해 합계 13기의 MiG-29가 가동 상태다. MiG-29와 함께 순천 기지에서 운용되고 있는 기종은 제55 금성친위련대 소속 40기의 Su-25다. 이 기체는 북한이 보유한 근접 지원 공격이 가능한 가장 고성능의 대지

공격기이다. 조선인민군 공군의 Su-25는 추가 장갑이 설치된 제9차 생산품으로 판명되지만, 바르샤바 조약 기구 가맹국 이외의 국가에 수출되는 B형인지, 소련이 신뢰하는 동맹국에게만 공급하는 A형인지는 알 수 없다. Kh-25나 Kh-29 공대지 미사일을 탑재할 수 있는 것은 A형이고, 북한의 Su-25K가 이 공대지 유도 미사일을 사용하는지 아닌지가 쟁점인데, 기체를 북한에 공수한 소련 조종사에 따르면 공대지 유도 미사일을 운용하기 위해 필요한 기재를 장비하지는 않은 듯하다. 하지만 북한은 Su-25에 사용되는 대지 유도 폭탄이나 각종 유도 미사일을 보유하고 있어 어떤 형식인지 판단하기 어렵다. 훈련에서는 무유도 폭탄이나 로켓탄만을 사용하는 조선인민군 공

자신의 애기를 향해 달리는 조선인민군 공군 조종사들. MiG-29는 양익에 R-27R을 1기씩, R-60MK를 2기씩 장착하는 게 표준 무장이다. (KCBC)

군의 Su-25는 그 밖에도 다양한 무장을 탑재할 수 있다. 그 유연한 운용 특성은 실전에서 위력을 발휘할 것이다. Su-25는 57mm 로켓탄을 발사하는 UB-16과 UB-32 로켓 포드, B-8 80mm 로켓 포드, 공중에서 지뢰 살포에 사용되는 KMGU 자탄 투하기, R-60MK 단거리 공대공 미사일, SPS-141 ECM 포드, PTB계열 외부 연료 탱크 등의 무장이 가능하다. SPS-141 ECM 포드는 적의 대공 미사일과 대공포를 상대로 Su-25의 생존성을 대폭 향상시켜 군사 분계선을 넘어 한국에 진출한 아군 지상 부대를 지원하는 데 유용하다. 그리고 Su-25는 비교적 소형인 기체임에도 중장갑에 내구성이 높아 최전선 상공 같은 위험한 환경에서도 활약이 기대된다. 최대 40기를 보유한 Su-25 부대는 조선인민군 공군의 대지 공격 부대의 주력이자 한국 육군에게 있어 상당한 위협이 되고 있다.

R-27의 훈련용 모의 미사일을 탑재하고 이륙하는 2기의 MiG-29B. (KCBC)

조선인민군 공군의 '황금기'를 상징하는 또 하나의 기체가 북천 기지에 주둔하고 있는 MiG-23ML이다. MiG-23ML은 1980년대 중기에 46기가 수입되었지만, Su-25에 비해 소모율이 높아 현재는 40기 이하의 수가 현역일 것으로 추정하며, 대부분이 보관 상태로 있으리라 보인다. 그래도 MiG-23은 조선인민군 공군이 보유한 시계 외 사거리를 가진 공대공 미사일의 운용이 가능한 기체 중 가장 많은 수를 차지하며 제공 전투기 부대의 주력을 차지하는 존재

원산 항공 축전 2016에서 Su-25. (Sam Wise)

2018년 9월, 북한 건국 70주년 기념 열병식에서 북한 국기색의 스모크를 뿜는 5기 편대의 Su-25. (KCBC)

FAB-500형 500Kg 무유도 폭탄을 8발, 자위용 R-60 공대공 미사일을 2기 탑재한 중무장의 조선인민군 공군 Su-25K. 근접 항공 지원 전용으로 개발된 Su-25는 장갑판이 추가되고, 각종 ECM 포드, 다른 공군기에는 탑재되지 않는 공중 살포 지뢰 등의 근접 지원용 대형 장비를 운용하는 능력을 가졌다. 그림은 북한의 Su-25가 운용하는 무기와 장비. 왼쪽부터 SPS-141 ECM 포드, KMBU-2 집속 폭탄 컨테이너, 각종 무유도 폭탄, S-24 240mm 무유도 로켓탄, UB-16 또는 UB-32 57mm 로켓 포드이다. Su-25는 자위용의 R-60 공대공 미사일도 파일런에 장착 가능. PTB-800 외부 연료 탱크도 장착하지만, 그림에서는 생략. (그림: Tom Cooper)

다. MiG-23 이외에 시계 외 교전이 가능한 장거리 공대공 미사일을 탑재한 기종은 수십 대의 MiG-29뿐이다. 그럼에도 실전에 투입될 경우 MiG-23의 대부분은 대지 공격 임무를 맡으며 R-24나 R-60 공대공 미사일을 장비하는 기체는 일부일 것으로 보고 있다.

사실 MiG-23을 수령하는 동시에 Kh-23M 공대지 유도 미사일 같은 대량의 지대공 무기도 북한에 들어왔다. 조선인민군 공군이 운용하는 MiG-23ML은 그 밖에도 UB-16/UB-32 57mm 로켓 포드, S-24 240mm 무유도 로켓탄 및 다양한 무유도 폭탄 등을 사용한다.

MiG-23ML은 무력 도발에도 적극적으로 활용되었으며 2003년의 미 공군기 요격 사건에도 MiG-29S-13 9.13과 함께 요격에 나섰다. 무력 도발이 있을 때면 MiG-23은 MiG-29와 함께 한국과의 관계 악화를 염두에 두고 사전에 군사 분계선 부근의 전선 기지로 전방 배치되곤 한다. 이것은 조선인민군 공군이 MiG-23ML을 MiG-29와 함께 중요 전력으로 삼고 있다는 증거다.

이처럼 비교적 선진적인 항공기를 보조하는 것이 MiG-21MF 및 MIG-21bis다. MiG-21bis는 조선인민군 공군이 보유한 MiG-21

원산 항공축전 2016에서의 MiG-21bis. (Sam Wise)

중에서 가장 마지막에 나온 형식이다. MiG-21bis는 다른 파생형에 비해 고성능의 공대공 미사일인 R-60의 운용이 가능하며 고출력을 발휘하는 신형 R-25 엔진을 탑재해서 공중전에서 어느 정도 성과를 거둘 것으로 기대된다.

주익에는 종래의 2개가 아닌 4개의 하드포인트가 있고, 구형 MiG-21에 비해 보다 많은 무장을 장착하고 넓은 작전 반경을 가져 제공 전투기로써의 활약이 기대된다. 한편 MiG-21MF는 MiG-21bis와 같은 4개의 하드포인트를 장비했으며 공대공 미사일의 운용은 성능이 낮은 R-3S로 한정된다. 그중에서도 구형의 RS-2U를 탑

이 MiG-21PFM은 (기체 번호 '4.15')는 1969년 미 공군의 EC-121 정찰기를 격추한 공적을 기리기 위해 킬마크가 그려진 2기 중 하나이다. 이런 수훈기의 기체 번호는 격추 달성 뒤 '415'와 '4.15'로 변경된다. (KCBC)

재한 모습도 목격되고 있다. 이렇게 MiG-21MF/bis도 공대공 미사일의 운용이 한정적이나마 가능하지만 대지 공격 훈련에 자주 동원되며 유사시 구형의 MiG-21PFM, MiG-21F-13 그리고 중국제 F-7과 함께 대지 공격 임무를 맡게 될 것이다. MiG-17과 F-6처럼 조선인민군 공군의 대부분을 차지하는 구형기에 비하면 MiG-21이 선진적임에는 틀림없지만, 그 비행 성능에 걸맞는 용도를 찾기는 생각보다 어려운 일이다. 실제로 작전 능력 차원에서는 MiG-21이 MiG-17과 F-6보다 떨어진다고 보는 시각도 있다. PFM형이나 F-13형은 날개 아래에 2개의 하드포인트만을 장비했으며 여기에는 통상 2기의 R-3S 공대공 미사일이나 2기의 UB-16 57mm 로켓 포드 또는 최대 1,000kg 상당의 무유도 폭탄이 장착된다. 그리고 고정 무장인 30 mm 기관포는 MiG-21PFM에는 탑재되지 않았다. R-3S는 현대 공중전에서는 제 역할을 하리라 기대할 수 없으며 대지 공격 능력도 적은 적재량을 고려하면 결코 충분치 못하다. 그래서 MiG-21은 전장

2008년 미얀마 방문단이 촬영한 조선인민군 공군의 MiG-21F-13. (저자 소장)

MiG-21PFM은 북한에서 현역의 MiG-21 시리즈 중에서도 성능이 떨어지지만, 수적으로는 가장 많다. 그림의 기체는 양익 아래에 RS-2U 공대공 미사일을 1기씩 장착하고 있다. 북한에서 사용하는 무장은 왼쪽부터 100kg 및 250kg 무유도 폭탄, AGP-250 활공 폭탄, FAB-500M54 500kg 무유도 폭탄, UB-16 57㎜ 로켓 포드, R-3S 공대공 미사일이 있다. 주익 아래에는 구형의 RS-2U(AA-1 알칼리) 공대공 미사일로 현재도 장비한 모습이 보인다. 아마도 훈련에서만 사용될 것이다. MiG-21은 위장 도색을 하지 않아 은빛으로 빛나는 베어메탈 외관을 하고 있으며 알루미늄 외판의 교환 등 보수 작업에 의해 각 기체마다 독특한 개성이 있다. 소련제 순정품과는 달리 반짝이게 연마 가공된 외관과 외부 연료 탱크가 장착된 모습에 주목. (그림: Tom Cooper)

에서 자신의 유용성을 압도적인 물량 또는 우수한 비행 성능으로밖에 보여줄 수 없다. 200기 이상의 MiG-21(여기서는 MiG-21PFM/F-13 및 F-7)을 각지의 기지에 배치한 조선인민군 공군은 한국 및 미 공군에 대해 수적으로나마 유리한 상황을 만들 수 있다.

MiG-21과 거의 동등한 수의 현역기로 F-6(중국제 MiG-19의 수출형)이 있다. 대략 150기가 3개의 공군 기지에 집중 배치되어 있다. 오랫동안 개량을 거듭해 온 북한의 F-6는 조선인민군 공군의 대지 공격 부대의 주요 전력이다. R-3S 공대공 미사일만이 아니라 대지 공격용 무기를 폭넓게 운용할 수 있어 북한이 보유한 유일한 전폭기라 할 수 있기에 MiG-17과 함께 조선인민군 공군 내에서도 독특한 위치를 확보하고 있다. F-6은 원래 고정 무장인 NR-30 30㎜ 기관포와 2개의 하드포인트에 ORR-57K 57㎜ 로켓 포드(또는 6발의 북한제 무유도 로켓)를 2기, 그리고 50~250 kg의 무유도 폭탄을 탑재하는 정도의 무장 탑재량을 가졌지만, 개량을 거쳐 하드포인트를 6개로 확장해 무장의 유효 탑재량을 늘렸다. 또한 개량을 통해 R-3S 공대공 미사일을 2기 탑재할 수 있지만 요격기나 제공 전투기로의 사용은 어렵기에 이는 자위용에 가까운 무장이다.

이들 개량형 F-6과 같은 수준으로 업그레이드된 MiG-17도 존재하며 최대 100기 정도가 현역이다. 외견과 비행 성능은 선행기인 MiG-15/MiG-15bis와 비슷하며 북한의 MiG-17은 경전투기로 분류되는 F-6급의 항공기이다. 앞서 설명한 F-6과 마찬가지로 2기의 R-3S 공대공 미사일을 탑재 가능하며 동체 아래에 2개가 아닌 4개, 날개 아래에는 2개의 하드포인트가 설치되어 있다.

주로 북동부 공군 기지에 120기 정도 배치되어 있는 MiG-15의 경우, 제공 전투에서의 활약은 전혀 기대하고 있지 않기에 대지용 경공격기로, 그리고 보다 현대적인 기체에 탑승하기 전의 고등 훈련기로 사용되고 있다. 일부 기체에는 동체와 날개 아래에 6개의 하드포인트가 추가되었지만, MiG-15, MiG-15bis, 그리고 특히 개수하지 않은 MiG-17과 마찬가지로 실전에서 적 공군의 발목을 잡기에도 쓸모가 없어 조선인민군 공군의 대지 공격 능력의 증강 정도로 활용하는 것이 현실적이라 보고 있다. 이런 구형기들이 운용과 유지에 드는 비용에 걸맞는 가치가 있는지는 논란의 여지가 있다. 조선인민군 공군에게 있어 MiG-15는 공군의 덩치를 유지하는 방편일지도 모른다. 예비 부품과 정비 소요 등 기체를 유지하는 데 필요한 비용은 실제로 비행하는 데 소비되는 귀중한 항공 연료를 제하면 무시해도 될 정도로 미미하다. 또는 일부 사람들이 생각하듯이 조선인민군 공군은 쓸모가 없는 구형기를 자폭 공격 임무를 위해 온존하고 있을지도 모른다. 하지만 자폭 공격은 아무리 MiG-15가 구형이라지만 비싼 항공기를 낭비하는 짓이며 북한이 그런 운용 방침을 실제로 채용했을 가능성은 한없이 낮다.

놀랍게도 조선인민군 공군은 MiG-15보다도 더 오래된 구형기를 현역으로 운용하고 있다. 그것은 바로 Yak-18로 MiG-15와 함께 6.25 전쟁에서 활약했고, 후계기의 소련제 및 중국제 파생형이 전성기를 보내고도 반세기 이상이 지난

레이더를 탑재하지 않았고, 무장도 빈약한 F-6는 1960년대 수준의 전투력밖에 보유하지 못했지만, 북한에서 개조를 받고 진정한 전폭기로 다시 태어났다. (KCBC)

R-3S/PL-2 공대공 미사일을 MiG-17에 탑재하기 위해 조선인민군 공군은 쿠바 공군과 협력했다. 하지만 F-6과 함께 MiG-17 부대의 대부분을 차지하는 초기형에는 레이더가 없어 공중전 능력이 떨어진다. (KCBC)

사진의 MiG-15에서 증설된 동체 4개소와 주익 2개소의 하드포인트를 확인할 수 있다. 기존의 MiG-15는 23㎜ 기관포 2문과 37㎜ 기관포 1문이라는 기총만을 무장했고, 주익에 원래 있던 하드포인트는 보통 외부 연료 탱크를 장착했다. (KCBC)

타국에서는 MiG-15의 후계기가 세대교체를 거듭하고 있음에도 불구하고 북한의 MiG-15는 최근의 개수와 국산 예비 부품이 안정적으로 공급되면서 양호한 상태로 약 70년에 걸쳐 현역을 유지하고 있다. 후계기의 도입이 없는 이상 조선인민군 공군 MiG-15의 분투는 앞으로도 수십 년은 계속될 것이다. (저자 소장)

지금도 북한에서 계속 사용되고 있다. Yak-18은 본래 훈련기로 도입되어 지금도 훈련기 이외의 용도로 사용하지는 않는다고 주장하는 사람이 많지만, 100기 이상이 3개의 공군 기지에 주둔하고 있는 점을 고려하면 훈련 외의 다른 의도가 있을 가능성도 존재한다. 현재 Yak-18에는 동체에 무유도 폭탄을 탑재할 수 있는 하드포인트가 추가 설치되어 있고, 중국에서 라이선스 생산된 기체인 CJ-6은 날개 아래에 로켓 포드용 파일런을 장비하는 등 실전에서 전투 임무를 수행할 수 있다. 이들 훈련기에 부여된 또 하나의 역할은 적 방공망의 교란이다. 지대공 미사일 같은 적의 방공 체계로부터 주의를 끌기 위해 일부 Yak-18/CJ-5는 동체 아래에 채프 발사기를 탑재했다. 21세기의 현대전에서 이런 전술을 실행에 옮기는 것은 상당히 흥미롭지만, 최첨단 레이더를 상대로 유효한지 묻는다면 절망적이라 하겠다.

Yak-18이 도입되기 몇 년 앞서 등장한 것이 Il-28/H-5이다. Il-28

훈련을 위해 이륙하는 평양 근교 강동 공군 기지의 제2620 부대 소속 Yak-18/CJ-5 2기 편대. 제2620 부대는 부대원의 대부분이 여성으로 김정은 집권 전에는 여성이 근무 가능한 유일한 비행대였다. 동체 하부에 소형 폭탄용 하드포인트 2개가 보인다. (KCBC)

은 MiG-15bis에 탑재된 것과 같은 클리모프 VK-1 엔진을 2기 장착한 쌍발 제트 경폭격기로 동시기의 다른 기종에 비해 현재도 양호한 상태를 유지하고 있다. 자위 수단을 가지고 있지 않은 Il-28은 공격에 취약하기 때문에 북방에 위치한 2개의 공군 기지에 피난하는 형태로 합계 60기 이상이 배치되어 있다. 하지만 한반도에서 전쟁이 갑자기 발발한다고 가정할 경우, 이 약 60기의 Il-28 중 대략 절반이 실전에 즉시 투입할 수 있을 것이며 나머지 절반은 장기 보관 중이거나 오버홀 중이다. Il-28

의주의 지하 시설 입구 부근, 비활성 상태로 보이는 MiG-21과 Il-28. 우측 끝의 7기는 Il-28R(EB). (Google Earth-Image@2019 Digital Globe)

은 장대한 항속 거리와 우수한 무장 탑재량을 가지고 있어 조선인민군 공군 중에서도 한층 눈에 띄는 존재이며 멀리 떨어진 중요 시설을 공격할 수 있는 유일한 항공기다. 또한 조선인민군 공군의 유일한 대함 미사일 탑재 가능 플랫폼이기도 하다. 이런 특성을 활용해 북한은 연안에서 멀리 떨어진 원양에서 항해 중인 적 함선을 효과적으로 공격할 수 있지만, 문제는 대함 미사일인 금성-3의 성능이다. 금성-3은 확실히 중국제 Yu-2 로켓 추진 어뢰에 비하면 우수한 성능을 가지고 있다. Yu-2는 금성-3의 도입 이전 Il-2/H-5 부대가 가진 유일의 대함 공격 수단이었다. 과거에 방영된 프로파간다 영상에서 북한은 자주 미 해군 항공 모함의 위협과 이에 대응하는 조선인민군 공군에 부여된 책무의 중요성을 언급해 왔다. 다만 실제로 항모처럼 커다란 표적을 격침시키려면 상당한 수의 명중탄을 내야 하며 Yu-2나 금성-3이 이런 용도에 특화되었다고 생각할 수는 없다. IL-28의 무장 탑재량은 MiG-29나 Su-25와 거의 동급이며 조선인민군 공군이 보유한 대부분의 기체보다 많다고 할 수 있지만, 그래도 한 번에 탑재 가능한 수량은 Yu-2/금성-3 2기뿐이다. 탑재량은 최대 3,000kg 정도로 예상되며 7,700kg의 F-16, 1만400kg의 F-15E 등의 현용기와 비교하면 현격히 떨어지는 탑재량이다. 현재 군용기 수준에서 보면 성능이 부족하다는 것을 부정할 수 없지만, Il-28의 이용 가치를 부분적으로 보증하는 것이 정찰형인 Il-28R이다. Il-28은 동체의 폭탄창과 날개 끝에 연료 탱크를 증설해 항속 거리를 연장한 기체이다. 적어도 8기의 Il-28R이 비행 가능 상태로 유지되고 있으며 앞으로도 원 역할인 정찰 용도로 사용된다면 카메라 등 기체 내부의 광학 장비를 교체하는 현대화 개량을 할 확률이 높다. 기밀 해제된 CIA(미 중앙정보국)의 1960년대 보고에는 8~9기의 Il-28REB(보고서에는 Il-28L로 오기)를 북한이 획득했을 가능성이 있다고 되어 있다. Il-28REB는 레이더 방해 장치를 탑재한 RI-28의 전자전기이다. 외견상 Il-28R과 구별하기 힘든 이 특수 목적기의 현황은 알 수 없다.

Il-28과 달리 시대의 흐름을 버티지 못하고 풍화되기 일보 직전의 기체인 Su-7BMK 전폭기가 있다. 하지만 조선인민군 공군에서의 현재 상태나 상세한 사항은 알 수 없다. Su-7BMK를 장비한 부대는 오랫동안 곡산 공군 기지에 주둔하고 있었으며 아마도 전부 퇴역했을 것으로 추측된다. 퇴역한 기체는 기지의 지하 창고에 보관한 듯하나 2011년에 적어도 12기의 Su-7BMK가 다시 지상으로 돌아와 소재 불명의 목적지로 공수 또는 육로로 이동한 듯하다.[34] 이 기체에 탑재된 엔진은 조선인민군 공군에서도 흔하지 않은 륨카 AL-7 터보제트 엔진으로 지금은 전 세계 어디를 봐도 찾기 힘들다. 그래서 Su-7BMK의 엔진 정비에 필요한 예비 부품의 조달은 극히 어렵다. 적은 보유기 수에서 추측하자면 부품의 자국 내 생산도 하지 않았을 가능성이 높다. 적어도 1기가 북창 기지의 MiG-23 부대에서 훈련용으로 사용되는 것이 확인되었고, 다른 기체는 이 1기의 비행 가능 상태 유지를 위해 부품용으로 전용되고 있을 것이다. 하지만 조선인민군의 상궤를 벗어날 정도의 절약 정신을 생각하면 공군이 이들 기체를 예비기로 온존하면서 상태를 확인하기 위해 정기적으로 시험 비행을 실시할 가능성도 있다. 전시에 항공기의 상실이 허용 범위를 넘어설 경우, 모든 수단을 동원해 항공 지원을 유지하기 위해 Su-7 같은 예비기가 동원될 여지는 충분하다.

빈약한 무장, 짧은 항속 거리 그리고 공대공 미사일을 탑재할 수 없어 자위 수단조차 없는 것을 고려했을 때 Su-7BMK 같은 구형기를 실전에 투입해야 할 시점이라면 전황은 극히 절망적일 것이다.

제트기가 제공권을 차지하기 위한 공중전을 벌이거나 적의 지상 부대를 제압하는 한편, 독자적으로 전투를 수행해 승리에 공헌할 공중 전력은 북한이 오랫동안 보유하고 있는 항공기 중 하나인 수많은 An-2로, 주어진 역할은 특작부대나 공작원을 군사 분계선을 넘어 한국에 안전하게 잠입시키는 것이다. 속도가 느리다는 비행 특성이 오히려 장점으로 작용해 저공비행에 유리하고 짧은 길이의 비포장 활주로에서도 이착륙이 가능한 An-2는 조선인민군 공군 중에서도 한국이 두려워하는 항공기다. 한국은 예측하지 못한 곳으로 침입해 높은 숙련도를 가진 특작부대원을 낙하산으로 투하할 수 있는 An-2를 위협적으로 보고 있다. 하지만 An-2의 지나치게 고평가되고 있는 스텔스 성능으로는 최신 레이더에 의해 빈틈없는 방공망이 펼쳐진 현대전에서 실제로 An-2가 은밀히 군사 분계선을 넘어 침투하기는 힘들다. 진정 두려운 것은 압도적인 물량이라 하겠다. 조선

미국에서 비밀리에 조달한 MD-500E는 현재 예비 부품이 없을 것으로 생각되며 민간 시장에서 밀수를 통해 구할 수밖에 없을 것이다. 그런 상황임에도 MD-500은 공격 헬기 부대의 주력으로 고속에 높은 기동성을 가지고 있어 소형 헬기를 운용한다는 북한 공군의 독트린에 완벽히 부합하는 기체이다. 그림의 기체는 스터브 윙 위에 9M111 파곳 대전차 유도 미사일을, 아래에는 말륫카 ATGM을 탑재했으며 동체 하부에는 30㎜ 자동 유탄 발사기로 보이는 무장을 장착했다. 다만 유사 시 말륫카 대전차 미사일만을 장착할 가능성이 높다.

북한에서는 '혁신-2 직승기'라고 불리는 북한 국내 조립 Mi-2. 무장 파일런의 특징을 보면 폴란드제로 보인다. 그림처럼 폴란드제 UB-16 57㎜ 로켓 포드가 장착되는 경우도 있다. 파일런 위에는 Mi-2에 장착하기에 이상적이라는 휴대식 대공 미사일을 탑재한다는 정보도 있으나 실제 사례는 미확인. Mi-2는 최근 2종류의 ATGM(그림의 파일런 상부의 말륫카 포함)의 테스트 배드로 사용되었으며 그중 1종은 다른 헬기 부대에도 도입된 것으로 보인다. (그림: Tom Cooper)

북한은 현재 Mi-4/Z-5 다목적 헬기를 수송용이나 건쉽으로 운용하는 유일한 국가로, 이전에는 조선인민군 해군에서도 사용했다. 건쉽으로써 북한군에서도 가장 중무장의 회전익기이면서 보병 수송도 가능하다. 그림의 컬러풀한 Z-5는 좌우의 스터브 윙에 제원을 알 수 없는 로켓 포드 2기와 말륫카 대전차 유도 미사일 2기를 장비 가능하다. 그림에서는 보이지 않지만, 동체 전면에는 자동 유탄 발사기가 탑재되어 있다. (그림: Tom Cooper)

인민군 공군은 대략 300기의 An-2를 배치하고 있다. 군사 분계선의 100km 권내에 건설된 수십 곳의 전용 이착륙장에서 날아오른 An-2 수송 부대를 정확히 포착해 전부 격추시키기는 어렵다.[35] An-2의 잠재 능력은 한국도 경계하고 있어 차기 전투기 선정 후보 중 하나인 F-15는 랴매 전략으로 일관되게 An-2를 포착하는 레이더 성능을 어

필하고 있다고 한다.[36] 조선인민군 공군의 An-2는 경무장을 하는 경우도 있다. 수송하는 병력에 대해 제한적으로나마 근접 지원 공격을 실시하거나 낙하산 강하 전에 강하 지점 주변을 제압 공격하는 일도 가능하다. 한 번에 수송할 수 있는 병력 수는 상황에 따라 다르지만, 대략 12명 전후다. 낙하산 강하는 주로 저격여단의 특작부대원

2009년, 곡산 기지의 비포장 활주로 근처에 주기 중인 12기의 Su-7. (Google Earth-Image@2019 Digital Globe)

고려항공이 3기 보유한 Il-76 중 1기의 착륙 직후의 모습. (Sam Wise)

기로도 운용되고 있다. Mi-2 부대는 전속 헬기 기지가 배정되어 있지만, 조선인민군 공군이 보유한 다른 헬기 부대와 마찬가지로 전국 각지의 공군 기지에도 파견되어 있으며 기지간 이동에 빈번히 사용되고 있다. 군사 분계선에서 겨우 50km 떨어진 위치에 있는 기지(누천 기지 활주로에 병설된 헬리포트)도 존재하며 전시가 되면 본 기지의 Mi-2는 최전선으로 보내질 것이다. 경헬기로 분류되는 Mi-2는 최대 6명의 병력을 수송하는 것이 가능하며 100기가 넘는 수가 배치된 것을 생각하면 상당수의 병력을 한국 후방에 투입할 수 있을 것이다. 같은 임무를 수행하는 기체로 Mi-2보다 구형의 소련제 Mi-4 헬기와 Mi-4의 중국 생산형인 Z-5가 있다. 북한은 Mi-4를 2020년이 되어서도 운용하고 있는 유일한 국가다.

이들 중 상당한 수가 비행 가능한 상태를 유지하고 있다. 경공격 및 수송 헬기 용도 이외에도 Mi-4는 과거에 유일하게 조선인민군 해군에 배치된 항공기이기도 하다. 해군형은 서호급 호위함 함상에 있는 것이 자주 목격되었지만, 긴급 수면 착륙용 부양 장치를 빼면 눈에 띄는 변경점은 보이지 않는다. 해군은 이미 Mi-4의 운용을 중지했고, 대신 말륫카 대전차 유도 미사일이나 4기의 로켓 포드 또는 자동 유탄 발사기 등의 무장을 탑재한 대지 공격형이 조선인민군 공군에 배치 중이다. Mi-4/Z-5와 비슷한 수를 보유한 소련제 헬기인 Mi-8/Mi-17은 전부 비무장 지대의 수송 임무에 사용된다. Mi-8가 무장을 탑재하고 있는 모습이 목격된 것은 과거에 한 번뿐이다. Mi-8은 주로 고려항공이나 각지에 산재한 요인 수송 부대가 사용하지만, 유사시에는 필요에 따라 최전선에 배치될 가능성도 있다. 보다 대형인 Mi-26도 Mi-8과 마찬가지로 평시에는 민항기로 활용되며 4기 전부 북창 기지에 주둔 중이다. Mi-26은 전시에 중량물의 수송에 활용될 것으로 보이지만, 대공 미사일에 취약하기 때문에 행동 공역은 조선인민군이 점령하고 있는 안전한 후방 지역으로 제한될 것이다. 대형 헬기와 대칭되는 위치에 있는 것이 약 70기의 MD-500으로 대부분이 북창 기지 또는 군사 분계선 부근의 헬기 기지에 배치되어 있다. MD-500은 주로 대전차 공격 헬기로써 사용되지만, 일부는 민항기로 운용되고

으로 적의 공역으로 잠입에 성공할 경우, An-2 수송 부대가 한국에 투입할 수 있는 병력은 수천 명 규모에 달할 것이다. An-2는 물자와 병력의 수송만이 아니라 전자/통신 첩보(SIGINT)나 전자 정보 수집(ELINT)에도 활용될 것으로 예상된다. 정보 수집 수단으로 조선인민군 총참모부 정찰국에서 사용될지도 모른다.

북한 공수부대의 수송에는 지휘 계통상으로 조선인민군 공군에 종속된 고려항공이 소유한 대형기도 활용된다. 그중에서도 주목할 만한 것이 3기의 Il-76TD 전략 수송기로 1기당 120명의 공수부대원이 탑승 가능하다. 120명이 일제히 강하하는 모습은 실제로 북한이 실시하는 훈련에서도 확인되고 있다. 다만 기체가 큰 Il-76이 조선인민군 공군이 한반도의 제공권을 확보하는 게 불가능한 현실을 생각하면 격추당하지 않고 목표 지점까지 무사히 도착할 확률은 낮다. 고려항공이 보유한 이 3기의 Il-76은 유사시 군사적 목적으로 전용되지만 위장 도색을 하지 않고 있으며 2013년의 전승절 60주년 기념 열병식에도 참가했다. 고려항공이 소유한 다른 항공기는 국내의 물자 및 병력 수송 이외의 임무를 맡을 만한 성능을 가지고 있지 않아 전황에 큰 영향을 줄 수 없다.

특작부대를 한국 후방에 수송하는 항공기를 논하자면 빠질 수 없는 것이 조선인민군 공군의 거대한 헬기 부대. 헬기의 보유 기수는 합계 300기 정도이며 역할에 맞는 다양한 기체가 배치되어 있다. 이것들 중 약 절반을 차지하는 것이 1960년대에 개발된 Mi-2이다. 주로 물자와 공수부대를 운반하는 경수송 임무 외에 경공격 헬

일반적인 녹색 위장색이 아니라 백색 민항기 도색의 Mi-2는 극히 드물다. 낙하산 강하 훈련용의 백색 Mi-2는 중국 국경 근처인 신의주를 거점으로 운용되고 있는 것으로 보인다. (KCBC)

있다.

마지막으로 소수 존재하는 2기의 Ka-28과 2기의 Mi-14가 1990년대 후반에 쿠바를 통해 입수되었다. 조선인민군 해군이 사용하던 Mi-4를 대체한 것이 이 4기의 대잠 초계 헬기다 (관할은 조선인민군 공군). 이들 대잠 초계 헬기는 쿠바의 잠수함 건조 계획을 북한이 지원하는 대신에 양도받았을 것으로 보인다. 동시기 쿠바의 고위 관료가 북한의 잠수함 시설을 방문한 것이 판명되었고, 이 가설의 신빙성을 높여 준다.[37] 하지만 정찰 위성에 포착된 화상에서 북한은 추가로 5기의 Ka-27과 최대 4기의 Mi-14를 동해안 부근의 인흥 기지에 배치한 것이 밝혀졌다. 이것은 최저한의 대잠 초계 능력을 확보하기 위해 타국으로부터 동시기에 조달했을 가능성이 높다. 물론 위성 사진에서 각 기체의 상세를 판별하기는 어려워 예비 부품용으로 인흥 기지에 배치된 Mi-8/Mi-17이나 민간용 Ka-32를 Ka-27/28이나 Mi-14로 오인한 사례도 있다. 대잠 초계 헬기는 조선인민군 해군의 헬기 갑판을 장비한 함정에 탑재될 예정이었지만, 계획은 도중에 중지되었다.

Mi-26, Mi-8, Mi-4/Z-5, Mi-2, MD-500과 다수의 회전익기가 있는 북창 기지는 북한 최대의 헬기 기지이다. 사진 아래, 정비장에 주기 중인 메인 로터가 분해된 상태의 Mi-26. (Googie Earth-Image@2019 Digital Globe)

원산 항공축전 2016에서의 Mi-8T 헬기. (Sam Wise)

하지만 이들 대잠 초계 헬기를 활용할 길은 남아 있다. 1기의 AT-1MV 또는 APR-2E 로켓 추진 어뢰, 10발의 PLAB-250-120 폭뢰를 탑재해 연안 해역을 순찰하는 게 가능하다. 대잠 초계 헬기의 취득은 1990년대에 한국이 최초의 공격형 잠수함을 도입한 데 대한 대처 방안이라 생각되지만, 조선인민군 공군의 Ka-27과 Mi-14가 적 함대에 있어 그다지 위협이 되지는 못할 것이다. 극히 소수만이 배치된 데다 현재는 함선에 탑재할 수 없다는 점, 그리고 예상되는 적 함대의 요격 능력을 고려하면 북한이 대잠 초계 헬기에 대한 흥미를 잃는 것은 극히 자연스러운 흐름이다. 2010년대에 기체를 재도색한 것 외에 대잠 초계 헬기 부대에 큰 변화는 없다.

항공기 산업

주체사상에 따라 타국에 의존하지 않고 항공기와 예비 부품의 공급을 자국 내 생산으로 해결하려는 북한은 1960년대부터 국내 항공기 산업을 확립하기 위해 본격적으로 움직이기 시작했다. 많은 부분이 비밀에 싸인 북한의 항공기 산업은 조선인민군 공군이 운용하는 막대한 수의 항공기를 유지하는 데 큰 역할을 할 뿐만 아니라 독자 개발을 통해 몇몇 기체의 설계 및 생산도 경험해 보았다. 하지만 이런 계획은 양산을 개시하기도 전에 적대 세력과의 기술 격차가 벌어지면서 실패로 끝났다. 독자적인 항공기를 개발하는 동시에 북한은 녹다운 생산 방식으로 해외에서 많은 기체를 반제품이나 부품 상태로 수입해 국내에서 조립했다. 하지만 북한의 항공기 산업에 있어 최대의 성공점은 많은 예비 부품의 국산화를 달성해 노후화된 조선인민군 공군의 기체에 대한 오버홀 또는 업그레이드가 가능하다는 점이다. 이런 노력이 없었다면 조선인민군 공군의 구형기는 대부분이 퇴역할 수밖에 없는 상태가 되었을 것이다.

북한의 항공기 산업은 역사적으로 방현 공군 기지를 중심으로 발전해 왔다. 기지 주변에는 여러 동의 공장과 정비 시설, 저장고 등이 있고 이것들이 모여 방현의 항공 산업 거점을 형성하고 있다. 북

북한의 첫 대잠 초계 헬기의 조달은 쿠바라는 상당히 변칙적인 경로를 통해 이루어졌다. 하지만 겨우 입수한 소수의 Mi-14와 Ka-28은 쿠바가 이미 오래 전에 예비 부품을 소모한 물건이다. 어떻게든 운용을 하고 있지만, Ka-28을 비행 가능하게 유지하는 것만 해도 상당히 어려울 것이 분명하다. 그림은 Ka-28과 세트로 인도받은 무장으로 왼쪽부터 PLAB-250-120 항공 폭뢰, APR-2E 로켓 추진 대잠 어뢰, AT-1 MV 대잠 어뢰이다. 그리고 기체의 도장은 위성 사진을 통해 추측한 것으로 실물과는 다를 가능성이 있다. (그림: Tom Cooper)

한 국내에는 그 밖에도 몇몇 소규모 정비 시설 등이 점재하고 있지만 어느 것도 방현 기지와 비교하면 규모, 생산력, 기술 수준 등이 떨어진다. 방현의 항공 산업에 부여된 주요 임무는 현용기에 필요한 예비 부품의 생산과 조선인민군 공군이 보유한 모든 항공기의 오버홀 또는 개량이다. 그리고 동시에 항공기 개발, 연구, 생산 능력의 일정 부분을 무인 항공기 분야에 투자하고 있다. 하지만 역사를 뒤돌아보면 당초 북한은 국산 항공기의 개발과 생산이라는 보다 야심만만한 목표가 있었던 것을 알 수 있다. 이 목표는 프랑스, 루마니아 그리고 소련의 원조를 받아 실시될 예정이었다. 북한의 항공기 산업이 첫걸음을 내딛은 것은 1960년대 방현에서 MiG-15 등의 예비 부품의 생산하면서 부터다. 북한 항공기 산업의 존재가 해외에 알려진 것은 1970년에 조선인민군 공군 소속의 MiG-15가 한국에 추락, 해당 기체를 조사하다 북한제 부품이 사용된 것을 발견하면서부터다. 거의 동시기에 북한은 기존의 기체를 독자적으로 개수도 하고 있었다. 개수 내용은 주로 무장 탑재량 증가를 목적으로 동체나 주익의 하드포인트 증설이었다. 북한의 항공기 산업 여명기에 이루어진 이런 성과가 오늘날 북한 항공기 산업의 초석이 되었다.

북한의 항공기 산업에 대한 열의는 예비 부품의 생산과 개량, 파생형의 개발에 그치지 않고, 국산 항공기의 독자 개발로 나아갔다. 그렇게 해서 탄생한 것이 Il-10 공격기와 Yak-18을 융합한 듯한 외관을 한 대지 공격 프롭기이다. 하지만 이 기체는 원형이 되는 Il-10과 Yak-18에 비해 경장갑에 경무장이었다. 1970년대에 촬영된 프로파간다 영상에 몇 번 등장한 것을 빼면 목격 사례가 적은 것으로 보아 대량 생산되지는 않은 듯하다. 이 기체는 주익 좌우에 각각 1정의 7.62mm 기관총과 1문의 23mm 기관포를 탑재했으며 후방 총좌에는 12.7mm 기관총 또는 20mm 기관포를 장비했다. 복좌식 대지 공격기는 최저 2발의 100kg 무유도 폭탄을 동체 하부에 장착 가능했다.

방현 항공기 공장에서 오버홀 중인 MiG-29B. (KCBC)

방현 항공기 공장의 다양한 항공기. 왼쪽 끝에 MiG-19가 1기 있고, MiG-17과 MiG-15가 늘어서 있다. (Google Earth-Image@2019 Digital Globe)

통상 조선인민군의 각 조직에 배치된 차량과 장비, 항공기가 퇴역하는 경우는 없지만, 이 국산 대지 공격기는 성능이 부족해 운용을 일찍 포기한 듯하다. 엔진의 출력이 떨어져 경장갑의 동체에 제대로 된 대지 공격 수단을 가지지 못한 이 기체가 당시의 최신예기에 비해 우월한 점은 하나도 없었다.

북한의 항공기 산업이 차기이자 최후의 국산기를 생산한 것은 20여 년 후의 일이다. 국산 제1세대기에 비해 보다 성숙한 설계가 이루어진 기체는 복좌식 쌍발 프롭기였다. 개발 경위나 성능, 부대 배치의 유무 등의 상세는 알려지지 않았고, 기체가 어디에 보관되어 있는지, 현존하고 있는지도 알 수 없지만 적어도 4기가 생산되어 '411'부터 '415'의 기체 번호가 부여되었다. 그 후 이들 기체는 1980년대 후반부터 1990년대 초에 걸쳐 김일성과 김정일의 시찰을 받았다. AI-14 엔진의 파생형 2기가 동력원으로 채용되었으며 무장 탑재량은 불명이다. 조종석에는 레이더 및 사수용 조준기가 설치되었다. 기체 중량을 알 수 없지만 출력이 부족한 기체의 특성을 고려하면 최대 탑재 중량은 대단치 않을 것이다. 동형의 엔진인 AI-14RF를 2기 탑재한 An-14 소형 다목적 수송기가 합계 600마력의 출력을 내며 북한의 국산 쌍발기도 이것과 비슷한 성능을 가졌을 것으로 추정된다. 가능성의 하나로서 생각되는 이 기체의 용도는 폭격기나 수송기 조종사를 육성하기 위한 경훈련기다. 폭격 조준기와 레이더 기기도 장비해서 조종사를 훈련시키기에 충분히 쓸모가 있었을 것이다. 어쨌든 이전의 단발 국산기가 그랬던 것처럼 후속기도 계속 운용되지 못하고 역사에서 사라진 것으로 보인다.

북한은 국산기의 개발에 연달아 실패했지만 완성기의 수입에 의존하지 않고 해외에서 취득한 녹다운 생산 방식의 반제품을 국내에서 조립하는 등 1960년대는 일정 부분 성공을 거둔 시대이기도 했다. 수입된 반제품을 북한 기술자들이 조립하면서 귀중한 경험을 축적할 수 있었다. 그리고 녹다운 생산 방식으로 획득한 항공기에 어떻게든 완전 국산이라는 인상을 심어 주기 위해 북한 고유의 식별 명칭을 부여하기도 했다. 이를 기해 북한은 대량의 An-2로 대표되는 다양한 고정익기와 헬기를 부분적 녹다운 방식으로 생산하게 되었으며 이는 항공기 산업에 부여된 주요 역할의 하나가 되었다.

1970년대에 들어서는 오랫동안 좋은 이해관계자였던 중국으로부터 지원을 받아 새로운 항공 기술 공장이 건설되었다. 이를 통해 북한은 항공기 산업의 기초 능력을 대폭 향상시키는 데 성공해 기체의 오버홀과 개량 같은 작업의 진행 속도를 대폭 올릴 수 있었다. 중국과의 사이에 맺어진 협력, 협정에는 방현 공군 기지 내의 엔진 정비 공장과 부근 계곡에 기체 제조 공장을 건설하는 요청도 포함되었다. 기존에는 중국제 항공기의 오버홀을 중국에 맡겨야 했지만 추가로 최대 170기 규모의 F-6을 수령하면서 새로운 공장의 건설을 요청한 듯하다. 이때 1960년대에 도입된 이래 수십 기밖에 보유하지 못한 Mig-19(F-6의 원형기)의 대대적인 전력 증강을 달성해 냈다. 북한은 새로 손에 넣은 F-6를 완전히 국내 항공기 산업의 힘만으로 정비, 유지하는 것을 목표로 삼았고, 이에 중국은 '제196호 계획'을 1974년에 승인, 필요한 생산 체제의 확립을 지원했다. 공장의 건설은 1975년에 개시될 예정이었지만, 북한의 거듭되는 설계 변경에 의해 연기되어 엔진 정비 공장의 건설이 시작된 것은 1981년, 기체 제조 공장은 그 이듬해의 일이었다.

무유도 폭탄을 2발 탑재한 북한제 지상공격기의 희귀한 사진. (KCBC)

북한제 쌍발 프롭기. 기종은 불명. (KCBC)

쌍발 프롭기의 조종석. (KCBC)

기체 제조 공장은 1984년에, 엔진 정비 공장은 1985년에 완성되어 이론상 연간 50기의 F-6와 400기의 엔진 오버홀이 가능했다.[38] 북한은 보유한 MiG-21도 F-6와 같이 자체 정비 체제를 갖추기 위해 1985년에 동독과 협정을 체결하려 했지만, 최종적으로 어떤 결과가 나왔는지는 불명이다.[39]

방현 공군 기지의 북부에서 새로운 헬기 생산 시설의 건설이 개시되었다. 이것은 프랑스의 SA316 알루에트III의 면허 생산 계약이 체결된 1973년부터 시작되었다. 이 계약은 프랑스가 루마니아와 체결한 계약과 유사한 조건으로 SA316의 생산 라인을 북한 국내에 건

Il-10의 운용 경험이 있는 북한은 '날으는 전차'의 개념을 이해해 이를 바탕으로 국산 대지 공격기를 개발했다. CJ-6의 설계를 참고해 동급보다 약간 출력이 낮은 엔진을 장착한 결과 북한의 순수 국산기로서는 아마도 최고의 성과를 거둔 기체가 탄생했다. 하지만 장갑 방어력, 탑재량, 속도 등 여러 면에서 Il-10에 뒤떨어지는 이 기체는 곧바로 퇴역한 듯하다. (그림: Tom Cooper)

북한제 대지 공격기와 마찬가지로 이 기체의 개발 의도도 명확치 않다. 설계는 구형인 Yak-6 쌍발 수송기를 바탕으로 했지만 기수가 편평해졌고, 조종석의 캐노피도 대형화되어 전방과 측면의 시야가 개선되었다. 엔진은 CJ-6 훈련기에 쓰이던 것으로 소형에 출력도 부족해 폭격 조준기에 레이더까지 장비했음에도 불구하고 기존의 Il-28/H-5나 An-2/Y-5 등의 조선인민군 공군 습격기(공격기) 부대의 대체재가 되지 못했다. 본 기체는 폭격기 승무원의 훈련에 사용되었을 가능성도 있었지만, 능력 부족으로 일찍 퇴역되었다. (그림: Tom Cooper)

설한다는 내용이었다. 하지만 1974년에 프랑스와의 교섭이 결렬되어 헬기 공장의 건설도 일시 중지되었다.[40] 그 후, 북한은 헬기의 면허 생산권을 얻기 위해 프랑스와 이탈리아를 상대로 열심히 교섭을 시도했지만 실패했다. 한편 폴란드에서 Mi-2를 입수하는 데 성공해 최초로 납품받은 기체가 1977년 방현 공군 기지에 도착했다. 그 후에도 납입이 계속되어 1980년에 들어서는 북한 국내에서 최종 조립을 하여 도입 속도가 빨라졌다.

Mi-2의 조립은 당초 방현에서 이루어졌지만, 나중에는 선덕 공군 기지에 병설된 공장으로 이전되었다. 방현의 헬기 공장 건설도 1981년에 재개되어 1984년에 완성하였으며 현재도 조선인민군 공군의 헬기 부대의 유지에 공헌하고 있다.[41]

고정익기와 헬기를 국내에서 조립하는 데 필요한 설비 체제를 정비한 북한은 외국산 항공기의 라이선스 생산권을 획득하기 위해 다시 전력을 기울였다. 그 결과 1985년 1월에 루마니아의 IAR-316B(프랑스의 SA316 알루에트 III 헬기를 루마니아가 라이선스 생산한 기체) 그리고 IAR-93 대지 공격기의 생산 계약을 맺었고, 계약에 따라 북한의 항공 기술자들이 프랑스에서 훈련을 받을 예정이었다. IAR-93 대지 공격기는 노후화가 진행된 MiG-15 및 MiG-17의 후계기로 최적의 선택이었겠지만, 이 계약은 결국 불발로 끝났다.[42] 미 중앙정보국은 한국 공군의 급속한 군비 확장(당시 한국 공군은 F-5E/F-5F의 라이선스 생산에 착수 중)을 경계하는 북한이 1980년대 후반까지 중국제 F-7의 국내 생산에 성공할 것이라 추측했다. 다

만 북한은 처음부터 F-7을 자국에서 생산할 계획이 없었을 가능성도 있었고, 결과적으로 미 중앙정보국의 예상은 빗나갔다. 1990년대 당시 북한의 항공기 산업 수준을 생각하면 F-7을 국내 생산하는 것은 결코 불가능한 일은 아니었을 것이다. 구형화된 MiG-21(F-7의 원형기)을 지금도 현역으로 쓰고 있는 조선인민군 공군에게 있어 F-7의 자국 내 생산은 상당히 유의미한 일이었다. 하지만 북한은 기존에 보유하고 있는 기체와 같은 수준의 성능을 가진 F-7이 아닌 보다 현대적인 항공기를 소련으로부터 입수하는 데 집착했다.[43]

그리고 놀랍게도 북한은 MiG-29S-13의 국내 조립 생산 계약을 소련과 맺는 데 성공했다. MiG-29는 1990년대 당시 조선인민군 공군에 배치된 어떤 항공기보다도 선진적인 기종으로 지금도 북한이 보유한 전 기종 중 가장 높은 성능을 가진 기체이다. 소련이 신뢰하는 바르샤바 조약 기구 가맹국조차도 보유한 것은 구형 MiG-29 9.12이다. 그런 가운데 북한이 MiG-29S-13을 입수한 것은 전례가 없는 위업이라 하겠다. 더하여 주목할 점은 북한은 MiG-29S-13의 획득에 성공했을 뿐만 아니라 국내 조립의 허가도 따냈다. 소련으로부터 모든 부품을 수입해 조립하는 것은 완성기를 수입하는 것에 비해 일견 비용만 더 드는 무의미한 공정이라 생각되지만, 이를 통해 북한의 항공 기술자들은 MiG-29의 기술을 습득할 수 있고, 당시 최신예기를 세미 녹다운 방식으로 생산한다는 사실은 북한 주민의 사

MiG-29S-13은 현재, 조선인민군 공군의 최신예기로 군림하고 있지만, 유사시 사용할 수 있는 기체는 3기뿐이라 한다. (Sam Wise)

기를 올리는 효과도 있었다. 당초 계획에서는 상당한 수량의 MiG-29S-13을 도입할 예정이었다. 하지만 알려진 바에 따르면 소련 붕괴 후 러시아로부터의 부품 공급이 1992년에 완전히 끊겼고, 1993년에는 기체의 조립 생산도 종료되면서 계획은 영원히 동결 상태가 되었다.[44] 이 시점에서 조립이 완료된 MiG-29는 겨우 3기로 최초의 1기가 1993년 4월 15일에 시험 비행을 했다. 이 기체는 김일성의 생일인 '415'의 기체 번호를 부여 받았다. 남은 2기의 번호는 각각 '555'와 '820'(공군 창립 기념일)으로 그중 1기를 추락 사고로 잃었다는 정보가 있지만, 현재도 3기가 현역으로 사용되고 있다. 완성하지 못한 기체의 부품은 이미 취역한 기체의 정비, 유지 보수에 활용하여 조선인민군 공군의 MiG-29의 수명 연장에 기여하고 있다. 더하여 전자 기기를 다른 항공기에 탑재하려 시도한 사례도 확인되고 있다. MiG-29에 탑재된 파조트론 NO-19E 펄스 도플러 레이더를 An-24 여객기에 탑재해 조잡하게나마 조기 경보기로 운용하기도 했다. 계획은 1990년대에 개시되었지만, 특별히 큰 성과를 거두지는 못하고 현재는 운용하고 있지 않을 가능성이 높다.[45]

2015년 3월, 김정은은 방현의 항공 산업 시설을 방문해 시찰의 일환으로 '노동 계급의 인민들'이 생산한 '국산' 항공기를 직접 조종해 비행했다. 이때 비행한 항공기를 살펴보면 단순히 중고 세스나 172에 다기능 디스플레이(MFD)를 탑재한 계기판과 3엽 프로펠러, 방풍 와이퍼, 격납식 고양력 장치(슬랩) 등을 추가 장비했을 뿐인 것으로 판명되었다.

이 세스나기는 아마도 과거 20년 동안 어디선가 수입되어 북한 국내에서 개장을 받은 것으로 보인다. 그리고 2016년에는 알피 파이오니어 400 경비행기의 녹다운 반제품을 수입한 것도 확인되었다. 민간용 경비행기를 구입하고 개장하는 등의 모습에서 북한이 아직도 독자적인 항공기의 개발과 생산을 포기하지 않았음을 알 수 있다. 하지만 그 야심은 냉전기에 비해 상당히 소극적인 형태(경비행기)로 이루게 되었다. 이런 현황에도 불구하고 신형기 개발과 기존 기체를 개량한다는 계획은 계속해서 유지하는 듯 보이며 MiG-15와 MiG-19의 독자적인 개수형이라는 형태로 일단은 성과를 거뒀다.

그 밖에 구체적으로 어떤 계획이 실행되었는지, 실제로 신형기를 개발 중인지 확증을 가지고 말할 만한 사례는 적다. 북한 항공기 산업의 기술 수준을 보면 이론적으로는 가능해도 계획을 달성하는 데 드는 막대한 비용과 자원에 걸맞는 성과를 거두고 있는지는 의문시되고 있다.

항공기의 개량

오랫동안 계속된 경제난과 2006년부터 시행된 보다 강도 높은 경제 제재 및 금수 조치에 의해 조선인민군 공군은 대규모 장비 혁신이 불가능한 상황이 되었다. 대치하는 한국 공군 그리고 미 공군에 비해 이미 큰 격차가 벌어진 전력차는 점점 더 심화될 것이 예상되며 항공기 예비 부품의 입수조차 이전에 비해 훨씬 어려워졌다. 그럼에도 불구하고 북한은 노후화가 진행되고 있는 소련의 구형기를 비행 가능한 상태로 유지하면서 성능을 향상하는 획기적인 수단을 새로이 모색하고 있다. 그중 몇 가지는 기체의 수명을 연장하는 것을 목적으로 하는 것뿐만 아니라 현대적인 무장의 운용 능력을 보유하기 위한 개수도 포함한다. 이에 따라 북한은 조선인민군 공군이 보유한 막대한 수의 구형 기체를 현대전에서도 약간이나마 활용 가능하게 만드는 데 성공했다.

기존 항공기의 현대화가 처음으로 실시된 것은 1960년대 초였다. 이 현대화 계획은 그 후 연달아 실행된 개수 계획 중에서도 더욱 대대적으로 실시된 것으로 당시 보유한 기체에 무유도 폭탄이나 로켓 포드를 탑재하기 위해 하드포인트를 증설한다는 내용이다. 개수를 받은 기체는 무장의 최대 탑재량을 대폭 늘릴 수 있었고, 많은 구형 전투기가 근접 항공 지원 능력을 가진 대지 공격기로 개조되었다.

현대전의 제공 전투에서 이미 그 쓸모를 다한 MiG-15, MiG-17 그리고 F-6 같은 전투기에 대지 공격에 적합한 개조를 실시한 것은 현명한 판단이었다. 하드포인트가 증설된 것은 시대에 뒤처진 제공 전투기에만 적용되었고, 동체 전후 또는 주익 아래에 2~6개 추가되

'노동자 계급(방현의 공장 직원)'이 생산했다기보다는 녹다운 방식으로 완성한 3기의 '국산 비행기(세스나 172)'. (KCBC)

한때는 순수 자체 설계의 비행기를 제작하고, 외국제 제트기를 조립 생산하는 등 야심찬 계획에도 투자를 하던 북한의 항공기 산업은, 현재는 민간 프롭기를 조립하는 것만으로도 만족하는 모양새다. (KCBC)

었다.[46] 구형 항공기에 하드포인트를 증설한 것은 북한이 처음은 아니다. 이집트는 1960년대에 북한과 같은 방식으로 MiG-17의 최대 무장 탑재량을 늘려 이 개수가 효과적임을 보여줬다. 이집트 공군의 MiG-17은 동체 아래에 추가로 2개의 하드포인트가 증설되어 150kg 또는 250kg 무유도 폭탄의 탑재가 가능했다. 개수를 받은 조선인민군 공군의 MiG-17도 이에 필적하는 성능을 가졌을 것으로 생각된다. 공개된 영상을 보면 동체 아래에 4발의 소형 무유도 폭탄 또는 2발의 무유도 폭탄을 탑재하며 적어도 200kg 정도의 추가 무장이 가능하리라 추측된다. 경우에 따라 MiG-17과 F-6는 FAB-250 등의 중형 무유도 폭탄도 탑재 가능할 것이다. 물론 엔진 출력이 낮은 MiG-15, MiG-15bis의 무장 탑재량은 MiG-17이나 F-6보다 떨어진다. 무리해서 무장 탑재량을 늘리면서 기체의 비행 특성에 분명 악영향을 주었을 것이다. 특히 모든 하드포인트에 폭탄을 장착할 경우 순항 속도가 현저히 느려지고 항속 거리도 짧아지는 것을 피할 수 없다. 외부 연료 탱크를 장착해 항속 거리를 늘릴 수도 있지만, 이는 기체 중량의 증가로 기동성이 떨어지는 결과를 초래한다.

1980년대에는 구형화된 전투기의 공중전 능력을 향상시키기 위한 개량도 실시되었다. MiG-17과 F-6의 날개에 새로이 2개의 파일런을 추가해 R-3S 단거리 공대공 미사일, 그리고 중국제 PL-2 AAM(R-3S의 카피)의 운용 능력을 가지게 되었다. 실전에서 R-3S의 평가는 처참했지만, 개수를 받기 이전의 MiG-17과 F-6이 공대공 미사일의 운용 능력 자체를 가지지 못했던 점을 고려하면 비교적 간단하고 저비용으로 가능한 이런 개조가 구형 전투기에 준 영향은 상당하다. 이 개조를 받은 기체는 좌우의 익단 쪽 파일런에 1기씩 합계 2기의 R-3S 공대공 미사일을 탑재할 수 있게 되었다. 확실히 획기적인 개수였지만, 하드포인트의 예와 마찬가지로 해당 개조를 북한보다도 먼저 실행에 옮긴 국가가 존재한다. 쿠바의 MiG-17은 1960년대에 거의 동일한 개수를 받았고, 파키스탄의 F-6에도 같은 방법으로 AIM-9 사이드와인더를 탑재한 기체가 있다. 흥미롭게도 1983년에 이웅평 상위(한국군 계급으로 중위와 대위 사이의 계급)가 한국으로 망명했을 때 그가 조종한 F-6에는 이미 공대공 미사일용 파일런이 증설되어 있었다. 1996년에 다른 MiG-19가 망명했을 때에도 기체에는 R-3S 발사용 레일이 장착되어 있었다. 이렇게

공대공 미사일 운용 능력을 F-6(또는 MiG-19)에 부여하는 개수 계획은 실제로는 1980년대 이전부터 진행되었을 가능성이 높다.

시대에 뒤처진 항공기에 새로운 활로를 찾는 것을 목적으로 시행된 개수 계획은 조선인민군 공군이 보유한 최고참 기체도 대상으로 삼았다. 그중에는 박물관에 전시해도 이상하지 않을 정도로 구형인 기체도 포함되었다. 대표적으로 북한이 지금도 운용 중인 약 300기의 An-2/Y-5 수송기다. 십수 명의 병력을 수송할 수 있는 An-2는 특작부대 침투 작전의 핵심을 담당하는 중요한 기체지만, 무장은 전혀 탑재하지 않으며 탑재된 장비도 극도로 필수적인 것만 달려 있다. 북한은 An-2의 이런 결점을 극복하기 위해 다양한 종류의 무장을 탑재할 수 있도록 오랫동안 An-2를 개수해 왔다. 확인된 개수 사항으로 초기에는 주익 아래에 4기의 북한제 로켓 포드를 장착했는데 지상 목표에 대해 합계 20발의 로켓탄을 발사할 수 있다. 동체 아래의 파일런에는 4발 또는 최대 8발의 소형 무유도 폭탄을 탑재하여 An-2에 어느 정도 대지 공격 능력을 가지게 하는 데 성공했다. 파일런의 증설은 비교적 간단히 할 수 있기에 보유한 An-2의 대다수가 개수되어 수송 부대의 전투력은 대폭 강화되었다. 최근에는 오버홀된 An-2에 최신 장비를 설치한 능력 향상형의 생산도 하고 있는 듯하다. 외견으로 구별되는 주요 개량점은 지형 추적 레이더의 추가와 GPS 안테나처럼 생긴 유선형의 장치가 동체 하부에 달려 있다는 것이다. 조종석도 재설계되어 고풍스런 아날로그 계기는 2개의 다기능 디스플레이(MFD)로 교체되었다. 배치되어 있는 An-2 중 많은 수가 개수를 받았지만, 무장 탑재 능력을 가지지 않고 지형 추적 레이더를 장비했지만 GPS는 없는 기체가 있는 등 각 기체의 상태는 천차만별이다. 2015년에 실시된 전투 훈련에서 동체 바로 아래에서 로켓탄을 발사하는 새로운 타입의 무장을 장착한 An-2의 존재도 확인되었다. 폭발에 의한 기체의 손상을 방지하기 위해 발사되는 로켓탄에는 지연 신관을 쓰며 정밀 조준 장치를 활용할 경우 지상 목표에 대해 비교적 높은 명중률을 보일 것이다.

An-2와 마찬가지로 약 130기의 Yak-18과 CJ-5 훈련기 부대에도 무장된 기체가 존재한다. 이것들은 경폭격기로써 실전에 투입될 것을 상정한 무장을 했다. 훈련기인 Yak-18은 6.25 전쟁에서 무장을 하고 야간 공격을 감행해 큰 전과를 거둔 일이 있었는데, 그 대

조선인민군 공군에 도입된 지 대략 70년이나 되었지만, MiG-15는 지금도 현역인 북한의 주력 훈련기이자 전폭기다. 배치될 당시와 마찬가지로 북한의 MiG-15는 기체 전체가 오리지널의 '베어메탈' 사양 그대로이다. 그림의 기체는 동체에 100kg 폭탄을 4발 장착하고 주익 아래에 ORO-57 57mm 무유도 로켓 포드를 2기 장착하고 있다. 주익에는 외부 연료 탱크를 상시 장착하고 있지만, 동체의 폭탄을 보여주기 위해 별도로 표시했다. (그림: Tom Cooper)

6.25 전쟁 휴전 직후에 도입된 MiG-17은 조선인민군 공군에서 현재도 다수 운용되고 있다.
그림은 지금까지 알려진 한도 내에서 가장 중무장인 상태로, 100kg 폭탄 2발과 주익에 R-3S 공대공 미사일 2기를 탑재하고 있다. 주익에는 외부 연료 탱크를 상시 장착하고 있지만, 그림에서는 동체의 폭탄을 보여주기 위해 생략했다. (그림: Tom Cooper)

중국에서 수입된 기체 중 가장 많은 수를 차지하는 F-6는 현재 조선인민군 공군에서 주로 전폭기로 사용되고 있다. 그림에는 100kg 또는 250kg 폭탄용 하드포인트와 R-3S 공대공 미사일용의 파일런을 가진 북한이 독자적으로 개수한 점을 전부 표현했다. 첨부도는 통상형 주익용 외부 연료 탱크(주익 하드포인트에 상시 장착하지만 그림에는 동체의 폭탄을 보여주기 위해 별도로 표시), 통상 안쪽 파일런에 3발 세트로 장착되는 122mm 무유도 로켓탄, ORO-57K 57mm S-5 로켓용 포드, 발사 레일에 탑재된 상태의 R-3S 공대공 미사일. (그림: Tom Cooper)

표적인 사례로 1953년의 인천 공습을 들 수 있다. 이 공습에서 Yak-18은 연료 저장고 폭격에 성공해 유엔군의 비축 연료 2,000만여 리터를 불태웠다. Yak-18/CJ-5 무장형 기체는 동체 아래에 소형 무유도 폭탄 2발 또는 8발의 S-5 57mm 무유도 로켓탄이 들어가는 ORO-57K 로켓 포드 2기를 탑재한다. 그중에는 적 레이더 교란을 위한 채프 발사기를 장비한 기체도 있다.

조선인민군 공군의 유일한 폭격기인 Il-28/H-5도 개량의 대상이 되었다. 기체 자체에 독자적인 개수가 이뤄져 Il-29은 다양한 신병기를 테스트하기 위한 플랫폼으로 사용되었다. 1980년대부터 2000년대에 작성된 보고서에 따르면 Il-28/H-5는 개수를 받아 P-15 단거리 대함 미사일의 운용이 가능해졌다고 한다. 다만 기체의 최대 탑재량과 P-15 대함 미사일의 무게를 고려하면 이 보고는 오보일 가능성이 있다. 아마도 이때 사용된 미사일은 P-15나 KN-01, SY-1 실크웜 등이 아니라 당시 북한의 최신 대함 미사일인 금성-3을 공대함용으로 개발한 것으로 보인다. 금성-3은 주로 조선인민군 공군에서 사용할 것을 염두에 두었지만, 미사일의 부스터 부분을 철거해 비교적 간단히 Il-28에 탑재할 수 있었다. 표적으로의 유도는 미사일 탄두에 내장된 레이더로 하는 능동 방식이다. 하지만 적 함대를 포착하는 레이더 기기가 폭격기에 탑재되지 않은 이상 Il-28/H-5에서 발사된 금성-3의 성능은 제한적일 수밖에 없고, 제 성능을 발휘하기 위해서는 탐색

An-2/Y-5는 다기능 디스플레이가 도입된 기체 중 하나로, 본 기체에는 2대가 장착되어 있다. (KCBC)

오버홀을 완료한 직후의 An-2/Y-5. 동체 하부에 지형 추적 레이더, 주익 아래에 대형 센서, 배기관 아래 흰색의 안테나가 보인다. (Sam Wise)

주익 아래에 북한제 로켓 포드를 4기 장착한 An-2/Y-5. 사진 왼쪽 주익 아래에 4발의 무유도 폭탄은 아직 비어 있는 하드포인트에 장착된다. (Tom Flieger)

Yak-18은 평시에는 훈련기로 사용되며 전시에는 야간 공격기라는 제2의 임무를 가지는 기체이다. 조선인민군 공군 대개혁의 일환으로 Yak-18(A)/CJ-5/CJ-6에는 2010년 중반부터 컬러풀한 위장색으로 도색되었다. 그림의 CJ-5에는 동체 하부에 적 레이더 교란용 채프 발사기(후방석 아래의 회색 상자)가 장착되었다. 첨부도는 북한 독자사양으로 장착된 동체와 주익 좌우의 하드포인트로 모든 기체가 장비했으며 100kg 폭탄을 장착 가능하다. (그림: Tom Cooper)

먼저 전용된 기종인 Yak-18/CJ-5, YAk-18A 훈련기에 이어서 그 중국판인 CJ-6도 경공격기라는 제2의 역할이 부여되었다. 이런 경무장의 프롭기가 격전이 예상되는 한반도 상공에서 유효한 전력이 될지는 의문이지만, 북한은 사용 가능한 기체라면 무엇이든 전투에 투입할 것이 명백하다. 그림의 CJ-6는 ORO-57 57mm 로켓 포드를 주익 아래에 장착하고 있다. 동체와 주익 좌우에는 각 100kg의 폭탄을 장착 가능하다. Yak-18 개수형과 같은 위치, 같은 형상의 하드포인트가 설치되었다. (그림: Tom Cooper)

An-2/Y-5는 조선인민군 공군에서 가장 많은 수를 차지하고 있다. 만약 전쟁이 발발한다면 초기의 공수 작전에서 가장 많이 사용될 항공기이다. 이를 위해 일정 수의 기체에 지형 추적 레이더와 항법/통신장비가 추가되었다. 또한 일부 기체에는 무장도 가능하게 개조가 되어 주익 좌우의 하드포인트에 5연장 로켓 포드를 2기 또는 최대 4발 100kg까지 폭탄을 장착할 수 있다. (그림: Tom Cooper)

2017년 김일성 탄생 105주년 기념 열병식에서 '105'의 숫자를 그리며 편대비행하는 27기의 CJ-6 프롭기. (NK Pro)

대지 정밀 유도 무기(자세한 것은 육군편을 참조)의 탑재 테스트는 2010년대에 들어서도 계속되었다. 자세한 사항은 알 수 없지만, R-3S/PL-2 공대공 미사일과 비슷한 AAM을 탑재한 Mi-2도 1기 확인되고 있다.

북한은 공격 헬기의 주력을 MD-500과 Mi-2 같은 소형 헬기에 맡기고 있지만, Mi-4/Z-5나 Mi-8 등의 중대형 헬기를 무장한 사례도 보인다. 그중 실제로 대지 공격 임무에 투입될 가능성이 높은 것이 Mi-4/Z-5다.

무장형 Mi-4/Z-5는 동체에 자동 유탄 발사기, 그리고 양측의 스터브 윙(작은 날개)에 각각 2기의 말륫카 대전차 유도 미사일과 구경 불명의 로켓 포드(아마도 An-2에 장비한 것과 동형)를 탑재한다. 그 결과 탄생한 것은 북한제 Mi-24라 할 수 있는 중무장 헬기로 조선인민군 공군이 보유한 공격 헬기 중 가장 완성형에 가까운 기체라 하겠다. 한편 Mi-8이 무장한 경우는 극히 희소하며 1990년대 초에 김정일이 시찰을 할 때 등장한 기체가 유일한 목격 사례다. 몇 기의 Mi-8에는 An-2에 탑재된 것과 같은 지형 추적 레이더를 장비했다.

북한의 항공기 개량은 하드포인트의 추가와 무장 운용 능력의 추가만이 아니라 보다 대대적인 개조로도 이어졌다. 대표적인 예로 MiG-15UTI 훈련기에 조종석에서 미익에 걸쳐 도설 핀을 추가하여 연료 탑재량을 늘리면서도 공력 특성을 유지해 항속 거리를 크게 늘리는 데 성공했다. 같은 방식의 개조는 MiG-21에도 실시되었다. 하지만 중량이 증가함에 따라 비행 성능이 저하되었고, 경무장에 정찰

레이더를 장착한 폭격기가 필요할 것이다. 금성-3을 운용할 수 있는 Il-2/H-5에는 주익에 일반 무장도 탑재 가능한 2개의 범용 파일런이 증설되어 일반형과 식별하기 쉽다. 반세기 전에 개발된 기체에 최첨단 대함 미사일을 탑재한다는 참신한 시도를 통해 Il-28/H-5는 이후로도 오랫동안 조선인민군 공군의 중요한 전력으로 남아 있을 것이다. 또한 대부분의 Il-28/H-5는 NR-23 23mm 기관포를 장착한 후미 총좌를 아마도 무게를 줄이기 위해 철거했을 것이다. 자위 수단을 포기하는 것이지만 후미 총좌가 현대전에서 활약할 기회는 전혀 없다. 그리고 An-8과 Mi-8(퇴역한 Li-2도)에 사용된 것과 동형의 지형 추적 레이더를 장비한 Il-28도 몇 기 있는 것이 확인되었으며 조선인민군 공군이 보유한 다른 기체에도 비슷한 개수를 시행하고 있다.

1970년대부터 1980년대에 걸쳐서 다양한 신형기를 도입하면서 헬기의 개수도 일반적으로 실시되었다. 수입된 MD-500, Mi-2 그리고 Mi-8의 전 기종이 비무장 기체였기 때문에 북한은 이 기체들의 성능에 맞춰 공격 헬기로 개조한다는 계획을 세웠다.

특히 민간용인 E형과 D형만을 구입한 MD-500은 곧바로 개조되어 대전차 공격 헬기로 변모했다. 특이하게도 MD-500E와 MD-500D에 장착된 대전차 유도 미사일 발사기는 각각 다른 배치 방식을 보인다. 양 기종 모두 사용된 무장은 9M14 말륫카 대전차 유도 미사일이지만, E형은 병렬로, 소수인 D형은 직렬로 장착되었다. 1990년대에는 말륫카와 9M11 파곳 대전차 유도 미사일(또는 북한 생산형)을 동시에 탑재한 MD-500이 목격되었다. 이 기체가 대대적으로 실전 배치되었다면 대전차 전투 능력은 대폭 개선되었다 하겠다. 다만 2013년의 북한 전승절 60주년 기념 열병식에 참가한 MD-500은 구형 말륫카만을 장비하고 있는 것으로 보아 능력 강화에 미치지는 못한 것 같다. 조선인민군 공군에 배치된 약 80기의 MD-500의 대다수가 대전차 공격 헬기로 활용되는 것으로 보이나 일부는 비무장 상태로 에어쇼에 등장하며 그중에는 특수한 조준 장치와 동체 아래에 자동 유탄 발사기를 장착한 파생형도 존재한다. MD-500과 나란히 조선인민군 공군의 공격 헬기 부대의 주력으로 사용되는 기종은 가장 보유량이 많은 Mi-2이다. 대량 배치된 이래 Mi-2는 말륫카 대전차 유도 미사일 4기와 S-5 57mm 로켓탄을 16발 장전하는 UB-16-57UMP 로켓 포드 2기를 통상적으로 탑재한다. 최신예

1989년의 무기전시회에서 S-5 무유도 로켓탄(우)과 말륫카 ATGM(좌)를 살펴보는 김일성. 현재 다른 국가들은 S-8처럼 더 큰 구경의 로켓으로 무장을 전환했지만, 북한은 여전히 S-5를 운용하고 있다. 인물 뒤로 S-500용 62N200 레이더가 보인다. (Tom Flieger)

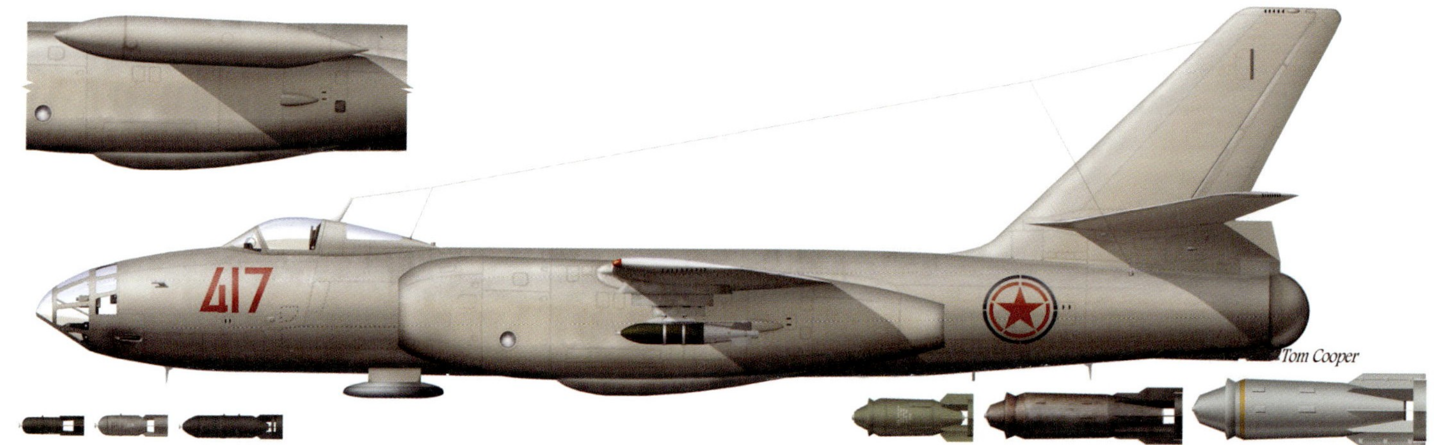

조선인민군 공군의 항공기 중 유일하게 장거리 공격이 가능한 순수 폭격기인 Il-28/H-5. 오랫동안의 투자에 걸맞는 성능을 발휘할 것이다. 그림의 폭격기 사양의 Il-28은 주익의 하드포인트가 2개 증설되었고, 신형 UHF 무전기를 장비했다. 경량화를 위해 후미 총좌는 철거되었다. 그림의 기체는 종래의 지형 추적 레이더를 북한제로 교체한 희귀한 사례다. 주익 아래 파일런에 AGP-250 활공 폭탄을 2발 장착하고 있다. 첨부도는 주로 무장하는 폭탄으로 왼쪽부터 FAB-50M-46, FAB-100M-46, FAB-500M-54, FAB-1500M-46, FAB-3000M-46이다. 왼쪽 위의 그림은 Il-28의 익단 연료 탱크. (그림: Tom Cooper)

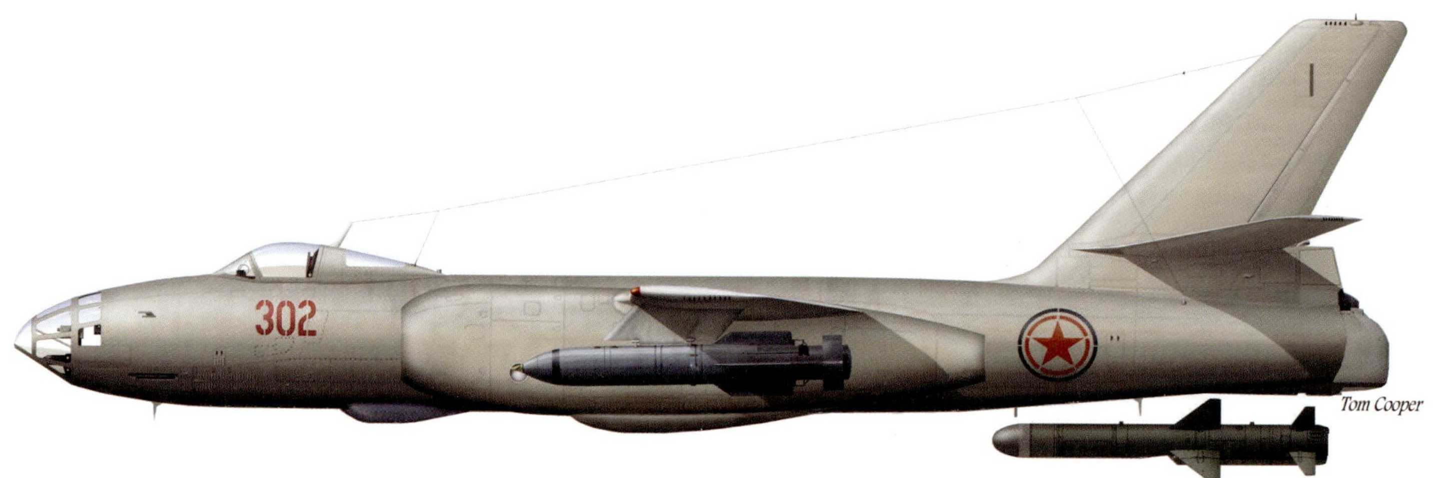

그림은 대함 공격기로 개조된 H-5. 이 형식의 기체는 현대의 전투함을 효과적으로 공격할 수 있는 조선인민군 공군 유일의 항공기이다. 무장으로 금성-3 대함 미사일(첨부도) 또는 Yu-5 로켓 추진 어뢰(주익 아래에 신설된 전용 파일런에 장착)를 탑재 가능하다. 금성-3의 후계형은 확인된 바 없지만, 사거리 연장, GPS 시스템과 적외선 시커를 탑재한 미사일이 개발되었을 것이다. 만약 개발, 배치가 되었다면 북한의 Il-28과 H-5의 공격력은 대폭 향상될 것이다. (그림: Tom Cooper)

기기를 가지고 있지 않은 MiG-15UTI가 실전에서 전폭기, 요격기 또는 정찰기로 사용되기는 어렵다. 보다 현실적인 운용법은 도설 핀과 날개 아래의 외부 연료 탱크를 장착해 늘어난 항속 거리와 후방석을 활용해 정찰 및 관측기로써 운용하는 것이다.

방현의 항공 산업 거점에서 현재도 진행 중인 개수 계획은 주로 노후화된 기체의 수리, 다기능 디스플레이(MFD) 같은 조종석의 현대화, 그리고 새로운 전자 장비의 탑재 등이다. 조선인민군 공군이 보유한 항공기의 대부분이 1980년대 이전에 생산된 것들이어서 기체에 사용된 부품이 내구연한을 넘겨 교체할 필요가 있다. 교체할 새로운 부품의 대부분은 북한 국내에서 생산된 자국산이다.[47] 개수 계획을 진행하면서 조선인민군 공군 기체의 상당수는 단색으로 위장색이 바뀌었고, 몇몇 기체는 거듭된 부품 교체로 인해 부품이 교체된 부위의 색상이 달라져 얼룩덜룩한 회색이 되었다. 이런 오버홀을 통해 기체 수명이 얼마나 연장될지는 교환한 부품의 수와 빈도에 따라 크게 좌우될 것이다. 최근에는 MiG-21의 연료 탱크가 새로 만들어진 것이 밝혀졌고, 이로 인해 기체의 도색이 각 부위마다 미묘하게 달라졌다. MiG-21 같은 구형기의 연료 탱크를 새로 제작했다는 사실은 이들 기체가 신품에 가까운 상태를 유지하고 있다는 의

미다. 하지만 긴급한 과제로 떠오른 것이 제트 엔진처럼 대체 불가능한 복잡한 기계의 유지 또는 신규 입수가 가능하냐는 문제이다. 2013년의 '청천강호'를 통해 쿠바에서 밀수를 시도하다 압수된 15기의 엔진과 몽골에서 수입하는 데 실패한 항공기 부품 등은 전부 MiG-21에 쓰기 위한 것이었다. 북한은 2021년 현재 MiG-21 같은 구형기에 탑재하는 엔진을 국내 생산하는 데는 다다르지 못했다. 조선인민군 공군의 구형기를 앞으로도 십수 년에 걸쳐 사용하기 위해서는 엔진 생산 능력이 필수적이지만, 북한 항공기 산업의 기술 수준이 이에 미치지 못하고 있다.

일견 사소하고 눈에 띄지 않는 개수 내용이지만 오버홀된 기체에 새로운 극초단파(UHF) 무전기가 탑재되었다. 430~480MHz의 주파수 대역을 가진 무전기로 GR-400 UHF 무전기라는 이름으로 북한이 운영하는 말레이시아의 위장 기업인 그로콤에서 해외로 수출하고 있는 물건이다. 무전기의 탑재 유무는 항공기용 GA-411B형 안테나가 설치되어 있는지로 판별할 수 있다. GR-400은 MiG-21, MiG-23, Su-25, An-2, Il-28, MD-500 헬기 등에 탑재되었다. 이후 조선인민군 공군이 보유한 전 기체에 탑재될 것이다. 그로콤이 판매하는 전자 기기의 대부분이 조선인민군 공군에도 도입되었다고 가

조종석 후방부터 수직미익에 걸쳐 도설(Dorsal:등쪽)탱크가 증설된 MiG-15UTI. (Thomas Peddle)

정한다면 북한의 C4I 시스템의 능력은 상당히 향상되었을 것이고, 이는 격렬한 전자전이 벌어지는 21세기 현대전에서 어느 정도 대처가 가능할 것이다. 북한 상층부는 조선인민군이 전자전과 신호 정보(SIGINT) 부분에서 취약함을 인식하고 있으며 GR-400으로 대표되는 최신 전자 기기는 점점 중요성을 더하고 있다.[48] 최근 오버홀된 기체의 대부분은 조종석도 대폭 개수를 하여 다기능 디스플레이(MFD)를 탑재해 종래의 계기 배치가 변경되었다. 다기능 디스플레이 등의 도입에 필요한 고급 기술의 출처는 알 수 없지만, 아마도 해외 원조 또는 북한이 독자적으로 개발에 성공했을 가능성도 충분히 있다. 북한의 전자 기기 산업이 상당히 높은 수준의 기기를 생산할 수 있는 것은 그로콤의 전례를 생각하면 있을 수 있는 일이다. 전파 방해 장치 등의 최신 전자 기기는 조선인민군의 각 부대에서 일상적으로 사용되고 있다. 예를 들어 헬기를 포함한 많은 항공기에 탑재 가능한 타칸(TACAN) 전자전 시스템이 있다. 이 전자전 시스템은 적 방공 시스템을 방해할 수 있으며 시리아에도 수출되었다. 신빙성은 명확하지 않지만, Mi-17에 탑재된 타칸이 러시아군의 판치르-S1(Pantsir-S1) 방공 시스템에 대해 놀랄 만큼 효과적이었다는 보고가 있다.[49] 최근 오버홀을 받은 MiG-23, MiG-29, Su-25 그리고 MiG-21을 포함한 일부 구형기는 새로이 백색과 회색의 위장색으로 재도색되었다. 그래서 오버홀을 받은 기체와 아닌 기체를 명확히 판별하는 게 가능하다. 이 새로운 위장색의 채용에 의해 MiG-29의 대지 공격기 사양에 가까운 녹색/청색의 2색 위장색, 그리고 Su-25의

진녹/하늘색의 2색 위장색은 완전히 대체되었다.

이런 개량 및 개수에 의해 조선인민군 공군의 전투력이 종합적으로 어느 정도 향상되었는지는 차치하고 각 기체의 내구연한이 상당히 연장된 것은 확실하다. 그래서 북한 공군의 임전 태세는 과거 수십 년 사이 최고점에 올라갔다고 평가된다. 이런 경향은 보고되는 북한 공군의 출격 횟수 증가, 오버홀된 기체의 증가, 김정은의 빈번한 시찰과 군사 훈련 횟수의 증가로 나타났다.

북한은 항공기 본체만이 아니라 항공기에 사용하는 다양한 무장의 공급, 개발 그리고 유지에도 힘을 기울여 왔다. 노후화가 진행된 구형기와 마찬가지로 노후한 무장을 다수 보유한 북한의 눈앞에 닥친 과제는 그것들을 사용 가능한 상태로 유지하면서 현대전에 통용될 정도의 성능을 가진 신형 무기의 개발이다. 일반적으로 공대공 미사일의 사용 기한은 짧은 편으로, 특히 1960~1970년대에 개발된 소련과 중국제 구형 공대공 미사일들의 상태가 심각했다. 이들 공대공 미사일의 성능을 유지하려면 정기적인 정비와 부품의 교체가 필수적이었고, 사용 기한이 임박한 것부터 훈련탄으로 소모했다. 조선인민군 공군의 '황금기'라 불린 시기 소련으로부터 입수한 비교적 신형의 공대공 미사일도 예외는 아니었다. 쿠바 등의 국가에서 새로 입수하는 경우도 있지만, 조선인민군 공군이 가지고 있는 공대공 미사일의 심각한 고갈을 해결하기에는 역부족이었다. 기존 미사일의 정비 경험과 더불어 어디까지나 추측건대 중국의 PL-2(R-3S의 카피)를 국내에서 조립한 경험을 통해 축적한 기술이 공대공 미사일의 국산화에 활용되었을 가능성이 있지만, 이 분야에 있어 북한이 거둔 성공은 확인하기 어려우며 MiG-23과 MiG-29, 그리고 Su-25 등이 정체불명의 훈련용 모의 미사일을 탑재하고 있는 것이 확인된 정도다. 다만 R-3S만이 아니라 더 오래된 RS-2U 또한 현역인 상황을 보면 적어도 구형 공대공 미사일을 유지하는 정도의 기술을 북한이 보유하고 있는 것은 확실하다.

한편 공대지 무기에 대해서는 다양한 종류의 무유도 로켓탄, 로켓 포드, 무유도 폭탄 그리고 보다 현대적인 무기의 개발, 생산에 성공했다고 알려졌다. 그중에서도 가장 선진적인 것이 AGP-250이라는 이름으로 수출되고 있는 GNSS(글로벌 항법위성시스템) 유도식 250kg 활공 폭탄이다. 이 정밀 유도 무기는 중국의 기술을 기반으로 개발된 것으로 고도 1만 미터에서 투하될 경우 원형 공산 오차 50미터 이하의 정확도에 최대 80km를 날아가 표적을 공격하는 게 가능하다. 2010년대 초에 개발이 시작되어 당초 예상보다 빠른 2013년 말 무렵에는 해외 몇몇 국가와 수출 계약을 체결했다. 이를

MiG-21PFM은 구형이지만 기존에 있던 조종석의 아날로그 계기를 오버홀하면서 다기능 디스플레이로 교체했다. 사진은 비행 시뮬레이터의 시연 영상이다. (KCBC)

눈에 잘 띄지 않지만 최근 기수 아래에 설치된 GR-400 UHF 데이터 통신용 GA-411B 소형 안테나(흰색의 삼각형 모양)가 있다. (KCBC)

구형 위장색 사양의 MiG-29B를 배경으로 순천 기지의 조종사들과 포즈를 취하는 김정은. 하면은 하늘색, 상면은 녹색 위장을 하여 시인성을 떨어뜨렸다. (KCBC)

원산 항공축전 2016에서 신규 위장색으로 도색한 MiG-29S-13. 이 투톤 그레이의 위장색은 종래의 그린/블루 위장색보다 공중전에서의 저시인성을 중시한 것이다. (Sam Wise)

오버홀 후의 고속 제트기와 비슷한 색상이지만, 일부 Su-25와 MiG-23은 상면 회색 무늬의 명도가 낮다. (Sam Wise)

수입한 국가는 모잠비크와 수단으로, 모잠비크는 무유도 폭탄용 개조 키트를, 수단은 500만 유로에 80발의 AGP-250을 구매했다.[50, 51] 수단의 국영 기업인 군사 산업공사는 AGP-250을 버칸(Burkan)이라는 이름으로 판매하고 있으며 북한의 업적을 가로채듯이 독자적으로 개발한 국산 무기라 자랑스럽게 선전하고 있다. 수단 공군에 공급된 북한의 AGP-250은 2015년의 예멘 내전에서 짧은 기간이지만 실전 투입되었다. AGP-250의 사거리와 정확도는 조선인민군 공군에 있어 매우 소중한 전력이다. 특히 MiG-21 등에 탑재해 사전에 선정된 목표에 대한 포화 공격(Saturation Attack)에 사용될 경우, 한국에 큰 타격을 줄 수 있다. 현재는 250kg형만 존재가 확인되고 있지만, 보다 대형 폭탄을 활용한 파생형도 개발했을 것으로 보이며 아마도 시험 단계에 있을 것이다. 이런 정밀 유도 무기의 보급은 본래 용도인 제공 전투기로써의 이용 가치를 완전히 상실한 MiG-21PFM 등의 구형기를 유효하게 활용하는 최적의 수단이다. 지휘 통제가 정상적으로 기능하는 상태에서 이들 기체가 AGP-250을 사용해 근접 지원 공격을 실시할 경우 그 효과는 클 것이다.

정밀 유도 무기 분야에서 또 하나의 혁신적인 신무기는 2016년 6월의 훈련에서 처음으로 공개된 화상 유도식 공대지 미사일이다. 헬기에 탑재된 이 공대지 미사일은 탑 어택 방식을 채용한 것으로 보이며 적 기갑 차량의 상부를 노려 소형 탄두로도 효율적으로 장갑을 관통할 수 있다. 실용성이 실증될 경우 이 미사일은 Mi-2나 그 밖의 헬기만이 아니라 고정익기에 탑재될 가능성도 있다. 금성-3 대함 미사일과 적외선 유도 방식의 개량형 금성-3 등으로 대표되는 중량급 무기는 장래적으로 무장 탑재량을 향상시킨 항공기에도 탑재될 것으로 기대된다. 공대함 미사일을 운용할 수 있는 항공기의 수를 충분히 확보한 경우 조선인민군 공군은 적 함대의 방공 능력을 상회하는 규모의 공격을 실시하여 대한민국 해군과 미 해군에 치명적인 타격을 줄 수 있을 것이다. 하지만 이런 공격을 성공시키기 위해서는 대함 공격 부대가 먼저 적 함대 방공망을 돌파할 것이 전제되어야 한다. 정리하자면 항공기 탑재용 신형 무기의 개발은 노후화된 기체를 전력으로 활용 가능한 비용 대비 효과가 높은 수단이다. 신예기의 도입이 절망적인 지금 신무기 개발에 투입될 예산은 앞으로도 확실히 증가할 것이다.

무인 항공기

북한이 무인 항공기를 운용한 지는 오래되었지만, 그 위협이 본격적으로 인식되기 시작한 것은 2013년 이후, 한국에 추락한 몇몇 드론이 발견되면서부터다. 추락한 무인 항공기(UAV) 중에는 서울의 청와대나 대구에 있는 사드(THAAD: 고고도 미사일 방어 체계) 미사일 기지를 촬영한 것도 있다. 한국과 미국 당국은 이 드론들을 면밀히 조사했지만, 북한의 UAV에 대해서는 여전히 철저한 정보 관리하에 있어 정확한 정보를 얻기 힘들다. 북한이 UAV의 운용에 처음으로 흥미를 보인 것은 1970년대 말부터 1980년대 초 무렵이다. 처음에는 대공포 표적용으로 소형 무선 비행기를 사용하고 있었다. 그후 타국의 분쟁에서 UAV가 대활약하는 모습에 영향을 받아 북한은 무인 항공기의 획득과 국산화에 적극적으로 나섰다. 조선인민군 공군은 보유한 유인기로는 효과적으로 실시할 수 없는 정찰 임무나 초정밀 공격 등에 UAV가 적합할 것이라 판단해 무인 항공기의 개발에 열중하고 있다. 더하여 군용 드론만이 아니라 국내에는 어린이용 완구나 취미용 무선 비행기 클럽도 다수 존재하는 듯하다. 이 정도로 UAV가 일반 사회에 보급되었음에도 드론이 매체에 등장하는 경우는 드물다. 이로 보아 북한이 무인 항공기 개발에 대해서 (군에 관계된 여러 계획과 마찬가지로) 높은 수준의 기밀을 유지하고 있음을 알 수 있다. 한정된 정보이지만 북한은 고성능에서 단순한 것까지 다양한 UAV 개발 계획을 세우고 실행에 옮기고 있음이 확인되고 있다. 2013년에 추락한 기체가 발견될 때까지 은밀히 한국 각지의 중요 시설을 촬영하는 데 성공한 UAV를 북한은 가성비가 우수한 무기로 여기고 있다. 그래서 무인기에 대한 투자는 점점 늘어나 전황에 큰 영향을 줄 정도의 성능을 보유한 신예기의 개발에 성공했을 가능성도 충분히 있다.

2010년대 한국에 추락한 몇 기의 소형 정찰 드론이 계기가 되어 북한이 운용하는 UAV의 상세가 처음으로 밝혀졌다. 흥미로운 점은

이때 추락한 UAV가 전부 중국의 드론을 참고해 개발된 물건이라는 점이다. 그중에는 시판되고 있는 기체를 그대로 군사용으로 전용한 것도 있다. 베이스가 된 중국제 드론은 Sky-09P와 UV10CAM으로 일제 카메라가 사용되는 등 개조에 사용된 부품 대부분이 외국산으로 판명되었다. 이들 UAV의 운용 방법은 극히 단순했는데, 설정된 경로를 GPS 유도로 비행하는 동안 일정 간격으로 사진을 촬영하도록 프로그램되어 있었다. 촬영 데이터는 귀환한 UAV에서 직접 메모리 카드를 회수하는 방식이었고, 정찰 위성에 필적하는 선명도와 해상도의 정보를 손쉽게 얻을 수 있었다. 물론 정찰 위성과 비교하면 뒤떨어지는 점도 많았고, 특히 이들 민간용 드론을 개조한 UAV의 항속 거리는 수백 km 정도로 비교적 짧았다.

이런 종류의 UAV를 활용한 정찰 활동에 절호의 표적이 되는 것이 성주군의 사드 미사일 기지 같은 중요 군사 시설이다. 추락한 UAV를 조사한 결과 성주군의 사드는 배치된 지 일주일 후인 2017년 6월에 촬영되었다는 것을 알게 되었다. 이 UAV는 연료 부족으로 추락했지만, GPS 유도의 정확도는 주목할 만하다. 위치가 특정된 사드는 북한으로부터 공격 목표가 되기에 전시의 유효성은 거의 완전히 잃은 것이나 마찬가지다. 추락한 UAV가 촬영한 데이터가 북한에 전달되지는 않았지만, 최신 방공 미사일 시스템이 배치된 지 겨우 일주일 만에 위치가 노출된 사실은 한국 국민들에게 큰 충격을 주었고, 프로파간다적으로는 대승리를 거두었다. 비슷한 사건은 2014년 3월에도 발생했다. 이때 경기도 북서부의 파주에서 발견된 UAV에서는 193장의 촬영 데이터가 회수되었다. 그중에는 청와대와 경복궁을 찍은 사진도 있었다.

실시간으로 촬영 데이터를 전송하지는 못하는 이들 UAV는 전시에는 이용 가치가 적다. 하지만 평시에는 그 단순함이 역설적이게도 비용 대비 효과가 높은 정찰 수단으로 가치가 있다. 이들 UAV의 생산 및 운용에 필요한 비용은 극히 낮고, 그래서 추락해 손실하더라도 큰 피해로 이어지지 않는다.

더하여 단순하고 소형인 UAV를 포착해 효과적으로 격추시키기 어렵다는 장점도 있다. 한국은 이런 UAV를 탐지하기 위해 TPS-880 같은 국지 방공 레이더를 대량으로 생산, 배치할 예정이다. 그렇더라도 저공, 저속으로 비행하는 소형 무인기를 포착하기는 어려운 일

과거 북한에서 전시되었던 미 공군의 F-16이나 중국 공군의 J-10 같은 1/6 스케일의 무선조종 비행기는 일견 군사적 가치는 없어 보이지만 드론에 대한 관심이 높아지고 있음을 분명히 보여주고 있었다. 사진은 항공 클럽의 대형 무선조종기이다. (KCBC)

이다.[52] 설정된 경로를 비행하는 UAV를 전자 대항 수단으로 무력화 또는 조종 권한을 해킹하기는 더욱 어려운 일이지만, GPS 방해는 일정 부분 효과를 보고 있다. 상기한 이유로 소형 UAV가 간단한 구조인 것은 의도적이라 생각된다. 그리고 보다 선진적이고 복잡해 실전에 적합한 드론도 같이 개발하고 있을 가능성이 높다.

북한의 UAV가 주목을 받게 된 것은 최근이지만, 군용 드론의 운용 계획 자체는 소수의 중국제 무인 항공기를 입수한 1980년대 후반까지 거슬러 올라간다. 이 시기 중국에서 수입한 무인기는 D-4형 (시안 ASN-104) 정찰 UAV인 것으로 생각되지만, 실제로 부대에 배치되었는지는 확실치 않다.[53] 1990년대부터 2000년대 초에 걸쳐 러시아로부터 프첼라(Пчела:꿀벌)-1T 정찰 관측 UAV를 도입했다는 보고도 D-4의 경우와 마찬가지로 확증은 없다. 하지만 북한에 관한 문헌이나 자료에 빈번히 프첼라의 이름이 등장하는 것으로 보아 실제로 도입했을 가능성도 높다. 그리고 1994년에는 시리아와 상호 협력 협정이 체결된 결과 VR-3 시리즈 정찰 시스템의 일부와 Tu-143 무인 항공기를 손에 넣었다.[54] Tu-143은 프첼라-1T와는 다른 체급의 UAV로 보다 대형에 본격적인 제트 엔진을 탑재했지만, 촬영 데이터는 착륙 후 회수하는 방식이었다. 북한은 대형 UAV의 개발에 필요한 내부 기술을 시리아의 TU-143으로부터 얻었을 것이다. 시리아와의 상호 협력 협정 내용을 알 수는 없지만 북한은 현대전에 쓰기에는 적합하지 않은 Tu-143에 특별히 흥미를 보이지는 않았고, 개발 중인 북한제 무인 항공기에 그다지 큰 영향을 주지는 못했다.

대신 북한은 과거에 수입한 D-4 같은 소형 UAV의 개발을 추구했다. 이 시기 북한의 UAV 국산화 계획에 큰 진보가 있다는 보고는 없지만, 이 무렵부터 한국과 미국 첩보 기관은 조선인민군 공군이 운용하는 드론을 '방현'이라 부르기 시작했다. 북한제 드론의 생산 거점이 있을 것으로 추측되는 지명을 따서 명명한 것이다. 즉 실질적으로 UAV가 방현 공군 기지에서 제조되었다는 의미이다. 이 호칭 때문에 미디어에 퍼질 때에는 북한 스스로 방현이라는 명칭을 사용했다는 잘못된 보도가 나오기도 했다.

북한제 UAV가 공개된 것은 2012년의 김일성 탄생 100주년 기념 열병식에서였다. 이 신형 무인 공격기(UCAV)는 종래 북한이 사용하던 UAV와는 다른 모습이었고, 해외에서 새로이 드론 기술을 습득했을 가능성을 보여준다. 실제로 같은 해 2월에 작성된 보고서에 따르면 북한은 중동에서 몇 기의 미제 MQM-107D 스트라이커를 입수하는 데 성공했다.[55] 다만 열병식에 공개된 북한의 UCAV(무인 공격기)와 MQM-107D는 외견적으로 큰 차이를 보이기에 연관성이 있다고 하기에는 의문스럽다.

이 UCAV는 2기의 소형 JATO(제트 분사식 이륙 보조 장치) 부스터와 동체 아래에 탑재된 메인 제트 엔진(프랑스제 TRI 60-2의 카피로 예상)으로 이륙하며 동체는 볼트로 조립하는는 등 전체적으로 조잡하게 만들어졌다. 기수에는 탄두가 탑재되었을 것으로 추측되며 전장 상공을 배회하다 표적을 발견하면 돌입해 UCAV 본체가 격돌해 적을 격파하는 구조다. 조종은 무선을 통해 원격으로 조종하여 조종자의 안전을 보장한다. 북한제 UCAV의 부대 배치 상황을 감찰하기 위해 2013년 3월에 실시된 훈련에 참가한 김정은은 이들을 '무인 타격기'라 호칭했다. 이 훈련에서 북한제 UCAV는 트럭 후방에 적재되었던 열병식에서와 달리 견인식 발사대에 탑재되어 있었다.

흥미롭게도 이 UCAV는 순항 미사일을 모방한 무인 표적기로도 사용되는 듯하다. 이를 이용해 방공 미사일 부대의 훈련의 질을 높이는 것이 가능하겠지만, 본래의 용도인 무인 공격기로의 활약은 그다지 바랄 수 없을 것이다. 북한제 무인 공격기는 저속으로 비행하며 덩치가 크기 때문에 포착해 격추시키기는 쉽다. 비록 배회형 자율 무기가 독특한 작전 수행 능력을 가지고는 있지만, 효율적으로 활용할 정도의 수량이 배치되었을 가능성은 낮다. 더하여 무인 공격기의 유도 관제 시스템이 어느 정도 적의 전자 대응 수단에 대해 내성을 발휘할 수 있는지도 알 수 없으며, 경우에 따라 간단한 통신 방해 또는 무인 공격기의 조작 차체를 해킹당하는 경우도 있을 것이다.

조선인민군 공군의 무인 공격기 부대는 이렇게 여러 단점을 안고 있지만, 북한은 다양한 신형기의 개발에 몰두하고 있다. 이들 신형 무인 항공기가 연습에 참가하는 모습도 정기적으로 목격되고 있다. 주목할 점은 2016년 말에 목격된 사례로 이 신형 UAV는 아무래도 에어로존드(Aerosonde) 마크 I 을 기반으로 한 것 같다. 에어로존드는 1998년에 3,270km의 거리를 비행해 대서양 횡단에 세계 최초로 성공한 무인 항공기다.[56] 이 북한의 신형 UAV가 단순한 목업인지는 알 수 없다. 다만 그 특성은 북한이 개발 중이라는 보고가 있는 장거리 비행형 UAV와 일치한다.[57] 만약 이 장거리 비행형 UAV가 실제로 부대 운용이 가능한 수준으로 완성되었다면, 긴 항속 거

2014년 5월, 백령도에서 발견된 UV10CAM의 잔해. (ROK DoD)

2014년 3월에 파주시 근교에서 발견된 Sky-09P의 잔해. (ROK DoD)

ZiL-130 트럭에 탑재된 '드론 스트라이커' 무인 공격기(UCAV). 2013년의 전승절에서. (Stefan Krasowski)

리와 실시간 통신 기능에 그치지 않고, 소형 무인 항공기에 비해 선명한 고해상도 화상을 보낼 수 있을 것이다.

한편 소형 UAV의 개발도 멈추지 않고 단계적으로 개량을 거듭해 파생형이 등장하고 있다. 예를 들어 2013년에 한국에서 추락한 UAV 중에는 중국제 드론을 베이스로 많은 개조를 더한 것도 존재한다. 삼척시에서 발견된 Sky-09P 베이스의 북한제 UAV는 원형기보다 약간 더 큰데, 이를 통해 Sky-09P의 제조사인 중국의 NFAT사가 공표한 항속 거리 150~200km에 비해 약 2배의 거리를 비행하는

게 가능한 것으로 밝혀졌다. 비슷한 사례로 사드 미사일 기지의 촬영에 성공했고, 2014년 4월에 백령도에 추락한 UV10CAM 베이스의 UAV에서도 향상된 비행 능력이 확인된다. 이 개량형 UAV는 오리지널 UV10CAM에 비해 2배 가까운 출력을 발휘하며 탑재하는 연료의 양은 2배를 넘는다. 항속 거리는 제조사가 공개한 주요 제원에 기재된 약 350km에서 대략 600km까지 대폭 개선되었다. 흥미로운 것은 추락한 2기의 UV10CAM 베이스 UAV를 조사했을 때 쌍방이 미묘하게 다른 형상을 하고 있는 것을 알 수 있다는 점이다.[58] 북

북한의 공격 드론은 무인 표적기치고는 고가이고, 배회형 자폭 드론으로 쓰기에는 전투 효율이 떨어지기에 생산량은 극히 적을 것으로 보인다. 하지만 이 드론의 우수한 점은 UAV 자체의 능력이 아니라 추진용 엔진에 있다. 프랑스제 TRI60-2 터보제트 엔진의 카피로 생각되며 개량한다면 북한은 순항 미사일이나 장래의 고성능 무인기용에 최적의 엔진을 획득할 수 있을 것이다. (그림: Tom Cooper)

한은 도입한 UAV에 개조를 거듭해 적극적으로 성능 실험을 하는 등 군용 무인 항공기의 국산화에 높은 의욕을 보이고 있다.

북한의 UAV 개발 계획에 대해 공개된 최신 정보가 없다 보니 해외 미디어에는 비밀에 싸인 조선인민군 공군의 드론 부대에 대한 억측이 난무하고 있다. 한국의 미디어는 '두루미'라는 이름의 신형 UAV의 존재를 언급하고 있는데, 이것은 전장 5미터의 동체에 항속 거리 350km, 그리고 실시간 통신 기능을 가지고 있는 듯하다. 이 UAV는 실제로 개발 중 또는 이미 부대에 배치되었을 가능성이 높지만, 존재를 확실히 확인한 증거는 아직 보이지 않는다. 더하여 항속 거리 2,000km에 스텔스 능력을 가진 UAV가 있다는 정보도 있다. 이것은 폭 7미터의 정찰 공격형 UAV로 속칭 '더티 밤(방사능 피해를 목적으로 하는 폭탄)'을 탑재할 능력을 가졌을 것으로 여겨지지만, 2010년에 실시된 군사 훈련 중에 목격되었다는 정보는 신빙성이 떨어진다.[59, 60] 북한이 현대전에 통용될 수준의 최신 UAV/UCAV를 개발, 생산, 운용할 수 있는지 없는지는 무인 항공기 산업에 투자하는 예산의 규모와 중국, 이란 등의 드론 대국으로부터 협력을 얻을 수 있는지에 달려 있다.

반항공군

정식 명칭 '조선인민군 항공 및 반항공군'이라는 이름에서 알 수 있듯이 조선인민군은 방공 부대를 상당히 중요시하고 있다. 조선인민군 공군의 방공 부대는 제공 전투기 부대와 함께 통합 방공 체제의 핵심을 구성하는 존재이며 북한의 영공 방위라는 중책을 맡고 있다. 대규모 공중전이 벌어지던 6.25 전쟁 중, 특히 서전에서 유엔군에게 제공권을 빼앗기는 잊을 수 없는 굴욕을 당한 북한은 전후 곧바로 방공 체제의 강화에 들어갔다. 그 결과 초기에는 기존의 대공포 부대에 소수의 대공 경기관총을 증강 배치한 방공 부대를 창설하는 정도에서 서서히 성장해 세계 유수의 밀도를 자랑하는 통합 방공망으로 변모하는 데 이르렀다. 대량의 고정식 대공포와 지대공 미사일 시스템 그리고 이를 보완하는 막대한 양의 휴대형 대공 미사일 및 자주 대공포로 구성된 북한의 방공 부대는 물량의 관점에서 보면 세계에서도 유래를 찾아볼 수 없는 대규모다. 다만 보유한 무기의 대부분이 노후화가 진행된 구형 장비이기 때문에 근래에는 이를 대체하는 보다 현대적인 방공 시스템 개발에 전력을 다하고 있다.

북한의 통합 방공 체제에서 주목할 만한 특징은 인구 밀집 지역 거의 전체를 감싸는 유래를 찾아 볼 수 없을 정도의 고밀도 대공포 진지의 숫자다. 방공 진지는 주로 수도 평양과 영변의 원자력 연구소 등 인구 밀집 지역 및 군사 시설 부근에 집중적으로 배치되어 있는데, 약 8,000문의 대공포가 대략 1,150개소의 진지에 분산 배치되어 있다. 배치된 대공포의 대부분이 14.5mm ZPU-4 같은 구형에 소구경 포지만, 그중에는 130mm 구경의 KS-30 대공포도 존재하며 현재도 계속 증강하는 한편 장비의 현대화를 진행하고 있다. 일반적으로 이들 대공포 진지는 예외 없이 포대를 8개씩 고리형으로 배치해 각 포대를 잇는 참호가 연결된 형태를 하고 있다. 다만 지형 조건이나 운용되는 대공포의 종류에 따라 다양한 파생형 진지가 존재한다. 고리형 배치와 큰 차이는 없지만 지형 조건에 맞춰 특이한 배치를 한 진지에 대해서는 생략하겠다.

고리 형태의 참호가 특징적인 평양 남부의 접근로를 방어하는 3개소의 방공 진지. (Google Earth-Image@2019 Digital Globe)

보다 우수한 진지 지형을 가진 대표적인 예가 포대를 원형이 아닌 1열에 8문씩, 직선으로 늘어놓은 것으로 이것은 특정 방향에 발휘되는 유효 화력을 최대한 높이기 위한 배치이다. 대공포의 명중률을 높이기 위해 일부 대공포에는 화기 관제 레이더 등이 추가 배치되었지만, 대부분은 여전히 목표 포착부터 조준까지 육안에 의존하고 있는 실정이다. 사용되는 대공포의 대부분은 소련제 또는 중국제지만, 과거 수십 년에 걸쳐 북한이 독자 개발한 자국산 대공포의 수도 점점 늘고 있으며 구형 포와 세대교체를 진행하고 있다. 북한의 대공포 개발은 6.25 전쟁 시기에 시작되었다. 최초로 생산한 것은 DP-28 7.62mm 경기관총을 하나의 총가에 6정 탑재한 것으로 상당히 경량에 다루기 쉽기는 했으나 적 항공기를 요격하기에는 충분치 못했다. 그 다음으로 개발된 북한제 대공포는 전에 비해 보다 본격적인 물건으로 조선인민군에 널리 보급되었다. 이것은 소련제 ZSU-57-2 자주 대공포에도 사용된 S-68A 57mm 2연장 대공포를 AZP S-60 대공포가에 탑재한 것이다. 포신에는 북한제 머즐 브레이크가 장착되었다. 1990년대에 들어서 14.5mm와 30mm 구경의 6포신 개틀링 기관포 개발에 성공해 앞서 설명한 직선형 대공포 진지에 배치되어 평양 근교의 방공 구획 강화에 공헌하고 있다. 평양 근교의 공역은 적기의 침입 경로가 비교적 한정되어 있어 특정 방향에 높은 화력을 발휘하는 직선형 진지의 채용이 최적의 선택이라 하겠다. 만약 평양 일대에 침입하는 적 항공기나 헬기가 있다면 북한 대공포 부대의 포탄 세례를 받을 것이다.

하지만 잊어서는 안 될 것은 고정식 대공포의 사거리가 짧다는 점이다. 종류에 따라 다르지만 일반적으로 대공포의 최대 사거리는 10km 이하로 적 공군이 운용하는 최신예 전투기는 대공포 사거리 밖에서 공격이 가능하기 때문에 북한의 방공 구역 안으로 침입할 필요조차 없다. 대규모 대공포 부대를 배치하더라도 부대의 유지에 들어가는 예산과 인원을 생각하면 낭비일 뿐이다. 적기를 이들 대공포로 실제로 격추한다는 시나리오는 실현되기 어렵지만, 공격 헬기나 근접 항공 지원 임무를 맡은 대지 공격기 또는 레이더를 피해 저공 비행 중인 적기에 대해서는 일정 부분 억지력을 발휘한다.

또한 이들 대공포 진지를 제압하지 않고 전투를 할 경우 북한 영공을 비행하는 한국과 미국의 항공기는 작전 고도가 제한되며 투하되는 무유도 폭탄의 명중률도 떨어질 것이다. 특히 한반도의 산악 지대에는 계곡을 저공비행하는 적기를 효과적으로 공격할 수 있

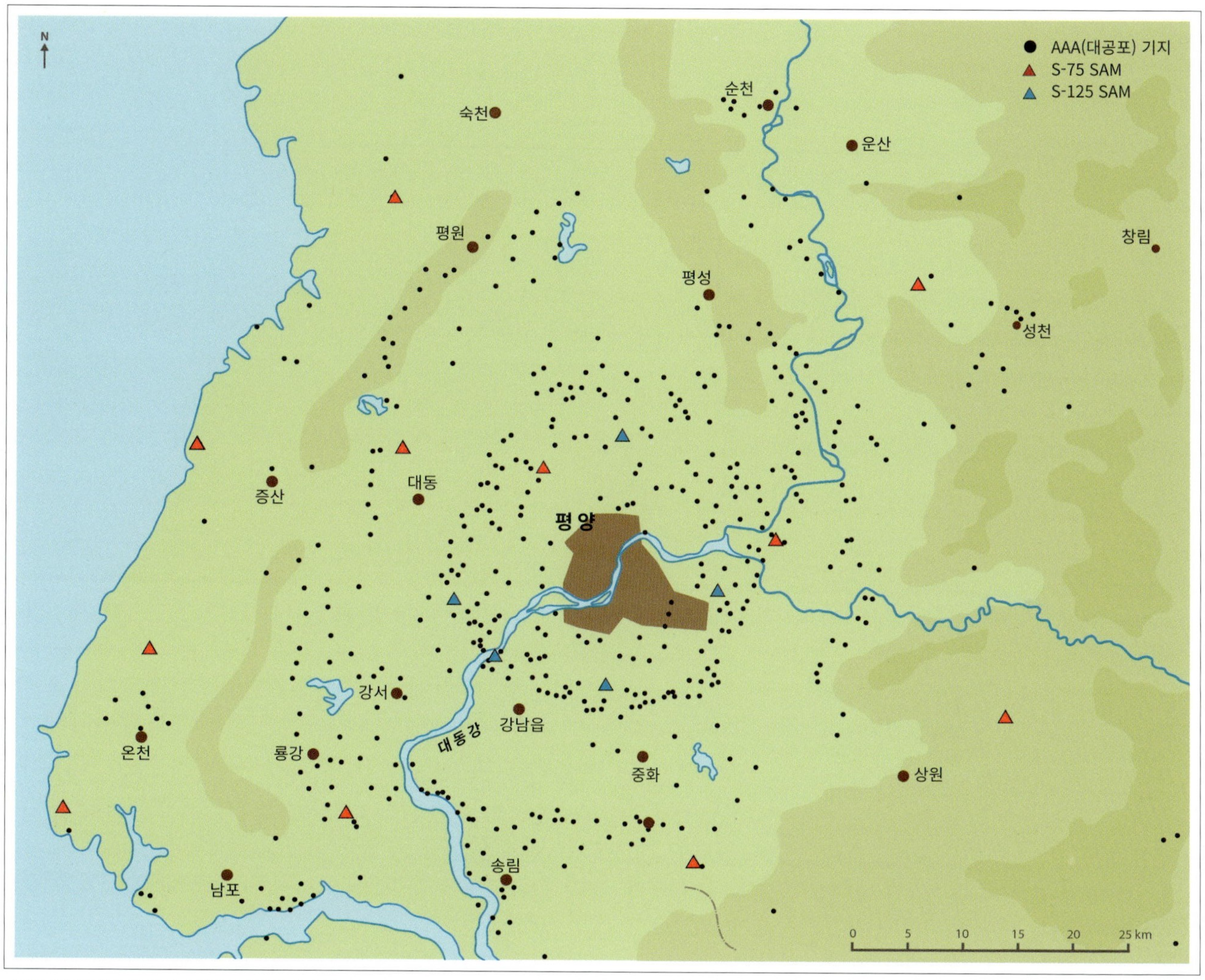

수도 평양 주변의 고정 방공 진지. (작도: Geotge Anderson)

는 대공포 진지가 설치되어 있어 대공포화를 완전히 회피하면서 통과하기는 어렵다. 그리고 다수의 참호와 단단한 포대로 구성된 대공포 진지는 하늘만이 아니라 지상 부대에게도 위협적이다. 수도를 360도 둘러싸 배치된 무수한 대공포 진지에 의해 평양은 요새 도시가 되었다. 요새화된 대공포 진지를 격파하는 데는 순항 미사일이나 그 밖의 장거리 타격 무기의 사용이 효과적이지만 평양을 둘러싼 진지의 수를 고려하면 그런 고가의 무기를 남발하는 것은 현실적이지 못하다. 그래서 북한의 지대공 미사일 시스템과 제공 전투기를 우선 무력화한 후에 방공망이 약화된 대공포 진지를 무유도 폭탄으로 공격하는 전략을 취할 것이다.

현재 북한의 대공포 부대를 주로 구성하는 것은 14.5mm ZPU-4, 37mm M-1939, 65식 대공포, 57mm S-60 그리고 S-68A 포가에 탑재한 소구경 대공포이다. 흥미롭게도 이 목록에는 23mm ZU-23-2가 포함되어 있지 않다. ZU-23-2는 냉전기 소련과 교류가 있는 국가라면 반드시라고 말할 정도로 도입한 명품 대공포이다. ZU-23-2의 수출이 시작될 당시 북한은 이미 대량의 14.5mm KPV 중기관총 및 파생형을 국내 생산하고 있어 병참의 복잡화를 피하기 위해 도입

6.25 전쟁에서 사용하던 대공 화기 4종. 왼쪽부터 DShK 12.7mm 중기관총, 6연장 DP-28 경기관총(원형 쇠파이프 총가에 장착), 대공포좌에 탑재한 PM-1910 7.62mm 기관총, PTRD-41 14.5mm 단발 대전차 소총을 3연장으로 만든 대공총좌. (KCBC)

북한의 주요 지대공 미사일/레이더 사이트와 대공포 진지. (작도: Geotge Anderson)

하지 않은 것으로 보인다. 소구경 대공포와 함께 배치된 85mm KS-12 M-1939, 100mm KS-19 그리고 130mm KS-30 같은 대구경 고사포는 발사 속도가 느리고 취급이 어렵다는 결점이 있어 교전이 예상되는 적 최신예기를 명중시키기를 기대하기는 어렵다. 하지만 대구경 대공포의 파괴력은 이들 대공포가 대지 또는 대함용으로도 사용될 수 있음을 의미하며 실제로도 몇몇이 해안포로 활용되고 있다.

1990년대에 개발되어 배치량이 최근 급증한 신형 대공포가 14.5mm 6총신 개틀링 기관총이다. 이것은 ZPU-4에도 사용되는 14.5×114mm탄을 사용하는 것으로 주로 견인식이 많이 존재하며 조선인민군 해군에서도 사용되고 있다. 이 개틀링 기관총은 압도적인 발사 속도를 자랑하지만 유효 사거리는 사용하는 탄종에 의해 제한된다. 조준도 육안 수동 방식이어서 대공포로서의 효용성은 낮다. 그래도 지상 목표나 헬기에 대해서는 괴멸적인 타격을 줄 수 있어 배치량은 계속 증가해 조선인민군에게 있어 의미있는 전력이다.

구경을 확대한 30mm 버전도 존재하지만, 보급량은 14.5mm 버전과 비교하면 제한적이거나 또는 전혀 배치되지 않았을 것으로 보이며 상세한 정보를 알 수 없다. 30mm 6포신 개틀링 기관포의 개발은 1990년대 초 개시되어 화기 관제 레이더로 목표 포착, 추격이 가능하며 유효 사거리는 약 4km이다. 그리고 조작의 대부분이 자동화되었을 것으로 예상된다.[61]

대공포 부대의 혁신은 신형 무기의 도입에 한정되지 않고, 기존 대공포의 개량(실험적인 것 포함)도 진행되고 있다. 이런 개량의 결과물이 MR-104 '드럼 틸트(나토 제식명: Drum Tilt)' 레이더를 시스템에 조합하여 화기 관제 레이더에 의한 자동 조준을 가능하게 한 ZPU-4 성능 향상형이다.[62] MR-104의 최대 탐지 거리는 ZPU-4의 유효 사거리를 월등히 넘으며 이 화기 관제 레이더는 대구경 대공포의 연동에도 적합하다. 다만 이런 선진적인 개량이 시행된 것은 극히 일부로 1964년에 최초로 생산된 이후 대량 배치된 조선인민군 공군의 ZPU-4의 대부분이 미개수 상태다. ZPU-4는 64식 대공포라는 이름으로 수천 문이 생산되어 냉전 중 북한의 여러 무역 상대국에 수출되었다. 앞서 설명한 레이더와 조합한 성능 향상형의 생산은 ZPU-4 같은 구형 무기의 실용성을 대폭 높일 수 있지만, 동시에 개량하는 데 예산이 필요하다. 이미 시대에 뒤처지고 노후화된 대공포에 이런 '연명 장치'를 붙여 얻을 수 있는 이득에는 이론의 여지가 있다. 북한은 보다 현대적인 방공 미사일 체계나 자주식 지대공 미사일의 개발에 중점을 두고 있다. 그래서 대공포 부대가 가까운 미래 괄목할 만한 장비 혁신을 할 가능성은 낮을 것으로 생각된다.

고밀도 방공망을 자랑하는 것은 대공포만이 아니다. 북한은 대공포와 동등한 밀도로 고정식 지대공 미사일 방공망을 유지하고 있다. 한반도의 북쪽 절반, 그 대부분을 커버할 수 있는 광대한 방공망은 확실히 대단하지만, 이를 구성하는 지대공 미사일(SAM)은 오래 전부터 이라크에서 참담한 결과만을 남긴 지대공 미사일 시스템과 같은 물건이다. 북한의 SAM 진지의 대부분이 소련제 S-75나 중국 카피 생산품을 배치하고 있다. 진지는 통상 소련식 진지를 모방해

ZSU-57-2 자주 대공포의 S-60A 대공포가를 이용한 북한군의 57mm 대공포. 4발 클립 탄창으로 수동 장전한다. (KCBC)

연안 방위 훈련 중인 M-1939(52-K) 85mm 고사포. 이 고사포는 6.25 전쟁 전부터 배치되었다. 현재는 행사와 군무 양쪽에서 활약하고 있다. (KCBC)

잘 알려지지 않은 14.5mm 개틀링 기관총. 경량에 다루기 쉬워 주변국의 ZU-23-2 기관포급으로 요긴하게 사용되었다. (KCBC)

북한제의 다른 형식의 14.5mm 개틀링 기관총. 이런 종류의 기관총이 대량으로 보급되기 전의 것으로 보인다. (KCBC)

고리형으로 구축되어 있지만, 지형 조건에 맞춰 배치하기도 한다. 산 정상의 SAM 진지의 경우 능선을 따라 진형을 구축한다. 그리고 S-75 SAM 진지에는 원칙적으로 대공포 진지도 함께 구축한다. 이들 대공포에는 SAM을 노리는 적 공격기에 대한 근접 방위 역할이 부여되어 있지만, 현대전에서 적기가 지대공 미사일 진지에 접근하는 경우는 거의 없다. S-75가 도입된 것은 1960년대 초, 대략 1962년 말에 수령한 것이 최초이다. 소련으로부터 S-75의 공급은 1960년대에 RSNA-75M '팬 송((Fan Song)F' 사격 통제 레이더를 새로

이 시스템에 추가한 개량형을 생산하면서 재개되었다.[63, 64] 1960년대 후기에는 S-75의 중국 파생형인 HQ-2의 생산 라인이 북한 국내에 설치되었다. 이는 1970년대부터 생산을 개시해 소련제 S-75를 보완하고 있다. 배치된 S-75 중 1970년대에 만들어진 개량형이 차지하는 비중은 적지만, 기존의 S-75에도 같은 개수가 실시되었을 가능성이 있다. 다만 기본형, 개량형 그리고 HQ-2형 전부 구별 없이 번개-1이라는 식별 명칭이 붙여졌다. 자주화된 S-75에는 적외선 시커를 탑재한 미사일로 업그레이드된 것이 존재하지만, 고정식 S-75도 같은 미사일을 사용하는지는 판명되지 않았다. 현재 50기 정도의 S-75 진지가 현역으로 주로 평양과 군사 분계선 부근 그리고 동해안에 집중 배치되어 있다. 이들 S-75 진지는 북한 영공의 거의 대부분을 지대공 미사일의 유효 사거리 안에 두고 있다. 고정식 SAM에 의한 방공망은 1980년대 중반에 S-125와 S-200 방공 미사일 체계를 소련으로부터 입수하여 보다 강화되었다.[65] 이것들은 북한에서 각각 번개-3, 번개-4라는 이름을 붙였다. S-125는 평양 그리고 영변 원자력 연구소 주변에 한정해서 배치되어 언덕과 산을 파고들어 건설한 단단한 벙커 내부에 설치되었으며 이들 벙커 중 5개가 평양에 있다. 그리고 2003년 중반부터 2008년 말 사이 추가로 벙커가 선설된 것 같으며 영변 남부에도 벙커가 하나 존재한다. S-125 벙커를 구성하는 요소는 다음과 같다. 먼저 각 벙커에는 4연장 미사일 발사기 3기가 레일 위에 설치되어 있다. 교전 시 미사일 발사기는 레일을 통해 외부로 나가 발사 후 재빨

MR-104 '드럼 틸러' 화기 관제 레이더에 의해 원격 조작되는 무인 ZPU-4 대공 기관총. 자동화로 성능은 확실히 향상되었지만, 레이더 성능에 비해 짧은 사거리가 문제가 되었다. (KCBC)

걸작 SAM인 S-75/HQ-2는 앞으로도 북한의 주력 지대공 미사일로 운용될 것이다. S-75/HQ-2도 업그레이드된 현재 북한에서 최고의 SAM 시스템이라 하겠다. (KCBC)

수도 평양을 방위하는 엄페호에 배치된 S-125는 지금도 많은 수가 현역이지만, 쿠바로부터 신형 시스템을 추가로 조달할 수 있다면, 북한은 적어도 1기를 전방에 배치해 훈련과 도발 행위에 사용될 것이다. (KCBC)

방공 미사일 시스템이 가진 전투력도 문자 그대로 반토막이 났다.

S-125의 정교한 목업 앞에 선 김정일. (KCBC)

리 벙커 내부로 돌아오는 구조다. SNR-125 '로 블로우(Low Blow)' 화기 관제 레이더도 마찬가지로 야외와 내부를 승강식 엘리베이터를 통해 신속히 이동이 가능하다. 또한 벙커 내부에는 예비 미사일을 비축하는 탄약고도 건설되었을 것으로 생각된다. 흥미롭게도 평양 북부의 벙커에는 S-125 대신에 S-75가 배치된 것 같다. 이 예외적인 운용의 진상은 명확히 밝혀지지 않았지만, 아마도 원래는 S-125 진지였다가 모종의 이유로 S-75용으로 교체된 듯하다. 통상적으로 S-125의 SNR-125 레이더를 탑재했을 가대는 철거되었고, 대신 S-75의 SNR-75 '팬 송' 레이더가 벙커 외부에 설치되어 있다.

과거에 발발한 전쟁이나 분쟁에서 S-75와 S-125는 몇 번이나 무력화되었다. 하지만 북한이 보유한 S-200VE는 예상보다 위협적일 가능성이 있다. S-200VE는 1980년대에 리비아에도 배치되었지만 미 해군 항공대에 의해 곧바로 무력화되었다. 방해 전파를 통해 미사일을 교란시키고, 레이더 설비와 발사기를 파괴한 사례가 적어도 2건이 보고되었다. 다만 이 방공 미사일 시스템이 그 이후 실전에 참가한 기록은 없고, 아직 북한의 S-200VE 진지는 리비아보다 훨씬 견고하기 때문에 얕볼 수 없다.[66] 2개의 SAM 진지에 기나긴 유효 사거리를 가진 S-200VE가 배치되었고, 이 2기만으로 북한의 영공 전체 그리고 한국 영공의 대부분을 커버하는 것이 가능하다. 다만 S-200EV는 전략 폭격기의 요격을 염두에 두고 개발되었기 때문에 F-15나 F-16 전투기처럼 고속 비행이 가능한 기체에 대해 얼마나 효과적일지 의문이 있다. S-200VE 진지는 남쪽의 사리원과 북쪽의 원산에 1기씩 배치되었으며 당초 규정된 배치 수는 12기의 발사기였지만, 약 반수가 새로운 SAM 진지의 건설을 위해 철거되었다.[67] 미사일의 유도를 담당하는 사격 통제 레이더는 발사기에서 약 1km 떨어진 돈대에 배치되었다. 레이더가 설치된 돈대에는 내부의 벙커로 통하는 출입구가 몇 개인가 있고, 그중에는 차량이 통행 가능한 크기의 통로도 1개 존재한다. 돈대의 내부를 파고 들어간 형태로 S-200VE 진지 사령부가 건설되었고, 레이더를 완전히 내부에 수용하는 것도 가능하다. 관제실과 레이더는 3기의 엘리베이터에 설치되어 미사일 운반 시에는 외부로, 평시나 적의 반격이 예상되는 경우는 안전한 내부로 내려가는 구조다. S-200VE가 사용하는 거대한 5V28 지대공 미사일도 같은 돈대 내부에 비축되었을 가능성이 있지만 그 크기와 휘발성이 있는 액체 추진제의 관리가 어렵기 때문에 많은 수를 보관할 수는 없을 것이다.

남북 2개의 SAM 진지에서 약 반수의 발사기가 철거되어 이들

개전 직후의 중요한 국면에서 이들 SAM 진지가 발사할 수 있는 미사일의 수는 극히 적을 것이며 북한에게 있어 치명적인 방공망의 공백이 생길지도 모른다. S-200VE가 활약할 수 있는 것은 전쟁 발발 초기로 한정되며 그 이후는 이 방공 미사일 시스템이 적 항공기 부대에 실질적인 피해를 줄 가능성은 상당히 낮다 하겠다.

고정식 SAM 진지를 간접적으로 지키고 있는 것은 세월이 흘러 상태가 좋다 말하기 힘들 정도로 노후화된 디코이로 구성된 위장 진지다. S-75나 S-125를 모사한 '미사일처럼 보이는 물건'을 탑재한 가짜 발사기와 마찬가지로 조잡한 모양의 가짜 레이더 등이 설치되어 있지만, 북한의 SAM 진지에 반드시라고 말해도 좋을 정도로 있는 대공포 진지는 생략되어 있다. 이런 디코이 전술은 1999년의 코소보 분쟁에서 유고슬라비아군이 채용해 나토 주도의 공중 폭격에 대해 놀랄 정도로 효과적이라는 게 밝혀졌다. 하지만 북한의 위장 진지의 위치는 정찰 위성에 의해 전부 파악되어 있으며 진짜 SAM 진지가 공격을 받지 않을 정도의 효력을 발휘하지는 못한다. 다만 이들 위장 진지의 운용은 북한이 디코이의 잠재 능력을 인지하고 있음을 보여주는 것이며 전시에 디코이 전술이 사용될 것은 확실하다.

북한 영공은 최대 50개의 경계 레이더 사이트에 의해 상시 감시되고 있고, 이들 대부분이 요새화되어 있다. 주로 사용되는 것은 십수 년 전에 입수한 소련과 중국제 구형 레이더이고, 그중에서도 주력은 P-8/P-10 '나이프 레스트(Knife Rest) A/B', P-12 '스푼 레스트(spoon Rest) A', P-14 '톨 킹(Tall King)', P-35 '바 록(Bar Lock)' 그리고 중국의 YLC-8이다. 이들 구형 레이더의 노후화에 직면한 북한은 1980년대에 보다 현대적인 경계 레이더 시스템의 수입에 성

S-200VE 시스템의 거대한 V-880E 지대공 미사일 앞에 선 김정일. (KCBC)

2008년, 미얀마 시찰단에게 공개된 중국제 HQ-2형 SAM 시스템용 레이더인 YLC-8. 북한 레이더 기술의 대부분은 아직도 1950년대에 탄생한 구형 시스템에서 벗어나지 못하고 있으며 현재도 개선되는 양상은 보이지 않는다. (저자 소장)

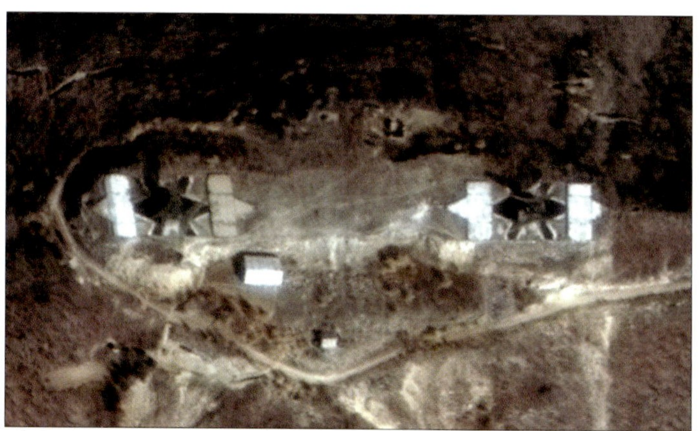

평양 남동쪽 산 정상을 파고 들어가 설치된 엄폐호의 거대한 P-80 '백 네트(나토 제식명:BACK NET)' 장거리 레이더. 이 레이더는 엘리베이터에 설치되어 사용 시에는 상승, 공격을 받을 때는 엄폐호 내부로 하강해 수납된다. 이것은 평시에는 한반도 상공을 상시 감시하기 위해, 전시에는 레이더의 생존성을 높이기 위해서다. (GooGle Earth-Image@2019 Digital Globe)

무기전시회에서 공개된 폴란드에서 설계된 북한의 NUR-21(M) 자주식 고고도 방공 레이더. 후방에 있는 것은 화성5호이다. (KCBC)

공했다. 그 수는 적지 않았고, 앞서 설명한 레이더들에 비해 월등히 우수한 성능을 가지고 있어 중요시되고 있다. 그 대표적인 예시가 S-200 방공 미사일 시스템의 일부인 P-80 '블랙 네트(BACK NET)', 폴란드의 NUR-21(M), 중국의 JY-8 '월 러스트(Wall Rust)' 그리고 러시아의 ST-68U/36D6 '틴 실드(Tin Shield)' 등이다. 특히 JY-8과 ST-68U/36D6은 서방의 최신예 레이더에 필적하는 고성능을 가지고 있다고 호언장담하지만, JY-8의 부대 배치는 확인되지 않고 있다. SAM 진지의 화기 관제 시스템과 마찬가지로 이들 경계 레이더도 산 정상 등의 고지대에 설치되는 경우가 많다. 필요에 따라 산 내부의 방폭 격납고(엄체호)에 수납하는 것도 가능해 유효성과 생존성을 높이고 있다. 그 밖에 도입된 소련의 구형 경계 레이더에는 기동성이 높은 것이 많으며 그중에는 전용 차량에 탑재된 자주식도 존재하고 있다. 운용이 확인된 외국산 레이더 시스템에 더하여 독자 개발한 북한제 레이더도 많이 생산, 배치되고 있다. 기능과 성능 등 제원이 밝혀지지 않은 북한제 레이더가 사용되고 있어 북한의 통합 방공 시스템의 능력을 정확히 측정하기는 더욱 곤란해졌다. 북한제 레이더 시스템은 수출되기도 했는데, 2008년에는 미얀마 대표단이 레이더와 레이더 전파/GPS 방해 장치를 생산하는 공장을 방문했다. 그리고 2013년에는 '방패' 18GHz(Ku 밴드) 3차원 레이더 시스템과 '구름' X밴드 레이더가 모잠비크에 판매되었다. 이는 북한이 레이더 개발에 적극적으로 투자하고 있음을 보여준다.[68]

신형 레이더 시스템 개발에 성공하여 조선인민군 공군 방공 부대의 능력은 종합적으로 향상되었을 것으로 보이나 여전히 장비의 대부분이 구형인 상황이다. 수십 년 전의 시스템을 비슷한 규모로 실전 투입한 리비아나 이라크는 방공 전투에서 참패를 겪었다. 이것은 최신예 전투기를 다수 보유한 적 공군의 공격을 받는 경우 거액의 예산을 투입해 구축한 북한의 통합 방공 체계가 간단히 그리고 극히 빠르게 무력화될 가능성이 크다는 것을 암시하고 있다.

그래서 적 공군의 집중 공격을 받기 전에 선제적으로 적극적인 공세를 하는 것이 북한이 취할 수 있는 최선의 전략이다. 적이 임전 태세에 들어가기 전에 기습적으로 개전할 경우, 북한의 통합 방공 체계는 준비가 부족한 적 공군에 중대한 타격을 줄 수 있을 것이다. 물론 아무리 서전에서 약간의 승리를 거두더라도 최종적으로 북한의 방공망이 파괴되는 것은 시간문제일 것이다.

북한은 이 사실을 자각하고 있으며 조선인민군 공군의 방공 전력을 개선하기 위해 시행착오를 거듭하고 있다. 그 노력은 번개-5 방공 미사일 시스템이라는 형태로 나타났다. 2009년에 최초로 시험 운용을 실시했고, 2011년에는 150km 거리의 표적을 격파하는 데 성공한 번개-5는 악명 높은 러시아제 S-300PMU-1 지대공 미사일 시스템과 많은 공통점이 있으며 비슷한 성능을 가지고 있을 것으로 생각된다.[69] 다만 시스템적으로 많은 차이점도 있다.

북한의 경우 3기 분량의 미사일 발사관을 태백산-96 6륜 트럭(러시아제 KAMAZ-55111을 북한 국내에서 조립한 차량)에 탑재하고 있다. 장래에 험지에서의 운용을 고려해 궤도식의 파생형이 개발될 가능성도 있다. 번개-5는 PMU-1이 사용하는 48N6 미사일과 외형적으로 유사한 SAM을 운용하고 있지만, 이것은 48N6에 비해 훨씬 강력한 콜드 런칭을 구사해 발사가 가능한 점으로 보아 성능면에서는 다른 물건으로 파악된다. 그리고 번개-5에는 S-300PMU에 통상 사용되는 레이더 장비 일체가 사용되었으며 PMU와 PMU-1이 융합된 모양의 특이한 지대공 미사일 시스템이라 하겠다. 일견 기묘한 시스템 구성을 하고 있는 번개-5 개발은 북한이 기술을 획득한 경위를 되짚어 보면 설명이 된다. 당시의 보고서에 따르면 'S-300의 생산 허가 및 협력'을 얻기 위해 김정일은 러시아를 방문한 듯하다.[70] 김정일의 노력은 성과를 거두어 2000년대 초, S-300을 북한 국내에서 생산하는 계획이 시작되었다. 하지만 북한은 시스템을 구성하는 모든 부품을 국내 생산하는 데 집착해 계획의 진행이 거듭 연기되었다. 2017년에 번개-5의 시험 사격을 시찰한 김정은은 죽은 아버지 김정일에게 헌사하는 말을 남겼다.

> '우리 국방과학자들과 군수로동계급이 나라의 방위력을 높이는 데서 또 하나 커다란 일을 해 놓았다. 위대한 장군님께서 생전에 직접 종자를 잡아 주시고 특별한 관심을 돌리시며 개발 완성으로 걸음걸음 이끌어 오시던 무기 체계가 드디어 탄생하였다. 저 무기는 유복자 무기와도 같은데, 오늘의 이 성공을 보니 우리 장군님 생각이 더욱 간절해진다.'

자신만만한 김정은의 연설과는 달리 2010년대 중반에 실시된 시험 사격은 대부분 부품의 결함이나 시스템 오류로 인한 기능 고장 등으로 인해 실패로 끝났다. 김정은 자신도 번개-5가 안고 있는 문제에 대해 연설에서 언급하고 있고, 발사관의 커버를 사전에 개방하는 방식으로 바꾸는 등 많은 개량이 실시되었다. 김정은이 열망하는 대량 생산 단계에 이르기까지 번개-5가 해소해야 할 문제점은 수없이 많이 남아 있지만, 이것은 동시에 이 방공 미사일 시스템을 북한이 거의 완전하게 독자적으로 생산하고 있다는 의미이기도 하다. 거듭된 경제 제재로 무역의 자유를 크게 제한받는 북한에게 있어 앞으로 번개-5를 정비, 유지하기 위해서는 부품을 자체 생산하는 수밖에 없다.

S-300 방공 미사일 시스템은 사거리 내의 다양한 적기를 일망타진할 수 있는 SAM 시스템의 궁극적인 형태라고 하지만, 실제 성능은 평범하다 하겠다. 수십 년에 걸쳐 주변국의 S-300과 그 파생형을 공략한 경험을 쌓은 미국은 이미 이 지대공 미사일 시스템에 대한 효과적인 전술을 확립하고 있다. 특히 번개-5(S-300PMU-1) 같은 구형 시스템의 대처는 비교적 용이할 것이다. 번개-5의 진가는 북한이 운용하는 다양한 SAM과 함께 사용될 때 발휘된다. 북한의 복잡한 방공망을 적 방공망 제압/적 방공망 파괴 공격으로 하나하나 격파하는 것은 지난한 일로 모든 방공 시스템이 완전히 무력화될 때까지 적 공군은 끊임없이 주의를 기울이며 작전 행동을 하도록 강요받는다. 기동성이 높고, 비교적 단시간에 진지 구축, 해체가 가능한 번개-5는 S-75 등의 고정식 SAM에 비해 추격 및 파괴가 힘들다. 번개-5가 발사하는 미사일과 동등한 위협이 되는 것이 같은 시스템 상에서 운용하고 있는 레이더 설비다. 번개-5는 ST-68U/36D6 '틴 실드'라는 기존의 레이더로도 운용이 가능하지만, 종래의 레이더에 비해 대폭 성능을 향상시키는 데 성공한 5N63S/30N6E '플랩 리드B' 베이스의 신형 북한제 사격 통제 레이더를 개발, 이미 부대 배치도 되었다.

그리고 아직 목격 사례는 없지만, 5N66/76N6E '클렘 쉘(Clam

S-300PMU(-1) 시스템의 오리지널 TEL(Transporter Erector Launcher:이동형 미사일 발사대)의 베이스인 MAZ-7910 트럭과 동급의 차량을 생산할 공업력이 없는 북한은 번개-5의 험지주행 능력이 떨어져 TEL 탑재수를 1기 줄여서 장비했다. (NK Pro)

태백산-96 트럭에 탑재된 5N63S/30N6E '플랩 리드(Flap Lid)B' 사격 통제 레이더의 북한판 카피. (Hsü Tien-Jan)

산음동 미사일 연구 단지에서 번개-5 전용 TEL 앞을 지나는 김정일. 2019년의 시점에서 초기 작전 능력의 검증을 마친 완성 상태의 번개-5는 많은 기대를 받고 있었을 것이다. (KCBC)

Shell)B' 저고도 탐지 레이더의 사용도 예상된다. 러시아에서는 64N6E '빅 버드(Big Bird)' 탐지 추격 레이더와 함께 운용하고 있지만, 이것이 북한에 들어왔다는 증거는 없다. 다만 최근 실시된 훈련에서 중국의 305B형 3차원 탐지 레이더와 유사한 외관의 대형 위상 배열 레이더가 발견된 것으로 보아 번개-5는 아직도 비밀이 많은 예측 불허의 무기다. 번개-5를 통제하는 지휘 차량도 북한이 독자적으로 개발한 듯하다. 이 지휘 차량은 디지털화가 진행된 조선인민군 공군에 맞춰 현대적인 설계가 이뤄졌을 것으로 추측되며 통상 S-300PMU(-1)가 운용하는 1990년대의 구형 레이더에 비해 소형이다.

조선인민군 공군의 현행 장비 중 최신 모델은 번개-5지만, 신형 SAM의 개발은 멈추는 일 없이 계속되고 있다. 들려오는 정보에 따르면 번개-6의 존재는 2012년 5월, 김정은이 공군사령부를 시찰할 때 공개되었다. 이때 공개된 신형 SAM의 목업은 정보의 신빙성을 높여 준다. 알려진 사실은 이 신형 SAM이 발사관을 트럭에 탑재하는 자주식이라는 것뿐으로 프로파간다를 목적으로 실체가 없는 계획일 가능성도 배제할 수 없다. 유일하게 확실한 것은 북한이 자국의 통합 방공 체계 능력을 더욱 높이기 위해 앞으로도 기존 시스템의 개량 및 신형 SAM의 개발을 이어 나갈 것이라는 점이다. 눈앞의 목표는 번개-5의 개발을 100% 완료하고 대량 생산 체제로 이행해 방공 체계를 완성하는 것이지만, 장래 신형 방공 체계가 결실을 맺는 것은 시간문제일 것이다.

오랫동안 피폐해진 경제, 세계와의 고립 그리고 경제 제재에 의해 운신의 폭이 좁아진 북한의 현황을 생각하면 조선인민군 공군 반

시험 발사를 하는 번개-5. 엔진 점화 전에 미사일이 높이 사출된 점과 이후의 실험에서는 그대로 날라가는 사양으로 변경된 발사관 커버가 조각나 흩어지는 점에 주의. (KCBC)

2012년에 조선인민군 공군 총사령부를 방문 중 신형 SAM 시스템(번개-6)으로 보이는 목업을 보는 김정은. (KCBC)

2011년에 사망하기 전까지 김정일은 산음동 미사일 연구 단지를 적어도 3회 방문한 것으로 알려졌다. (KCBC)

항공군은 다이나믹한 변화를 겪고 있는 셈이다. 전시에 그들은 조선인민군의 각 조직 중에서도 특히 강적과 대치하게 된다. 한국과 미국은 북한에 압도적인 기술적 우세를 보이고 있지만, 북한이 차례차례 완성해 가는 지대공 미사일의 증강을 얕잡아 보면 전면전이 벌어졌을 때 치명적인 결말을 가져올 것이다.

2017년의 김일성 탄생 105주년 기념 열병식에 등장한 번개-5 이동식 미사일 발사대. (NK Pro)

조선인민군 해군
Korean People's Army Navy

조선인민군 중에서 아마도 가장 눈에 띄지 않는 존재인 동시에 유래를 찾을 수 없는 야심찬 계획을 세우는 조직, 그것이 조선인민군 해군이다. 공개된 정보가 적고, 참고할 자료도 한정적이기에 조선인민군 해군은 구형함만을 보유하고 있으며 보유 함선의 유지조차 제대로 하지 못하고 있다고 과소평가되고 있다. 하지만 이런 잘못된 고정관념을 가지는 것은 위험하며 조선인민군 해군은 현대적인 함선을 개발할 수 없다는 선입견을 버려야 한다. 조선인민군의 다른 조직과 마찬가지로 조선인민군 해군 또한 상당한 규모의 함선을 독자 개발하며 국산화를 진행하고 있다. 그 시작은 1950년대부터 1960년대에 걸쳐 실시된 어뢰정과 소형 잠수함 등 기존 외국산 함선의 개량, 그리고 파생형의 국산화였다. 1970년대부터 1980년대에는 호위함급의 대형 함선의 건조에도 성공했고, 1990년대부터 2000년대에 들어서는 선진적인 스텔스함과 잠수함 발사 미사일(SLBM)의 탑재가 가능한 탄도 미사일 잠수함(SSB), 그 외의 현용 함선 개발을 이행하고 있다.

조선인민군 해군은 1946년 6월 5일에 해안 경비대로 발족했다. 이날은 현재도 '해군의 날'로서 북한의 기념일이 되었다. 북한이 강력한 해군을 보유하는 데 흥미를 보인 것은 6.25 전쟁 시기부터다. 당시 북한과 한국은 양쪽 모두 제대로 된 해군을 보유하지 못했다. 대조적으로 미국은 당시(그리고 현재도) 세계 최대의 해군을 보유하고 있었고, 한반도 주변 해역에 대대적으로 투입되어 해안 가까이에서 지원 포격을 실시하거나 보급 물자를 수송하는 등 활발히 활동했다. 당시의 조선인민군 해군에 배치된 함선은 1930년대에 건조된 몇 척의 소련제 G-5급 어뢰정, 그리고 다양한 구경의 기관총과 기관포를 탑재한 다수의 소형함 정도였고, 조선인민군 해군의 어뢰정과 미 해군 사이에 벌어진 해전은 매번 북한의 참패로 끝났다. 그리고 6.25 전쟁 중 미 해군 함선이 입은 피해의 대부분은 해안포나 기뢰에 당한 것이었다. 믿기 힘들지만 1950년 7월 2일의 주문진항 해전

조선인민군 해군의 군기. 뒷면도 같은 모양이나 문장은 조선로동당 문장이다. (Andrwsk via Wiki Commons)

6.25 전쟁 중의 조선인민군 해군. 주력 함선은 군용으로 개조된 민간 선박이다. 주 임무는 한반도 연안의 초계와 보급이었다. (KCBC)

에서 북한은 미 해군의 볼티모어급 중순양함 '볼티모어'와 영국 해군의 크라운 코로니급 경순양함 1척을 포함한 대형 함선을 몇 척의 G-5급 어뢰정으로 공격해 격침했다고 주장하고 있다.

하지만 실제로는 북한의 어뢰정 부대는 반격을 받아 4척 중 3척

1967년, 북한 연안포대의 포격을 받아 침몰하는 한국 해군의 초계함 '당포함'. (KCBC)

1999년, 제1연평해전에서 북방 한계선을 침범한 북한의 경비정에 '충돌식 밀어내기'를 시도하는 한국의 참수리급 고속정. 참수리급은 2002년의 제2연평해전에서 격침당한다. (ROK MoD)

어뢰정에 동승한 김정은. (KCBC)

을 상실했다. 애초에 격침했다 주장하는 '볼티모어'는 당시 미국 본토의 브레머튼 군항에서 예비역으로 계류 중이었고 6.25 전쟁에는 참전하지도 않았다. 이처럼 조선인민군 해군은 6.25 전쟁 중의 전과를 과장(때로는 날조)하는 경향이 있지만, 유엔군의 함선에 어느 정도 피해를 입힌 것은 사실이다. 4척의 소해정을 포함해 합계 5척의 미 해군 함선이 해안포 및 북한이 설치한 기뢰에 당해 침몰했다.[1] 물론 북한 국내에 보도된 전과는 사실과 비교할 수도 없을 정도로 화려하게 날조되었다. 북한의 주장대로라면 개전한 지 석 달만에 25척의 적함을 격침, 대파했고, 휴전 시에는 그 숫자가 564척까지 부풀어 올랐다.[2]

휴전 협정이 맺어진 후에도 양측 해군 사이에 소규모 분쟁이 발생해 때로는 많은 인명 피해가 있을 정도로 대규모 전투가 벌어지기도 했다. 조선인민군 해군이 일방적 주장이 아니라 처음으로 실전에서 승리를 거둔 것은 1967년 1월 19일의 해전이다. 이 전투는 대한민군 해군 초계함 '당포(唐浦)함' 격침 사건으로 조선인민군 해군의 프로파간다에서 자주 인용되고 있다. 이어서 1970년 6월 서해안의 연평도(延坪島)에서 일어난 전투에서도 조선인민군 해군의 초계정에 포위된 한국 해군 함선 '1-2'가 침몰 당했다. 몇 년 뒤인 1974년 6월 28일에도 비슷한 사건이 다시 발생했다. 이때 한국의 해양경찰 소속 경비정 '제863호'가 북한의 초계정과 교전 중 격침당했다. 이들 3척 모두 한국 어선을 호위 중에 당한 것이다. 어선의 호위 임무는 1960년대부터 1980년대에 걸쳐 북방 한계선 부근에서 조업 중인 한국 어선에 대한 조선인민군 해군의 위협 행위가 자주 벌어져 실시되었다. 비슷한 위협 행위는 1990년대에 들어서도 여러 번 발생했다. 북한이 한국 어선을 위협하는 이런 도발 행위는 한국 선박의 나포 및 격침을 노린 것으로 많은 인명 피해와 더불어 북한에 납치된 수천 명이 집으로 돌아올 수 없게 되었다.

또 하나 주목해야 할 중대 사건으로 1968년 1월 23일에 발생한 북한에 의한 미 해군의 정보 수집함 '푸에블로'호 나포, 통칭 '푸에블로호 사건'이 있다. 이 사건으로 82명의 미국인 승무원이 포로로 잡히고, 1명이 사살당했다. 그 결과 양국의 관계가 급격히 냉각되었다. 북한이 포획한 '푸에블로호'를 조선인민군 해군이 취역시켰다는 보고도 있지만, 푸에블로호는 1999년 동해안에서 서해안으로 예항되어 평양 근교에 전시되었다. 그 후 2012년에는 당시 준공한 지 얼마 안 된 조국해방전쟁승리 기념관으로 이전되었다. 이 박물관에서

'푸에블로호'와 나란히 미국의 '스파이 어뢰'라 주장하는 미확인 물체가 전시되어 있다. 북한은 이것을 2004년에 동해안의 함흥에서 포획한 무인 잠수 정찰정이라 주장하고 있으며 외견상으로는 미 해군의 Mk45 또는 Mk48 대형 유도 어뢰와 유사하다. 이것이 북한이 주장하는 대로 정찰정인지는 확실하지 않다. 푸에블로호 사건 이후에도 소규모 분쟁이 계속되었지만, 본격적인 전투가 다시 발생한 것은 그로부터 30여 년 후의 일이다.

이 시기에 벌어진 일련의 전투는 서해안의 북방 한계선 주변 해역에서 일어났으며 최종적으로 지금은 제1연평해전이라 불리는 대규모 해전이 벌어졌다. 당시 이 해역에는 반복해서 북방 한계선을 넘어 도발하는 조선인민군 해군 함선에 대응하기 위해 다수의 한국 해군 함선이 출동했다. 더하여 1999년 6월 9일부터 12일까지 북한 함선이 한국 함선에 의도적으로 충돌하는 사건이 발생해 해당 해역은 과거에 예를 찾을 수 없을 정도로 긴장감이 높아졌다.[3] 예측이 불가능할 정도로 상황이 악화된 것은 6월 15일이었다. 충돌을 시도하는 북한 함선에 대해 한국 함선은 소화기와 25㎜ 연장포 등으로 응사했다(편집자 주: 저자의 서술과는 달리, 조선인민군 해군 경비정에서 09시 28분 기관포 및 기관총으로 한국 고속정에 선제 사격을 가했음이 국제적으로 받아들여지고 있다). 보다 대구경의 고화력 무장을 탑재한 한국 해군 함선이 16척인데 반해 북한 측은 7척으로 불

북한의 군항과 해군 기지 (작도: George Anderson)

리한 상황이었다. 이어진 전투로 조선인민군 해군은 1척의 어뢰정을 상실했으며 적어도 17명이 사망했다고 한다. 북한 측이 입은 피해와 대조적으로 한국 측의 피해는 경미했다. 인명 피해도 7명의 부상자가 발생한 정도였다. 당연하게도 북한의 조선중앙통신은 이 사건을 한국의 도발이라고 비난했으며 조선인민군 해군이 대승을 거두어 적어도 10척의 한국 함선을 불태우거나 대파시켰다고 사실을 왜곡해 보도했다.

그 후 보복 행위의 일환으로 2002년 6월 29일 조선인민군 해군의 함선은 다시 북방 한계선을 넘어 한국 영해로 침입해 한국 해군의 참수리급 고속정을 발견하자마자 곧바로 발포했다.

북한 함선이 탑재한 85mm포가 쏜 초탄은 450미터 떨어진 위치에서 항해 중인 '참수리 357정'에 명중해 큰 피해를 입혔다. 357정은 아군 함선이 예인하던 중에 침몰했다. 한국 측의 인명 피해는 사망 6명, 부상 18명이었다. 공격한 북한 함선은 한국 해군의 반격을 받아 화재가 발생한 것이 마지막으로 목격되었다. 아마도 예인되어 무사히 복귀한 것으로 생각된다. 한국 측의 발표에 따르면 북한은 이 전투에서 13명 사망, 25명의 부상자가 발생했다고 한다. 제2연평해전과 비슷한 전투는 2009년에 일어난 대청해전이 있다. 이때도 조선인민군 해군 함선이 무단으로 북방 한계선을 넘어온 것이 사건 발생의 트리거가 되었다. 본격적인 전투는 한국 함선이 경고 사격을 하면서 시작되었으며, 북한 측의 최종적인 피해는 밝혀지지 않았다.

한편 한국 해군이 받은 피해는 미미했다. 이런 해전을 계기로 조선인민군 해군은 기술적으로 낙후된 해군에서 최신 기술을 도입한 신예 함선을 보유하는 강대한 해군으로 변모했고 이는 2010년의 '천안함' 격침 사건이라는 결과로 나타났다.

조직 형태와 전술

수적인 관점에서 보면 조선인민군 해군은 세계적으로 상당한 규모의 해군이다. 보유한 전투함은 500척을 넘으며 약 6만 명의 병력을 가지고 있다. 그럼에도 조선인민군 해군은 조선인민군의 중요한 3대 조직 중에서 가장 규모가 작으며 1위는 부동의 육군이 독점하고 있다. 그리고 보유한 막대한 수의 함선은 지형적으로 한국에 의해 단절되어 2개의 해안선으로 양분되어 운용해야 한다. 이것은 사실상 조선인민군 해군이 동해함대와 서해힘대로 분할되어 있다는 의미다. 오늘날 양 함대는 완전히 단절된 상태라 하겠다. 락원군에 본부를 둔 동해함대는 조선인민군 해군 최대의 함대로, 지휘하에 20개 이상의 군항이 존재하고 있다. 나남, 송전, 마양도, 차호 그리고 부암동 등이 주요 항구 소재지이다. 한편 서해함대의 본부는 남포이며 이쪽의 주요 군항은 사곶, 고암포, 초도, 비파곶, 남포, 기봉동 그리고 다사리에 위치하고 있다. 주요 조선소는 남포, 라진, 원산, 신포이다. 여기에 더해 평양, 청진, 연천에도 몇 개인가 소규모 조선 시

2013년 말 침몰한 구잠정 '제233호' 승무원의 위령비를 참배하는 김정은. (KCBC)

연료 등 귀중한 자원을 절약하려 시뮬레이터로 훈련하는 북한 해군. 하지만 바다에서 얻는 경험보다는 떨어질 수밖에 없다. (KCBC)

섬을 향해 어뢰를 발사하는 033형 잠수함. 섬을 미 항모로 상정해 행동하는 듯하다. 이런 훈련 시나리오는 어느 시대든 상층부에 볼거리를 제공하는 게 주목적이다. (KCBC)

설이 있어 각각 독자적인 역할을 수행하고 있다. 북한 조선소의 건조 능력은 신조함을 신속히 건조하는 데는 이르지 못했고, 이는 조선인민군 해군의 전력 확장에 지장을 주는 심각한 문제로 북한 해군은 조속한 개선을 위해 노력하고 있다.

함선의 건조에는 상당한 시간이 필요하기 때문에 건조 시기가

대부분의 기지에는 함선 정비나 간단한 개수를 할 수 있는 시설이 있다. 사진은 북한 서해안의 비파곶 해군 기지에 올려진 3척의 차호급 화력 지원함. 무장은 200mm MRL이다. (저자 소장)

상이한 경우 동형함이라도 탑재되는 무장이나 장비가 변경되어 전혀 다른 성능을 보이기도 한다. 최근 신조함의 건조 속도는 어느 정도 개선되었지만, 무장과 레이더 등의 탑재 같은 의장 작업은 여러 해에 걸쳐 실시되고 있다. 시험 항해는 통상 함선이 건조된 장소 부근의 해역에서 실시되며 최종적으로 정식으로 취역할 때까지 몇 년이 더 걸리는 경우도 있다.

이렇게 오랜 시간을 들여 취역한 함선은 얄궂게도 대부분의 시간을 바다가 아닌 군항이나 드라이독에서 보낸다. 대규모 훈련뿐만 아니라 평시 훈련조차 실시되는 경우가 적은 것에서 조선인민군 해군의 열악한 상황을 알 수 있다.

대한민국 해군과 미 해군의 전투함을 상대할 만한 전투력을 가지고 있으리라 여겨지는 수 척의 대형함조차 장기간 해상을 항해하는 일이 없고, 순찰이나 북한 선적 어선의 호위 임무를 맡는 것은 소형함이나 초계정이다. 보유함의 대부분이 잘 정비되고 있어 내구연한을 연장하고 있지만, 조선인민군 해군은 평시에도 침몰 사고가 자주 일어나는 것으로 유명하다. 침몰 사고는 구형함을 많이 배치한 조선인민군 해군에게는 어쩔 수 없는 일이기는 하지만, 지나치게 보유함이 많은 데다 안전을 도외시한 관행 및 구명정이나 구조 체계의 미비가 맞물려 사고가 끊이지 않는다. 2013년 10월 13일에는 SO-1급 구잠정이 침몰하는 대형 사고가 발생해 30명의 승무원 전원이 사망했다.[4] 참고로 이 사건은 북한이 사고로 인한 함선의 상실을 공식적으로 인정한 상당히 드문 사례다.

북한군 전체의 문제이기도 한 연료 부족은 조선인민군 해군에게 있어 상당한 골칫거리다. 때문에 다수의 해군 기지에서 부대를 소집해 실시하는 대형 합동 훈련의 횟수는 압도적으로 부족한 상황이다. 이런 해상에서의 훈련 부족을 조금이라도 보완하기 위해 잠수정을 포함한 다양한 함종에 맞춰 제작된 모의 훈련용 시뮬레이터가 도입되었다. 물론 해상에서 실시하는 훈련에 비해 부족한 점이 많고 시뮬레이터가 재현 가능한 시나리오도 제한적이지만, 어느 정도는 훈련 부족을 해소하는 데 성공했다고 평가된다. 실제로 해상에서 실시하는 훈련 모습이 프로파간다의 일환으로 공개되기도 하지만, 방영되는 내용은 섬을 향해 어뢰를 발사하는 등 실전적이지 못한 경우가

사진의 영도급 초계정 같은 함선은 연안보위국에 소속되어 있으며 중국 국경인 압록강 주변, 한반도 동서의 한국과의 북방 한계선이 주 활동 해역이다. (KCBC)

북한이 대함 미사일의 운용 능력을 가진 함선을 최초로 손에 넣은 것은 1960년대 중반이었다. 오랫동안 사용하던 어뢰는 현재도 대함 무기의 주력이다. (KCBC)

많다.

한반도의 지리적 조건에 제약을 받는 조선인민군 해군은 미 해군의 전투함, 특히 항모 전단의 접근이 예상되는 동해에 많은 함선을 배치했다. 조선인민군 해군사령부는 평양에 있으며 2개의 함대 사령부가 각각 13개 전대와 2개 해상저격여단을 지휘하에 두고 있다. 더하여 양 해안은 몇 개의 구획으로 나뉘어 관할되고 있으며 군항과 도시를 방어하기 위해 해안포 또는 지대함 미사일 시스템이 곳곳에 배치되어 있다. 또한 동해함대는 대잠 초계전을 위한 해군항공대를 보유한 유일한 함대이기도 하다. 각 부대에 부여된 식별 명칭은 육군과 공군의 방식과 같지만, 조선인민군 해군 고유의 명칭도 몇 개인가 있어 소개하고자 한다. 먼저 조선인민군 해군은 각 부대를 '전대(戰隊)'로 호칭하며 현재 13개 전대의 존재가 판명되고 있다. 전대는 '선단(船團)'으로 나뉘며 각 선단은 동일 함종만으로 운용된다. 육군 및 공군과 마찬가지로 각 해군 기지에도 부대명이 부여되어 있다. 예를 들어 동해함대는 일반적으로 '제597 련합부대'라고 불린다. 또한 위업을 달성하면 특별한 명칭이 조선소나 부대에 수여되는 경우도 있다. 예를 들어 '10월 3일' 선박수리공장은 김일성의 지시로 1947년 7월에 북한 최초의 군함 수리 기지로 건설되었다. 그리고 '제167부대'에는 '오중흡7련대'라는 영웅 칭호가 부여되었다.

타국의 해군과 크게 다른 점은 북한이 함선에 함명을 붙이지 않는다는 점이다. 사실 미디어 등에서 사용되는 서호(西湖)급이나 연어급 등의 명칭은 미 국방부가 해당 함선이 처음 목격된 장소의 지명이나 도시명에서 따와 코드명을 지정한 것이다. 명칭 대신에 함선의 식별에 사용하는 이름은 단순한 함번으로, 때로는 함종과 병기해 사용하는 경우도 있다. 이 식별 규칙의 유일한 예외가 해외에 수출된 함선으로, 그런 함선들은 기본적으로 특성에 걸맞는 단순한 명칭이 붙는다. MS-29는 특수 잠항정(Midget Submarine)의 머리글자인 'MS'와 전장(미터)을 표시한 '29'를 조합한 이름이다.

조선인민군 해군 이외에도 총참모부 정찰국이나 연안보위국 등이 함선을 운용하고 있다. 연안보위국은 해안 경비대를 사실상 군대화한 조직으로 주로 북한의 해상 국경선 부근을 감시하며 바다를 통해 한국이나 일본으로 탈주하는 북한 주민, 즉 탈북자를 색출하는 임무도 맡고 있다. 보유 함선의 수는 상당히 많아 150~200척에 달하지만 대부분 초계정 수준으로 화력면에서는 정규 해군과 비교하면 크게 떨어진다. 사실 대부분의 경비정은 비무장으로, 무장한 함선이라 해도 탑재한 무기는 경화기 정도이다. 그리고 유사시에는 연안보위국이 보유한 함선의 지휘권은 조선인민군 해군으로 귀속될 가능성이 높다. 마찬가지로 조선인민군 해군은 어선부터 대형 화물선에 이르기까지 민간 선박을 징발하는 게 가능한 것으로 보인다. 하지만 민간 선박이라는 특성상 전시에 맡을 수 있는 임무의 폭은 좁다.

조선인민군 해군은 세계 최대 규모의 함선 척수를 자랑하지만, 배치된 수상 함대는 주로 연안 작전을 염두에 두고 있다. 공해상과 같은 원양에서 대규모 해상 작전을 실행할 능력을 가진 함선은 거의 없다. 그중에서 일정 수준 이상의 전투력을 가지고 있는 선박은 압록(鴨綠)급과 두만(豆滿)급 호위함(초계함), 그리고 나진(羅津)급 구축함(호위함) 각 두 척씩이다. 이 함선들은 동서 해안에 나뉘어 배치되어 있다. 압록급과 두만급은 생존성과 스텔스성을 높이기 위해 시험적으로 레이더 반사 면적을 경감시키는 선체 설계를 채용해 건조된 호위함이다. 농어급 고속 미사일정도 현대화를 시도하는 조선인민군 해군의 야심을 보여주는 전투함으로 현재 5척이 취역되었다. 또한 농어급은 오토멜라라제 함포를 카피한 북한제 76㎜ 단장포와 최신예 금성(金星)-3 대함 미사일을 최초로 탑재한 함선이기도 하다. 이 농어급을 베이스로 개발된 신예함이 해삼급 고속 미사일정으로 선행함을 건조하면서 쌓은 기술을 활용해 보다 진보된 스텔스성을 설계에 반영했다. 그 외의 조선인민군 해군 주요 수상함은 1930년대에 생산된 2척의 소련제 후가스급 소해정과 4척의 북한제 사리원(沙里院)급 초계함 등의 구형함이 있다. 이들 구형함은 서방 국가들이 '완전히 시대에 뒤처진 골동품'이라 평하며 현대선에서 전혀 쓸모가 없다고 말해도 과언이 아닌 존재들이지만 북한은 계속 사용하고 있다. 그 외의 구형함으로 SO-1급 초계정, 062급 고속정, 037급 초계함, 태천(泰川) I / II급 초계정 등의 소련, 중국, 그리고 북한제 전투함으로 함대를 구성하고 있다. 이들 대부분은 전장 60미터급 함선들로 대구경 함포를 탑재한 것도 있지만, 실전에서는 적의 대함 미사일에 절호의 표적이 될 뿐 전력으로 기대할 수 없다. 구형함의 쓸모는 평시에 연안 경비 임무나 무력 도발 등에 동원하는 정도에 그친다.

조선인민군 해군은 최근 몇 종류의 초계정을 새로 개발해 일부는 이미 부대에 배치했다. 이들 초계정은 동시기에 신규 개발된 함재 개틀링포를 탑재했다. 높은 연사 속도와 레이더를 통해 자동 조준이 가능해 유도 미사일의 요격 여부가 승패를 결정하는 현대전에서 어느 정도 효력을 발휘될 것이라 기대된다.

조선인민군 해군이 상정하는 주요 전투 해역은 연안 지역이기 때문에 앞서 설명한 함선의 예를 제하면 보유한 대부분의 함선이 전장 40미터 이하의 중소형 함이다. 어뢰로 무장한 약 350척의 고속정 외에 소형 경비정, 상륙 지원정, 상륙정, 그리고 소형 초계정 등이 숫자상 조선인민군 해군 수상함 전력의 대부분을 차지하고 있다. 이들 대부분의 함선은 1950년~1960년대에 생산된 소련과 중국 함선을 참고해 1970-1980년대에 걸쳐 북한에서 건조되었다. 이런 소형 함선은 대규모 군항이 아닌 육상에 설치된 소형 격납고 등에 인양되어 보존하고 있다. 그중에는 지상 셸터를 모항으로 활용하는 부대도 존재한다. 최근에는 종래의 함선과는 차별되는 새로운 종류의 신예 함정의 개발이 진행되고 있으며 이 신예함은 어뢰정과 반잠수정을 융합한 것이라 말하는 게 가장 적당하겠다. 하지만 실전 배치에 다다른 것은 상당히 특이한 설계로 건조된 파도 관통형 고속정(VSV: Very Slender Vessel)뿐이고, 나머지 일반적인 어뢰정은 수출을 염두한 생산 체제를 갖춘 것으로 생각된다. 이들 소형함과 병행해 운용하는 것이 소련의 코마르급, 오사 I 급 그리고 북한 카피판으로 구성된 50척 규모의 미사일정 부대. 금성-3 대함 미사일(AShM)의 보급에서 추측할 수 있듯이 북한은 신형 대함 미사일의 개발에 주력하고 있으며 이를 미사일정에 탑재한다면 각 함의 전투력이 대폭 향상될 것으로 기대된다.

연안 작전에 적합한 소형함을 선호하는 경향은 조선인민군 해군의 함수함 부대에도 적용된다 할 수 있다. 현재 조선인민군 해군이 보유한 잠수함의 대부분이 특수 잠항정급으로 분류되는 소형 함선이다. 북한이 매년 잠수함 부대에 투입하는 예산은 어마어마하며 조선인민군 해군은 세계에서도 잠수함 보유량이 많은 해군 중 하나라 하겠다. 배치된 대형 공격형 잠수함의 수는 25척 이상이라 예상되며 1950년대에 생산된 소련의 구형 위스키급과 중국의 033형으로 구성되었다. 이들 공격형 잠수형은 능력적으로 타국의 전투함을 공격하기에는 성능이 부족하지만, 대형 잠수함이기에 외해에서 작전 행동이 가능한 조선인민군 해군의 유일한 전력이다. 그리고 1970년대에 다양한 소형 잠수함을 대량으로 생산한 결과 보유 함선수는 급증해 현재에 이르렀다. 소형 잠수함과 특수 잠항정은 공작원의 잠입과 연안에서의 매복 공격에 적합하며 필요에 따라 보급함의 지원을 받으면 대형함급의 지속적인 작전 수행 능력을 발휘한다. 또한 저속에 한정해서지만 정숙성이 우수해 평시에 운용하는 데도 적합하다. 2010년의 '천안함' 격침과 1990년대부터 공작원 잠입 작전을 수행한 것이 소형 잠수함이다. 하지만 전시에는 빈약한 기동성이 발목을 잡아 효과적인 작전 행동을 하기는 어렵고 우수한 정숙성을 활용해 잠수함이 연안에 매복했다가 접근하는 적 함선을 공격하는 데 활용할 것이다. 북한은 대량의 잠수함을 보유했음에도 대잠전(ASW: Anti Submarine Warfare)용 전투함을 보유하고 있지 않고, 일부 함선에 기초적인 대잠 전투 장비를 배치한 정도이다. 유일하게 현대

북한에서 해안포로도 사용하는 M-46 130㎜ 견인식 야포의 카피인 68식 해안포를 시찰하는 김정은. (KCBC)

훈련에서 SM-4-1 130㎜ 해안포를 조작하는 북한 병사들. M-46과 달리 SM-4-1은 해안 방어용으로 설계되었다. (KCBC)

적인 대잠 전투 능력을 가지고 있던 것은 조선인민군 공군의 Ka-28과 Mi-14 헬기였지만, 이 두 기종은 현재 대잠 초계 헬기로 운용하고 있지 않다.

조선인민군 해군에서 상륙 작전의 주력을 담당하는 것은 다양한 크기의 상륙정과 최대 200척이 배치된 공기 부양정(LAAC: Landing Craft Air Cushion) 부대다. 차량 등의 적재가 가능한 일부 대형함을 빼면 상륙정 대부분이 보병 수송만을 할 수 있다. 상륙 시의 화력 지원은 조선인민군 지휘하의 323식 병력 수송 장갑차나 신흥(新興) 수륙 양용 전차 등이 담당한다.

만약 북한이 대규모 상륙 작전을 시도할 경우 적 함대나 항모 전단의 맹공을 받을 것이 명백하기에 대형함이 아닌 다수의 소형 상륙정을 투입하는 것은 각 상륙정의 생존율을 높이는 유용한 전술이라 하겠다. 북한은 세계 최대의 LCAC 부대를 현역으로 운용하고 있지만, 대부분 전장 22미터 이하의 중형~소형 공기 부양정이다. 1980년대부터 1990년대에 걸쳐 편성된 LCAC 부대는 오차 범위가 수 미터 이하의 명중률을 자랑하는 정밀 유도 무기가 빗발치는 현대전에서 그 유용성을 유지하는 데 어려움이 가중되고 있다. 하지만 시대에 뒤처진 노후화된 구형 LCAC로 구성되었음에도 불구하고 공기 부양정 부대는 한 번에 최대 8,000명 규모의 병력을 수송하는 게 가능할 것으로 생각된다. 이때 선봉으로 상륙하는 병력은 조선인민군 해군 산하의 2개 해상저격여단 대원들이다. 2000년대에 들어서 신

코마급 미사일정을 뒤에 두고 부두를 걷는 김정일. 비어 있는 대함 미사일 발사대에 주목. 전투 직전이 되어서야 미사일이 장전될 것이다. (KCBC)

북한 어뢰정의 조타석. 오픈탑에 방탄도 아니다. (KCBC)

형 LCAC의 개발이 재개되었지만, 이 계획은 처음부터 해외 수출을 위한 것으로 보고 있다.

영해 방위를 위한 회심의 수로서 활약이 기대되고 있는 것은 광범위에 걸쳐 설치된 기뢰들이다. 기뢰는 북한이 6.25 전쟁에서 어느 정도 전과를 올린 무기로 80년대 이란-이라크 전쟁에서 호르무즈 해협 봉쇄에도 사용되었다. 조선인민군 해군은 기뢰의 운용을 전문으로 하는 기뢰 부설함이 없지만, 소해정과 어선, 화물선 등의 민간 선박을 포함한 많은 함선이 기뢰 부설 능력을 가지고 있다. 해류의 흐름을 이용해 기뢰를 적국의 연안이나 공해상에까지 설치하는 게 가능하며 잠수함을 이용해 해협과 군항 같은 중요 목표에 핀포인트로 부설하는 것도 가능하다. 현재 북한이 어느 정도 기술 수준의 기뢰를 사용하고 있는지는 알 수 없다. 하지만 조선인민군 해군의 전략상 기뢰가 얼마나 중요시되고 있는지를 고려하면 비교적 고성능의 기뢰가 있을 가능성이 높다. 비록 배치된 기뢰가 6.25 전쟁 시대의 유물일지라도 그것이 적의 상륙 부대나 연안을 항해하는 적 함대에 큰 위협이 될 것은 틀림없다.

지휘계통상 조선인민군 해군의 관할하에 있는 해안포 부대도 북한의 영해 및 연안 방위를 담당하는 중요한 요소다. 6.25 전쟁에서 처음으로 실전에 사용된 이래 이들 해안포는 미 해군과 한국 해군의 함선에 막대한 피해를 주었고, 지금 북한이 해안포를 중요시하는 계기가 되었다고 생각된다. 해안 포의 대부분이 100mm~152mm 구경의 포로 구성되어 있고, 그 중에서도 고화력에 장사정인 포가 소련제 M-46 130mm 평사포 그리고 SM-4-1 130mm 해안포다. 이들 대구경포는 중~소구경 포의 보조를 받으며 107mm 다연장 로켓이나 때로는 대전차포와 대전차 유도 미사일 등의 대전차 무기도 적 상륙정을 격파하기 위해 해안포 부대에 배치된다. 이런 무장은 통상 연안의 암반을 파내 구축한 견고한 포진지와 보다 단순한 구조의 참호형 진지에 수용된다. 막대한

수의 포진지가 한반도의 해안을 뒤덮듯이 설치되어 있고, 예상되는 적의 상륙을 저지할 만반의 준비를 하고 있다. 유사시 이들 포진지에 신속히 배치되어 해안포의 조작을 담당하는 인원은 조선인민군의 후방 부대이다. 조선인민군 해군은 또한 다양한 종류의 해안 방어 시스템(CDS)을 1960년대부터 도입하였고, 현재는 대부분 자주화되어 높은 기동성을 보유해 적이 방어 부대의 위치를 특정하기 어

평양 과학기술전당에 전시된 현대화 개수형 P6급 어뢰정 단면 모형. 엄청난 구식이지만, 조선인민군 해군에서 현역으로 쓰인다. (KCBC)

북한 근해에서 소련 함선과 접촉한 북한의 P6급 어뢰정. (KCBC)

1993년에 촬영된 개수 후의 푸가스급. 85mm 포탑과 4정의 14.5mm ZPU-4 대공 기관총, 37mm 2연장포가 보인다. (UD DoD)

미개수된 유일한 푸가스급 소해정. 37mm포가 잘 보인다. (KCBC)

한국 해군 함선과 대치하고 있는 북한의 사리원급 초계함. 노려보듯이 카메라를 향해 함포를 겨누고 있다. (ROK MoD)

대청급 경비정과 100mm 함포 탑재형 사리원급 초계함. 1980년대 원산에서. (저자 소장)

렇게 한다. 과거 수십 년에 걸쳐 대규모 기술 투자의 대상이 된 해안 방어 시스템은 결과적으로 우수한 대함 미사일 개발에 성공했고, 조선인민군 해군과 대치하는 미 해군과 한국 해군 함선에게 있어 최대의 위협이 되었다. 다만 북한의 해안 방어 시스템은 대부분 숫자는 많지만 성능이 떨어지는 해안 방위 레이더와 다루기 힘든 전자 광학 기기, 구형 정찰기에 표적 획득을 의존하고 있다. 이런 관측 장비가 파괴 또는 무력화될 경우 아무리 대함 미사일이 우수해도 유효성은 대폭 낮아진다.

서전에서 조선인민군 해군은 잠수함과 고속정(FAC: Fast attack craft) 부대를 투입, 전면 공세를 감행해 한국 연안을 항해 중인 한국 해군 함선을 기습 공격해 북한 상륙 부대가 상륙할 틈을 만들기 위해 분투할 것이다. 기습을 통해 뚫은 적 방어망에 대해 다연장 로켓 등의 무장을 한 상륙 지원함의 화력 지원을 받으며 공기 부양정, 상륙정 등에 탑승한 상륙 부대가 한국 해안에 상륙할 것으로 예상된다. 또한 주요 항구와 항로에 기뢰를 부설, 미 해군과 한국 해군 함대의 작전 행동을 저지하면서 조선인민군 해군은 가능한 우세한 전황을 유지하며 서전을 풀어 나갈 것으로 예상된다. 반대로 형세가 기울면 북한은 곧바로 방어 체제로 전환해 북한의 항구와 중요 해역의 방어에 전력을 할애할 것이다. 이 시점에서 조선인민군 해군이 적의 압도적인 전투력에 대항할 수단은 없는 것이나 마찬가지다.

서전의 대규모 공세를 성공시키기 위해서는 각 부대가 상시 만반의 준비를 끝낸 임전 태세가 요구된다. 그래서 각 부대의 신속한 출동을 위해 서쪽은 대동강 이남, 동쪽은 차호 잠수함 기지 이남의 북한 남쪽 지역에 해군 기지의 대부분이 자리잡고 있다. 하지만 조선인민군 해군의 임전 태세는 불완전한 상태다. 치밀한 사전 준비 없이 전쟁이 발발할 경우 많은 부대는 탄약이 부족한 상태이거나 충분한 정비를 받지 못해 무장을 완비하지 못하고 전투에 투입될 가능성이 있다. 예를 들어 많은 구형 미사일정이 탑재된 P-15 테르밋의 파생형 대함 미사일은 전투 전에 취급에 주의가 필요한 유독성 연료를 급유해야 한다. 그리고 급유 상태로 장기간 보관이 가능한 신형 대함 미사일은 평시에는 구형 함선에 탑재하지 않고 있다.

다양한 함종의 함선을 소개했지만, 이들 전체에 공통적으로 지적되는 사항은 실전에 투입될 때 성능적으로 비교도 할 수 없는 압도적으로 우수한 적 함대와 대치하게 된다는 점이다. 적 함대를 공격하는 공군력도 적 항공기에 대한 효과적인 방어 수단도 없는 조선인민군 해군은 단시간에 전멸당할 것이다. 함선이 크면 클수록 적의 집중 공격을 받기 쉬워진다. 그래서 주로 소형함을 운용하는 북한의 군사사상은 결과적으로 옳다 하겠다. 각 해군 기지에는 무수히 많은 지하 셸터가 설치되어 있고, 이를 잘 활용한다면 북한 함선의 생존율을 높이는 것도 가능할지 모른다. 다만 정밀 유도 무기나 벙커

전시라면 생각할 수 없는 거리까지 접근한 북한의 초계정. 화력이 강해 보이는 함선이지만, 자동화된 최신식 함포를 탑재하고 기동성도 우수한 한국 해군 함선을 상대할 수는 없다. 북한 함선의 포는 대구경이지만 발사 속도가 느리고, 포탑도 대부분 수동으로 조작한다. 사진은 무장이 강화된 SO-1급 구잠정. (KCBC)

북한 서해안의 지하 해군 기지. 언덕 전체에 걸친 대규모 시설이지만, 북한에서는 이 정도 규모의 시설이 드물지 않다. (Google Earth-Image@2019 Digital Globe)

이 3척의 SO-1급에 탑재된 100mm포는 최근 건조된 함선에서도 자주 보인다. (KCBC)

초도급 경비정. (KCBC)

버스터의 직격에 이들 지하 셸터가 얼마나 버틸지는 의문이다. 프로파간다 영상에서는 미 해군 항모 모양의 표적을 공격하는 북한 함선의 모습이 나온다. 하지만 미 해군의 항모 전단이 한반도 주변 해역에 도착하기도 전에 조선인민군 해군은 이미 괴멸 직전의 상황일 것이다.

북한제 함선의 건조

주체사상대로 장비의 자급자족을 위해 노력하고 있는 육군을 따라 조선인민군 해군도 현역으로 보유하고 있는 함선의 대부분이 북한제이다. 북한의 조선 산업이 본격적으로 개화한 것은 1960년대 이

며 그 후 해외에서의 함선 도입이 중단되었다. 조선인민군 해군이 1970년대 이후에 도입한 신형함의 거의 대부분이 국내에서 설계, 건조된 것이다. 이것은 동시에 1960년대 이전의 조선인민군 해군의 함선은 대부분 소련 또는 중국제라는 의미이며 그 흔적은 오늘날 신예함의 설계 사상에서도 보인다. 육군, 공군과 마찬가지로 조선인민군 해군도 6.25 전쟁에서 보유한 전력의 거의 대부분을 상실했고, 이를 보충하는 것이 시급한 과제였다. 6.25 전쟁 당시 북한의 전투함은 주로 고속 어뢰정으로 편성되어 있었다. 휴전 협정 체결 후에 시작된 재군비가 고속에 기민한 함선을 가지는 데 중점을 둔 것은 당연한 흐름이라 하겠다. 그래서 입수한 것이 대량의 소련 및 중국제 어뢰정으로 주로 P4급(프로젝트 123형)과 P6급(프로젝트 183형) 어뢰정으로 구성되어 있다. 이때 도입된 어뢰정의 대부분이 지금도 현역으로 조선인민군 해군에서 활동하고 있다. P4/P6급 어뢰정은 북한과 특히 상성이 좋았고, 차후에 개발된 북한제 어뢰정의 설계에도 큰 영향을 주었다. P4급 어뢰정에는 450mm 어뢰 발사관 2기와 14.5mm 중기관총용 총가가 장착되었지만, 후계형인 P6급은 533mm 어뢰 발사관 2기와 2M3 25mm 2연장 기관포 2문(합계 4문)으로 대폭 무장이 강화되었다. 그리고 어뢰정 부대는 나중에 도입된 중국의 025형 수중익 어뢰정으로 전력이 증강되었다. P4급과 025형은 외형적으로는 비슷하지만, 025형에는 항해 속도를 향상시키는 수중익(하이드로 포일)이 선체에 장착되어 있어 쉽게 구별할 수 있다.

초창기 조선인민군 해군이 처음으로 보유하게 된 대형함은 푸가스급(Fugas-class. 트랄(Tral)급으로도 불리나 동급 개량형의 함명이 잘못 알려진 경우다)이다. 푸가스급은 소련제 소해정으로 제2차 세계 대전에서 사용되다 무상 원조로 북한에 양도되었다. 당초 제2차 세계 대전 직후에 양도될 예정이었지만, 불안정한 정세를 고려해 최종적으로 1953년 휴전 협정이 체결된 후에야 북한에 넘겨졌다. 푸가스급의 개발은 1930년대 초에 시작되어 이후 수십 년간 지속적으로 건조되었으며 제2차 세계 대전에서는 독일군과의 치열한 전투에도 참가했다. 원양이 아닌 카스피해나 발트해처럼 좁은 해역에서 운용을 염두에 두고 개발되어 한반도에서도 연안 해역에서 주로 사용되고 있다. 북한이 푸가스급을 획득할 무렵에는 푸가스급의 무장은 이미 구형이 되었다. 주무장인 100mm포는 개방식 포가에 탑

코마급 또는 북한 카피판인 소흥급 미사일징 부대. (KCBC)

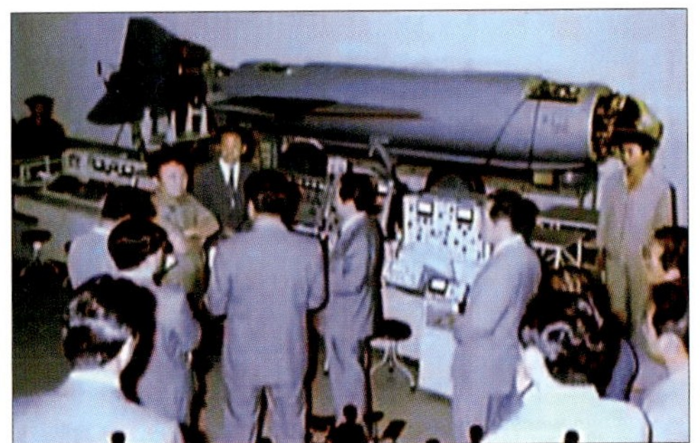

북한제 HY-1/HY-2 대함 미사일의 생산 라인을 방문한 김정일. (KCBC)

셰르셴급 (Shershen-class) 어뢰정의 자매함으로 미사일을 탑재한 프로젝트205형 오사 I 급의 북한판인 소주급. 락원 해군 기지에서. (KCBC)

재되어 있어 포수를 파편으로부터 보호하지 못하고, 악천후에는 비바람을 그대로 맞아야 했다. 적어도 1척의 푸가스급이 1980년대에 초계정으로 개수된 결과, 함수에 85mm포, 함미에 4정의 ZPU-4 대공기관총과 2문의 37mm 2연장포가 탑재되었다. 이 개수에 의해 기뢰 제거에 필요한 장비는 철거되어 경비 임무로만 운용된다. 푸가스급은 북한이 독자 개발한 사리원급 초계함의 베이스가 된 함선이기도 하다.

초계함이라 분류되지만 사리원급 함선의 무장은 초계정에 가깝다. 사리원급은 북한이 국산화에 성공한 최초의 대형함으로 조선인민군 해군이 자급자족의 시발점으로 보는 존재다. 1960년대 후반에 4척이 순차적으로 취역한 사리원급은 원형이 된 푸가스급에 비해 다양한 개량이 더해졌다. 그중에서 주목할 점은 작고 불편한 형상에서 일반적인 형태로 개선된 선수다. 무장은 푸가스급과 크게 달라지지 않아 연돌 주변에는 원래 탑재되던 4정의 14.5mm ZPU-4가 있고, 주포는 장갑화된 포탑이 새로이 추가되었다. 사리원급은 1970년대부터 1980년대에 걸쳐 개량하면서 건조가 계속되어 각 함은 탑재하는 무장과 함교 형상 등에 큰 차이점을 보인다.

사리원급 초계함은 현재에 이르기까지 북한이 국산화에 성공한 함선 중에 가장 대형의 함선이지만, 베이스가 된 푸가스급이 있는 것처럼 그 개발은 여전히 외국 함선에 크게 의존하고 있다. 마찬가지로 동시기 북한제 구잠정도 소련의 SO-1급을 베이스로 개발되었다. 북한은 1960년대 초에 SO-1급의 획득에 성공한 후, 자체적으로 개장해 나가며 대략 십수 척을 건조했다. 아이러니하게도 개장된 함선들은 대잠 전투력을 상실했고, 대신 초계정으로 운용되고 있다. 원래 SO-1급은 2M3 25mm 2연장 양용포 2문으로 무장한 반면 북한제는 함수에 100mm 함포(포탑식), 함미에 37mm 기관포 2문 그리고 선체 중앙의 플랫폼에 25mm 2연장 양용포 1문을 탑재했다.

SO-1급과 거의 동시기에 건조된 초도(椒島)급은 국산화된 SO-1급과 비슷한 설계 사상을 가졌지만, 선수 무장은 85mm 포를 탑재한 개방형 포탑을 장착하는 등 무장면에서 차이를 보인다. 무장을 강화한 SO-1급과 국산 파생형의 생산에 성공한 북한은 보유하고 있

는 1930년대~1940년대에 건조된 구형함을 대체하기 위해 연안에서의 작전을 상정한 초계정의 개발을 진행하고 있다. 무장을 강화한 SO-1급과 국산 파생형의 생산에 성공한 북한은 보유하고 있는 1930년대~1940년대에 건조된 구형함을 대체하기 위해 연안에서의 작전을 상정한 초계정의 개발을 진행하고 있다. 오늘날 대부분의 국가에서 화포를 주무장으로 하는 초계정의 운용 개념은 역사의 기록으로 밀려났지만, 조선인민군 해군은 여전히 초계정을 활발히 사용하고 있고, 신형함의 개발도 계속하고 있다. 조선인민군 해군의 초계정은 냉전기부터 지금에 이르기까지 한국 해군과의 소규모 교전을 통해 실전을 경험했지만, 아무리 대구경이라도 구형 함포로는 고속으로 날아오는 대함 미사일에 대처할 방법이 없기에 현대전에서 활약할 무대는 더 이상 남아 있지 않다.

1960년대 조선인민군 해군의 당면 과제는 다양한 함종의 국산화라고 할 수 있지만, 이 시기 수많은 해군 기지의 건설도 동시에 진행된 것을 잊어서는 안 된다. 해군 기지는 적의 공격으로부터 함선을 보호할 수 있도록 해안의 깎아지른 듯한 절벽을 파고 들어가 건설한다는 상당히 야심만만한 계획을 세웠다. 지하에 조성한 해군 기지는 수 미터에 이르는 암반이라는 천연 방벽으로 지켜지며 현재 사용되고 있는 무유도 폭탄이나 포탄으로는 관통하기 어렵다. 하지만 미군이 사용하는 GBU-28 벙커버스터 같은 특수 정밀 유도 폭탄을 상대로는 북한 해군 기지의 안전을 보장할 수 없다. 지하 해군 기지 중에는 내부에 넓은 공간이 있을 정도로 대규모인 기지도 존재하며 건설기간은 수십 년에 이른다. 특히 차호에 있는 지하 기지는 전장 76.6미터의 대형에 속하는 033형 잠수함을 수용할 정도로 넓으

구성급 수중익 어뢰정. 항해 속도가 빠르지만 이 방식은 다양한 실험을 반복하고 있는 것에 비해 건조 척수는 비교적 소수다. (KCBC)

14.5mm 총좌를 탑재한 구성급 초계정. 나중에 14.5mm 개틀링포로 무장이 변경된다. (US DoD)

조선인민군 해군의 중국제 산터우(汕頭)급 포함. (KCBC)

청진급 상륙 지원정. 함미에는 14.5mm 2연장 개틀링 건을 탑재. (KCBC)

1999년 북방 한계선 부근에서 일어난 제1연평해전에는 적어도 1척의 청진급이 참여했다. 선체 크기에 비해 중무장이지만, 원래 어뢰정이었던 만큼 장갑이 얇기에 피탄당하면 곧바로 전투력을 상실할 것이다. (ROK MoD)

BMD-20 200mm 다연장 로켓을 탑재한 4척의 차호급 고속정. (KCBC)

신형과 구형의 차호급을 찍은 사진. 신형은 자동 장전 장치가 달린 40연장 122mm MRL과 함수에 14.5mm 개틀링 건을 장비했다. (KCBC)

제2세대 122mm MRL의 장전 장치를 참고한 차호급의 독특한 장전 장치. 40 발의 122mm 로켓탄을 한 번에 장전할 수 있다. 14.5mm 개틀링 건 사수는 대공 경계를 하고 있다. (KCBC)

며 해안선을 따라 수백 미터에 걸쳐 건설되어 있다. 한편 소형 고속 정 부대를 수용하는 중~소규모의 지하 기지도 존재한다.

1960년대는 소련과 중국으로부터 공여라는 형태로 대함 미사일 을 도입하면서 미사일 전력이 비약적으로 상승한 시대이기도 하다. 먼저 대량으로 보유하고 있는 어뢰정으로 구성된 수뢰 부대의 전력 을 증강할 목적으로 소련에서 코마급 미사일정을 입수했다. 그리고 도입된 코마급은 2기인 P-15 테르밋 대함 미사일의 탑재량을 4기 로 증설했다. 이런 흐름은 보다 현대적인 오사 I 급 미사일 고속정으 로 보완되었다.[5] 소련의 S-2 소프카(Spoka) 연안 방어 미사일 시스 템이 북한에 도입된 것도 같은 시기이며 대함 미사일의 일부는 녹다 운 방식으로 국내 생산되었다.[6] 다만 소련이 대함 미사일(AShM)의 제공에 소극적이었기 때문에 북한은 미사일의 수입을 중국에 의존 했다. 그 결과 중국에서 HY-1 실크웜 대함 미사일이 도입되었다. 더 하여 생산 라인을 국내에 설치하기 위해 중국으로부터 기술 원조를 받아 금성-1이라는 이름으로 HY-1의 국산화에 성공했다.[7] 그 후, 금 성-1의 생산 라인은 HY-1의 개량형인 HY-2 시어서커(seersucker) 용으로 개수되었다. HY-2는 대형 미사일이기 때문에 해안 방어용 으로 운용되고 있다. 한편 한국 해군은 1970년대 후반부터 시작된 국산 대함 미사일 개발 계획이 실패로 끝났고, 1980년대가 되어서 야 대함 미사일을 사용하기 시작했다. 그래서 1960년대부터 1980 년대 동안은 북한의 화력이 한국 해군에 비해 우위를 유지할 수 있 었다.

1968년 북한은 소련의 셰르셴급(프로젝트 206형) 어뢰정을 입 수했다.[8] 셰르셴급은 북한이 수입한 어뢰정 중에서 가장 현대적으 로 건조된 선박이기도 하다. 셰르셴급은 북한의 기존 어뢰정에 비 해 어뢰 탑재량이 두 배로 늘었으며 MR-104 '드럼 틸트' 화기 관제 레이더로 자동 조준되는 AK230 30mm 2연장 기관포 2문으로 중무 장했다. 셰르셴급은 현재도 조선인민군 해군에서 현역인 함선이지 만, 기술적으로 완벽하게 카피하는 것이 어렵다 판단했는지 북한은 국산화를 하지 않았다. 대신에 북한이 선택한 것은 소련과 중국에

훈련을 위해 다수의 초계정과 함께 출항하는 062급 초계정. (KCBC)

근거리 수상 목표에 대해 강력한 화력을 발휘할 수 있지만, 유사시 062급 은 다른 대부분의 전투함과 함께 한미 해공군 전력의 교란에 동원된다. 이 는 보다 중요한 목표로 향할 적의 화력을 받아내는 것이 진정한 목표다. (KCBC)

037급 구잠정의 승무원과 포즈를 취한 김정은. 중국에서 수입한 함선은 모두 한반도 서해안에 배치되었다. (KCBC)

조선인민군 해군은 14.5mm 개틀링 건을 다수의 함선에 도입했지만, 대부 분의 구형 함선은 지금도 시대에 뒤처진 2M3 25mm 2연장 양용포가 주 력 대공화기이며 일부는 둘 다 탑재했다. 선미에 있는 것은 37mm 2연장 포. (KCBC)

1999년 제1연평해전에서 대청 I 급은 한국의 참수리급 고속정 부대에 압 도당했다. 북한의 초계정은 대구경포의 선회 속도가 느려 측면 공격에 상 당히 취약했다. (ROK MoD)

대청급의 폭뢰 투하기. 폭뢰 투하기는 냉전 중에 건조된 일정 규모 이상의 함선은 전부 장비하고 있다. (KCBC)

서 도입한 고속정의 설계와 그동안 운용하면서 쌓은 경험을 기반으 로 북한제 고속정과 초계정을 건조했다. 국가의 위신을 건 이 건조 계획은 여러 함종에 동일한 형상의 선체나 공통된 구조물을 사용하 는 설계로 호환성을 높여 생산성을 향상시켰다. 이렇게 양산된 함선 은 몇몇 소량 생산된 파생형을 더해 현재 조선인민군 해군의 주력을 구성하고 있다. 건조된 시기에서 봐도 시대에 뒤처져 성능이 부족한 것이야 부정할 수 없는 사실이지만, 사실상 북한은 세계 최대의 고 속정 부대를 보유하고 있다. 미 국방부는 같은 선체를 가지고 있지 만 미묘하게 사양이나 의장이 다른 고속정의 식별에 큰 어려움을 겪

어 파생형의 대부분은 고유명칭이 부여되지 않았다. 건조된 고속정 의 일부는 연안보위국에도 배치된 것 같으며 냉전시기에는 북한의 우호국에 수출되었으나 현재는 전부 퇴역했다.

다양한 파생형들 중에서도 많은 수가 건조된 것은 신흥급으로 주로 1960년대 이전의 기술 수준의 함선임에도 대략 100~140척이 1980년대 말까지 생산되었다. 통상의 고속정 외에도 수중익을 장착 한 파생형, 그리고 초계정형이 존재한다. 구성(龜城)급이라 알려진 함선은 보다 소형의 선체에 같은 급의 무장을 탑재한 영도급 및 김

1척만이 건조된 서호급 호위함의 헬기 갑판에서 나진급을 시찰하는 김정은. (KCBC)

상륙을 담당하며 보다 중무장을 갖춘 청진급과 차호급이 상륙 도중의 화력 지원을 맡는다. 청진급은 건조 당시 85mm 포를 탑재한 포탑과 2문의 2M3 25mm 양용포로 무장해 상륙 지점의 적 방어 진지를 함포 사격으로 격파하는 게 가능했다. 한편 차호급에는 다연장 로켓이 탑재되어 광범위한 제압 사격을 실시해 남포급으로 대표되는 상륙함의 적전 상륙을 지원하는 것을 상정하고 있다. 차호급이 탑재하고 있는 다연장 로켓은 BMD-20의 200mm 로켓탄을 8발 발사가능한 것과 BM-21의 122mm 로켓탄을 40발 발사 가능한 MRL 2종류가 현재 확인되고 있다.

진급 초계정과 비슷하다. 533mm 어뢰 발사관 2기, 14.5mm 중기관총 2정이 신흥급의 정규 무장이며 초계정형에는 533mm 어뢰 발사관은 탑재되지 않았다. 보다 대형의 신남급, 신포급 고속정도 존재하는데, 신남급은 신흥급과 같은 무장을 했으며 신포급은 37mm 2연장 기관포 2문, 2M3 25mm 2연장 양용포 1문을 탑재했다. 이들 고속정은 중국에서 수입되어 이미 취역한 산타우급 포함과 함께 운용하고 있다. 고속정 중에서 어뢰를 탑재한 함선은 양으로 적함을 압도하는 방식으로 운용하면 현대전에서도 어느 정도 쓸모가 있다. 다만 어뢰 발사관이 없는 고속정형이나 초계정형의 용도는 평시의 순찰 임무나 무력 도발 정도로 제한된다.

고속정보다 중요시되는 것이 상륙정과 상륙 지원함이다. 미 국방부는 그중에서도 P6급 어뢰정을 베이스로 개발된 함선들을 남포(南浦)급, 청진(淸津)급, 차호(遮湖)급으로 식별하고 있다. 그중에서 14.5mm 중기관총 2정으로 경무장한 남포급이 상륙 부대의 수송과

BM-21 다연장 로켓의 탑재가 시작된 것은 아마도 육군에 같은 구경의 다연장 로켓이 널리 보급된 후일 것이다. BMD-20과 BM-21은 최대 20km의 유효 사거리를 가지고 있지만, 30kg의 탄두에 8발 발사 가능한 200mm 구경에 비해 20kg의 탄두를 40발 발사하는 122mm 구경 쪽이 적재량이 더 많고, 화력 지원 임무에 적합하다. 그리고 자동 장전 장치를 장비하여 비교적 빠른 속도로 제2사를 일제 사격할 수 있다. 1972년까지 약 100척의 남포급, 약 50척의 청진급, 그리고 약 50척의 차호급이 건조되었다. 그중 대부분의 남포급이 초계정으로 개장되거나 퇴역했다.[9] 그 밖에도 P4/P6급을 베이스로 개발된 함선이 있으며 그중 소해정으로 건조된 것이 육도 I / II 급이다. 육도 II 급은 다른 이름으로는 파이퍼A급이라 불리며 함미의 무장을 철거해 선체의 크기를 약간 소형화한 육도 I 급의 후계함이다. 지금도 소수가 조선인민군 해군에서 현역으로 뛰고 있지만 대다수가 소해정이 아니라 기뢰 부설정으로 운용되고 있을 것으로 보고 있다.

대청 II 급 중 일부는 MR-104 '드럼 틸트' 레이더에 연동한 AK-230을 탑재해 대청 I 급보다 대공 화력이 대폭 강화되었다. (KCBC)

현대적인 함선에 비해 구형으로 보이는 함교를 가진 마양급 경비정의 모습이 찍힌 희소한 사진. (KCBC)

소흥급 미사일 고속정 앞을 걷고 있는 김정일. 군복을 입고 있는 희귀한 사진이다. (KCBC)

조선인민군 해군에서는 대형인 상륙정을 시찰하는 김정일. (KCBC)

일견 여객선으로 보이는 외양의 이 함선은 1척만이 확인되지만, 북한 해군의 수많은 초계정 중에서 한 급을 확립하고 있다. (KCBC)

당시 SO-1급을 기반으로 건조 중이던 북한제 초계정 부대의 전력 증강을 위해 1960년대 말에 13척의 062급 고속정(나토 코드네임: 상하이(上海)급)이 중국에서 수입되었다. 062급은 SO-1급의 42미터에 비해 전장이 39미터로 약간 소형이어서 무장 탑재량에 악영향을 주었다. 주무장은 함수와 함미에 1문씩 탑재된 37mm 2연장 기관포로 함 중앙에는 근접 전투 능력의 향상을 위해 2M3 25mm 2연장 양용포 2문과 무반동포가 설치되었다. 062급은 신형 북한제 고속정의 설계 베이스로도 활용되어 무장과 함교 구조가 다른 적어도 2종류의 파생형이 있다. 그 밖에 조선인민군 해군에 배치된 중국제 함선으로 307급이 있으며 적어도 6척이 도입되어 서해함대에 배치되었다. 037급은 소련의 SO-1급 구잠정을 참고해 개발했으며 전

장은 062급에 비해 58미터의 대형함이다. 중국에서 건조된 다수의 037급이 해외의 몇몇 나라에 수출되었다. 중국 인민해방군 해군에서 운용되고 있는 것은 지속적으로 개수 공사를 받고 있지만, 조선인민군 해군의 037급은 SO-1급과 비슷한 기간 동안 운용되었다. 탑재된 무장은 SO-1급과 같은 RBU-1200 우라간 대잠 로켓 발사기 4기, 2문의 57mm 양용포를 함수와 함미에 1문씩 장착했다.

소련의 SO-1급과 그 후계형이라 할 수 있는 중국의 037급을 입수한 북한은 운용 실적이 있는 이들 함선을 바탕으로 보다 중무장한 60미터급의 새로운 북한제 함선의 건조에 성공했다. 이것은 현재도 현역인 대청급이다. 037급이 SO-1급의 후계형이라면 대청급은 037급의 후계형이라 말할 수 있는 존재로 한반도 연안에서 작전 행동을 하는 데 최적화된 설계로 만들어졌다. 037급의 구조는 대청급에도 이어졌지만 함교 구조를 일신하여 보다 고화력의 무장을 탑재하고 장비한 센서 등도 변경되었다. 적어도 12척이 건조된 것으로 보이며 조선인민군 해군이 보유한 초계정 중에서도 다수를 차지하고 있다. 대청급은 건조 시기에 따라 대청Ⅰ급과 대청Ⅱ급으로 나뉘며 그 밖에 소소한 변경점이 있는 파생형도 존재한다.

대청Ⅰ급은 1970년대부터 1980년대에 걸쳐 건조된 제2차 생산형을 말하며 적어도 7척이 건조된 것으로 보인다. 037급에서 보이는 함수의 57mm 2연장포는 철거되었고, 대신 개방식 또는 포방패식 100mm 함포가 탑재되었다. 일부는 이 100mm 함포 대신에 85mm 포탑을 탑재하고 있다. 그리고 함교 앞의 플랫폼은 2M3 25mm 2연장 양용포 또는 2정의 14.5mm 중기관총을 탑재하기 위해 확장되었다.

소주급 미사일 고속정의 함미. 폭뢰, 37mm 2연장포, 25mm 양용포, 함교 측면의 ZPU-2 14.5mm 대공 기관총 등이 보인다. (KCBC)

상륙 훈련에서 신흥 수륙 양용 경전차를 발함하는 한태급 상륙정. (KCBC)

중기관총용 총가가 2개 설치된 소형 상륙정. 이렇게 노후된 평저선이 쓸모가 있으리라 생각되지는 않는다. (Uwe Brodrecht)

ZIF-31 57mm 2연장포. 구경이 커서 위력은 강하지만 장전과 조준이 수동식이어서 발사 속도와 명중률이 떨어진다. (KCBC)

RBU-1200 대잠 로켓 발사기는 4기에서 2기로 줄었고, 그중에는 완전히 철거된 함선도 있다. 대청 I 급은 적어도 3종류의 파생형이 존재하며 각각 의장이나 구조의 차이가 보인다.

대청급의 제2차 생산형은 일반적으로 대청 II 급이라 불리며 외견상으로 큰 차이는 없다. 다만 대청 I 급에 비해 약간 대형의 선체를 가지며 함교 구조가 일신되었고 무장에도 차이가 있어 성능적으로는 초계정으로도 초계함으로도 분류된다. 점점 강해지는 한국 해군의 구축함 부대에 대항하기 위해 1980년대 초에 적어도 5척의 대청 II 급이 건조되었다. 하지만 여전히 작전 행동이 가능한 전투함의 보유 척수는 한국이 상회하고 있어 실질적 타격 전력이 되는 성능을 가진 북한 함선은 후술하는 2척의 나진급 구축함(호위함)뿐이다. 대청 I 급은 훈련과 프로파간다 영상 등에 빈번히 목격되지만, 대청 II 급이 미디어에 등장하는 경우는 드물며 취역한 뒤의 목격 사례도 적다. 한정된 정보나마 조사한 결과 일부 대청 II 급은 함수와 함미에 1기씩 합계 2기의 AK-230 2연장 기관포를 탑재하고 있는 것으로 밝혀졌다. 조준에 사용되는 MR-104 '드럼 틸트' 화기 관제 레이더는 선체 중앙에 있다.

대청급은 북한이 대량으로 건조한 초계정의 대미를 장식한 함선이지만, 이후로도 신형 초계정이나 기존 함선의 파생형의 생산과 배치는 계속되고 있다. 그중에서 주목할 만한 것이 조선국영미디어에 등장하는 것도 드물고, 실체가 거의 알려지지 않은 마양(馬養)급 초계정이다. 함선의 전장은 56미터에 무장은 85mm 포탑이 선수에 1문, 그리고 함미에 57mm 2연장포 1문이다. 건조 수량이 1척뿐인 원오프(one-off) 함선일 가능성이 높다. 함 전체의 대공 전투 무장은 함교 앞에 탑재된 2기의 2M3 25mm 2연장 양용포와 6정의 14.5mm 중기관총이다. 마양급 이전에 단일 생산된 초계정도 존재하며 미 국방부에서 K-48급이라 식별하고 있다. K-48급은 아마도 76mm 구경으로 보이는 대구경포를 함수 갑판에, 함미에는 3기의 M-1939 37mm 대공포를 탑재했다. 개발 시기는 50년대에서 1960년대 초로 보이며 북한의 국내 건조 역사의 여명기를 장식한 함선이라 하겠다. 북한은 1980년대에 초계정과 어뢰정

1993년에 촬영된 나진급 호위함. 조선인민군 해군이 2척 보유하고 있다. (United States Navy)

으로 구성된 대규모 고속정 부대를 편성하는 데 성공했지만, 미사일 고속정의 국산화도 시도하고 있었다. 소련으로부터 획득한 코마급, 오사 I 급 미사일정은 설계에 약간의 변경을 더해 소흥급, 소주급으로 발전했으며, 원형이 된 함선보다 많은 수가 건조되었다. 조선인민군 해군의 대함 미사일 운용 능력을 가진 미사일 고속정 부대의 중추를 형성하고 있는 것이 이 2종류의 고속정이다. 소흥급은 코마급을 완전히 카피한 것으로 평가되며 소주급은 함교에서 함수까지 약 4미터 연장되는 등 오사급과는 큰 차이를 보인다. 무장은 원형이 된 소련제 함선과 큰 차이점은 없는 듯하다. 북한과 마찬가지로 오사 I 급을 자국에서 건조한 중국은 2M3 25㎜ 2연장 양용포를 탑

1척만이 건조된 서호급 호위함의 헬기 갑판에서 나진급을 시찰하는 김정은. (KCBC)

재하는 경우가 많으나 소주급과 오사급에는 AK-230 30㎜ 2연장 대공포가 채용되었다. 소주급에는 초계정으로 개장된 파생형도 있으며 함수에 100㎜포를 1문, 함교 옆에 14.5㎜ 중기관총을 2정, 함미에 2M3 25㎜ 2연장 양용포와 37㎜ 2연장포를 2문을 탑재하는 중무장을 했다. 초계정형은 소수가 취역해 동해함대에 배속되었다. 흥미로운 점은 북한은 청진급과 차호급을 조합해 보다 효과적인 화력 지원이 가능한 상륙 지원정을 개발하고 있다. 그것은 청주급 초계정으로 불리며 85㎜포와 다연장 로켓을 탑재하고 있다.

서호급 호위함의 모형을 시찰하는 김일성. 왼쪽은 나진급 모형. (KCBC)

　청주급은 1974년부터 1975년에 걸쳐 9척이 건조되었지만, 1976년에 무장이 철거된 것으로 보아 실제로 운용하지는 않는 것으로 보인다. 청주급은 최종적으로 고속정으로 개장되어 3척이 P-15 대함 미사일을 탑재한 미사일 고속정이 되었고, 나머지는 초계정이 되거나 퇴역했다.[10]

　남포급과 보다 소형의 흥남(興南)급 상륙정을 건조하면서 경험을 축적한 북한은 이어서 장갑 전투 차량을 수송할 수 있는 중형 상륙정의 개발 계획을 세웠다. 이 계획에 의해 탄생한 것이 한촌급과 한태급 상륙정으로 각각 전장 36미터와 47미터다. 한촌급이 개방형 갑판에 전면부 램프를 장비한 정도인 데 반해 한태급은 보다 세련된 설계를 보여준다. 한태급에는 2M3 25㎜ 2연장 양용포를 4문 탑재했으며 차량의 신속한 상륙을 위한 구조를 갖췄다. 다만 한 번에 적재할 수 있는 기갑 차량은 3대로 조선인민군 해군이 기대한 수송 능력을 확보하지는 못했다.

　보유한 상륙정을 최대한 활용하더라도 북한이 수송할 수 있는 기갑 차량의 수는 100대 이하일 것으로 추측되며 상륙 작전을 유리하게 수행하기에는 턱없이 모자란 수이다. 그래서 이들 중형 상륙정

서호급의 갑판 위에 있는 Mi-4 헬기. 안정성이 불충분한 설계였기에 헬기 데크에 적재한 채 항해하기는 불가능했을 것으로 보인다. (KCBC)

서호급 호위함은 당시로서는 야심찬 설계를 도입했지만, 여러 설계상의 결함에 의해 항해성이 표준 이하인 실패작이 되었다. 그리고 나진급과는 달리 처음부터 대함 미사일 운용을 고려해 설계하면서 나진급 2척분에 필적하는 건조비가 들어갔다. 이렇게 북한은 실적이 없는 신기술을 설계에 도입하는 것이 반드시 성공으로 연결되지 않는다는 것을 배웠다. 주목할 점은 상당히 긴 비행 갑판으로, 이런 경향은 헬기를 탑재하는 최근의 조선인민군 해군 함선에 이어진다. (그림: Anderson Subtil)

이 전황에 큰 영향을 주기는 힘들다.

나진급은 조선인민군 해군이 보유한 최초의 호위함으로 적 함선과 제대로 교전할 만한 전투력을 실제로 보유한 소수의 북한 함선 중 하나다. 전장은 103미터로 북한이 건조한 최대급 함선이다. 취역 시기는 1970년대 초로 각 함대의 기함 역할로 동해함대와 서해함대에 각각 1척이 배치되었다. 부여된 함번은 '531(동해함대)'과 '631(서해함대, 개수 후 591로 변경)'이며 탑재된 무장은 다음과 같다. 선체 중앙에는 선회식 3연장 533mm 어뢰 발사관 1기, 함수와 함미에 100mm 함포 각 1문, 그 함포 배후에 ZIF-31 57mm 양용포 2문, 함교 옆에 2M3 25mm 2연장 양용포 2문, 연돌 옆에 설치된 플랫폼에 ZPU-4 14.5mm 4연장 대공 기관총 4정, 그리고 조선인민군 해군의 통례에 따라 나진급도 기뢰 부설 및 폭뢰 투사가 가능하다. 탑재된 무장의 대부분은 1973년에 취역하던 시점에 이미 시대에 뒤처진 무기로 미 해군 함선을 상대로 효과를 발휘할 가능성은 한없이 낮다. 장전, 조준, 사격은 전부 수동이라 함선이 정지된 상태에서도 높은 명중률을 기대할 수 없다. 이처럼 나진급은 취역하자마자 구형함이 되었다. 이에 위기감을 느낀 북한은 1980년대에 나진급의 현대화 개수를 실시해 전투력을 1960년대 수준까지 끌어올렸다. 어뢰 발사관과 ZPU-4는 철거하고, 대함 미사일의 탑재를 위해 선체 중앙부를 대대적으로 개수했다. P-15 대함 미사일을 수납하는 미사일 발사관은 함교 가까이에 설치되어 발사 시 함교 및 선체에 손상을 줄 가능성이 있다. 나진급은 AK-230 30mm 2연장 기관포 2문, 사격 관제용 MR-104 '드럼 틸트' 레이더를 탑재해 대공 전투 능력도 개선되었다. 그리고 구명정의 배치를 함미로 옮겨 추가로 4문의 2M3 25mm 2연장 양용포를 탑재했다. 결과적으로 이런 개수를 거치고도 나진급을 현대전에 통용되는 레벨까지 끌어올리는 데는 실패했다. 호위함이라기보다는 중무장한 초계정이라 하는 게 정확한 평가다. 북한은 나진급의 실패를 발판으로 삼아 보다 현대적이고 야심찬 전투함의 설계를 진행하고 있다.

나진급의 취역으로부터 몇 년 뒤 건조를 시작한 소호급은 쌍동식 선체에 헬기 탑재가 가능한 참신한 설계를 한 호위함이다. 전장은 74미터로 그중 30미터는 헬기 운용을 위한 공간이다. 갑판에는 P-15계열 대함 미사일 발사관 4기 외에 1문의 100mm 함포, 2문의

57mm 양용포, 2문의 30mm AK-230 2연장 대공포, 2문의 25mm 2M3 2연장 양용포, 그리고 RBU-1200 대잠 로켓 발사기 6기를 탑재했다. AK-230 대공포는 MR-104 '드럼 틸트' 레이더의 화기 관제를 받는다. 그리고 MR-123 '베이스 틸트(Bass Tilt)' 화기 관제 레이더 1기가 추가로 장비된 것 같다. 소호급은 1척만이 건조되었는데 1980년에 라진 북동쪽에 있는 조선소에서 기공되어 1982년에 완성, 함번 '제823호'를 부여 받았다. 그 후 실시된 시험 운항 중 선체의 중대한 결함이 있었는지 3년 동안 라진항에 계류된 상태로 있었다.[11] 지금까지 없던 참신하지만 복잡한 설계로 건조한 소호급의 함생은 순탄치 못했다. 라진을 출항해 모항인 신교리로 이동한 소호급은 그다지 운용되지 못하고 다시 라진으로 돌아왔다. 그리고 취역한 지 30년을 채우지 못하고 스크랩(해체) 처리되었다. 조선인민군 해군 보유함의 대부분이 6.25 전쟁 이전에 건조된 것을 생각하면 함령이 30년도 되지 않은 소호급이 해체된 것은 특이한 경우다. 소호급의 모습이 찍힌 희소한 영상을 보면 헬기 격납고가 비어 있거나 Mi-4/Z-5 헬기가 탑재된 것을 확인할 수 있다. 다만 실제로 항해 중 헬기를 탑재하고 운용했을 가능성은 낮다. 소호급은 북한 기술자와 설계자들의 창의성과 노력이 들어간 함선이지만, 단적으로 말해 건조하면서 얻은 경험과 바꿔 거액의 예산을 낭비한 실패작이라고 하겠다. 하지만 이 빈약한 결과에도 굴하지 않고 북한은 신형함의 연구, 개발 그리고 건조에 전념하고 있다.

최근의 조선(造船)사정

소련과 중국이라는 우호국으로부터 대량의 함선을 입수하고 그것을 국산화하는 위업을 달성한 북한은 대한민국 해군에 대해 조선인민군 해군의 전력 우위를 1980년대 중반까지 유지하고 있었다. 다만 조선인민군 해군에 배치된 전투함은 일반적으로 취역하자마자 시대에 뒤처지는 경향이 있었다. 그래서 남북의 해군력 격차는 조선인민군 해군 함선의 성능에 의해 발생하는 것이 아니라 한국 해군이 보유한 함선 척수가 상대적으로 적은 데 기인한다. 말하자면 허구의 우위성이라 하겠다. 1980년대에 들어서 드디어 현대적인 함선의 건조에 착수한 한국 해군은 동시기에 동맹국인 미국으로부터

함수 쪽에 76mm 오토멜라라의 북한판 카피를 탑재한 SES II 급의 우현 사진. (KCBC)

비교적 소형의 탄창으로 장전하는 14.5mm 개틀링 건의 초기형. 전면과 사수석은 방탄판으로 보호된다. 총탄 탑재량을 늘린 개량형으로 교체가 진행 중이지만, 아직도 많은 수가 그대로 사용되고 있다. (KCBC)

개량형 14.5mm 개틀링 건은 미얀마 함선에서 처음으로 확인되었다. 조선인민군 해군의 첫 채용 사례는 신형 77미터급 초계함이다. 대형화된 탄창, 깔끔해진 디자인, 방탄판이 없는 것을 알 수 있다. (Tatmadaw-Myawaddy TV)

미얀마 해군의 함선에 장착된 AK-630을 카피한 30mm CIWS. 본 시스템에 AK-230의 밀폐식 포탑이 활용되었다. (Tatmadaw-Myawaddy TV)

미얀마 함선에 탑재된 2기의 북한제 30mm CIWS. 전방에 있는 화기 관제 레이더와 소형 SAM(사각형 구조물) 시스템이 있다. 왼쪽 끝에는 오토멜라라 76/62를 카피한 76mm 함포. (Tatmadaw-Myawaddy TV)

북한제 파생형 함선에 의지하는 수밖에 없었다. 게다가 곧바로 전통적으로 협력 관계에 있던 소련이 붕괴하고, 북한도 경제 위기와 대기근이 닥치면서 조선인민군 해군에게 있어 1990년대는 최악의 시기였다. 물론 한국에 대한 기술적 우위 또한 상실했고, 조선인민군 해군의 미래에는 비참한 결말만이 기다리는 듯했다.

하지만 만신창이에 누가 보더라도 만회하기는 불가능하다 생각되던 이 시기, 북한의 조선 산업은 전에 없는 번영과 진보를 누리고 있었다. 1980년대부터 1990년대에 걸친 혼란기 중에 북한은 이미 입수했던 P-15 대함 미사일 등을 개량했고, 소련을 대신하는 새로운 무역 파트너를 구하는 일에 노력을 기울였다.[12] 그리고 이것이 의외의 대성과를 거뒀다. 북한은 정규 루트를 통하지 않고 비밀 외교와 암시장을 통해 과거에는 꿈에도 생각하지 못하던 첨단 기술과 최신 무기를 입수할 수 있었다. 또한 이들 최신 무기 중에는 종래의 소련만이 아니라 서방권 국가들의 것도 포함되어 있었고, 북한의 군사 산업은 기묘하다고밖에 표현할 수 없는 독특한 형태로 진화했다. 그 일례가 프랑스제 엑조세 대함 미사일이다. 이것은 아마도 1990년대 리비아로부터 입수한 것으로 보인다.[13] 입수한 엑조세 미사일은 AM39 공대함형으로 국산화에 성공하지는 못했지만, 내부 구조를 철저히 분석해 얻은 기술이 북한의 차세대 대함 미사일 개발에 충분히 활용되었을 것이다. 마찬가지로 북한은 국가의 테두리를 넘어서는 신형 미사일 공동 개발 계획의 일환으로 1999년에 이란으로부터 중국제 C-802A 대함 미사일의 기술을 얻어 북한의 신형 대함 미사일에 활용했을 가능성도 있다.[14]

이 시기에 일반 공개된 조선인민군 해군의 무기 중에서도 가장 경악할 만한 것은 이탈리아 오토멜라라 76/62 76mm 함포의 북한판

하푼 대함 미사일의 도입과 운용 능력을 획득했다.

이로 인해 조선인민군 해군이 우세하던 전력 구도는 서서히 붕괴하기 시작했다. 일시적으로 악화되었던 소련과의 관계는 1980년대 후반에 일단 회복되었지만, 이 시기에 주로 육군과 해군 등의 다른 조직의 장비가 우선적으로 해택을 받았다. 그래서 조선인민군 해군은 이 시기 소련으로부터 얻은 해택이 적었고, 기존의 구형함 및

미얀마 해군의 소형 SAM 시스템은 대부분이 자동화되어 수동 조준할 필요가 없다. 이것을 미얀마와 북한 중 누가 개발했는지는 불명. (Tatmadaw-Myawaddy TV)

미얀마 함선에 탑재된 북한제 소형 SAM 시스템. 휴대식 대공 미사일 6발을 장전한다. (Tatmadaw-Myawaddy TV)

조선인민군 해군의 어뢰정에 장비된 82mm 6연발 채프/플레어 발사기. (KCBC)

금성-3은 러시아제 Kh-35와 유사한 대함 미사일로 전장이 연장되었고 부스터 접합부, 배기 노즐의 형상이 다르다.

카피다. 오토멜라라 76/62 함포는 우수한 연사 속도를 가진 함포로 주로 서방권의 많은 해군에서 운용하고 있는 베스트셀러 함포다.

오토멜라라 함포를 1990년대에 북한에 공급한 곳은 리비아였다. 독자적인 회전 급탄 기구를 채용하여 분당 85발의 사격이 가능하다. 대함 및 대공 목표에도 높은 명중률을 발휘하는 오토멜라라사의 76mm포는 지금까지 조선인민군 해군이 사용해 오던 어떤 함포보다도 압도적으로 우수한 성능을 가졌다. 종래 북한 함선에 탑재되던 함포는 수동으로 조준과 장전을 했기 때문에 조작이 어렵고 명중률을 향상시키는 안정기와 화기 관제 레이더를 장비하지 않았다. 북한이 참고한 것은 이란의 파지르(Fajr)-27(오토멜라라 76/62의 이란판 카피)라는 설도 있지만, 북한이 76mm 함포를 카피한 것은 파지르-27이 개발된 것보다 10년 전의 일로 이것은 오보이다. 그리고 이란의 파지르-27은 완전히 다른 타입의 오토멜라라 76/62 기반으로 설계되었다. 실물을 입수했다고 오토멜라라 76/62 같은 복잡한 무기를 역설계해 국산화하는 것은 쉬운 일이 아니다. 아마도 막대한

예산과 자원, 그리고 시간을 들여 국산화에 성공해 조선인민군 해군에 배치되었을 것이다. 갑판 아래에 탄약고를 배치하고, 화기 관제 레이더를 탑재할 필요가 있는 오토멜라라 함포를 채용하면서 함선 차체의 설계 사상 또한 크게 변했고, 전체적으로 조선인민군 해군의 새로운 시대가 열렸다고 할 만한 개혁이라 하겠다. 흥미로운 점은 화기 관제 레이더는 오리지널을 카피한 것이 아니라 북한에서 자체 개발한 것을 선택했다. 이 화기 관제 레이더는 일단 완성하기는 했지만, 오토멜라라 76/62를 탑재한 모든 함선에 장착되지는 않은 듯하다. 또한 오토멜라라 76/62 본래의 포탑은 꼼꼼하게 표면 처리를 한 원형 또는 스텔스 형상을 고려한 다각형을 하고 있지만, 북한판은 거칠게 용접한 흔적이 남아 있고, 국산화하는 데 상당히 고생을 한 것으로 보인다. 이렇게 공들여 오토멜라라 76/62를 생산했지만 현재 이 함포를 탑재한 함선은 조선인민군 해군 중 극히 일부이며 안정된 양산 체계는 아직 확립되지 않았다.

게다가 오토멜라라 76/62는 북한이 종래 사용해 오던 함포에 비해 대형이어서 주로 신형함에 탑재되었다. 한편 1990년대에 개발된 또 하나의 신형 함포는 기존 함선에 탑재된 것을 포함해 조선인민군 해군의 거의 모든 기관총을 대체하게 되었다. ZPU-4로 대표되는 14.5×114mm 구경의 기관총을 오랫동안 사용하던 북한은 보다 소형에 고화력, 그리고 쓰기 편한 신형 함재 기관총을 목표로 같은 구경의 탄을 쓰는 개틀링 기관총의 개발을 시도했다. 그렇게 해서 탄생한 것이 수동 조준식 14.5mm 개틀링 기관총이다.

이 개틀링 건은 소형인 덕분에 함선의 다양한 위치에 탑재가 가능하며 근거리에서 강력한 화력을 발휘한다. 이 신예 개틀링은 함종에 제약받지 않고 다양한 조선인민군 해군 함선에 탑재되었다. 다만 일부 함선에는 2M3 25mm 2연장 양용포 같은 구형 장비를 계속 사용했는데 이는 기존의 14.5×114mm탄에 비해 25×218mm SR탄의 높은 파괴력 때문이라 추측된다. 그리고 14.5mm 개틀링 건은 고속 비행하는 제트기를 상대하기에는 성능이 부족하며 주로 헬기나 소형함을 공격하는 용도에 적합하나. 1990년대 이전에 도입되었거나 건조된 조선인민군 해군의 함선은 대함 미사일과 적 항공기를 근거리에서 요격하는 근접 방어 무기 체계(CIWS: Close-In Weapons System)가 없었다. CIWS는 함선에 필수적인 무장으로 북한은 1990년대 초에 CIWS의 국내 개발을 시작했다. 개발은 밀폐식 포탑을 가진 AK-230을 기초로 진행되었지만, 결과물은 소련의 AK-630 CIWS와 거의 같은 6열 포신의 30mm 개틀링 기관포다. 북한의 30mm CIWS와 소련의 AK-630은 외견을 빼면 많은 부분이 유사하며

금성-3을 탑재한 CDS가 열병식에서 처음으로 등장한 네이비 블루 위장색은 행사용으로 도장한 것 같다. 이렇게 신형 차량의 차체에는 T-72를 참고한 차대가 사용되었다. (NK pro)

연안 방어 시스템에서 발사되는 금성-3의 개량형. 실험 데이터 송신용이라 생각되는 백색 소형 안테나와 탄두 부분에 추가된 적외선 시커가 보인다. (KCBC)

보다 일반적인 녹색 계열 위장색의 금성-3형 CDS. P-15를 탑재한 CDS에 비해 4배의 대함 미사일을 발사할 수 있으며 적함의 장갑을 관통할 확률을 대폭 높였다. 자주식 발사기 자체에는 레이더가 없고, 목표 포착은 연안 레이더 사이트에 의존한다. (KCBC)

1980년대 후반부터 1990년대 초에 걸쳐서 소련으로부터 기술 지원을 받았을 가능성을 보여준다. 다만 AK-630을 탑재한 소련 함선이 북한에 수출된 경우는 없다. 이 CIWS는 분당 5,000발이라는 경이적인 속도로 강력한 30mm탄을 쏠 수 있으며 유효 사거리는 4km, 조준은 레이더 자동 조준이기 때문에 대함 미사일을 요격하기에도 충분한 성능을 가지고 있다. 시스템 전체의 중량도 비교적 가볍고, AK-230을 탑재 가능한 크기의 함선이라면 30mm CIWS를 문제없이 탑재할 수 있다. 화기 관제에는 통상 AK-630이 사용하는 현대적인 MR-123 '베이스 틸트'가 아닌 종래의 MR-104 '드럼 틸트'가 사용된다. 또한 오토멜라라 76/62에 사용되는 신형 화기 관제 레이더도 30mm CIWS와 호환성을 가진 듯하다.

조선인민군 해군의 전투함에 함대공 미사일이 탑재된 전례는 없고, 21세기에 들어서도 적 항공기에 대한 취약성을 근본적으로 해결하지 못했다. 다만 항공기로부터의 생존성을 높이기 위한 노력을 완전히 포기한 것은 아니다. 앞서 설명한 30mm CIWS와 병행해 신조함에는 휴대식 대공 미사일을 최대 6발 발사할 수 있는 소형 함재 지대공 미사일 시스템(함대공이 아닌 굳이 지대공이라 표기)을 탑재했다. 물론 휴대식 대공 미사일은 세계 각국의 현용함이 보편적으로 탑재하고 있는 함대공 미사일을 대체할 수는 없다. 하지만 이 지대공 미사일 시스템은 크기가 작아 조선인민군 해군의 다양한 함선에 탑재할 수 있어 종합적으로 보면 대공 전투력이 향상되었다. 이 6연발 함재 지대공 미사일 시스템을 탑재하기에 너무 작은 어뢰정이나 기타 주정에는 장비하는 미사일을 2발로 줄인 보다 작은 시스템이 사용된다. 이들 CIWS와 함재 SAM 시스템이 접근하는 대함 미사일의 요격에 실패한 경우 조선인민군 해군의 합선은 최종 수단으로 82mm 채프/플레어 발사기를 사용한 후 회피 기동에 들어간다.

적외선 시커를 새로이 탑재한 금성-3의 실험 영상. 표적은 퇴역한 SO-1급 구잠정. (KCBC)

북한의 P-15 테르밋 계열 미사일의 국산 개발 계획을 분석하기 위해 정보 수집을 하고 있지만, 단서를 제대로 잡지 못하고 있다. 2007년에 최초의 수입국인 이란에 의해 공개된 북한의 사지 CDS는 최대 360㎞ 떨어진 목표를 공격 가능하며, P-15 초기형의 40㎞, HY-2의 200㎞를 크게 상회하고 있다. 사지 CDS를 기반으로 사거리 연장, 적외선 시커를 개량한 것으로 보이는 개량형은 2009년에 첫 테스트를 했다. 미 국방부에서 스커지라 명명된 이 미사일의 사거리는 700㎞에 이른다. 동해 전 해역에서 항행 중인 선박을 공격하기에 충분한 성능으로, 이 미사일이 미 항모 전단을 공격하기 위해 개발된 것을 알 수 있다. (그림: David Bocquelet)

사진의 323식 APC 베이스 연안 방어 시스템은 연안에 배치된 조선인민군 해군 함선보다는 장시간 생존할 것이다. 북한 해군은 지금도 구형 P-15 테르밋 계열 대함 미사일을 CDS의 주력 무기로 채용하고 있지만, 다른 대함 미사일의 보조 수단 또는 대항 수단을 가지지 않은 함선을 파괴하는 용도로 사용되고 있다. (KCBC)

채프/플레어를 6발 장전한 이 발사기는 1980년대에 개발된 이래 지금은 조선인민군 해군 함선 대부분에 탑재되어 있다. 연막을 형성해 적의 사선을 차단하고 레이더 유도 방식의 대함 미사일을 교란하는 데 어느 정도 효과가 있다.

1990년대는 다양한 신형 공격 무기, 그리고 방어 화기의 개발, 생산, 도입이 많은 시기였지만, 그중에서도 중요한 존재가 금성-3이다. 러시아제 Kh-35에서 유래한 북한의 금성-3은 해외 미디어로부터 KN-01(미 국방부 명칭: 스톰 페트렐(STORMPETREL:바다제비))이라 불리며, 90년대 말에 개발된 것으로 보인다. 다만 국제적으로 큰 주목을 받기 시작한 것은 2014년에 실시된 공개 군사 훈련

이후부터다. 금성-3은 많은 점이 Kh-35와 유사하지만, 북한의 군수 산업이 원형인 러시아제 대함 미사일의 복잡한 탄두부 레이더와 터보팬 엔진 등을 어디까지 카피하는 데 성공했는지는 알 수 없다. 외견에서 몇 가지 차이점이 보이지만, 그것이 결코 금성-3이 Kh-35보다 열등하다는 의미는 아니다. 먼저 130km의 원본 사거리를 연장하기 위해 금성-3의 전장은 약 3.5미터로 연장되었다. Kh-35는 5,000톤급 선박의 파괴에 최적화되었지만, 전장을 연장한 금성-3의 경우 탄두에 탑재할 수 있는 작약량이 증가했을 가능성도 있다.

초기 가속에 부스터를 사용해 지상/해상에서의 발사가 가능하지만, 형상에 변경점은 보이지 않는다. 다만 부스터 추진 기구와 미사일 본체의 접속 방식에 차이가 있다. 원형에는 없는 배기 시스템이 금성-3에는 장비되어 있는 것을 보면 양 미사일이 채용하는 부스터에 큰 차이가 있는 듯하다. 다만 부스터의 역할은 미사일의 초기 가속에 한정되기에 반드시 금성-3과 Kh-35의 종합적인 성능 차이가 있다고 단정할 수는 없다. 물론 이들 미사일의 성능을 외관만으로 판단하기는 어렵기 때문에 내부 구조를 조사할 필요가 있으며 Kh-35의 표준 기능의 일부가 생략되었을 가능성도 있다.[15] 북한의 주장을 믿는다면 금성-3은 탄두 중량, 사거리, 명중률 모든 면에서 Kh-35보다 우수하며 전술한 훈련 중 시험 발사된 미사일의 경우 200km 떨어진 표적을 명중시키는 데 성공했다. 또한 양자의 차이점은 대함 미사일 본체만이 아니다. 전장이 연장되었기에 금성-3을 격납, 발사하는 발사관에도 개수가 시행되었다.

2000년대 초에 최초로 도입된 이래, 2010년대에 들어서도 금성-3 미사일은 계속된 연구 및 개발의 대상이 되어 2017년의 김일성 탄생 105주년 기념 열병식에서 금성-3의 기술을 활용한 신형 연안 방어용 시스템(미 국방부 명칭: KN-19)이 처음으로 공개되었다. 그

후방에서 본 SES I 급 표면 효과선. 대형 대함 미사일 발사기와 함미에는 AK-630계열 북한제 30㎜ CIWS가 보인다. (KCBC)

시찰 중인 김정일. 후방 함선에서 보이는 2개의 원형 플랫폼은 수동 조준 또는 휴대식 대공 미사일 사격용으로 보인다. (KCBC)

해 6월에는 이 연안 방어 시스템(CDS: Coastal Defence System) 의 시험 사격이 실시되어 제1세대 금성-3보다 성능이 향상된 모습 을 대외에 과시했다. KN-19가 탑재된 제2세대 금성-3 대함 미사일 은 적어도 240km의 사거리를 보유했으며 위성 항법 시스템(GNSS) 유도로 웨이포인트를 따라 해안을 순항하는 게 가능하다. 이것은 통 상적인 방법으로는 공격하기 곤란한 적 함선에 대해서도 고도의 전 술을 구사해 명중률을 높이는 것이 가능하다는 뜻이다. 탄두에는 종 래의 레이더에 더해 적외선 시커가 추가되어 종말 유도 시에 이를 사용해 재밍 대응 능력을 향상시켰다. 그리고 각 차량에서 발사한 미사일을 통합 관제해 동일 목표에 대해 각기 다른 방향에서 동시 착탄하게 유도하는 것도 가능하다. 이같은 기능은 세계 각국의 해군 이 운용하는 최신에 연안 방어 시스템에도 있는 기능으로 KN-19는 북한 군수 산업의 기술 수준이 높아졌음을 보여준다. 각 발사기는 4 기의 미사일 발사관을 탑재했으며 T-72 기반의 천마-216, 또는 선 군-915 주력 전차의 차체가 이용되었다. KN-01과 KN-19가 사용하 는 발사관은 동일한 것으로 아무래도 제1세대의 금성-3을 운용 가 능한 전투함이라면 제2세대의 개량형 미사일도 특별한 개조를 할 필요 없이 탑재할 수 있다. 금성-3의 도입은 조선인민군 해군에 귀 중한 대함 전투 능력을 부여해 주지만, 보다 대형 함선을 공격하는 데 적합한 중량급 대함 미사일, P-15 테르밋의 존재를 잊어서는 안

된다.

북한은 P-15를 중국이 독자적으로 발전시킨 HY-2를 베이스로 리비아에서 입수한 액조세 대함 미사일에서 얻은 신기술을 응용하 여 신형 대함 미사일을 개발했다. 이것은 AG-1(미 국방부 명칭:사 지)으로 완성되어 1997년 또는 1992년에 최초의 시험 사격을 한 것 으로 추측된다. [16, 17] 취급하기 어렵고 위험한 P-15/HY-2의 추진 기 구는 아마도 프랑스 마이크로 터보사의 TRI 60을 참고해 개발했 을 것으로 추정되는 북한제 터보제트 엔진으로 교체되어 사거리는 P-15의 40km에서 360km로 대폭 개선되었다. 발사기를 탑재한 차 체는 주로 1990년대 초에 도입된 자주포에도 많이 활용된 GM-575 에서 파생된 것을 사용했지만, 323식 APC를 활용한 파생형의 존재 도 확인되고 있다. 또한 적으로부터의 공격에 취약한 해안의 고정식 탐색 레이더에 완전히 의존하지 않고, 각 차량이 장비한 일본 후루 노전기(古野電氣)제 소형 레이더를 사용해 보다 독립적인 운용도 가 능하다.

발사기는 신형 미사일만이 아니라 P-15와 HY-2도 탑재할 수 있 다. 이렇게 구형 대함 유도 미사일을 탑재한 AG-1의 모습은 군사 퍼 레이드나 훈련 중에 목격되고 있다. 북한의 AG-1 CDS는 해외 수출 에도 적극적이며 처음에 이라크가 흥미를 보였지만, 2000년대 초 에 이란에 수출되었다. 현재 이란은 이것을 라드(Raad)라는 이름 으로 자체 개발한 것이라 주장하고 있다. [18] 군사 박람회에서는 개량 형 시커를 장비하는 등 이란 독자적인 개수를 받은 AG-1이 일반에 공개되었지만, 실제로 이란이 개발, 생산했다는 증거는 보이지 않 는다. 다만 같은 개수가 이뤄진 AG-1이 북한 국내에 운반된 정황이 없는 것에서 이란의 주장에 신빙성이 높아 보인다. 이 신형 연안 방 어 시스템은 이미 조선인민군 해군 부대에 배치되어 동해안에 소수 가 전개되어 있는 듯하다. 이란이 수입한 AG-1을 독자적으로 개수 한 것과 같이 북한도 AG-1 CDS의 개발을 계속했고, 더욱 우수한 성

2018년, 남포항의 SES II a급 표면 효과선. (KT4Dani)

현재의 모습으로 개장되기 전의 SSES I a급의 유일한 사진. 네스호의 괴 수 사진급으로 화질이 흐리다. 스텔스 형상의 포탑을 가진 주포와 후갑판 의 AK-630의 북한판 카피 화기가 보인다. (저자 소장)

금성-3 대함 미사일을 발사하는 SSES I b급 표면 효과선 '제9201호'함. (KCBC)

SSES I b급의 갑판에서 발사되는 금성-3 대함 미사일. 북한제 30mm CIWS와 2정의 14.5mm 개틀링 건이 보인다. (KCBC)

금성-3 발사 테스트 중인 SSES I b급. 미사일 발사관이 4기 추가되어 탑재된 대함 미사일의 합계는 8기이다. (KCBC)

서는 아직 보이지 않지만, 시험 발사는 2009년 7월에 실시된 듯하며 미 국방부는 이것을 '스커지'라 식별하고 있다. 추정되는 사거리는 약 700km로 상당히 길어 한반도 전체는 물론 동해와 일본의 일부 지역까지 사정 거리에 들어간다. 이렇게 북한이 보유한 연안 방어 시스템에 대해 전부 판명된 것은 아니기 때문에 주의 깊게 지켜봐야 할 필요가 있다.

표면 효과선

표면 효과선(SES: Surface Effect Ship)은 고속 기류를 수면과 선체 사이에 보내 선체를 수면 위로 띄워 높은 항해 속도를 얻는 함선으로, 북한이 과거 건조한 수많은 함선 중에서도 가장 야심적인 시도라 하겠다. 표면 효과선의 개발은 1990년대에 시작되어 일련의 고속함이 쌍동선체를 가진 구조로 설계되었다. 표면 효과선은 조선인민군 해군에 있어 스텔스 개념을 도입한 첫 대형함이기도 하다. 건조된 고속함은 일반형 SES와 스텔스형 SES로 크게 2종류로 구분된다. 조선인민군 해군에 도입된 SES는 주로 연안에서 작전 행동을 하는 데 적합하게 건조됐지만, 외해에서 보나 내형의 적 함선을 상대로 진투를 하는 것도 상정하고 있다.

북한이 개발한 최초의 표면 효과선인 SES I 급(미 국방부 명칭은 농어급)은 1990년대 중반부터 후반까지 남포의 조선소에서 건조되었다. 전장은 약 37미터, 건조된 SES I 급은 단 1척뿐이며 표면 효과선의 실용성을 평가하기 위해 건조된 시제함이라 추측된다. SES I 급에 탑재된 무장은 당시 최첨단 장비부터 시대에 뒤처진 골동품급 구형 장비까지 통일성 없이 다양하다. 그중 하나가 AK-630 30mm

능을 가진 차세대형을 가지고 있을 가능성이 높다. 이 차세대형에는 1990년대 이후, KN-19 등을 도입하면서 획득한 신기술이 적용되어 최대의 특징인 탄두 중량을 유지하면서 사거리의 연장을 시도했다. 차세대형 AG-1 CDS가 북한의 프로파간다 영상과 군사 퍼레이드에

현재 유일하게 취역한 SSES Ⅱ급의 함미. 금성-3 대함 미사일은 선체 내부 구획에 수납된다. (KCBC)

CIWS를 국산화한 함재 기관포 시스템이지만, SES Ⅰ급에는 화기 관제 레이더가 없고 별도의 수동 조준기로만 사격이 가능하다. 이로 인해 SES Ⅰ급에 탑재한 30mm CIWS의 사거리 및 유용성은 대폭 제한된다. 30mm CIWS는 함수와 함미에 1기씩 탑재되어 각각의 수동 조준 장치는 함교 옆 좌우의 대함 미사일 발사기에 걸쳐진 형태로 설치되었다.[19] 사용하는 대함 미사일은 소련의 P-15 테르밋에서 유래한 것으로 보이나 중국제 카피인 HY-1과 개량형인 HY-2, 여기에 북한이 독자적으로 개량한 신형 미사일도 존재하기에 SES Ⅰ급이 구체적으로 어느 것을 탑재했는지 확인하기는 어렵다. 함교 앞 갑판에는 함교에서 원격으로 조작하는 듯한 4×6발 구성의 107mm 로켓탄을 장전한 MRL을 탑재했다. 레이더 장비는 빈약해서 항법용으로 일본의 후루노전기제 레이더를 장착했으며 탐색에는 코마급과 오사 Ⅰ급에도 탑재된 MR-331 또는 그 파생형을 사용했을 것이다. 앞서 설명한 시제함인 SES Ⅰ급의 건조 척수는 1척이며 2005년부터 2006년에 걸쳐서 시험 항해를 완료하고 취역해 비파곶에 소재한 조선인민군 해군 제189부대에 배치된 것으로 보인다. 하지만 SES Ⅰ급은 산발적으로 남포항에 돌아오거나 비파곶의 해군 기지에서도 항구에서 멀리 떨어진 위치에 계류되는 일이 많다.

표면 효과선의 개발은 계속되어 1990년대 말에는 SES Ⅱa급이라 불리는 신형함이 탄생했다. 선체는 전장 37미터, 전폭 12미터로 선행함인 SES Ⅰ급과 거의 동일하다. SES Ⅱa급에 장비된 레이더는 당시 조선인민군 해군이 운용 가능한 것 중에서도 최첨단이었다.

또한 SES Ⅱa급은 오토멜라라 76/62 함포를 북한이 카피한 76mm 함포를 처음으로 탑재한 함선이기도 하다. 오토멜라라 76/62의 급탄 기구와 탄약고는 포탑 아래인 갑판 내부에 있기 때문에 기존 함선에 탑재하기 위해서는 대대적인 개수가 필요하다. 그래서 SES Ⅱa급의 선체 구조는 SES Ⅰ급에서 대폭 변경되었을 것이다. 76mm 함포의 화기 관제에는 북한제 신형 레이더가 이용되며 중국제 362

형과 유사한 레이더는 목표 포착 및 항법용일 가능성이 높다. 흥미로운 점은 탑재된 오토멜라라 76/62는 함교 앞에 설치된 조준기를 통해 수동 조작이 가능하다. 이는 화기 관제 레이더가 손상 또는 고장날 경우에도 일정 화력을 발휘할 수 있게 한다.[20] 함미에는 북한제 30mm CIWS가 배치되어 함 후방의 방위를 담당한다. 이것은 함교 후방의 소련제 MR-104 '드럼 틸트' 레이더로 관제된다. SES Ⅱa급의 30mm CIWS는 화기 관제 레이더가 없는 SES Ⅰ급과는 차원이 다른 성능을 가진다. 더하여 30mm CIWS와 MR-104 '드럼 틸트' 사이에는 휴대식 대공 미사일을 발사 가능한 소형 함재 SAM 시스템이 설치되어 있다. 이 함재 SAM 시스템과 30mm CIWS의 최대 사거리는 5km이나 유효 사거리는 훨씬 짧아 두 가지 무장을 오토멜라라 76/62와 병용하는 것으로 SES Ⅱa급은 상당히 우수한 근접 방어 능력을 가진다. 다만 SES Ⅱa급의 전투 능력은 이것뿐만이 아니라 앞서 설명한 최첨단 기술을 적용한 무장에 더해 8기의 금성-3 대함 미사일을 탑재하고 있다. 금성-3은 함교 옆에 배치되었으며 2열의 발사관에 격납되어 있어 P-15 테르밋 계열을 장비한 SES Ⅰ급에 비해 대함 전투 능력이 더욱 강화되었다.

SES Ⅱa급의 건조는 2척으로 종료되었지만, 선체와 무장은 동일하나 장비한 레이더를 일신한 파생형의 생산이 2000년대 말 남포의 조선소에서 개시되었다. 이 파생형은 SES Ⅱb급이라 한다. 이전까지 안테나를 외부에 노출한 상태로 설치했던 오토멜라라 76/62용의 북한제 화기 관제 레이더, 그리고 362형 레이더를 레이돔 내부에 수납하였고, 아마도 레이더 또한 개량되었을 것으로 추측된다. SES Ⅱa급의 MR-104 '드럼 틸트'는 여전히 탑재되었고, 개량형 레이더의 혜택을 누리는 것은 오토멜라라 76/62 76mm 함포 및 Kh-35 계열의 금성-3 대함 미사일뿐이다. 대함 미사일의 성능은 함선 자체의 적함 포착 능력에 크게 좌우되기 때문에 일신된 레이더는 실질적으로 금성-3의 유용성을 높이는 데 공헌하고 있다. 레이더 이외의 변경점은 보이지 않으며 후계함을 개발하는 양상도 보이지 않기 때문에 SES Ⅱb급의 건조는 1척만으로 비교적 단기간에 끝났다. 다만 SES Ⅱ급 자체의 개발이 완전히 폐기되지는 않은 것 같다. 2018년에 정찰 위성이 포착한 화상에서 남포의 조선소에서 건조 도중인 SES Ⅱ급과 같은 외견을 가진 신조함의 모습이 잡혔다. 이 함선에 대해서는 그다지 알려진 것이 없지만, 아마도 종래의 SES Ⅱ급의 스텔스 성능을 높이고, 탑재한 무장도 보다 강력한 것으로 변경한 파생형일 가능성이 높다.

한반도 서해안에서 일반형 SES의 건조가 적극적으로 실시되던

SES I 급의 시제함으로 건조되었기에 무장은 현대 고속정의 임무에 그다지 적합하지 않은 것들을 모아 놓은 모습이다. 2기의 대함 미사일 발사기, 수동 조준 30㎜ CIWS, 그리고 107㎜ 다연장 로켓이라는 무장은 1990년대 중반까지 조선인민군 해군이 직면했던 현대적 무기와 기술의 부족을 여실히 보여준다. 후계형의 표면 효과선에는 보다 현대적인 무장이 탑재되기 시작하는 데 비해 SES I 급은 기존에 탑재한 무장으로 운용하고 있다. (그림: Anderson Subtil)

표면 효과선의 개발은 SES II a급에서 성숙기를 맞이했다. 외관적으로 SES I 급과 큰 차이는 없으며, 무장은 화기 관제 레이더 유도식 오토멜라라 76/62의 북한제 함포를 1문, 소련제 MR-104 '드럼 틸트'로 제어되는 북한제 AK-630 1기, 함미의 소형 함재 SAM 시스템 1기로 당시 북한의 최신 기술이 적용된 무장이다. 탑재된 무장은 대함 미사일이나 항공기에 대한 함선의 생존성 향상에 크게 공헌했지만, 본함에 도입된 무장에서 가장 중요한 것은 함교 양측에 장비된 8기의 금성-3 대함 미사일이다. 이것은 SES I 급에 탑재된 P-15 계열 대함 미사일 2기에 비해 대폭 개선된 무장이라 하겠다. (그림: Anderson Subtil)

무장의 배치와 종류는 SES II a급과 거의 동일한 SES II b급에는 레이더가 대형 레이돔에 수납되어 있다. 고속정의 능력은 원거리 색적 능력에 크게 좌우되기 때문에 개량된 레이더를 탑재, 금성-3 대함 미사일의 위력이 대폭 향상되었다. 하지만 SES II b급이 강화형 레이더 기기를 장비한 유일한 함급이 된 것 같다. 그 이유는 차세대 표면 효과선은 비용 절감과 스텔스 성능을 위해 일본의 후루노전기제 레이더를 중심으로 하는 보다 간소한 레이더 구성으로 바뀌었기 때문이다. (그림: Anderson Subtil)

SSES I 급의 가장 중요한 건조 목적은 스텔스형 표면 효과선의 실용성을 검증하는 것이다. 검증이 종료된 후 본함은 신형인 유압식 승강기가 장착된 대함 미사일 발사기의 시험대로 개장되었으며 이것은 본함에 마지막으로 장비된 무장이기도 하다. 소형 함재 SAM 시스템 1기, 14.5mm 및 30mm 개틀링 건 6기를 장비했지만, 화기 관제 레이더를 장비하지 않아 가지고 있는 화력을 제대로 발휘할 수 없다. 이는 SSES I 급은 실질적인 전력이라기보다는 시험대로서의 가치가 큰 함형임을 보여준다. (그림: Anderson Subtil)

스텔스형 표면 효과선 개발의 다음 단계는 실용 설계에 시험적으로 시인성 저감 디자인을 적용하는 것이었다. 대부분의 고속정은 물론 기존 표면 효과선의 디자인과도 다른 SSES II 급에는 금성-3 대함 미사일이 2개소의 함내 구획에 유압식 승강 장치와 함께 설치되었다. 하지만 부무장을 탑재하면서 레이더 반사 단면적의 감소 효과가 크게 저하되어 선체 내부 무장을 채용한 의미가 없어졌다. 특이하게도 30mm CIWS의 화기 관제 레이더가 빠지고, 단발 사격이 가능한 6연장 소형 함재 SAM 시스템을 2기를 탑재했다. (그림: Anderson Subtil)

스텔스형 표면 효과선 시리즈의 최종형은 아마도 조선인민군 해군 역사상 가장 중무장인 함선이다. 금성-3 대함 미사일 또는 보다 현대적인 동급의 대함 미사일을 최대 16기 수용할 수 있는 선체 내부 구획을 가진 SSES III급은 코마급/소흥급 미사일 고속정 8척분의 화력을 발휘한다. 또한 본함은 후갑판에 30mm CIWS의 화기 관제 레이더를 장비한 최초의 스텔스형 표면 효과선으로 적의 대함 미사일과 항공기에 대한 요격 능력이 대폭 향상되었다. 본서의 발행 시점에서 SSES III급은 아직 건조 중이기 때문에 그림의 세부 사항이 다를 가능성이 있다. (그림: Anderson Subtil)

1990년대, 반대편 해안선에서는 레이더 반사 단면적의 저감이나 스텔스 성능을 높이는 설계를 도입한 보다 현대적인 표면 효과선의 개발이 진행되고 있었다. 이 계획에 의해 건조된 스텔스형 SES(SSES: Stealth Surface Effect Ship)를 미 국방부는 해삼급이라 명명했고, 1990년대 후기에 제1세대가 되는 SSES Ia급이 취역했다. 전장 38미터, 전폭 13미터의 이 함정은 SES I급처럼 스텔스 능력을 가진 표면 효과선을 실증하기 위한 시제함으로서 건조되었을 것으로 보인다. 그래서 SSES Ia급이 탑재한 레이더와 무장에는 그다지 특별한 점이 없다. SSES Ia급에 대해서 입수 가능한 정보는 제한적이어서 확증을 가지고 함선의 특성과 의장을 말하기는 어렵다. 아마도 함수에 스텔스 형상을 한 함포, 함미에는 통상의 AK-230 또는 AK-630을 국산화한 30mm CIWS가 탑재된 듯하다. AK-230과 30mm CIWS는 같은 외관을 하고 있어 양자를 구별하기는 힘들다. 공식적으로 미디어에 등장한 적이 없는 SSES Ia급을 촬영한 사진이 1장 존재하지만, 그다지 신빙성은 없다. 다만 정찰 위성이 포착한 화상과 비교해 보면 몇 가지 공통점이 있어 실제로 SSES Ia급을 찍었을 가능성도 버릴 수 없다. 지금까지 얻은 정보에 의하면 SSES Ia급에는 아마도 레이더는 일절 장비하지 않고, 탑재한 무장도 단순한 목업일 가능성도 있다. 선체는 각진 모양과 직선으로 구성된 스텔스함에 걸맞는 형상을 하고 있다. 그 후에 건조되는 SSES에도 같은 형상이 채용되어 SSES Ia급의 시점에서 이미 완성했다 말해도 과언이 아니다.

SSES Ia급은 시제함이었지만 선체를 보존하여 부대 운용이 가능할 정도의 완성도를 갖춘 후속 스텔스 표면 효과선인 SSES Ib급의 베이스로 유용하게 활용되었다. SSES Ib급으로의 개장은 2000년대 중반에 실시되어 함번 '제9201호'가 부여되었다. 북한은 본함을 금성-3 대함 미사일로 대표되는 신무기를 탑재하는 시험대로 활용하는 과정에서 본래의 스텔스 능력은 잃게 되었다. SSES로 설계된 SSES Ib급에 금성-3을 탑재하느라 중앙 갑판을 좌우로 약간 확장해 양현에 각각 미사일 발사관을 2기(합계 4기), 또는 4기(합계 8기)를 탑재할 수 있는 공간을 확보했다. SSES Ib급의 선체 형상은 정면에서 보면 마름모꼴이어서 갑판이 확장되었어도 함선의 전폭이 변하지는 않았다. 금성-3을 수납한 미사일 발사관은 유압식 승강 장치와 연결되어 통상 항해 시에는 눕혀 놓았다가 전투가 벌어지면 위로 올려 경사 상태로 변경할 수 있다. 같은 기능은 후계함에도 이어졌고, 함교 상부에는 소형 마스트가 설치되어 최저한의 레이더 능력을 가지기 위해 레이돔형의 후루노전기제 레이더 1기, 개방식 레이더 2기를 장비했다.[21] 단거리 방공은 함수와 함미에 배치된 2기의 북한제 30mm CIWS, 그리고 SES II급에도 보이는 소형 함재 SAM 시스템이 담당하며 후자는 함교와 CIWS 사이에 탑재되었다. 후루노전기제 레이더는 민간용으로 CIWS 같은 무기를 관제하는 능력은 없다. 30mm 기관포는 함교 전면 또는 상부에 설치된 수동식 원격 조준기로 조작하며 함교에 추가로 수동식 조준기가 설치되어 있다. 용도는 불명이나 아마도 2기의 30mm CIWS를 동시에 조작하는 데 사용하는 것으로 보인다. 그 밖의 무장으로 14.5mm 6총열 개틀링을 4정 탑재, 함교 앞에 2정, 함미의 30mm CIWS 뒤에 2정이 배치되었다. SSES Ib급에서 상실한 스텔스 능력의 일부는 후속 개발된 스텔스 표면 효과선에 새로운 기능을 추가하여 부활했는데, 이 장에

서 해당 함급을 SSES II급이라 호칭하겠다. SSES Ib에서는 갑판에 노출되었던 금성-3은 SSES Ib급에도 있던 유압식 승강 장치를 이용해 선체 내부로 완전히 수납이 가능해 대함 전투를 개시하기 직전까지 스텔스 상태를 유지할 수 있게 되었다. 해당 기능을 설계에 도입하느라 선체의 전장은 약 41미터로 연장되었지만 전폭과 그 밖의 형상은 SSES I급과 같다. 동일한 설계가 적용된 전투함인 노르웨이 해군의 쇼우급 미사일 초계정은 6척이 취역되었으며 대함 미사일을 각각 2기 발사할 수 있는 발사관을 선체 내부에 수납한다.

또한 SSES II급과 노르웨이의 쇼우급은 76mm 함포를 탑재했지만, 조선인민군 해군이 오토멜라라 76/62를 베이스로 북한제 함포를 탑재한 데 반해 노르웨이 해군은 레이더 반사 면적을 줄이는 형상의 포탑을 가진 보다 선진적인 오토멜라라 76/62 '수퍼 래피드'를 채용했다. SSES II급이 탑재 가능한 대함 미사일의 수는 밝혀지지 않았지만, 선체 크기로 가늠해 보면 각 현측당 4기씩 합계 8기를 탑재할 수 있는 것으로 보인다. 다만 SSES Ib급이 4기만을 탑재하기 때문에 SSES II급도 양현 4기 구성일지도 모른다. 승강식 대함 미사일 발사대를 채용하여 선체의 레이더 반사 면적을 경감하는 데 성공했지만, 모처럼 얻은 스텔스 성능은 갑판 위에 탑재된 부무장으로 인해 수포로 돌아갔다. 탑재된 부무장은 수동 조준식 14.5mm 6총신 개틀링 건 2정, 함수에는 오토멜라라 76/62 76mm 함포 1문, 그리고 함교 후방에 30mm CIWS 1문이다. 2정의 14.5mm 6총신 개틀링 건으로 인해 사선이 막히는 것을 피하기 위해 30mm CIWS는 한층 높은 플랫폼 위에 탑재되어 360도 범위의 사격이 가능하다. 이것은 대함 미사일을 탑재하는 바람에 공간이 부족해지자 내놓은 고육지책이라 하겠다. 76mm 함포와 30mm CIWS의 자동화에 필요한 화기 관제 시스템이 탑재되지 않았기에 대신 함교 위에 수동 조준기를 2기 설치했지만 수동 조준으로는 고속 이동 표적이나 원거리에 있는 적 함선을 명중시키는 것은 불가능에 가깝다. 다만 함교 상부의 마스트는 SSES I급에 비해 대형화되어 종래의 후루노전기제 레이더 외에 적외선 전방 주시 장치(FLIR: Forward Looking infrared)라 생각되는 기기가 확인된다. 후방폭이 좁아지고 전고도 높아지는 등 함교가 재설계되어 선행 함선에서 구조가 근본적으로 변경되었다. SSES II급은 2009년에 준공된 것으로 보이나 2016년 중반까지는 원산의 조선 시설에서 방치에 가까운 상태로 시험을 반복하다 동년 말에 겨우 취역, SSES I급과 같은 부대에 배치되었다. 설계 미스가 있었는지, 아니면 복잡한 구조의 선체 내부의 건조에 문제가 생겼는지 완성하기까지 오랜 시간이 걸린 이유는 명확하지 않다.

조선인민군 해군의 SSES로서 끝에서 두 번째로 개발된 SSES III급은 지금까지와 달리 서해안의 남포에서 2012년 말부터 건조가 시작되었다. 쌍동선체의 한 쪽은 2012년 10월에 완성했지만, 2014년 9월이 되어서도 전체를 완성하지 못했다. SSES III급의 전장은 43미터로 전급보다 훨씬 대형화되었지만, 이 전장의 변경은 선체 후방의 격납식 대함 미사일 발사기의 배열을 1열에서 2열로 늘린 데 기인한다. 각 열에는 최대 8기의 금성-3을 탑재해 SSES III급은 최대 16기의 대함 미사일을 투사 가능한 대함 공격 임무에 특화된 스텔스 표면 효과선이 되었다. 직접 요격이나 ECM 방해 장치로 교란하는 적함의 대함 미사일 대응 전술을 뚫고 공격의 명중률을 높이기 위해서는 발사 가능한 미사일 수를 늘려야 하며, 이는 현대전에서도 유

용한 전술이다. 금성-3의 탑재량을 늘리는 것으로 함미의 무장 구성도 바뀌어 14.5mm 6총신 개틀링 건 2정이 철거되었다. 이로 인해 SSESⅡ급에서는 30mm CIWS를 별도로 적재했던 플랫폼도 필요 없어져 함미 갑판에 바로 설치되었다. 그리고 30mm CIWS와 함교 사이에는 소형 함재 SAM 시스템이 설치되었다. 함교에 변경점은 없고 30mm CIWS용의 화기 관제 레이더를 탑재하기 위해 중간층이 새로 추가되었으며 함수의 76mm 함포와 14.5mm 6총신 개틀링 건 2정도 변경되지 않았다. 최대 16기의 금성-3를 탑재하게 되어 '항모 킬러'로써의 활약도 기대되지만, 여전히 목표 탐지 능력이 빈약하기에 조선인민군 해군은 SSESⅢ급에 걸맞은 신형 레이더의 개발을 서두를 것이다.[22] 다만 SSESⅡ급과 SSESⅢ급의 함교가 가지는 공통점을 고려하면 이전 급의 레이더 기기 일체를 그대로 활용하는 것이 현명하겠지만 그렇게 하지 않은 이유는 알 수 없다.

한반도의 양안에서 스텔스 표면 효과선이 건조되고 있다는 사실은 SSES부대를 보다 증강시키고자 하는 북한의 야심을 보여 준다. 하지만 스텔스 표면 효과선의 본격적인 양산이 SSESⅢ급을 베이스로 실시되고 있는지 확증은 없다. 지속적인 연구 및 개발로 인해 전혀 다른 신형 SSES가 탄생할 가능성도 충분히 있다. 그리고 20년에 8척이라는 건조 속도를 생각하면 조선인민군 해군의 SSES 부대가 미 해군과 한국 해군의 위협이 되려면 아직 멀었다. 양산을 신속히 진행할 수 있는 환경이 조성된다 가정해도 조선인민군 해군은 대량으로 보유한 기존 구형함의 개수와 개선 및 이를 보완할 신조함의 건조도 병행할 필요가 있어 SSES 건조에만 예산을 투입할 여유가 없다.

대형 전투함

서호급 호위함을 개발하는 과정에서 뼈 아픈 좌절을 경험한 후,

북한은 대형함의 신규 개발을 사실상 포기한 것으로 보였으나 완전히 포기한 것은 아니었다. 대형 전투함의 배치라는 북한의 야심은 2000년대 초, 원산항에 의장이 철거된 크리박급(프로젝트 11351 '네레이'형) 호위함이 도착하는 것으로 확인되었다. 북한이 구입한 것은 크리박Ⅲ급으로 원래 소련 국가보안위원회(KGB) 소속 해안경비함으로 건조되어 1987년말 '이메니70-레티야 VChk-KGB(1991년 프스코프로 개칭)'라는 이름으로 취역했다. 이 배는 2002년 10월 26일 고철로 매각되어 캄차카반도의 아바차만으로 이동한 뒤 2003년 2월 28일 해체를 위해 중국으로 출항했다. 하지만 크리박급의 모습이 목격된 곳은 중국이 아니라 북한의 원산항이었고, 2004년 1월에는 남포항에 계류 중인 것이 확인되었다. 북한은 크리박급을 스크랩하는 것이 아니라 조선인민군 해군으로 편입하기로 결정하고 곧바로 운용 가능한 상태로 만들기 위해 수리 작업을 개시했다. 평양의 조선혁명박물관에는 크리박급의 모형이 전시되어 있어 북한이 당초 기획한 무장의 구성을 엿볼 수 있다. 북한이 꾀했던 무장은 MR-104 '드럼 틸트' 레이더로 관제되는 북한제 30mm CIWS 몇 기, 100mm 함포 1문, 2M3 25mm 2연장 양용포 몇 문, 그리고 금성-3 대함 미사일 4연장 발사기 2기다. 대함 미사일 발사관은 일반적인 수직 발사관이 아니라 우달로이급(프로젝트 1155형) 구축함과 비슷한 배치로 함교 양옆에 설치되었다. 또한 함미의 헬기 갑판은 헬기를 운용하는 대신 무장, 또는 레이더 등의 장비를 탑재할 예정으로 보인다. 수리 작업은 크리박급이 남포에 도착한 직후부터 시작되었지만, 계류된 2004년 후기부터 2006년까지 진척을 보이지는 않았다. 그후, 정찰 위성이 포착한 화상에서 남포항에 있던 크리박급의 모습이 갑자기 사라졌다. 아마도 북한이 크리박급의 수리를 포기한 것으로 보인다. 그렇게 된 원인을 생각해 보면 탑재 예정이었던 무장에 비해 선체가 너무 대형이어서일지도 모르고, 스크랩 처리를 앞두고 의장을 철거하는 과정에서 함체에 큰 손상을 입혔을 가능성도 있다.

북한에 인도되기 15년전에 촬영된 '이미니70-레치야 VChk-KGB' 호위함. 사용 가능한 무장이 전부 철거된 상태에서 부활 계획은 최종적으로 북한의 손에 넘겨졌다. (United States Navy)

항해 중인 아웅 제야급 'F11'. (Tatmadaw-Myawaddy TV)

아웅 제야급 'F11'에 교차배치된 금성-3 대함 미사일용 4연장 발사관. 'F11' 은 유일한 금성-3 장비 미얀마 함선이다. (Tatmadaw-Myawaddy TV)

또는 북한의 건조 기술이 수리에 필요한 기술 수준에 도달하지 못했을 수도 있다. 한 가지 확실한 것은 북한의 크리박급이 완성될 가능성은 사라졌다는 것이다. 당초 스크랩이 예정된 때로부터 약 5년이 지나 2006년 후반부터 2008년 초에 걸쳐 북한이 은밀히 입수한 크리박급은 드디어 해체되었다. 결과적으로 실패로 끝난 건함 계획이었지만, 전장 123미터라는 조선인민군 해군 역사상 최대급의 전투함을 오버홀하면서 쌓은 경험과 기술은 쓸모없지 않았다는 것이 나중에 증명된다.

다음 대형함 건조 계획이 세워진 것은 북한과 미얀마의 국교가 은밀히 부활한 뒤의 일이었다. 당시 북한과 밀접한 군사 제휴를 맺은 미얀마 국내에서 북한 기술자의 모습이 발견되었다. 북한 기술자의 존재는 주로 핵 개발 계획과 관련되는 경우가 많지만, 미얀마에서 보인 북한 군사 원조의 편린은 미얀마군 최초의 호위함 아웅 제야급(Aung Zeya-class) 'F11'에서 엿볼 수 있다. F11은 2008년에 건조가 시작되어 2011년에 완성했다. 아웅 제야급은 전장 108미터로 설계도부터 탑재하는 무장, 레이더 기기의 일부, 그리고 건조에 관련된 기술 등 전부를 북한이 지원한 형태로 건조되었으며, 실질적으로는 북한이 소호급에 이어서 개발해 나진급에 이어서 취역하는 데 성공한 호위함이라 하겠다. 2008년 11월 미얀마 국방부 대표

단이 북한을 방문했을 때 유출된 자료를 보면 '남포조선련합기업소'에서 미얀마에 전장 108미터, 전폭 13.3미터의 배수량 2,500톤급 함선을 제안했는데, 이 수치는 미얀마에서 건조된 아웅 제야급의 제원과 비슷하다. 그리고 북한이 관여했음을 확정하는 증거로 'F11'이 장비한 2기의 대함 미사일 발사관에 금성-3이 탑재된 것이 확인되었다. 소식통에 따르면 금성-3은 2002년 중반에 미얀마로 수출된 듯하다. 금성-3의 존재가 명확해진 것은 2014년 6월로 북한은 이 신형 대함 미사일을 적어도 10년 이상 비밀리에 운용하는 데 성공한 것이다. 다만 금성-3의 운용 능력을 가진 SESⅡa급이 2000년 전후로 취역한 것을 생각하면 그렇게까지 특이한 일은 아니다. 미얀마에 도입된 금성-3의 사례에서 알 수 있듯이 북한은 자국의 최신 무기를 해외에 판매하는 데 적극적이며 이 사실은 현재 북한의 군수 산업 수준을 가늠해 볼 수 있는 중요한 요소다.

헬기 운용도 가능한 'F11'에 탑재된 그 밖의 북한제 무기는 30mm CIWS 4기, 14.5mm 6총신 개틀링 건 2정, 휴대식 대공 미사일을 탑재한 함재 SAM 시스템 1기, RBU-1200 252mm 대잠 로켓 발사기 2기, 그리고 82mm 채프/플레어 발사기다. 레이더에는 일본의 후루노전기제, 중국의 362형, 그리고 북한제 화기 관제 레이더가 3기 장착되었다. 다만 모든 무장 및 의장이 북한제인 것은 아니다. 북한이 동급의 장비를 공급할 수 없었기에 인도에서 입수한 RAWL 장거리 탐지 레이더와 소나가 채용되었다. 그리고 오토멜라라 76/62 76mm 함포는 북한제가 아니라 미얀마가 이스라엘로부터 독자적으로 취득한 것이다. 레이더 반사 면적을 경감하는 형상의 포탑을 탑재하는 등 이후 'F11'에 시행된 개수는 미얀마가 독자적으로 실시한 것으로 북한이 관여하지는 않았다. 실제로 1척이 미얀마에서 취역했음에도 동급의 함선이 조선인민군 해군에서 건조되지는 않았다. 북한이 조선인민군 해군용의 전투함으로 개발에 주력하는 것은 대형 호위함이 아닌 초계함급이었다.

2010년대에 북한은 새로운 대형 전투함 개발 계획을 시작했다. 그렇게 해서 탄생한 4척의 초계함은 동해/서해 함대의 핵심이 되었다. 적어도 2척의 신형 초계함의 건조가 2011년말부터 동서 연안의 조선소에서 시작되었다. 순조롭게 진척되지 못해 건조 기간이 늘어났지만, 2010년대 말에 무사히 조선인민군 해군에 배치가 완료되었다. 전장은 77미터로 북한이 수십 년 만에 시도한 최대의 건함 프로젝트로, 종래의 소형 플랫폼에서는 불가능하던 여러 새로운 시도를 할 수 있게 되었다. 최초의 2척은 나진과 남포에서 건조를 시작해 2013년에 완성했는데, 미 국방부가 부여한 명칭은 두만급이다. 이들 2척은 전투에서 보조적인 역할이 기대된다. 함미에 설치된 헬기 갑판에 Mi-14 또는 Ka-28을 탑재하여 대잠 초계 임무도 수행 가능하다. 다만 두만급의 무장은 선수 갑판의 252mm 구경 대잠 로켓

2016년 4월, 동해안의 나진에 정박한 두만급 초계함. 대개수를 받기 전의 본함은 군함이라기보다는 초대형 개인 요트처럼 보인다. (KK Pro)

2016년 8월에 동해안의 나진에서 촬영된 두만급 초계함. 소호급이나 북한제 호위함 아웅 제야급처럼 두만급 초계함의 헬기 갑판은 타국의 동급함보다 대형이다. 하지만 헬기는 1기만 탑재 가능하며 격납고도 없다. (NK Pro)

발사기 4기뿐으로 빈약하다. 그리고 레이더 기기도 후루노전기제를 2기, 중국의 362형을 1기 설치한 정도로 탐지 능력도 떨어진다. 함선의 외관도 초계함이라기보다는 대형 유람선에 가까운 레이아웃이어서 최종적으로 조선인민군 해군 상층부는 이 함선을 보다 실전에 적합한 전투함으로 대규모 개장을 하기로 결정했다. 개장 공사는 남포에서 건조된 함은 2014년 중반부터, 나진에서 건조된 두만급은 2017년부터 시작되었다.

이들 두만급은 본래 다른 2척의 신형 초계함인 압록급의 전투 지원 용도로 건조되었다. 그런데 정작 압록급의 건조가 늦어져 2017년이 되어서야 건조가 진행되었다. 압록급은 중무장에 스텔스 성능을 고려한 선체를 가졌으며 과거 20년 간 진행된 건함 계획의 집대성이라 할 수 있는 전투함이다. 또한 압록급은 조선인민군 해군이 추구하는 함대의 방향성을 명확히 보여주는 존재로, 2척의 두만급도 개장 공사를 거쳐 외견이 압록급에 가까운 모습으로 바뀌었다.

경무장인 점이나 함교의 구조가 다른 점을 제하면 성능적으로 큰 차이가 없다. 두만급과 압록급의 주무장은 2기의 금성-3 대함 미

2016년 4월, 건조 중인 동해안의 압록급 초계함. (NK Pro)

2016년 8월, 의장이 거의 완료되었지만, 아직 함포를 장착하지 않았다. 중앙 구조물 후방의 어뢰 발사관 해치가 열려 있다. (NK Pro)

락원 해군 기지에 배치되기 전, 압록급 초계함의 마지막 사진. 2017년 5월 촬영. (Thomas Harbour)

나진급 호위함은 조선인민군 해군의 최대급 원양 항해함으로 그림의 서해함대 소속 함선은 2010년대의 개수를 통해 새로운 무기를 몇몇 도입했다. 하지만 완벽한 현대화 개수를 하지는 못했고, AK-230 30㎜ 대공포 같은 낡은 무장이 다수 남아 있다. 새로 추가된 무장은 금성-3 대함 미사일용 발사관 2기, 함미에 어뢰 발사관 4기, 소형 함재 SAM 시스템 1기, 후루노전기제 항해 레이더 등이다. 개수를 받은 다른 함선과 달리 14.5㎜ 개틀링 건은 장비하지 않았으며 2M3 25㎜ 2연장 양용포가 그대로 남아 있다. (그림: Anderson Subti)

두만급 초계함 중 2척이 압록급에 준하는 설계로 개장되었지만, 서로 차이가 큰 함선이었기 때문에 개장 후에도 확실히 구분이 된다.
제일 눈에 띄는 점은 두만급의 함교가 그대로 남아 있어 현대 전투함이라기에는 특이한 외관이다.
이 대형 함교 때문에 압록급의 전면부에 있는 14.5㎜ 개틀링 건, 소형 함재 SAM 시스템, RBU-1200 대잠 로켓 발사기는 탑재되지 않았다.
하지만 그 외의 전투력은 압록급과 거의 동급하다. (그림: Anderson Subti)

전장 77미터의 압록급 초계함. 스텔스성을 고려한 형상, 금성-3 대함 미사일과 어뢰를 수납하는 선체 내부 구획 등 레이더 반사 면적 저감을 위한 조치를 했다. 단거리 대공 무장은 후방의 북한제 30㎜ CIWS 2기와 휴대식 대공 미사일을 발사하는 소형 함재 SAM 시스템 1기다. 그 외 무장은 100㎜ 함포 1문, 다수의 14.5㎜ 개틀링 건, RBU-1200 대잠 로켓 발사기 4기이며 2기의 MR-104 '드럼 틸트' 화기 관제 레이더와 항해용 레이더, 대수상 탐지 레이더를 장비했다. (그림: Anderson Subti)

사일이며 함선 상부 구조물 내부로 격납하는 것이 가능하다. 그래서 높은 대함 전투 능력을 가지면서도 레이더 반사 면적을 낮춰 스텔스 성능을 유지하는 데 성공했다. 압록급은 여러 곳에 선진적인 설계가 적용되었지만, 채용된 함포는 오토멜라라 76/62가 아닌 1980년대의 초계정에 탑재되는 것과 같은 클래스의 수동 장전식이라 추측되는 구형 100㎜포다. 압록급이 어째서 최신 76㎜ 함포가 아닌 100㎜포를 선택했는지는 알 수 없다. 다만 이 100㎜포는 아마도 함교 상부에 장비된 MR-104 '드럼 틸트' 레이더에 의해 관제되며 76㎜ 구경의 사거리 밖에 있는 표적에 대해서도 효과적인 공격이 가능하리라 예상된다. MR-104는 금성-3의 격납고 위에도 설치되어 함미에 탑재된 2기의 30mm CIWS를 통합 관제한다. 각각의 30mm CIWS에 별도로 화기 관제 레이더를 할당하는 것은 비효율이라 판단했을 것이다. 수동식 조준 장치는 2기 있으며 금성-3 격납고 상부에 있는 것이 함미의 30mm CIWS 2기를, 함교 앞의 것이 100mm 함포를 조작한다. 100mm 함포가 MR-104 레이더로 자동 조준된다는 가정은 거의 확실하다. 압록급의 근접 방어 전투력은 함미의 소형 함재 SAM 시스템으로 강화되었지만, 두만급의 경우는 갑판 위에 공간이 부족해 생략되었다. 압록급은 고유 무장으로 함교 앞의 플랫폼에 2기의 14.5mm 6총신 개틀링 건이 있고, 소형 함선이나 저속 비행하는 항공기에 대처하는 화력을 증강했다. 그리고 보조적인 방어 장비로 82mm 채프/플레어 발사기와 함수에 252mm 대잠 로켓 발사기 4기를 장비했다. 레이더는 후루노전기제와 362형으로 두만급에 탑재된 것과 동일한 구성이다.

이들 신형 초계함에서 보이는 흥미로운 특징 중 하나로 선체 후방의 양현에 탑재된 2기의 연장식 어뢰 발사관이 있다. 금성-3은 장거리 공격용이고, 어뢰는 그것을 보조하는 근거리 공격에 특화된 대함 무기다. 대형 전투함이 어뢰 발사관을 장비한 것은 형식 파괴라 할 만한 모습이지만, 북한이 어뢰에 집착하는 배경에는 VA-111 '시크발(Shkval)' 초공동 어뢰 같은 최신 무기의 입수에 성공했을 가능성도 있다. 현재 북한의 무역 파트너인 이란은 VA-111을 카피해 후트(Hoot)라는 이름으로 생산하고 있다.

신형 초계함의 개발 계획은 많은 우여곡절을 겪으며 오랜 시간 끝에 2000년대부터 급속히 현대화를 진행하는 조선인민군 해군의 동서 함대를 이끄는 전투함을 완성하며 결과적으로는 대성공을 거두었다. 하지만 두만급과 압록급의 적은 건조 척수로는 미국과 한국이 보유한 강대한 해군 함선을 상대로 승리를 거둘 가능성이 한없이 낮다. 다만 차례차례 취역하는 최신에 소형 함선과 함께 조선인민군 해군의 총합적인 전투력을 과거에 비해 최대한 높인 것은 틀림없다. 신형 초계함은 북한이 절실히 원하던 고화력과 원거리 공격력을 겸비한 함선으로 조선인민군 해군의 빈틈을 메꾸는 중요한 존재다. 이들 이상의 성능을 가진 대형함의 건조가 수면 아래에서 진행되고 있는지 없는지는 알 수 없지만, 오늘날 조선인민군 해군의 기세를 보면 이 4척이 신조함 건조 계획의 시작에 불과할 가능성도 충분히 있다.

현대화의 시도는 신형함의 건조만이 아니라 다수가 존재하는 기존의 구형 함선도 그 대상에 포함된다. 그래서 새로 개발된 14.5mm 6총신 개틀링 건이 종래의 소구경 함재포를 대체하는 무기로 널리 보급되거나 특정 함급이 전면적인 개수를 받기도 했다. 그중에 동서 함대의 기함으로 오랫동안 군림해 온 나진급 호위함(북한에서는 나진급을 구축함으로 분류했다)이 있다. 2척의 나진급은 1980년대에 무장을 강화하는 1차 현대화 개수를 받았지만, 시대의 흐름을 거스르지는 못하고 탑재 무장의 대부분이 현대전에 거의 쓸모가 없는 수준까지 떨어져 있었다.

그래서 북한은 나진급을 현 상태 그대로 두거나 소호급처럼 스크랩 처리하는 대신 가능한 최신 기술을 도입해 대대적인 개수를 하기로 결단을 내렸다. 2013년 말부터 작업을 개시해 2014년 중반에 완료해 다시 태어난 나진급의 제원은 다음과 같다. 개수하는 데 들어가는 비용을 절감하기 위해 이전에 탑재된 무장(100mm 함포 2문,

함수의 57mm 2연장포 2기, 25mm 2연장 양용포 6기, MR-104 '드럼 틸트')은 손대지 않고 그대로 남겼다. 한편 나진급 최대의 특징이기도 한 P-15 테르밋 대함 미사일용 발사관 대신에 8기의 금성-3 대함 미사일을 탑재했다. 그리고 개수 전에 함미에 설치된 2기의 57mm 2연장포 대신에 2기의 AK-230 CIWS가 탑재되었다. AK-230을 탑재하면서 생긴 빈 공간에는 소형 함재 SAM 시스템이 탑재되었고, 양 옆에는 6연장 82mm 채프/플레어 발사기를 장비했다. 기존 무장과 신규 무장이 혼재해 복잡해진 후방 갑판에는 추가로 533mm 구경의 2연장 어뢰 발사관 2기가 100mm 함포 가까이에 설치되었다. 레이더 기기의 구성도 일부 변경되어 공중 수색 레이더는 후루노전기제가, 후방 연돌 근처에 있는 레이돔 내부에는 신형 화기 관제 레이더가 설치된 것으로 추정된다. 2차 현대화 개수는 나진급에 부족한 화력을 보완하는 데 어느 정도 성공했다. 하지만 개수를 했음에도 나진급의 전투 능력은 현재전에 통용되는 레벨이라 하기 힘들었고, 구축함이라는 이름에 걸맞지도 않았다. 또한 2010년대 2차 근대화 개수가 실시된 것도 2척 중 1척만이었고, 다른 한쪽은 2016년 중반에 나진의 조선 시설에 기항한 것이 확인되었지만, 개수를 받은 흔적은 보이지 않는다.

초계정과 미사일정

신예함의 개발은 2000년대 후기부터 본격적으로 착수하기 시작해 기존함의 개수와 더불어 완전히 새로운 함종을 확립하려는 움직임도 느리지만 확실히 진행하고 있었다. 최신 무기를 새로 건조한 소형함에 탑재하는 최초의 계획은 전장 40~46미터급의 초계정 및 미사일정을 대상으로 실시되었다. 건조는 동서 양안에 있는 많은 조선소와 항구에서 실시되었기에 건조된 소형함을 개별적으로 식별하기는 어려워 신조함의 건조 척수를 정확히 판단하는 것 또한 어렵다. 그리고 초계정과 미사일정이라는 함종의 범용성은 사실상 각함의 사양이 전부 미묘하게 다르다는 의미이며 북한은 함선의 표준화에 고생할 것이다.

신형 초계정의 첫 건조는 2010년대 초 남포의 조선소에서 시작되었다. 선체는 용암포의 북항에 소재한 오랫동안 공기 부양정을 생산하던 조선 시설에서 건조되었다. 의장은 신속히 완료되었지만, 2016년에 들어서도 신조함은 남포에 계류되어 있었다. 1척의 건조가 완료된 후 적어도 2척이 이어서 건조된 것이 확인되었고, 완성된 3척 중 2척이 조선인민군 해군에 취역해 북방 한계선 가까이 있는 사곶 해군 기지에 배치되었다. 이들 신형 초계정은 주무장으로 함수에 탑재된 밀폐식 포탑형 85mm 함포 또는 100mm 함포에 AK-630을 국산화한 30mm CIWS, 휴대식 대공 미사일을 6기 장전 가능한 소형 함재 SAM 시스템, 그리고 37mm 구경이라 예상되는 2연장포를 탑재했다. 최신과 구형의 무장이 혼재된 조선인민군 해군다운 구성이다. 30mm CIWS의 화기 관제 레이더는 MR-104 '드럼 틸트' 레이더이며 2기의 14.5mm 6총신 개틀링 건도 탑재되었다. 화기 관제 레이더가 고장이나 손상을 입어 기능을 상실할 경우를 대비해 30mm CIWS는 수동 조작이 가능하다. 수동 조작은 함교 전후에 설치된 수동 조준기를 사용한다. 마스트에 장착된 레이더 기기는 표면 효과선에 장착된 것과 거의 동일하다.

오토멜라라 76mm 속사포의 북한판은 근거리 포격전에 적합하지만, 조선인민군 해군은 신형 40미터급 초계정에 포탑형 85mm(그림의 선수 함포)나 100mm 포를 선택했다(오토멜라라 76/62를 장비한 함선도 1척 존재하지만 미취역). 부무장으로는 MR-104 '드럼 틸트'로 제어되는 북한제 30mm CIWS 1기, 14.5mm 2연장 개틀링 건 2기, 37mm 2연장포(추정) 보호 후드 장착 포좌 1기. 소형 함재 SAM 1기를 탑재했다. 그중 SAM을 빼면 전부 양용포다. 대공 무장이 강력한 이유는 연평도 포격전 후 한국군이 백령도에 상시 배치한 공격 헬기를 의식한 듯하다. 그림은 현재 입수 가능한 위성 사진을 참고했기에 실제와는 무장과 세부 사항이 다를 가능성이 있다. (그림: Anderson Subtil)

서해안에서는 전장 43미터 규모를 지닌 초계정의 건조가 2013년부터 개시되었다. 이 신형 초계정은 남포에서 건조가 시작되었지만, 의장은 다른 지역의 조선 시설에서 시행되어 상세한 제원을 파악하기 어렵다. 오토멜라라 76/62 76mm 함포를 사용하지 않는 점을 제하고 그다지 알려진 것이 없다. 동해안의 신포에서 건조된 전장 46미터급의 초계정도 사정은 비슷하나 적어도 본함은 2015년 후기에 락원에 배치된 것이 밝혀졌다. 화기 관제 레이더가 장착되지 않았기 때문에 신형 초계정이 탑재한 2기의 30mm CIWS의 유효성은 크게 떨어지지만, 이 결점은 함교 뒤의 금성-3 대함 미사일의 존재로 인해 충분히 보완된다. 원래 SES 같은 특수함 또는 대형함에만 탑재되는 금성-3을 초계정급의 소형함에 장비하는 것은 전대미문의 일이며 조선인민군 해군의 대함 미사일 보급 상황을 대변한다. 다만 소형함은 일반적으로 대함 미사일의 사거리를 완전히 활용할 수 있는 레이더를 달 수 없기에 C4ISR 시스템을 통해 다른 함선으로부터 정보를 받을 필요가 있다. 근시일 내에 북한은 소형함을 집중 운용할 것으로 추측되며 보다 작은 함선에도 대함 미사일을 탑재하려는 계획이 진행되는 징후가 보인다. 이것은 북한과 대조적으로 중~대형함을 많이 보유한 대한민국 해군에게 큰 고민거리가 될 수 있는데, 개별 함선은 작더라도 많은 수가 모이면 강력한 대함 능력을 발휘할 수도 있기 때문이다. 그런 의미에서 북한의 미사일정은 1967년에 발발한 제3차 중동전쟁에서 이스라엘 해군 구축함 '에일라트'를 격침하는 데 성공한 소련의 구형 미사일정, 코마급을 현대화시킨 함선이라 할 수 있다.

고속정

표면 효과선의 각 함급이 선체 설계나 추진 기관에 각종 선진적인 기술을 채용한 데 반해 비슷한 크기의 전장 46m급 초계정은 기존 함선과 비슷한 구조를 하고 있어 건조비가 상당히 낮기에 조선인민군 해군에게 있어 경제적인 선택지가 되었다. 46미터급 초계정의 무장은 SSES Ⅰ급와 거의 비슷하여 금성-3 대함 미사일과 30mm CIWS를 탑재했다. 그림은 현재 입수 가능한 위성 사진을 참고했기에 실제와는 무장과 세부 사항이 다를 가능성이 있다. (그림: Anderson Subtil)

TB16D의 밀폐형 어뢰관의 사출구는 레이더 반사 단면적을 줄이기 위해 발사 직후에 닫힌다. (저자 소장)

반잠수 항행하는 TB16D. 북한은 해외의 위장 기업을 통해 TB16과 TB16D의 화려한 판촉용 비디오를 공개하는 등 해외 판매를 위한 판촉 활동을 하고 있다. (저자 소장)

반잠수 항행하는 TB17D. 수면 위에는 카메라 마스트, 스노클, 레이더만이 보인다. (저자 소장)

잠수함처럼 완전 잠수 항행을 하다 부상하는 TB17D. (저자 소장)

최근 급증한 차세대 신예함의 도입과 새로 탑재가 가능해진 최신 무장들로 조선인민군 해군이 채용하는 전술이 변화했다고 하지만, 근간이 되는 전투 독트린은 거의 변하지 않았다. 이들은 변함없이 고속정을 대규모 운용하는 전술을 선호하고 있으며, 금세기에 들어서도 관련 함종의 연구 및 개발이 지속되고 있는 것은 그다지 놀랄 일도 아니다. 북한은 1980년대 중반까지 기존의 고속정에 사용된 설계를 베이스로 파생형 함선의 건조를 진행해 왔지만, 현재는 완전 독자 개발의 국산 신형 고속정(FAC: Fast attack craft)의 생산 체제로 이행하고 있다. 과거에 같은 방식으로 함선을 국내 건조하면서 얻은 지식을 활용하는 것은 물론, 신형 FAC의 개발에 있어 큰 참고가 된 것이 여러 종류의 특수 잠항정을 설계한 경험이다. 즉 적함에 포착되기 어려운 회피 능력이 우수한 특수 잠항정의 특성을 어뢰정 등의 고속정이 가진 대함 공격 능력과 조합하는 것이다. 하지만 어째서인지 건조된 신형 고속정은 조선인민군 해군에 소수만이 배치되었고, 나머지 대부분은 해외에 수출하고 있다. 이들 고속정은 북한이 내세우는 '케이 마린(Kay Marine Sdn Bhd)'이나 '그린 파인 어소시에이티드(Green Pine Associated Corporstion)' 등의 유령회사를 통해 적극적으로 판촉되고 있지만, 현재 확인된 판매 사례는 이란 혁명수비대 해군이 유일하다. 2002년에 개발된 모든 북한제 고속정을 이란이 도입했다. 그 후 이란은 자체적으로 해당 함급을 건조하기 시작했고, 이란에서 건조된 고속정은 시리아에도 수출되었다. 한편 북한제 신형 고속정의 존재가 확인되는 경우는 평양이나 원산에 정박한 모습이 찍힌 프로파간다 영상에서 살짝 엿보는 수준으로 고속정이 대량 생산되는 징후는 아직 보이지 않는다. 다만 조선인민군 해군의 잠재적인 전투 능력을 생각하면 이 신형 고속정을 주의 깊게 분석할 필요가 있다. 신형 고속정은 조선인민군 해군의 전투 독트린에 따라 연안에서의 작전을 염두에 두고 설계되

었다. 파도 관통형 선체에 시인성을 낮추기 위해 전고가 낮고, 탑재하는 무장은 내장식으로 스텔스성 또한 우수하다. 이 고속정은 해면이 거칠어도 상당한 고속을 유지하며 항해할 수 있지만, 탑재할 수 있는 무장이 제한적이기 때문에 공격과 방어, 양쪽의 전투 능력이 희생되었다. 그래서 신형 고속정은 적 함선을 정면에서 공격하는 것이 아니라 속도와 스텔스성, 그리고 민첩성을 활용해 적과의 접촉을 회피하는 것이 옳은 운용법이라 하겠다.

신형 고속정 중에 한층 더 소형은 전장 16미터로 선체와 유선형으로 이어지는 밀폐식 함교를 가졌다. 이것을 미 국방부는 대동(大同)-C급이라 식별하고 있다. 대동-C급의 무장은 하나뿐으로 양현의 선체 내부에 1기씩 장착한 324mm 어뢰 발사관이다. 사용되는 어뢰는 북한제로 아마도 중국제 Yu-7 경어뢰(미 해군의 Mk.46 Mod.3과 이탈리아의 A-244S를 참고해 개발)를 베이스로 개발되었을 것으로 예상된다. 이 어뢰는 설계상 탄두의 작약량이 적어서 주로 잠수함이나 소형 전투함을 상대로 사용한다.[23] 북한에서 생산된 어뢰가 대잠용으로 사용할 수 있는지 알 수 없지만, 소형 잠수함이 이 어뢰를 운용 가능하다면 대치하고 있는 한미 해군 잠수함에게 큰 위협이 되리라 예상된다. 유도 방식은 수동 음향 탐지식과 항적 추적식의 2종류로 성능이 부족하지는 않지만, 수상 전투함에 대해 유의미한 피해를 줄 정도의 위력은 없다. 대동-C급에는 신축식 레이돔에 후루노전기제 레이더 1기만을 장비했지만, 이는 탑재 무장의 사거리를 고려하면 충분한 성능을 발휘할 것이다. 또한 최대 52노트(시속 96km)의 속도를 낼 수 있는 성능은 경어뢰의 짧은 사거리를 보완해 준다. 대동-C급은 TB16(TB:Torpedo-boat에 전장 16미터에서 유래한 이름)이라는 이름으로 해외에 판매하여 유일한 구입국인 이란이 IPS-16/페이캅(Peykaap) Ⅰ이라는 이름으로 운용하였고, 이것을 베이스로 많은 파생형을 개발했다. 이란이 독자 개발한 IPS-16에는 대함 미사일이나 레이더 마스트를 탑재한 파생형도 존재하며 페이캅Ⅱ, 졸파가르(Zolfaghar), 바바르(Bavar) 라고 불리는 파생형

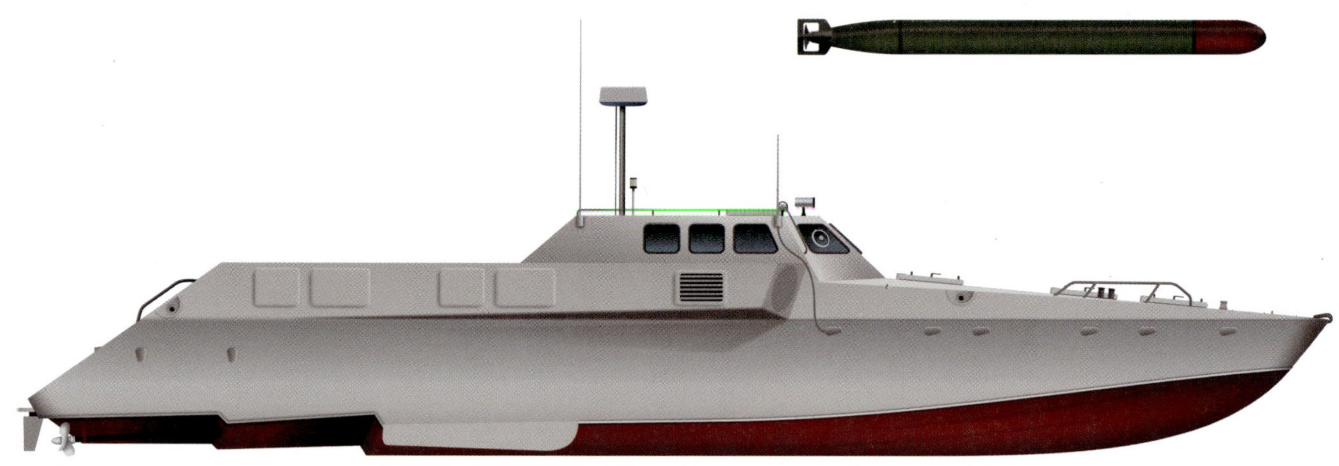

소형인 TB16과는 대조적으로 PB21에는 보다 강력한 533mm 구경의 어뢰 발사관이 함미에서 함교 좌우로 뻗은 직선형 스텔스 격납고에 수납되어 있다. 무장을 변경하면서 전장은 약 21미터로 연장된 결과 본함은 초계정(PB: Patrol boat)로 구분된다. 총좌를 설치할 만한 공간이 있지만 어뢰 외에 부무장은 없기 때문에 적의 전투함과 항공기의 공격에 상당히 취약하리라 생각된다. 하지만 조선인민군 해군의 다른 함선에서처럼 승무원이 조작하는 휴대식 대공 미사일로 대공 화력의 부족함을 어느 정도 보완한다. (그림: Anderson Subtil)

TB16은 고속 항해 능력과 잠수능력을 가지고 있지만, 324mm 경어뢰의 짧은 사거리와 위력 부족, 방어 무장이 없다는 점은 불안 요소다. TB16의 반잠수 항주 능력은 피탐성을 낮추는 효과가 있지만, 광학 탐지기와 레이더로 엄중히 감시되는 한국 연안에서는 능력을 살리기 어렵다. 건조비가 싸지만, 조선인민군 해군은 1950년대 수준의 고속정 부대를 교체하는 데 TB16는 부적합하다 결론지은 것 같다. (그림: Anderson Subtil)

TB17D는 북한이 대외 첩보 기관용으로 개발한 획기적인 반잠수식 고속 공작선이다. 324mm 어뢰 2기를 탑재하고 수상에서는 고속정, 엔진 흡기용 스노클을 사용하면 반잠수정, 전기 추진 장치를 사용하면 완전히 잠수가 가능한 특이한 기능을 가지고 있다. 한반도 연안의 적함을 수중에서 매복 공격을 할 수 있는 최적의 능력이지만, 북한은 TB17D를 대량으로 배치하지는 않았다. (그림: Anderson Subtil)

PB21은 조선인민군 해군이 채용하지 않았지만, 유일한 시제형이 원산 기지의 조선소에 육지로 올려진 상태로 남아 있다. 유선형 선체에서 양옆으로 돌출된 구조물은 533mm 구경의 대형 어뢰 발사관이다. (저자 소장)

29미터급 VSV의 후방 갑판에서 휴대식 대공 미사일용 연장 포가와 2기의 107mm 다연장 로켓이 확인된다. (KCBC)

2018년 7월, 청진의 조선소에서 34미터급 VSV를 시찰하는 김정은과 위협적인 북한제 30mm CIWS. (KCBC)

이 있다. 하지만 이런 식의 개장은 본래의 스텔스성을 크게 해친다. 북한이 TB16D로 수출한 고속정은 대동-C급과 거의 동일한 설계지만, 함교만을 수면 위로 내놓고 잠항할 수 있는 독특한 기능을 가지고 있다.

반잠항 시에는 속력을 희생하는 대신에 적에게 발견될 확률을 크게 줄일 수 있다. 그리고 수상 주행 시에는 최대 40노트의 속도로 항행이 가능하다. TB16D 또한 이란에 수출되어 가제(Gahje)라는 이름으로 취역 중이다.

TB16D의 반잠수 능력을 보다 발전시킨 것이 TB17D로 이것은 고속정으로 분류되지 않고, 특수작전군이 사용하는 특수 고속 침투정에 가까운 것이다. TB17D는 324mm 어뢰 발사관 2기를 탑재하였고, 선체를 완전히 잠수시키는 것이 가능하다. 항상 선체의 일부가 수면 위에 노출되는 TB16D나 초기 특수 잠항정보다 성능을 향상시키는 데 성공했다. 이것이 가능한 이유는 납작한 유선형으로 일신한 전장 17미터의 선체 덕분으로 관측창이 없기 때문에 항행은 신축식 레이더와 광학 기기에 의존한다. 반잠항 시에는 스노클을 통해 엔진을 구동하며 완전 잠항 시에는 전기로 추진한다. TB17D(전장 17미터급 어뢰정)라는 명칭에서 고속정으로 분류되지만, 단거리 잠입 작전에 이상적인 성능을 가지고 있어 총참모부 정찰국이나 특수작전군에서 사용하는 것이 현실적이다. 적어도 2척의 TB17D가 2002년, 이란에 수출되어 카자미(Kajami)라 불리다가 최근에는 줄피카르(Zulfikar)로 명칭이 변경되었다. 그리고 미 국방성에서 TB17D의 호칭은 대동-B급이다.

PB21(전장 21미터급의 초계정)이란 이름으로 판매된 이 함선은 전술한 고속정보다 훨씬 강력한 533mm 구경의 어뢰 발사관을 탑재한 고속정이다. TB16D와 같은 유선형 선체에 함미에서 함교에 걸쳐 스텔스성을 고려해 설치된 격납고에 2기의 어뢰 발사관이 수납되었다. 이란에 수출된 PB21에는 DShk 12.7mm 중기관총이 장비되었지만, 이것은 이란이 독자적으로 추가했을 가능성이 높다. 어뢰정이 조선인민군 해군에 도입된 이래 신형 어뢰의 연구 및 개발도 정력적으로 시행되었고, 호환성을 유지하기 위해 종래의 구경을 유지하면서 음향 유도나 항적 추적 유도 방식 등의 신기술을 적용한다는 방침을 정했다. 예를 들자면 YT-534W1(533mm가 아닌 534mm 구경) 어뢰와 CHT-02D 어뢰가 있는데 특히 후자는 2010년 일어난 천안함 격침 사건에 사용된 어뢰로 보인다. 이들 신형 어뢰는 ECM에도 우수한 내성을 가지고 있어 PB21의 전투력 향상에 크게 기여한다. 다만 같은 구경의 어뢰 발사관은 다른 함선에도 탑재되기 때문에 신형 어뢰의 혜택을 누린 것은 PB21로 한정되지 않는다. PB21의 레이더 기기 구성은 TB16과 같으며 최대 속도는 약 52노트로 추

정된다. 이란에 수출된 PB21과 그 개량 파생형은 각각 IPS-18/티르(Tir) I 과 티르 II 라 알려졌다. 티르 II 는 대함 미사일의 운용 능력이 부여되었고, 대형 마스트에는 원형에 비해 호환로운 레이더 기기가 장착되었다. 이 파생형은 시리아에 수출되어 현재 북한의 PB21을 운용하는 국가는 실질적으로 둘뿐이다.

파도 관통형 고속정

대동급은 대량 생산이 수월하지만 성능은 기존의 구형 고속정을 대체 또는 보완하기 불충분했기에 결국 어뢰를 주무장으로 하는 신형함이 조선인민군 해군에 대대적으로 배치되었다. 다만 고속 어뢰정의 개발이 계속되고 있는 징후도 있으며 장래에 고속정 부대의 구형 어뢰정이 세대교체될 가능성을 배제할 수 없다. 이에 북한이 고속정 부대의 미래를 담당할 존재로 개발에 늘어간 것은 대동급과 비교할 수 없을 정도로 지금까지 없던 선진적인 설계 사상을 가진 신형 고속정이다. 가늘고 긴 특징적인 형상의 선체를 가진 파도 관통형 고속정(VSV: Very Slender Vessel)은 스텔스성과 고속 성능만이 아니라 종래의 고속정에 비해 중장갑이 가능한, 그야말로 북한이 꿈에도 그리던 전투함이다. 파도를 타고 넘는 것이 아니라 관통하는 독특한 형상의 선체를 채택한 파도 관통형 고속정은 종래의 고속정보다 훨씬 빠른 항행 속도를 가진다. 전장이 34미터인 VSV도 포함

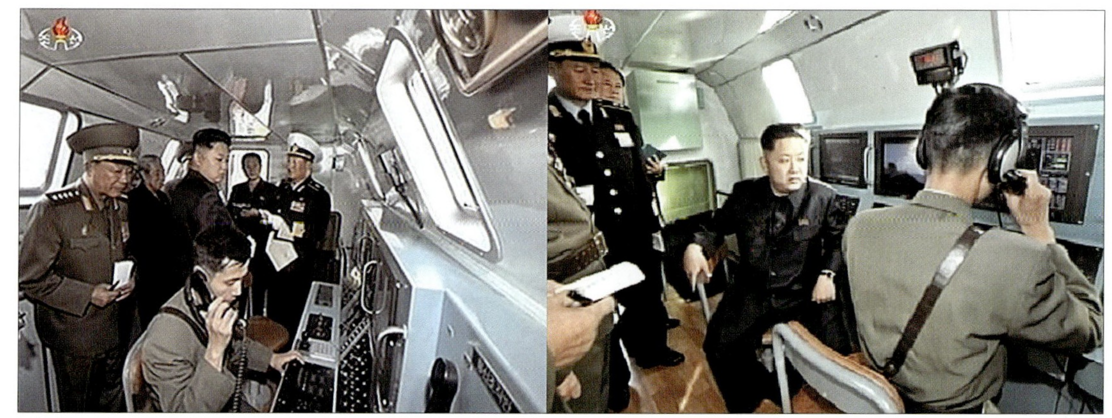
다기능 디스플레이를 장비한 관제실. 선외 카메라, 원격 조작식 무장 등 첨단 기술이 도입된 VSV. (KCBC)

해 북한은 지금까지 적어도 7종의 VSV를 개발했고, 더욱 많은 파생형이 건조되었을 것이다. 이들 북한의 VSV를 미 국방부는 전부 날치급이라 통칭하고 있지만, 동서 양안의 조선소에서 10척이 넘는 수의 VSV가 건조되어 같은 날치급이라도 각함의 사양과 의장은 미묘하게 다르기 때문에 조선인민군 해군의 VSV 부대의 종합적인 능력을 추정하기는 어렵다.

여러 VSV 중에서도 신기술을 잔뜩 적용해 눈에 띄는 존재가 소형 무인 VSV다. 이 존재가 처음으로 노출된 것은 2013년 3월, 평양에 있는 VSV 생산공장을 김정은이 방문했을 때였다. 이때 촬영된 사진의 소형 무인 VSV는 전장 10미터도 되지 않는 작은 크기에 원격 조작 기능과 낮은 시인성을 확보했으며 정찰 및 정보 수집을 위한 광학 관측 기기가 탑재된 것이 밝혀졌다. 무인 VSV는 사전에 프로그램된 웨이포인트를 따라 연안을 항해하면서 임무를 수행하며 원격 조작과 정보의 송수신을 담당하는 최첨단 무선 통신 기기는 선외에 탑재된 엔진에서 동력을 얻는다. 이 소형 무인 VSV는 작은 선체로 인해 일절 무장을 하지 않았으며 항속 범위와 수행할 수 있는 임무의 폭이 크게 제한되는 듯하다. 다만 소형 무인 VSV의 도입은 결코 좋다고 할 수 없는 조선인민군 해군의 평판을 일소하면서 전자 기기와 무선 통신 기술에서 북한의 현저한 진보를 보여준다. 현재 북한의 통신 기술 수준은 해외에서도 주목받고 있다. 예를 들어 이 소형 무인 VSV의 원격 조작과 관제에 필요한 기재는 그로콤에서 GS-2600-01이라는 이름으로 판매하고 있다. 그로콤의 홈페이지

에서 보면 영상 송수신도 어렵지 않게 해내는 GS-2600-01의 통신 범위는 100km 이내이며 ECM 조건하에서도 최대 4시산 사용이 가능하다고 한다.[24] 이것은 무인 소형 VSV의 선체 규모에서 추정한 임무 내용을 고려하면 충분한 성능이다.

물론 모든 VSV가 무인정인 것은 아니며 대형의 VSV는 승무원이 조작한다. 다만 유인 VSV라도 함선의 지휘 관제에 사용되는 전자 기기 장비나 무선 통신 기기가 구형함보다 대폭 개선되지는 않은 것 같다. 이 사실은 조선중앙통신 텔레비전에서 날치급의 노출도가 극히 적은 것에서 추측할 수 있다. 유인VSV의 전장은 23미터에서 34미터로 다양하며 날씬한 선체에 경무장을 하여 종래의 구세대 P4급과 P6급 어뢰정이 담당하고 있는 고속 전투 임무 및 초계 임무를 이어받게 되었다. 2012년 중반에 평양에서 최초로 존재가 확인된 후, VSV의 보급은 급속도로 진행되어 한반도의 동서 양안에서 빈번히 목격되고 있다. 이것은 조선인민군 해군이 2010년대에 맞이한 가장 대규모의 장비 혁신이라 하겠다. 일반적으로 VSV는 소형이어서 배치된 해군 기지의 지하 격납고에 숨기듯이 계류하는 경우가 많다. 그리고 개발에서 건조 단계까지 철저하게 정보가 통제되어 성능이나 보유 척수 등 많은 부분이 비밀에 싸여 있다. 현재 일반에 공개된 화상의 대부분은 2012년부터 2013년에 걸쳐 김정은이 평양 공장을 세 번 시찰하는 과정에서 촬영된 것뿐이다. 이 공장은 2개의 통칭을 지니고 있는데, 하나는 어린이용 미끄럼틀이나 생리용품 등의 민간 물자를 제조하는 '10월7일 공장', 또 하나는 군수 생산 시설로서의 '제1501부대'라는 이름이다. 이곳은 과거에 소형 잠항정이나 무인기, 그리고 다양한 기술 실증함을 제작하던 공장이다. 최초로 많은 VSV의 존재가 확인된 곳이 이 평양 공장 내에서였지만, 그 후 VSV의 생산 거점은 서해안의 남포나 동해안의 원산 및 청진으로 확대되었다.

무인 VSV 이외의 구식 소형 VSV는 전장 23미터에 스텔스 특성을 최대한 끌어낸 각진 형상을 하고 있다. 갑판 위의 의장은 레이더 반사 면적을 저감하기 위해 선미에 휴대식 대공 미사일 2기를 장전 가능한 수동 조준식 SAM 발사기, 그리고 함교 위의 조그만 레이더 마스트 이외의 구조물은 생략되었다. 공격력의 핵심은 선체에 수납된 2기의 어뢰 발사관으로 도입된 지 얼마 안 된 324mm 구경의 어뢰 또는 종래의 533mm 어뢰일 것이다. 23미터급 VSV의 건조는 특히 서해안에서 활발히 진행되었지만, 서해안 남부의 해군 기지에서도 실시되어 합계 9척이 넘는 수가 취역했다.

보다 대형의 VSV로는 전장 29미터급이 있지만, 이것은 스텔스성과 생산성을 포기한 대신에 중무장을 탑재하는 설계를 채용했다. 다만 스텔스 특성을 완전히 무시하지는 않아 선체는 23미터급과 마찬가지로 함교의 돌출을 억제한 직선형 구조를 하고 있다. 보다 넓어진 후방 갑판에는 4×6발 107mm 다연장 로켓과 2연장 SAM 발사기 2기씩을 탑재하고 함교 상부 레이더 마스트의 바로 앞에도 다연

2013년 3월, 평양의 12월7일 공장(제1501부대)을 방문해 VSV의 구조를 시찰하는 김정은. 후에 29미터급 유인VSV가 보인다. (KCBC)

21세기에 어뢰가 주력무장인 고속정을 설계한 시점에서 이미 상식에 벗어난 일이지만, 그것을 대함 미사일이 대세인 현대에 해군의 주력 함선으로 생산하고 있다는 점은 경탄할 수밖에 없다. 전장 23미터의 파도 관통형 고속정(VSV)의 개발 과정은 의외로 평범했다. PB21의 설계 사상에서 발전한 23미터급 VSV는 새로운 선체를 채용하여 스텔스성을 향상시켰다. 그리고 선체가 길어진 덕분에 휴대식 대공 미사일용 단장포가를 설치할 공간이 생겼지만, 그 외의 화기나 미사일 등의 무장을 추가하지는 못해서 연안에서 한국의 초계정을 상대하기는 힘들다. (그림: Anderson Subtil)

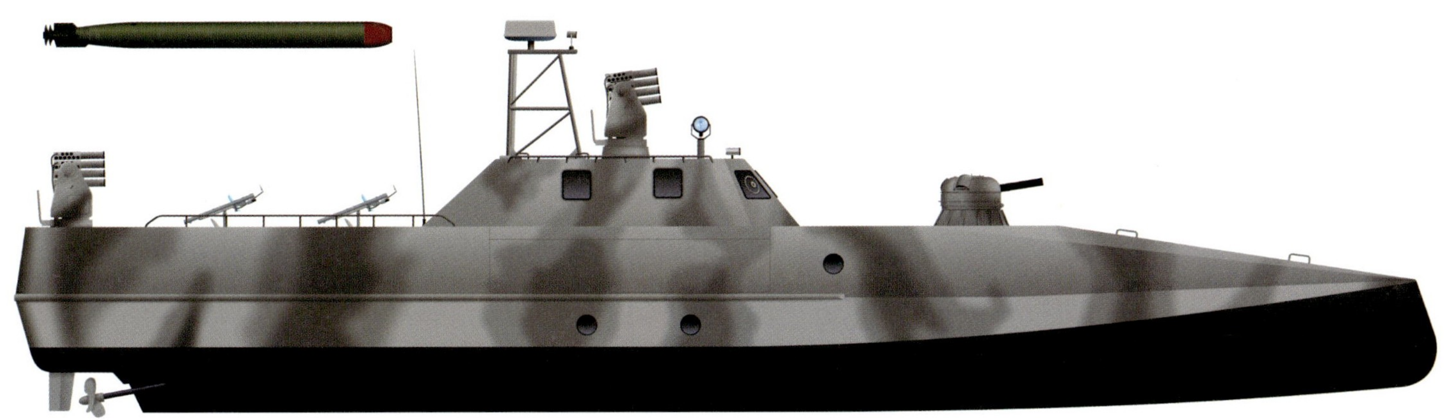

최근 취역한 파도 관통형 고속정과 마찬가지로 29미터급 VSV는 한반도의 바위가 많은 해안선에 녹아드는 위장색을 하고 있다. 연안에서만 운용하기 때문에 무장은 4×6발 구성의 107㎜ 다연장 로켓 2기, 내장식 533㎜ 어뢰 2기로 근거리 전투에 특화되어 있다. 추가로 함수에 수동 조준식 30㎜ CIWS 1기, 후방 갑판에 2연장 휴대식 대공 미사일 포좌 2기가 있는데, 이 체급의 함급에 충분한 무장이다. 그림은 현재 입수 가능한 화상을 참고해 재현한 것으로 실제와는 함수 형상이 다를 수 있다. (그림: Anderson Subtil)

소형 파도 관통형 고속정은 한반도 연안 해역에서 초계 및 수색 임무를 위해 설계되었다. 안쪽으로 경사진 선체를 가진 이 VSV는 원격 조작기기나 전자 광학 기기 등 조선인민군 해군에게 있어 가장 최신인 장비를 탑재하고 있다. 추진 장치는 단순한 구조의 선외기로 사전에 프로그램된 루트를 따라 연안 해역에서 작전을 수행하기 위해 탑재된 각종 통신 기기에 비하면 평범하다. 그림은 현재 입수 가능한 화상을 참고해 재현한 것으로 실제와는 함수 형상이 다를 수 있다. (그림: Anderson Subtil)

장 로켓을 탑재했다. 2기의 533mm 어뢰 발사관은 함교 옆 선체 내부에 수납되어 있으며 발사관의 말단부를 함미 쪽으로 개방해 재장전에 용이한 구조를 하고 있다. 그리고 함수에는 북한제 30mm CIWS가 탑재되어 있어 29미터급은 취약한 VSV 중에서도 중무장한 부류에 들어간다. 무인 VSV에 비해 23미터나 29미터급 VSV의 건조 척수는 적지만, 건조된 함선부터 차례대로 동서 양안의 남쪽 해군 기지에 배치되고 있다.

마지막으로 소개할 VSV는 훨씬 대형이어서 건조하는 데 전술한 3종류의 VSV보다 많은 노력과 예산이 투입되었다. 건조는 2013년에 남포에서 시작되어 그 후 청진으로 확대되었고, 건조에 시간이 걸리기는 했지만 현재 합계 5척이 취역했다. 전장은 34미터에 함선의 레이아웃은 다른 VSV와 큰 차이는 없지만, 양측에 통로가 있을 정도로 대형화된 함교와 함수에 탑재된 30mm CIWS로 인해 스텔스성은 현저히 저하되었을 것이다. 후방 갑판은 선체 전방과 고저차가 있게 설치되어 34미터급 VSV의 무장 대부분이 탑재된다. 구체적인 무장 구성은 알 수 없으나 아마도 함재 SAM 시스템을 탑재한 것으로 보이며 소형 미사일이나 대함 미사일 발사관을 장비할 가능성도 있다. 29미터급과 마찬가지로 선체에 2기의 533mm 어뢰 발사관을 수납하여 함 전체의 공격력을 강화하는 데 성공했다.

북한에서 건조 중인 많은 신조함에 비해 이들 VSV의 건조 시간은 짧다. 주 요인은 선체 규모가 작다는 점에서 기인하지만, 복잡한 무장 시스템이나 화기 관제 시스템이 탑재되지 않은 것도 건조 속

2014년의 상륙 훈련에서 모래사장에 상륙한 공방III급 공기 부양정. 설계상 14.5mm 중기관총용 소형 총탑 1기를 장비 가능하지만, 탑재한 경우는 거의 없다. (KCBC)

스커트가 가라앉은 공방III급 공기 부양정. 조종석 바로 뒤에 미사일 사수용 좌대와 휴대식 대공 미사일에 주목. (KCBC)

이 사진에서 합성으로 공기 부양정의 수를 늘린 게 밝혀져 전세계의 웃음거리가 되었다. 이는 북한의 국영 미디어에서는 일상다반사인 일로 조선인민군 해군의 잘못은 아니다. 사실 북한은 세계 제일의 공기 부양정 운용국이다. (KCBC)

전장 약 21미터의 공방Ⅱ급은 북한이 양산한 가장 큰 공기 부양정이다. 40척 이상이 건조된 공방Ⅱ급은 상륙전시 약 50명을 수송할 수 있지만, 이런 대형 공기 부양정이 현대의 정밀 유도 무기로 이뤄진 다중 방위망을 돌파하기는 쉽지 않다. 공방Ⅱ급은 14.5㎜ 중기관총 총탑이 없지만, 단거리 방공용의 휴대식 대공 미사일을 2기를 탑재 가능하다. 그리고 후루노전기제 항해 레이더를 2기 탑재하고 있다. (그림: Anderson Subtil)

도가 빠른 이유다. 이미 많은 수의 VSV가 조선인민군 해군에 취역하였고, 주로 사곶과 장진 같은 한국과 가까운 해군 기지에 우선 배치되었다. 개발에 성공한 VSV의 생산은 꾸준히 계속될 것으로 예상되며 2020년대 중반에는 조선인민군 해군의 VSV 부대는 무시할 수 없는 규모로 성장할 것이다. 미확인 정보이지만, 김정은은 2018년 7월 청진 조선소를 시찰 중 파도 관통형 고속정의 대량 생산을 지시했다고 한다.[25] 대규모 VSV 부대는 한국 해군을 교란하는 용도에 최적의 수단이며 북한 연안 해역의 초계나 다연장 로켓을 활용해 상륙 작전 중 화력 지원을 하는 게 가능하다. 날치급의 대량 생산 체제가 갖춰지는 동안 보다 최신 기술을 적용한 신형 파도 관통형 고속정의 개발이 앞으로도 대대적으로 시행될 것이다.

공기 부양정

비대칭 전쟁에서 전황을 조금이라도 유리하게 이끌기 위해 북한은 세계에서 유례를 찾을 수 없는 규모의, 보유 척수에서 세계 최대의 공기 부양정 부대를 운용하고 있다. 이 부대는 최대 200척, 현실적인 숫자로는 약 150척 정도의 전장 18.5미터에서 21미터급의 공기 부양정을 보유한 것으로 추정된다. 하지만 최근 상륙 훈련 중에 촬영된 공기 부양정은 영상을 합성해 숫자를 늘린 것이 폭로되어 전 세계의 비웃음을 샀다. 참가 함선의 수를 위장할 필요가 있을 정도로 절실한 사정이 있는지 의심을 받던 중, 그 후 실시된 훈련에서는 세계 최대의 이름에 걸맞는 모습을 보이며 공기 부양정 부대가 건재함을 과시했다. 공기 부양정 부대는 상륙 작전에서 병력 수송의 주력을 담당하는 함종이 남포급으로 대표되는 소형 상륙정에서 공기 부양정으로 변경된 것이 부대 장설의 계기가 되었다. 공기 부양정은 일반적인 상륙정으로는 양륙이 어려운 해안 지형에서 진가를 발휘하지만, 북한이 개발, 도입한 북한제 공기 부양정은 타국의 해군이 운용하는 것과는 성격이 조금 다르다. 미국이나 러시아가 운용하는 공기 부양정에 비해 북한은 비교적 소형에 무장을 탑재하지 않으며 기갑 차량이나 중장비 등 고중량 물자를 수송할 능력이 없다. 14.5mm KPV를 탑재하는 소형 총탑이 2기 있지만 실제로 중기관총이 총가에 탑재되는 경우는 드물다. 북한제 공기 부양정은 영국이나

신형 24미터급 공기 부양정에는 추진 프로펠러에 덕트 커버가 붙어 있는 등 최근 각종 신기술이 대대적으로 도입된 것 같다. 하지만 아직 양산에는 이르지 못한 듯하다. (저자 소장)

서유럽의 민간용 공기 부양정 기술을 기반으로 설계, 개발된 것으로 생각되지만, 함선의 특징을 보면 소련의 거스급(프로젝트 1205형)과 유사하다. 3종류의 공기 부양정이 1980년대 후기에 설계되었고, 그중에 전장 23미터로 가장 큰 것을 공방(攻防)Ⅰ급으로 식별한다. 다만 공방Ⅰ급은 양산되지는 않고 유일하게 건조된 시제함은 현재도 북한 최북서쪽 항구에 방치되어 있다. 한편 전장 21미터로 공방Ⅰ급보다 조금 작은 공방Ⅱ급은 공방Ⅰ급과 같은 추진 장치를 채용했으며 40척 정도 건조되었다. 공방Ⅱ급의 최대 속도는 52노트로 약 50명의 인원을 한 번에 수송할 수 있다. 공방Ⅱ급은 크게 두 가지 형식으로 나뉘는데 그중 하나는 병력 수송 능력을 일부 희생해 14.5mm 중기관총을 거치한 총탑을 2기 탑재한 형식이다. 미 국방부가 공방Ⅲ급이라 부르는 것은 전장 18.5미터로 북한제 공기 부양정 중에서도 소형이다. 추진 프로펠러가 2개에서 1개로 줄어든 결과 최대 속도는 약 50노트로 떨어진 것으로 추측된다. 운송 능력은 40명 정도며 탑재 무장은 14.5mm 중기관총 총탑 2기(실재 탑재되는 경우는 거의 없음)로 공방Ⅱ급과 큰 차이가 없고, 이쪽은 본격적인 양산 체제를 갖춰 100척 정도 건조되었다.

조선인민군 해군이 보유한 다른 정(艇)급 선박과 마찬가지로 공방급의 선체 크기가 작은 것은 생존율을 높이기 위해서다. 전쟁이 발발할 경우 높은 고속 성능을 활용해 연해 방위망을 돌파, 발각되지 않고 상륙을 성공할 가능성은 제로가 아니다. 이렇게 상륙 작전

에서 공방급이 우선해서 수송하는 것은 조선인민군 해군 예하의 해상저격여단이라 상정하고 있다. 고속으로 항행하는 공기 부양정과 함께 기동할 수 있는 전투함이 적어 항공기나 고속 어뢰정 등의 제한적인 지원만이 가능하기에 적에게 발각되지 않고 상륙 지점에 잠입하는 것이 상륙 작전의 대전제이다. 동해안의 공기 부양정은 선부 '제291 부대' 소속으로 군사 분계선에서 100km 정도 떨어진 원산만의 해군 기지에 배치되어 있다. 한편 서해안에서는 북서지역에 있는 두 개의 해군 기지에 각각 공방Ⅱ급과 공방Ⅲ급이 전임으로 분산 배치되어 운용되고 있다. 이 2개 부대는 유사시에 류경(2010년 건설)과 옹진(건설 중)의 남서지역전방작전기지(FOB: Forward Operating Base)로 진출하도록 상정되어 있다. 이 전방작전 기지에서 발진한 공기 부양정은 자주 영유권 분쟁이 일어나는 북방 한계선 부근 해역에 있는 섬들에 1시간 이내에 도달할 수 있으며 또한 200km 이내 거리에 있는 한국 본토에 상륙을 시도할 수도 있다. 한국은 조선인민군 해군의 공기 부양정 부대가 가져올 위협을 심각하게 인식하고 있으며 이를 요격하는 데 특화된 무기를 도입해 북한의 상륙 작전을 저지하고자 한다. 구체적으로 한국 해군이 참수리급(신형) 고속정 PKMR(Patrol Killer Medium Rocket, 로켓 장착 고속정)에 탑재한 130mm 구경의 유도 로켓이 이런 특화 무기에 해당한다. 이 무장은 12발의 유도 로켓을 20km 이상 떨어진 표적에 대해 정확히 명중시킬 수 있다. 종말 유도시에는 적외선 시커를 사용해 목표의 함종을 정확히 식별하는 것도 가능하다. 그리고 대한민국 해병대는 연안 방어 시스템의 일환으로 비궁 저가형 유도 로켓(LOGIR: Low cOst Guided Imaging Rocket)을 도입할 예정이다. 이것은 2×18발 배열로 합계 36발을 탑재하는 70mm 유도 로켓 발사기이다. 70mm LOGIR은 1발만으로 공방급을 격파하는 게 가능하며 북한의 공기 부양정 부대가 비궁 지대함 유도 로켓에서 8km 권내에 침입할 경우 파멸적인 피해를 입을 것이다. 참수리급 고속정과 비궁 지대함 유도 로켓을 적절히 운용한다고 가정할 경우 한국에 상륙을 시도하는 공기 부양정 부대를 완전히 무력화하는 강력한 억제력으로 활용될 것이다.

현재 조선인민군 해군에 배치된 공기 부양정의 대부분은 1990년대 중기에서 후기에 걸쳐 건조되었지만, 각지에 새로운 해군 기지가 건설되고 있고, 노후화된 기지의 수리가 진행 중인 것에서 장래적으로 추가 건조가 이어질 것으로 예상된다. 2000년대부터 현재에 이르기까지 북한은 신형 공기 부양정의 개발에 많은 예산을 투입하고 있다. 말레이시아를 거점으로 둔 '케이 마린' 등 북한의 위장 회사에서는 민간과 군용 양쪽의 수출 사양 공기 부양정을 판매하고 있으며 그중에는 전장 24미터급도 팜플렛에 기재되어 있다. 이들 수출 사양의 공기 부양정에는 기존에 없던 특징이 몇 가지 보이는데, 그 중에서 특히 눈에 띄는 변경점이 추진 프로펠러에 덕트 커버가 장착된 점이다. 이것은 추진 장치에 기술적 진전이 있다는 것을 보여주며 차후에 도입될 신형 공기 부양정은 속도와 기동성이 향상될 것이다. 현재 조선인민군 해군에서 운용 중인 공기 부양정 중에는 후루노전기제 레이더를 새로 설치하거나 휴대식 대공 미사일을 조작하는 승무원용 플랫폼이 증설된 개량형이 목격되는 것으로 보아 이런 개수는 계속될 것으로 예상된다.

잠수함

국가 예산의 대부분을 군대의 유지, 군사 기술의 발전을 위해 쓰고 있는 북한은 잠수함 부대에도 막대한 예산을 투입하고 있다. 지금까지 북한 잠수함 부대에 대해 공개된 정보는 거의 없지만, 2010년 3월 북한제 어뢰에 한국 해군의 '천안함'이 격침되어 46명의 장병이 전사하는 사건이 일어났다. 이 사건으로 조선인민군 해군의 잠수함 부대의 악명이 전세계에 널리 알려지게 되었다. 하지만 북한 잠수함의 역사는 천안함 격침에서 반세기 이상 거슬러 올라가 시작된다. 북한은 오랜 세월 시행착오를 반복해 가면서 잠수함 기술을 축적해 왔지만, 북한의 고립주의와 철저한 비밀주의로 인해 현재 북한 잠수함 부대의 능력을 정확히 평가하기는 어렵다. 6.25 전쟁 이후, 미 해군의 우위는 누가 보더라도 명확하기 때문에 북한은 수상 전투함에 대해 비대칭 전력인 잠수함을 조선인민군 해군의 중요장비로 삼아 전력 격차를 해소하고자 한다. 그 결과 수십 년에 걸쳐서 북한은 공작원의 잠입 임무용 또는 순항 미사일이나 탄도 미사일의 발사가 가능한 탄도 미사일 잠수함(SSB: Ship Submersible Ballistic missile) 등을 포함해 다양한 잠수함의 설계를 완성했다. 이들 중 실제로 건조되지 않고 계획이 중단된 경우도 많지만, 과거에 비해 많은 발전을 보여주는 오늘날 북한의 잠수함 산업은 다양한 시제함을 차례차례 건조, 취역하는 데 성공했다. 그리고 핵 탄두 탄도 미사일을 탑재한 조선인민군 해군의 SSB가 한반도의 도시를 사거리에 두는 날이 그렇게 멀지 않을 것이다. 북한의 잠수함 부대에 관한 부정확한 소문이나 거짓 자료가 많아 확실히 증명된 자료는 적은 편이다. 다만 한 가지 틀림없는 사실은 북한이 보유한 잠수함의

이 5.7미터급 특수 잠수정은 한강변에 좌초된 후, 승무원들이 버리고 간 것이다. 한국에서 순회 전시되었다. (KTV)

위스키급 잠수함은 함령이 60년을 넘었지만, 적어도 1척이 아직도 현역으로 취역하고 있다.

대부분을 독자 개발, 건조했다는 점이며 비대칭 전쟁에서 전술적 활용을 염두에 둔 독특한 설계를 하고 있다. 이것은 주로 공격형 잠수함과 잠입 작전에 특화된 특수 잠수함으로 분류되며 동일 선체를 베이스로 각각의 용도에 맞춰 개수를 하는 것이 일반적이다. 원칙적으로 공격형 잠수함은 조선인민군 해군에 취역하며 특수 잠수함은 조선인민군 총참모부 정찰국, 통칭 RGB에서 운용한다.

조선인민군 해군이 보유한 수상함과 마찬가지로 북한은 세계 유수의 해군 대국 규모의 수많은 잠수함을 배치하고 있다. 다만 보유 잠수함의 대부분을 비교적 소형이 차지하고 있고, 내구연한도 한참 지난 노후함들이다. 북한이 보유한 약 70척의 잠수함 중 최소 25척은 외해에서 작전 행동이 가능한 대형함이며 대략 45척은 연안형 잠수함, 나머지 10척 전후가 정찰총국에 배치된 특수 잠수함일 것이다. 북한의 잠수함은 조선인민군 해군의 통례에 따라 함의 목적과 함번을 조합한 제748호 잠수함이나 제2호 정찰잠수함 같은 함명

외양 항해 능력을 완전히 가진 유일한 북한 잠수함인 033식은 후계함이 도입되기 전까지(가능성은 낮지만) 앞으로도 십수 년은 현역으로 운용될 것으로 생각된다. (KCBC)

2014년 6월, 마양도 기지를 방문했을 때, 033식 잠수함 '제748호'의 잠망경을 보는 김정은. 사진 우상단 구석의 LCD 패널은 구형 잠수함의 탑재 기기치고는 최첨단인 물건이다. (KCBC)

이 부여된다. 제748호 잠수함이란 033식 공격형 잠수함을 지칭한다. 제2호 정찰잠수함은 정찰총국 산하의 상어급을 뜻한다. 북한 잠수함은 임무와 특성에 따라 세세하게 분류되며 그중에는 적함과의 교전이 금지된 비전투형도 존재하기 때문에 보유한 70척 전부가 잠수함 부대의 전력에 포함되지는 않는다. 잠수함 부대의 진가를 정확히 파악하기 위해서는 먼저 전투 독트린을 이해하고 각각의 성능과 용도를 자세히 살펴볼 필요가 있다. 다만 북한의 잠수함 부대가 잠재적으로 가진 능력을 결코 얕봐서는 안 된다. 대외 관계가 악화된 2015년 중반, 북한이 보유한 잠수함의 대부분이 개전을 대비해 출항하여 그 호전성과 전쟁 대비 태세를 보여줬다.

만약 전쟁이 발발할 경우 북한의 공격형 잠수함은 대부분 한국 연안 해역으로 파견되어 서전에서 최대한 활발히 활동해 적 함대를 교란하는 데 주력할 것이다. 그 사이 정찰총국 예하의 특수 잠수정은 한국에서 제2전선을 형성하기 위해 특작부대를 왕복 수송하는 데 동원될 것이다. 그리고 잊어서는 안 되는 것이 조선인민군 해군의 최신예 잠수함, 고래급 탄도 미사일 잠수함의 존재다. 고래급 잠수함은 외해에서 작전 행동이 가능할 뿐만 아니라 핵탄두를 탑재한 잠수함 발사 탄도 미사일 운용 능력을 가진 북한 유일의 잠수함이다. 공격을 담당하는 함과 달리 평시와 전시 양방에서 정보 수집이나 기뢰 부설 같은 비전투 임무를 담당하는 잠수함들도 북한의 잠수함 부대를 구성하고 있다.

북한의 잠수함 부대가 제1보를 내디딘 것은 조선인민군 해군의 창설 이전까지 거슬러 올라간다. 1949년, 북한과 소련 사이에 체결된 군사 협정에 따라 북한은 나진항과 청진항을 소련에 전초 기지로 제공하는 대신 30척의 잠수함을 포함한 대량의 소련제 군용 함선을 수령하게 되었다.[26] 그후 곧바로 시작된 6.25 전쟁의 영향을 받아 이 군사 협정이 온전히 이행되지는 않았지만, 북한의 항구에 소련 잠수함 부대가 진출, 청진에 해군 기지가 건설되었다는 보고가 있다. 소련 잠수함 부대의 진출 및 배치는 북한에게 유리하게 작용해 6.25 전쟁이 휴전하기 전부터 많은 조선인민군 해군 사관들이 소련군으로부터 잠수함 훈련을 받을 수 있었다. 하지만 실제로 잠수함을 취득한 것은 6.25 전쟁 종결 후로 소련으로부터 최초의 2척이 양도된 것은 1962년 말이었다. 이때 북한이 입수한 것은 위스키급(프로젝트 613형) 잠수함으로 나중에 추가로 2척을 수령했다. 합계 4척의 위스키급을 획득한 조선인민군 해군의 역량은 크게 늘었다. 그리고 북한은 이와 동시에 잠수함의 독자 개발과 건조를 실시하고 있었다. 이때 나온 잠수함은 소형에 조잡한 성능의 물건으로 주로 한국으로 공작원을 잠

입시키는 데 사용하기 위해 개발한 특수 잠수정으로 분류되는 것들이었다. 1965년 7월 5일, 이 잠수정 1척이 서울 북서쪽 한강 하구에 좌초되면서 발견되었다. 아마도 한국 잠입 작전을 수행 중에 실수로 모래톱에 좌초한 것으로 보인다. 이 사건으로 인해 북한이 잠수함을 북한 내에서 건조하고 있는 것이 밝혀졌지만, 전장 5.7미터의 후하게 평해도 잘 만들어졌다 하기 힘든 특수 잠수정은 한국 당국의 관심을 끌지는 못한 것 같다.

대조적으로 소련에서 입수한 4척의 위스키급은 50인 이상의 승무원이 탑승하는 전장 76미터의 대형 잠수함으로 함수에 4문, 함미에 2문의 533㎜ 어뢰 발사관이 있다. 수행 가능한 작전 규모, 공격 능력을 보면 전술한 특수 잠수정과는 비교할 수도 없는 성능의 잠수함이다. 1960년대 시점에서 위스키급은 이미 구형화가 되어서 소련과 미 해군은 보다 현대적인 잠수함을 배치하고 있었지만, 세계 유수의 잠수함 대국인 북한의 잠수함 운용의 기초가 된 것은 틀림없다. 함의 내구연한을 크게 넘긴 구형함이지만, 적어도 몇 척의 위스키급이 현재도 현역으로 배치된 것 같다.[27] 신설된 잠수함 부대의 모항으로는 한반도 동해안의 마양도에 기지가 건설되었다. 이 잠수함 기지는 이후로도 여러 차례의 확장 공사를 거쳐 지금은 북한 최대의 잠수함 기지가 되었다. 1960년대 후반에는 잠수함 부대의 확장을 염두에 둔 새로운 기지가 동해안의 차호에 건설되었다. 차호 잠수함 기지에는 근교의 산을 굴착해 만든 지하 계류 벙커가 건설되었다.

그리고 바라던 잠수함 부대의 증강은 1970년대 말로, 중국에서 033식 잠수함(소련제 로미오급(프로젝트 633형) 잠수함의 카피)이 수입되어 북한에서 조립되었다. 최초에 도입된 것은 완성 상태의 033식 4척이라는 보고도 있지만, 이를 확인할 만한 증거는 없다. 분해된 033식 잠수함은 동해안의 조선소에서 조립되어 현재는 서해안의 잠수함 기지에 배치되어 있다 보는 것이 보다 현실적이다. 033식의 도입 계획은 1972년부터 개시되었을 가능성이 있지만, 1974년부터 1980년대 후기에 실시되었다는 것이 일반적인 견해이며 대략 20척이 건조되었다.[28] 033식은 이전에 배치된 위스키급과 마찬가지로 시대에 뒤처진 구형함이지만, 단순히 수가 많기 때문에 잠수함 부대의 주력함이 되었다. 또한 033식은 조선인민군 해군이 보유한 몇 안 되는 외해에서 작전 행동이 가능한 잠수함이기도 하다. 033식은 전장 76.6미터, 수중 배수량 4,200톤으로 북한 잠수함 부대 내에서 손꼽히는 대형함이지만, 탑재된 무장은 위스키급과 비슷해 533㎜ 어뢰 발사관을 함수에 6문, 함미에 2문 가지고 있다.

마양도에 좌초된 로미오급 잠수함. 몇 년 뒤 인양되어 스크랩 처리되었다. (Google Earth-Image@2019 Digital Globe)

1990년대 이후, 적어도 몇 척의 033식에 현대화 개수가 시행된 것 같다. 주로 항법 장치와 통신 기기의 개선을 목적으로 시행되었을 가능성이 높으며 동시에 소나도 개량형으로 교체했다는 보고가 있다.[29]

잠수함의 구입치는 소련과 중국 같은 공산주의 국가만 있는 것은 아니었다. 흥미롭게도 북한은 서방 국가에서도 잠수함 도입을 시도했다. 1984년, 14.5미터급 민간 연구용 잠수정 '시호스Ⅱ'를 서독에서 입수했다. 현재 군수품의 수출입이 금지되는 금수 조치가 시행되어 북한은 자유로이 무역을 할 수 없지만, 해외에서 소형 잠수정 및 관련 기술을 밀수하려는 움직임은 여전히 활발하며 경제 제재에 묶여 있을 생각은 털끝만치도 없는 것 같다. 위스키급 그리고 033식

1998년, 침몰 후, 부두에 인양된 P4급 잠수함. (ROK MoD)

부상 후, 베트남 해역을 항해 중인 P4급 잠수함. 합교에 지휘관들의 모습이 보인다. (Comrade Comm issar Facebook)

이것도 베트남 해군의 P4급 잠수함. 황색의 구난 부이와 재설계된 함수에 주의. 1998년에 확인된 잠수함보다 외관이 상당히 현대화되었다. (Comrade Comm issar Facebook)

평양에 전시된 북한의 MS-29급 특수 잠수정. 사진이 바래 잠수함의 색상이 푸른색으로 보인다. (ROK Mod)

MS-29의 적외선 카메라. 수출용과 이란에서 생산된 형식에도 탑재되었다. (KCBC)

잠수함을 운용하면서 경험을 쌓은 북한은 1970년대부터 본격적으로 특수 잠수정의 독자 개발 및 건조를 시작했다. 이 시기에 개발된 북한제 잠수함은 유고슬라비아에서 도입한 기술에 큰 영향을 받았을 것으로 보인다. 이 주장의 근거는 1970년대 초, 유고슬라비아에서 입수한 6척의 16미터급 특수 잠수정 또는 그 설계도를 1965년에 구매한 것으로 보인다는 데 있다.[30, 31, 32] 하지만 유고슬라비아가 특수 잠수정의 개발에 흥미를 보인 것은 1970년대 후반 이후이며 북한의 특수 잠수정과의 유사성은 발견되지 않았다. 설계가 완전히 독자적인 것인지 아닌지는 차치하고 건조는 1980년대부터 본격적으로 궤도를 타기 시작했으며, 결과적으로 1987년까지 18미터급 특수 잠수정 33척이 완성되었다.[33] 현재 북한이 보유한 특수 잠수정의 대부분이 이 시기에 건조된 것이다. 이 특수 잠수정에 대해서 일반에 공개된 문서나 영상은 존재하지 않으나 경무장에 극히 좁은 행동반경밖에 가지지 못한 초보적인 물건으로 예상된다.

소수만이 배치되고 끝났지만, 1970년대 말에 건조가 개시된 특수 잠수정에 대해 미 중앙정보국(CIA)은 1980년대에 작성한 조사 보고서에서 21미터급이라 식별하고 있다. 다만 실제로는 22미터급의 P4급(유고급) 잠수함일 가능성이 높다. P4급을 베이스로 19미터급이나 29미터급 등 많은 파생형이 탄생했다.[34] P4급은 북한이 독자 개발에 성공한 첫 번째 본격적인 특수 잠수정으로 급유함 등의 지원을 받으면서 연안 해역에서 작전하거나 공작원의 잠입 임무를 수행하는 것이 가능하다. P4급에 대한 정보의 대부분은 베트남에 매각된 수출형을 조사하면서 얻었으며 또 하나의 정보 출처가 된 것이 한국 당국이 나포한 P4급이다. 1998년 '속초 잠수정 침투 사건'에서 22미터급의 북한 특수 잠수정이 스파이 활동 중에 한국 어선의 그물에 걸려 항해 불능 상태가 되어 나포되었다. 이 잠수정은 한국 해군의 초계정에 나포되어 예인 중 자침했는데, 3일 후 인양되어 9명의 승무원이 함내에서 사망한 것을 발견했다. 아마도 4명의 공작원이 5명의 승무원을 사살 후 자살한 것으로 생각된다. 이 특수 잠수정은 6개월에 걸쳐 복원 공사를 받아 한국 해군에 취역해 P4급의 성능을 철저하게 조사받았고, 한국 해군의 대잠 전투 부대의 훈련에도 이용되었다. 이후 이 P4급(한국명 참고래급) 잠수정은 2004년 초에 퇴역해 현재는 진해 해군 기지 야외에 전시 중이다. 나포된 P4급의 특이점은 2문의 533mm 어뢰 발사관의 발사구를 용접해 폐쇄한 점이다. 이것으로 공격형 잠수함으로 건조된 특수 잠수정이 잠입 작전용으로 개장된 것을 알 수 있다.[35] 그리고 고속 항해 시의 소음을 줄이기 위해 이중 반전 스크류 프로펠러가 장비되어 있다. 이것은 다른 P4급에는 보이지 않고 잠입 작전용에만 있는 특징이다. P4급을 베이스로 만들어진 파생형은 이중 수밀 구획을 가진 특징적인 함교, 함미에 설치된 신축식 스노클, 그리고 보다 고속으로 선회가 가능한 전기 구동식 추진기 등의 공통점이 있지만, 동시에 각 파생형 또는 각함마다 고유의 사양이 존재해 세세한 부분을 보면 다른 종류의 특수 잠수정으로 구분이 된다. 예를 들어 19미터급과 1998년에 베트남에 수출된 22미터급의 몇 척은 함수의 설계가 바뀌었고, 눈에 띄는 노란색 조난 부이가 탑재되어 있다. 이것은 획득한 최신 기술을 차례로 기존함에 반영하고자 하는 북한의 잠수함 설계 사상을 보여

MS-29(연어급)은 이전급인 P4급과 같은 533mm 어뢰 발사관 2문을 장비했지만, 예비 어뢰는 탑재되지 않았다. 이런 한계 때문에 교전 가능한 적은 최대 2척이지만, 소형의 선체와 강력한 533mm 어뢰의 조합은 한반도 연안 해역에서 헌터 킬러 임무에 최적의 플랫폼이다. 그리고 건조비가 저렴하고 운용과 정비도 경제적인 설계가 채용되어 북한은 연어급을 대형 잠수함보다 대량으로 배치해 높은 즉각 대응 능력을 가졌을 가능성이 있다. 이 설계 사상의 우수함은 연어급이라 생각되는 북한의 특수 잠수정이 한국 해군의 초계함인 '천안함'을 액티브 소나 탐지에 포착되지 않고 533mm 어뢰 1발에 격침시킨 것으로 증명했다.

한국의 전쟁기념관에 전시된 '천안함'을 격침한 어뢰의 스크류 부분. (ROK MoD)

북한 잠수함이 쏜 CHT-02D 어뢰에 피격, 침몰한 후, 인양된 '천안함'. (ROK MoD)

조선인민군 해군 유일의 잠수함 구난함인 고원급. (US DoD)

어려운 장비는 단순히 해외에서 수입해서 해결한다는 방침을 엿볼 수 있다.

P4급을 원형으로 하는 파생형 중 디욱 선진적인 29미터급의 특수 잠수정이 취역한 것이 1990년대 말부터 2000년대 초의 일이다. 선체가 대형화되면서 승무원의 수도 9명으로 늘었다. P4급의 후계함 격으로 '속초 잠수정 침투 사건'에서 어느 정도 정보가 공개된 전급과는 달리 해외 첩보 기관에서 연어급이라 불리는 것 외에 자세한 정보가 없다.[36] 연어급의 운용 상황에 대해 북한에서 얻을 수 있는 정보는 거의 없지만, 수출형을 통해 어느 정도 성능을 추측하는 것이 가능하다. 말레이시아에 거점을 둔 '케이 마린'이 2011년에 공개한 홍보 영상에 MS-29라는 이름의 특수 잠수정이 등장한다. MS-29는 전장 29미터의 특수 잠수정(Midjet Submarine)으로 연어급과 동일한 선체로 추정된다. 이 영상에는 평양 근교에 있는 '제1501부대' 공장의 건선거에 올려진 연어급의 모습과 함께 연어급의 특징을 설명하고 있다. 연어급에 관해서는 2000년대 중반에 흥미로운 사실이 알려졌다. 북한의 무역 파트너인 이란이 신형 특수 잠수정의 개발에 착수해 2007년에 부대 배치한 일이다. 가디르(Ghadir)급이라 이름 붙여진 이 특수 잠수정은 MS-29(연어급)의 카피에 가까운 것으로 함수에 설치된 소나 포드와 함교 앞의 정체를 알 수 없는 구조물 등 이란이 독자적으로 개량을 한 것으로 보인다. 가디르급의 함교에 수색 레이더와 함께 설치된 적외선 암시 잠망경은 '케이 마린'의 홍보영상에서 소개된 것과 동일하다. 이란은 이 특수 잠수정의 대량 생산을 2012년 무렵까지 지속하여 합계 13~21척을 건조했으며, 가디르급은 혁명수비대 해군 잠수함 부대의 주력이 되었다. 연어급은 조선인민군 해군에는 소수만이 배치되었지만, 2010년 한국 해군의 포항급 초계함 '천안함'의 침몰에 관여하여 그 악명을 세계에 알렸다. '천안함'은 533mm 구경의 CHT-02D 어뢰에 격침되어 46명의 승무원이 목숨을 잃었다. 한국은 어뢰를 발사한 잠수함을 조선인민군 해군의 연어급 또는 그 파생형이라 판단했다.

1970년대 후반에 발족한 신형 잠수함 개발 계획은 기존의 소형 특수 잠수정이 아닌 보다 야심적인 설계를 도입한 대형함의 건조를

주는 것이며 호환성보다 각각의 성능을 조금이라도 높이고자 하는 경향이 반영된 결과라 할 수 있다. 그리고 북한의 잠수함에는 민수품 및 기술이 많이 사용된 것으로 판명되었는데, 북한에서 생산하기

1998년 강릉 해변에 좌초한 상어급(공작형). (Idobi)

상어급(공작형)의 내부. 외국제 기성품 장비가 다수 사용되었다. (ROK MoD)

사진은 2012년의 훈련에서 처음으로 공개된 상어급(공격형). 함교 앞부분 돌출부가 없는 것으로 공작형과 구별된다. (KCBC)

계획하고 있었다. 신형 잠수함이 구체적으로 어떤 임무를 염두에 두고 개발되었는지는 알 수 없지만, 이 계획에 의해 적어도 1척의 41미터급 대형 잠수함이 시험 제작되었다. 다만 그 결과물은 그다지 성공적이 않은 듯하며 최종적으로 사고로 상실한 것 같다. 동해안에 침몰한 신형 잠수함은 2010년 중반에 실시된 인양 작업으로 같은 해역에서 침몰한 다른 잠수함과 함께 회수되었다. 그 밖에도 다양한 신형 잠수함 개발 계획이 존재하지만, 1980년대 초에 건조된 32미터급을 제하고 어느 것도 설계 단계의 영역을 벗어나지 못했다. 하지만 각지의 박물관이나 군사 자료관에 전시된 잠수함의 모형 중에는 신형 잠수함 개발 계획을 참고해 제작된 것으로 보이는 모형이 있다. 그중 하나가 전장 40미터의 선체에 대형 소나 돔, 그리고 4문의 어뢰 발사관을 탑재한 모형으로 아마도 1990년대에 입안된 계획을 참고해 만들어졌을 가능성이 높다. 모형이지만, 위스키급과 033식, 그밖의 북한제 특수 잠수정 등을 참고해 북한치고는 선진적인 설계를 보여준다. 그리고 기존의 잠수함이 사고로 조난하거나 침몰한 경우 대응할 수 있는 잠수함 구난함의 개발도 실시되었다. 전장 84미터의 구난함이 동해안에 배치된 것은 1970년대 후반으로 미 국방부에서는 고원급이라 부른다. 침몰한 잠수함의 구난에는 고도의 기술이 필요하다. 하지만 고원급은 복잡한 구조 활동을 할 수 있는 능력이 없었다. 그래서 1984년 2월, 조선인민군 해군의 잠수함이 동해에 침몰했을 때 인양을 담당한 국가는 북한이 아닌 소련이었다.[37]

북한이 그 후 신형 잠수함의 개발에 들어간 것은 1980년대.

다양한 임무에 특화된 이 신예 소형 잠수함은 전장 35미터의 선체를 가졌으며 1990년대 초부터 본격적인 양산이 시작되었다. 본함의 건조 척수는 북한 잠수함치고는 많아서 보다 내형의 위스키급과 로미오급(033식)을 보완하는 조선인민군 해군 잠수함 부대의 중추를 차지하는 존재가 되었다. P4급이나 연어급과 마찬가지로 본급에도 유명한 에피소드가 있다. 49일에 걸쳐 북한 무장 공비 토벌전이 벌어진 1996년의 '강릉 무장공비 침투 사건'에서 강릉 근교의 해안에 좌초해 사건의 발단이 된 것이 본급을 원형으로 하는 잠수함이다. 최종적으로 40명의 사망자가 발생한 '강릉 무장공비 침투 사건'은 상어급이라는 이름이 붙은 잠수함을 회수하면서 그 상세가 세계에 알려지게 되었다. 그리고 한국 당국은 북한측의 유일한 생존자를 심문한 결과 지금까지 알려지지 않았던 북한의 잠수함 개발 계획에 관해 많은 지식을 얻을 수 있었다. 강릉에 좌초한 잠수함은 이중 수밀 구획을 가지고 있으며 침투 작전에 알맞게 개장된 상어급이다. 2010년대에 들어서 대함 임무를 주로 맡는 공격형 상어급이 확인되었으며 무장은 533㎜ 어뢰 발사관 2문 또는 4문을 장비한 것으로 예상된다. 기본적으로 소형 잠수함이기 때문에 예비 어뢰는 탑재하지 않는 것 같다. 약 370톤의 수중 배수량을 가지며 15명의 승조원으로 조함되는 상어급은 과거의 북한제 잠수함에 비해 확실히 커졌지만, 분류상 여전히 연안형이다. 상어급은 동서 양안의 조선소에서 합계 30척 이상이 건조되어 033식과 나란히 조선인민군 해군의 잠수함 부대, 그중에서도 공격형 잠수함 부대의 핵심을 차지할 것으로 생각된다. 미얀마는 당초 상어급의 도입에 흥미를 보였고, 한때는 2척의 구입을 결정했지만, 최종적으로 이 계획은 2002년에 백지화되었다.[38] 현재 상어급 잠수함을 운용하고 있는 국가는 북한이 유일하다.

2000년대 초, 상어급을 베이스로 대폭 개수된 상어Ⅱ급이 개발되었다. 상어Ⅱ급은 함교에서 함미 부분을 연장해 전장 39미터가 되었으며 여기에 개량형 디젤 엔진을 탑재하였다. 그래서 상어Ⅱ급의 순항 속도와 항속 거리는 개선되었을 것으로 생각된다. 북한이 가지고 있는 잠수함 기술을 전부 투입해 개발된 상어Ⅱ급은 북한에게 있어 최중요 기밀 사항인 최신함이기 때문에 위성 사진을 제하고 상어Ⅱ급이 찍힌 사진은 없으며 상세를 파악하는 것도 불가능에 가깝다. 추측되는 개수 내용은 어뢰 발사관의 추가(합계 4문), 공기 불요 추진 체계(AIP: Air Independent Propulsion)의 탑재 등을 들수 있다. AIP란 스노클에 의존하지 않고 디젤 엔진 구동으로 잠항이 가능한 기술이다. 그리고 출력에 제한을 걸어서 상어Ⅰ급에 비해 잠항 지속 시간을 크게 연장했을 것으로 생각된다. 북한은 AIP 탑재 같은 상당히 고도의 기술이 필요한, 일견 불가능해 보이는 목표도 적극적으로 도전한다. AIP를 탑재하기 위해서는 통상 동체의 연장이 수반되며 상어Ⅱ급의 선체가 연장된 것도 그런 이유일 것이다. 그리고 AIP 탑재의 신빙성을 높이는 것이 2016년 북한이 북한제 AIP 시스템의 판매를 대만에 제안했다는 보고가 2019년에 있었다. 진위는 불명이지만 북한제 AIP 시스템을 탑재하여 최대 4주간의 지속 잠항이 가능하다.[39] 어쨌든 2004년부터 건조가 개시된 상어Ⅱ급의 취역 척수는 소량이며 대부분 동해안의 차호에, 그리고 특이하게도 1척이 비파곶 잠수함 기지에 배치되었다. 소형, 연안형, 그리고 공격형의 특성을 겸비한 신형 잠수함 개발 계획이 현재도 진행 중이

마양도 잠수함 기지에 입항하는 고래급 탄도 미사일 잠수함. 우측 후방에 033식 2척이 확인된다. (KCBC)

마양도 근해에 석양을 배경으로 떠 있는 고래급. (KCBC)

마양도에서 고래급 잠수함을 시찰하는 김정은. (KCBC)

라는 증거로 2004년말 남포항에서 특징적인 물방울 형상의 35미터급이 처음으로 목격되었다. 이 신형 잠수함은 2척이 건조된 것이 확인되었고, 기본적으로 조선소 부근의 도크에서 움직이지 않고 있다. 이것은 신기술 도입을 위한 시제함일 가능성이 높으며 아직 취역하지는 못한 것 같다.

이렇게 몇 가지 북한제 특수 잠수정 및 소형 잠수함의 개발에 성공한 북한은 예상대로 다음 목표로 대형 공격형 잠수함의 개발에 착수했다. 대형 잠수함의 국산화 계획이 오래전부터 존재했음은 틀림없지만, 실현 가능성이 보인 것은 스크랩 처리된 대략 12척의 골프Ⅱ급(프로젝트 629형) 및 폭스트롯급(프로젝트 641형)을 입수했다

고래급은 사상 최소의 탄도 미사일 잠수함으로 북극성 SLBM 1발을 탑재한다. 신기술인 잠수함 발사 탄도 미사일을 테스트하기 위한 실험용 잠수함으로 건조되어 SLBM 1기를 탑재한다. 실제로 운용한다 가정해도 현실적으로 작전 능력은 낮을 것으로 생각된다. 그림은 고래급과 무장인 북극성 SLBM. (그림: H I Sutton)

는 설이 돌던 1990년대다.[40] 이들 소련제 잠수함은 당시 북한이 보유하고 있던 033식 등에 비해 훨씬 선진적이며 고성능의 잠수함으로 고철용으로 도입된 것을 복원해 조선인민군 해군에서 현역으로 취역했을 가능성이 있다고 우려되었다. 이렇게 북한이 2종류의 잠수함을 도입했다는 의혹이 있지만, 원래 고철로 도입한 것이라 적어도 조선인민군 해군에서 골프Ⅱ급과 폭스트롯급이 취역하지 않은 것은 확실하다. 그리고 현재 배치된 기존함에도 골프Ⅱ급/폭스트롯급에 사용된 기술이 활용된 징후는 보이지 않는다. 1990년대부터 2000년대에 걸쳐 대형 잠수함 개발 계획이 결실을 맺지는 못했지만, 이 기간 동안 북한의 기술자들은 수많은 설계안을 제안, 완성했다. 그중에서 주목할 만한 것이 당시 북한이 보유한 최첨단 대함 무기인 P-15 테르밋, 그리고 중국제 카피인 HY-1 실크웜의 탑재가 가능한 순항 미사일 잠수함(SSG)이다. 이 순항 미사일 잠수함에는 두 개의 미사일 발사관이 탑재될 예정이었다고 추측된다. 이 순항 미사일 잠수함 개발 계획의 결과는 불명이지만, 1995년 4월 김정일이 본급의 모형을 시찰한 이후 새로운 움직임은 확인되지 않았으며, 건조되지 않고 계획 단계에서 취소된 것으로 보인다.

주변국을 크게 동요시킬 정도의, 지금까지 없던 성능을 가진 신예 잠수함의 개발은 2010년 초에 개시되었다. 그해 상어Ⅱ급의 건조 거점이기도 했던 신포 해군 기지 근교의 마을을 완전히 철거한 부지에 탄도 미사일 실험장이라 생각되는 시설이 건설되었다. 2014년에 완성된 이 실험장의 건설 목적이 밝혀진 것은 동년 8월, 시설 근처의 정박지에 전장 67미터의 신형 잠수함이 갑자기 출현한 것이 계기다. 조선인민군 해군 최초의 탄도 미사일 잠수함인 이 함은 당초 민간 연구자들과 언론이 신포급(미 국방부 명칭: 신포-B급)이라 이름을 붙였지만, 나중에 북한이 고래급이라 식별하는 게 판명되었다. 북한이 이 정도의 대형 잠수함을 취역시킨 것은 최초이며 함교에 1기의 탄도 미사일 발사관을 탑재하는 데 성공했다는 사실은 경악할 만한 일이다. 북한에 비해 훨씬 기술 수준이 높은 선진국조차 탄도 미사일 잠수함이나 탄도 미사일 원자력 잠수함(SSBN)을 건조할 수 있는 국가는 많지 않은 것을 생각하면 이것이 얼마나 이례적인 일인지 알 수 있다. 타국의 탄도 미사일 잠수함에 비해 압도적으로 소형이며 탑재하는 탄도 미사일도 1기뿐으로 결코 만족스러운 성능은 아니지만, 사이즈와 무장만을 보고 고래급을 과소평가하는 것은 위험하다. 고래급이 전략 레벨에서 어느 정도 수준의 전력인지 정확히 파악할 필요가 있다. 먼저 고래형이 북한제 탄도 미사일 잠

수함의 가능성을 실증하기 위한 시제함인 것은 명백하다. 당초 액체 연료를 사용하는 탄도 미사일을 탑재했으나 고체 연료를 사용하는 것으로 변경되는 등 개량이 이루어졌고, 고래급과 동급의 탄도 미사일을 탑재한 초기의 소련제 탄도 미사일 잠수함인 호텔급(프로젝트 658형)이 존재하는 것으로 보아 북한은 과거의 소련제 탄도 미사일 잠수함을 참고해 고래급을 개발했을 것으로 생각된다. 이대로 개발이 지속된다면 보다 고성능의 신형 탄도 미사일 잠수함이 등장할 것이다. 마지막으로 아무리 1기뿐인 탄도 미사일이라도, 그리고 사거리가 한반도와 동아시아 일부에 한정되더라도 북한이 탄도 미사일 잠수함을 배치한 사태 자체가 이례적인 일이며 국제 사회에 대한 북한의 영향력 확대에 기여하게 된다.

전문가들의 분석에 따르면 고래급의 수중 배수량은 약 1,650톤, 승조원은 최대 50명이라 추정된다.[41] 함수에 533㎜ 구경의 어뢰 발사관을 장비한 것으로 보이지만, 시제함인 것을 고려하면 어뢰는 테스트 목적의 제한적인 운용에 그치거나 어뢰 운용 능력이 없을 수도 있다. 마찬가지로 장비한 소나의 성능도 상상에 맡길 수밖에 없으며 실전 배치할 잠수함이라면 함교 부분에 탐색 레이더가 탑재되어야 하지만 고래형은 레이더 같은 전자 기기가 보이지 않은 것으로 보아 어디까지나 시험 건조함으로 판단하는 것이 합리적이다.[42] 함교에서 함미까지의 공간은 대부분 엔진과 기타 기관이 차지하고 있을 것이다. 탑재된 주엔진은 기존과 마찬가지로 디젤 엔진일 것이다. 종합하자면 고래급은 탄도 미사일 잠수함에 필요한 최저한의 요소를 채운 잠수함이라 하겠다. 67미터라는 탄도 미사일 잠수함치고는 확실히 작은 선체 때문에 탄도 미사일의 탑재 수량과 항속 거리가 크게 제한될 수밖에 없다. 그래서 타국이 운용하는 전략 원잠과 비교할 것도 없이 타국에 대한 억제력을 기대하기 힘들다. 다만 유일하게 탄도 미사일에 핵탄두가 탑재될 경우를 가정할 경우 고래급의 위협은 심각한 수준으로 올라가며, 이웃한 한국이 대책에 고심할 것이다. 무엇보다 중요한 것은 이 고래형이 앞으로 생길 북한의 탄도 미사일 잠수함 부대의 시작에 지나지 않는다는 점이다. 북한이 이후로 탄도 미사일 잠수함과 탑재되는 탄도 미사일 개발에 주력할 것은 확실하며 외해에서 작전 행동이 가능한 본격적인 탄도 미사일 잠수함 부대가 출범할 것이 확실하다.

실제로 고래급에서 쌓은 경험과 기술을 활용해 신포-C급(민간 연구가 표기)이라는 보다 대형의 후계함이 개발 중이다. 아직 취역은커녕 완성조차 되지 않은 신포-C급에 대한 정보는 적지만, 최근

로미오급의 파생형에서 발전한 신형 탄도 미사일 잠수함. 선체는 함교 바로 뒷부분을 8미터 정도 연장하였고, 고도로 현대화한 동시에 대형화한 세일 후방에는 용도 불명의 돌출부가 있다. 스크류, 어뢰 발사관, 소나는 개량되지 않은 것 같다. (그림: Anderson Subtil)

개장된 신포 해군 기지의 조선 시설에서 건조 중인 사진이 최근 공개되어 몇 가지 특징이 확인되었다. 이 사진에서 신포-C급의 건조는 2015부터 시작되었다는 사실 이외에도 잠수함의 직경이 약 11미터인 것이 선체 외부 구조를 통해 파악되었다. 이것은 신포-C급이 고래급보다 대형인 것을 보여주며 아마도 신형 탄도 미사일 잠수함의 수중 배수량은 3,000톤급으로 강대국이 보유한 현용 전략 원잠에 보다 가까운 존재라 하겠다. 그리고 신포-C급의 설계가 기존의 고래급을 단순히 연장하는 방식으로 건조되지 않았다는 것을 알수 있다. 이것은 신포-C급이 SLBM을 함교가 아닌 선체에 탑재했음을 보여주며 보다 큰 탄도 미사일의 운용 능력을 획득했을 가능성도 있다.

북극성(北極星)-3이라 불리는 신형 SLBM이 개발 중인 것도 밝혀졌으며 이것은 신포-C급에 탑재될 예정일 것이다. 2016년 4월에는 북한의 사이버전 부대가 한국의 유명 조선 회사인 대우조선해양을 해킹하는 데 성공하여, 가능성은 낮지만 이때 훔친 기술이 신포-C급의 개발에 사용되었다는 주장도 있다. 북한에 유출된 4만여건의 정보 중에 약 60여 건이 군사 기밀 정보였고, 그중에 잠수함을 포함한 한국 해군 함선의 설계도나 콜드 런치에 관한 기술 자료도 있었다고 한다.[43]

순조롭게 진행된 신형 SSB 개발 계획에 맞춰 장래에 설립될 탄도 미사일 잠수함 부대를 배치하기 위해 대형 잔교와 도크를 갖춘 새로운 해군 기지도 건설 중이다. 이 잠수함 기지의 완공은 신포-C급의 완성 시기인 2019년 전후로 추측된다. 신포항의 상업 도크 확장 사업도 신형 SSB의 취역을 염두에 둔 것일 가능성도 있다. 이렇게 북한 최대 규모의 잠수함 기지가 한반도 동해안에 탄생할 날이 그렇게 멀지 않을 것이다. 현시점에서 판명된 정보만으로 신형 SSB의 능력을 예상하는 것은 무리지만, 탄도 미사일 잠수함이라는 함종이 가진 본질적인 특징과 북한의 전략적 위치에서 신포-C급에 대해 어느 정도 추측하는 게 가능하다. 탄도 미사일 잠수함은 제2격 능력(선제공격에 대한 보복 공격)을 발휘하는 데 이상적인 무기라 하겠다. 효과적인 제2격을 실행하기 위해서는 목표를 사정권 내에 두는 것이 필수이기 때문에 신포-C급의 작전 행동반경은 미국 본토에 도달할 정도라 생각된다. 북한이 보유한 SLBM의 사거리는 결코 길지 않기 때문에 신포-C급이 미국 본토에 접근하기 위해서는 외해로 항해할 필요가 있다. 조선인민군 해군에 외해를 장기간 항해할 수 있는 성능을 가진 잠수함은 없으며 신포-C급 개발에는 지금까지 겪어 보지 못한 많은 문제에 부딪칠 것이다. 탄도 미사일 잠수함은 일반적인 공격형 잠수함보다 훨씬 긴 기간을 외해에서 보내야 하기 때문

신포의 건조 시설에서 로미오급 베이스 신형 탄도 미사일 잠수함을 시찰하는 김정. SLBM 발사관을 내장한 함교가 잘 보이지만, 후방 부분이 모자이크 처리된 이유는 알 수 없다. (KCBC)

에 동력원으로 원자로를 탑재하는 경우가 많다. 북한에 그런 기술력은 없으므로 SSBN의 배치는 아무리 낙관적으로 봐도 불가능하다. 미국 본토에 대한 제2격 능력이 현실적으로 생각해 신포-C급에서 달성될지는 알 수 없지만, 북한의 고성능 SLBM과 신형 SSB의 개발 페이스를 생각하면 그렇게 먼 미래의 일은 아니리라 생각된다.

그 사이 북한은 비교적 저비용에 SSB 부대를 증강하는 방법을 찾아낸 듯하다. 2015년 10월, 최근 개장한 신포항의 건선거에서 로미오급 잠수함의 오버홀이 개시되었다. 2017년 말, 또는 2018년 초에 신포항에 새로이 건설된 시설에 옮겨진 후 본격적인 개수가 시작되었다. 2019년 7월에 김정은이 이 시설을 시찰하면서 오버홀을 받은 로미오급의 전모가 처음으로 밝혀졌다. 선체는 함교에서 함미 사이 부분이 약 8미터 연장되어 새로이 SLBM을 탑재할 공간을 확보했다. 최종적으로 전장 84.5미터로 변경된 개수 로미오급은 조선인민군 해군이 보유한 잠수함 중 최대 크기다. 선체가 연장된 점을 빼면 외관에 큰 변경점은 없지만, 현대화된 함교는 보다 대형이 되었다. 아마도 고래급과 같은 방식으로 SLBM용 발사관이 장비되었을 가능성이 있다. 발사관의 구경에서 추측하자면 탑재된 것은 아마도 종래의 북극성-1일 것이다. 김정은이 시찰하면서 촬영된 사진을 보면 함교 후방과 함교 상부의 일부에 모자이크 처리를 한 로미오급이 보이지만, 정확한 제원과 구조를 알 수는 없다. 하지만 로미오급의 특징적인 함교가 개수된 SSB급의 보다 큰 함교 내부에 그대로 남아 있을 수도 있다. 그런 경우 탄도 미사일이 탑재되는 곳은 함교 후방이라 예상된다.

로미오급이라는 구형함을 모체로 하기 때문에 개수 SSB는 원형

함의 성능적 한계를 벗어나지는 못하고, 아마도 고래급과 큰 차이 없는 제한적인 탄도 미사일 운용 능력을 가질 것이다.

다만 조선인민군 해군이 다수의 로미오급을 보유하고 있다는 점을 감안하면 이는 북한이 파격적인 저비용으로 대량의 SSB를 건조할 수 있다는 의미이다. 이 개수 SSB급이 해상에서 운용 시험을 무사히 끝내고 정식으로 배치가 결정될 경우 한국을 포함한 서방 국가들은 조선인민군 해군의 탄도 미사일 잠수함 부대를 하나하나 감시해 유사시에는 즉각 격멸할 필요가 있다. 이 개수 SSB급의 항속 거리가 미국 본토에 다다르지는 않겠지만, 북한이 공개한 자료에 따르면 개수 SSB급의 작전 행동반경은 동해 전역에 이른다고 한다. 북한의 잠수함 발사 탄도 미사일은 한국과 일본을 사정권에 두는 데 성공했다.

현재 북한의 잠수함 개발 계획의 주안점은 SSB에 있으며 이후 종래의 공격형 잠수함과 특수 잠수정에 어떤 미래가 있을지는 알 수 없다. 북한은 고래급과 신포-C급을 통해 대형 잠수함 개발 경험을 획득하는 데 성공했지만, 장래적으로 보다 큰 신형 공격형 잠수함의 건조를 시도할 가능성은 충분히 있다. 다만 북한 조선 산업의 생산 능력이 가진 한계를 생각해야만 한다. 귀중한 대형함 건조 능력을 SSB의 건조에 투입하는 대신 39미터급의 상어II급 등의 소형 공격형 잠수함의 발전, 개량을 우선할 것이라 보는 게 현실적이다. 그렇기 때문에 북한은 보다 고성능의 신형 어뢰나 잠수함 발사 순항 미사일 등 기존 함에서 활용할 수 있는 신무기를 우선적으로 연구, 개발할 가능성이 높다.

1990년대 이후, 북한은 조선인민군 해군의 현대화에 점점 박차를 가하고 있으며 도입된 신기술을 아낌없이 투입하고 있지만, 전쟁 수행 능력에 큰 진전을 보이지는 않고 있다. 초계함, 잠수함, 어뢰정, 미사일 고속정 등 다양하며 막대한 수량의 전투함을 보유한 북한은 연안에서의 작전 행동에 특화된 강력한 해군을 보유했다 평가할 수 있다. 다만 조선인민군 해군이 상대할 적대 세력은 세계 최대 규모에 최고 수준의 해군을 자랑하는 미국과 한국이다. 외해를 항해하는 적 함대에 대해 유효한 공격 수단을 가지지 못했으며 적 항공기 부대로부터 방어할 수단조차 부족한 조선인민군 해군의 함선은 적함을 사거리에 두기는커녕 포착하는 일조차 여의치 못하다. 그리고 전쟁이 발발할 경우 전투함의 대부분이 준비 부족으로 전선에 투입될 수 없는 상황에 빠질 정도로 조선인민군 해군의 임전 태세는 허술하다. 한국 해군과 미 해군이 압도적인 기술적 우위를 차지하고 있는 가운데 북한에게 남은 유일한 희망은 우습게도 한때는 완전히 폐지되었던 미사일 고속정 부대에 있다. 대함 미사일을 탑재한 값싸고 단기간에 대량 생산이 가능한 미사일 고속정은 소형 잠수함, 연안 방위 시스템과 함께 운용하여 조선인민군 해군에 어느 정도 전투력을 부여하는 데 성공했다. 북한은 이들 부대를 가성비 높은 존재로 인식하고 있으며 비대칭 전쟁에서 중요한 장기말 중 하나로 삼고 있다. 또한 주변국에 대한 위협 수단으로 삼아 앞으로도 적극적으로 운용할 것이라 예상된다.

전략군
Korean People's Army Strategic Force

조선인민군의 조직 중에서도 가장 공포스러운 존재는 틀림없이 전략군일 것이다. 탄도 미사일은 대량 살상 무기(WMD: Weapon of Mass Destruction)의 주요한 운반 수단으로 국제 사회에서 큰 주목을 받고 있으며 북한이 이 분야에 막대한 투자를 하고 있다는 것은 동아시아 국가들만이 아니라 전세계의 우려를 사고 있다. 다만 조선인민군 전략군에 관련된 보도는 대부분 잘못된 정보인 경우가 많아 그 역사와 현황에 대해 한번 정리해 볼 필요가 있다. 전략군이 보유한 전략 병기는 철저한 정보 통제하에 있어 성능과 제원을 정확히 파악하기는 어렵다. 이것은 동시에 북한과 대치하고 있는 국가가 북한의 전략군에 대해 유효한 대항책을 내놓기 어렵게 만든다는 의미이기도 하다. 더하여 전략군의 과거에서 현재에 이르기까지의 편력을 모르는 상태로는 전략군의 기술 수준과 신무기의 성능 제원 등의 미래를 예측하는 것은 불가능하다.

조선인민군에서 비교적 새로이 설립된 조직인 전략군은 김정은의 병진 정책 아래 오랫동안 정책적으로 우대를 받았고, 최근 몇 년 사이에 북한에서 급격한 기술 혁신의 수혜를 입으며 규모가 확대된 조직이다. 신형 전략 무기의 개발 속도는 북한 기준에서든 지금까지 탄도 미사일의 연구와 개발을 진행하던 국가에 비하든 전례가 없을 정도의 속도로 진행되고 있다. '핵 개발과 경제 성장을 병행해 구축한다'라는 병진 정책은 북한이 핵전력의 확보에 성공했다고 전세계에 과시하기 위해서인지 북한치고는 놀랄 정도의 속도로 정책이 진행되고 있다. 그 결과 정밀 유도 무기와 잠수함 발사 탄도 미사일(SLBM) 등의 실험이 연달아 실시되어 북한의 신형 전략 무기 개발 계획을 집대성한 결과로써 미국을 포함해 전 세계 대부분을 사거리 내에 두는 자주식 대륙간 탄도 미사일이 탄생했다. 한창 전성기를 맞이한 북한 전략군의 핵전력으로 대표되는 대량 살상 무기 개발의 진전은 한반도 정세를 악화시키는 주원인이라 하겠다. 과거, 현재, 그리고 장래적으로 한반도만이 아닌 전 세계를 끝없는 전쟁에 말려

조선인민군 전략군의 군기. 뒷면도 같지만 조선로동당의 문장이 들어간다. (Sshu94 via Wikimedia Commons)

들게 하는 힘을 가진 것이 전략군인만큼 본 조직이 조선인민군의 조직 중 가장 중요시되고 있는 것은 당연하며 철저한 비밀주의 하에 관리되고 있다.

전략군의 조직 형태에 대해서는 그다지 알려진 것이 없다. 북한은 당초 전략 무기를 관할하는 육군 산하의 미사일 지도국을 설립했지만, 1999년 7월 3일 개칭, 독립된 조직이 된 것이 지금의 전략 미사일군이다.[1] 그리고 이 날이 '전략미사일군 창설 기념일'이 되었다. 하지만 전략군의 존재가 대외적으로 명시된 것은 2012년 3월로 전략군의 철저한 비밀주의와 폐쇄성을 보여준다. 전략군 산하에는 13개 전략미사일여단이 종속되는 것으로 판명되었지만, 각 여단의 규모와 부대 구성 등은 일절 불명이다. 방사포 부대와 전술 탄도 미사일(전략이 아닌 것에 주의) 부대가 어느 조직의 관할인지는 알 수 없지만, 아마도 소속은 조선인민군 육군이어도 실질적인 지휘권은 전략군에 있을 것으로 생각된다. 어쨌든 전략군의 조직 내에도 각 부대가 맡은 역할이 중복되기도 하고 하나의 임무에 투입되는 부대나 사용되는 무기의 종류 등도 여러 수행 수단 중에서 선택하는 방식으로 운용된다.

조선인민군의 전통적인 관행에 따라 구형화된 장비가 퇴역되는 일 없이 단거리 미사일이나 적은 페이로드(탄두 탑재량)를 가진 초기의 전략 무기도 최신예 탄도 미사일과 함께 계속해서 운용되고 있다. 이로 인해 전략군의 무기 구성은 매우 복잡하며 전례 없는 페이스로 신무기의 배치가 계속되어 분석에 어려움이 있다. 탄도 미사일을 세세히 구별하면서 오인되는 경우도 많다. 미국 본토에 핵 공격을 가할 수 있는 최신예 대륙간 탄도 미사일(ICBM)이 뉴스에 요란스럽게 나오는 한편, 최근 도입된 신형 단거리 탄도 미사일(SRBM)은 아무래도 경시되는 경향이 있다. 단거리 탄도 미사일은 억제력으로 작용함은 물론 실제로 전쟁이 발발했을 때 장거리 탄도 미사일보다 훨씬 큰 활약을 할 가능성이 높으며 기존의 공격기가 담당하는 역할을 대체할 것으로 생각된다. 미국이 현재 가진 해외 주둔지 중 규모가 큰 평택의 캠프 험프리스 같은 주요 군사 거점은 단거리 탄도 미사일의 사정권 내에 있으며 서전에서 전략군의 집중 공격을 받을 것이다. 북한의 탄도 미사일이 노릴 가능성이 있는 군사 거점은 그 밖에도 다수 존재하며 한반도에 있는 한국군, 주한미군, 공항과 항만을 포함한 기반 시설 외에도 멀리 떨어진 일본과 괌도 공격 대상에 들어간다. 대량 살상 무기를 탑재하면 각 미사일의 파괴력을 대폭 강화할 수 있지만, 그 결과는 몇 배의 보복 공격으로 되돌아 올 것이다. 대량 살상 무기의 운용 능력은 조선인민군의 다른 조직에도 있지만, 실질적으로 가장 관련성이 높은 것은 전략군이다. 그래서 본 장에서는 북한의 대량 살상 무기 개발 계획에 대해서도 간략하게나마 해설하고자 한다. 마찬가지로 북한의 우주 과학 연구 개발에 대해서도 본래는 국가우주개발국(NADA)의 관할하에 있는 조직이지만, 개발 자체는 전략 로켓 개발에서 파생되었기 때문에 본 장에서 다루겠다.

탄도 미사일

북한의 탄도 미사일 개발 계획은 1980년대에 R-17 엘브루스(나토 제식명: 스커드-B)의 입수에서 시작되었다고 보는 게 일반적이지만, 북한은 1960년대에 국산화한 소련제 로켓에서 기원한다고 주장한다. 화성(火星)이라 명명된 이 북한제 전술 탄도 미사일은 구체적인 개발 경위나 생산량에 대한 자세한 정보가 없다. 애초에 원형이 된 소련의 전술 탄도 미사일이 무엇인지조차 불명이지만, 화성 1호의 베이스가 되었을 가능성이 높은 것은 2K6 루나(나토 제식명: 프로그-3)다. 북한은 1960년대에 루나를 9K52 루나-M(나토 제식명: 프로그-7)과 함께 수입했기 때문에 시기적으로 맞아 떨어진다. 북한은 1970년대 초에는 화성 3호라는 이름으로 루나-M의 국산화에 성공했다고 주장하지만, 화성 3호는 부분적인 성공에 그쳤기에 소량 생산 후 양산이 중지되었다는 보고가 있다. 그래서 루나-M에 부속된 9P113 이동형 미사일 발사대(TEL)의 국내 생산도 의심스럽다.[2, 3] 존재하는 것으로 추측되는 화성 2호 및 화성 4호에 관해서는 더욱 정보가 적고, 실제로 생산되지는 않은 것 같다.

하나의 가능성으로 생각되는 것은 1970년대 말에 북한과 중국 간에 단거리 탄도 미사일을 공동 개발한다는 계획이 존재했으며 화성 4호는 해당 계획의 DF-61 단거리 탄도 미사일(SRBM) 일지도 모른다. 하지만 이 협력 관계는 오래 가지 않았다. 전해지기로는 소련과의 관계가 냉각된 1970년대 후기부터 1980년대 초, 신형 탄도 미사일의 수출을 주저하는 소련에게 화가 난 북한은 독자 개발로 노선을 변경했다. 이 계획은 이동형 발사대에 액체 연료를 사용하는 사거리 600km, 탄두 중량 1,000kg의 신형 탄도 미사일을 탑재할 예정이었다. 이를 뒷받침하던 인물이 중국의 천시롄(陳錫聯: 진석련)이었지만, 천시롄이 1970년대를 끝으로 숙청당한 여파로 인해 계획은 중단되었다. 다만 북한의 미사일 기술자들에게 탄도 미사일의 독자 개발에 필요한 기술이 전수되었다고 한다.[4]

북한의 탄도 미사일 개발이 본격적으로 궤도에 오른 것은 1980년대부터로 그 첫걸음은 각지의 분쟁 지역에 등장해 악명이 높은 소련제 SRBM, R-17E 스커드-B의 국산화에서 시작되었다. 그 후, 북한제 스커드-B는 파생형의 개발을 거치며 대량 생산, 수출되면서 국제적인 주목을 끌었지만, 북한이 어떻게 오리지널을 입수했는지는 명확히 알려진 바가 없다. 그러나 이 스커드-B의 출처는 이집트라는 설이 있다. 소련으로부터의 공급이 끊긴 후, 북한은 이집트로부터 기본이 되는 미사일, 그리고 적어도 1대의 MAZ-543 이동형 발사대를 연구용으로 입수한 것으로 보인다. 북한은 이전부터 이집트와 밀접한 군사 협력 관계가 있었고, 1980년대부터 1990년대에 걸쳐 빈번했던 무기 판매 계약과 전술한 9K52 루나-M을 국산화할 때에도 기술 원조를 받았기 때문에 이 설의 신빙성은 높다.[5]

하지만 이집트제 스커드-B의 구체적인 도입 시기 역시 확실하지 않다. 최초의 1기가 1976년에 도입되었다는 보고도 있지만, 1981년까지 판매되지 않았다는 주장도 존재한다.[6] 이렇게 이집트에서 스

북한의 2K6 루나(Луна: 달) '프로그((FROG)-3' 포병 로켓 시스템의 희귀한 사진. 1km나 되는 원형 공산 오차에 170mm 곡산 자주포로 RAP탄을 발사할 때와 비슷한 사거리를 가졌지만, 비교적 대형의 탄두 덕택에 지금도 현역이다. (KCBC)

1992년의 김일성 탄생 80주년 기념 행사에서 평양을 행진하는 북한의 화성 3호/프로그-7. (KCBC)

1980년대 초, 이집트제 8K14E(R-17E)라 생각되는 탄도 미사일을 시찰하는 김정일. (KCBC)

2002년, 북한의 화물선 '소산호'에서 시멘트 포대 아래에 숨겨진 15기의 화성 5호/6호 중 1기의 꼬리 부분. 미사일은 예멘으로 보내지던 도중 스페인 해군과 미 해군의 검문을 받아 정선했지만, 미 해군은 검문 후 소산호를 석방했다. 이 중 적어도 몇 기는 후티 반군에 넘어가 사우디에 발사되었을 것으로 보인다. (KCBC)

2016년 3월의 훈련에서 TEL에서 발사되는 북한의 화성 5호. (KCBC)

2008년에 북한의 지하 미사일 공장을 방문한 미얀마 사절단이 촬영한 선명한 위장색의 화성 5호/6호 미사일. 미얀마는 북한에서 전략 무기를 도입하는 데 적극적이었지만, 최종적으로 북한제 탄도 미사일 도입 계획은 중지되었다. (저자 소장)

커드-B를 입수한 경위에 대해 다양한 주장이 있지만, 최근에는 거의 근거가 없는 것으로 판단된다. 당시의 북한 탄도 미사일 국산화 사업에는 소련이 크게 관여하고 있었다는 것이 판명되어 제3국에 의존할 필요가 없었기 때문이다. 이집트 도입설은 반은 맞고 반은 틀린 셈이다. 1973년 스커드-B를 이집트에서 수입하면서 북한의 탄도 미사일 국산화 계획이 시작되었고, 1980년대 중반에 소련이 기술 지원을 재개해 본격적인 개발을 했다고 생각하는 것이 현실적이다. 스커드-B의 입수 경로가 어떻든 북한이 국산화 제1호기를 1984년에 완성한 것은 확실하며, 이를 화성 5호라 명명하고 양산을 개시했다. 당초 북한은 MAZ-543 이동형 발사대의 카피에 어려움을 겪고 있어서 대신 견인식 발사대나 독자적인 TEL을 생산하게 되었다. 같은 문제는 스커드-B를 운용하는 다른 국가들도 겪고 있어서 이란과

이라크도 북한과 같은 해결법을 채용했다. MAZ-543 이동형 미사일 발사대에 관한 문제는 그 후 빠르게 해소되어 1985년에는 이란과 판매 계약을 체결해 1987년에 북한제 스커드-B과 TEL의 납품이 개시되었다. 이란에 인도된 이동형 미사일 발사대는 MAZ-543 TEL과 미묘하게 다른 북한제 외에도 일본에서 수입한 8륜 구동 트럭을 유용한 것도 있으며 후자는 카이버(Khyber)-25라는 이름으로 이

견인차에 적재되어 수송 중인 이란군의 북한제 8륜 이동형 미사일 발사대. (Photo by Farzin Nadimi via ACIG.info)

란에서도 생산되었다. 말할 것도 없이 북한제 스커드-B를 수입한 대부분의 국가가 이미 소련제 스커드-B를 도입했기 때문에 일부러 새로운 이동형 미사일 발사대를 도입할 필요는 없었다. 그래서 수입 품목에서 TEL이 생략된 경우가 많다. 북한이 국내 생산한 MAZ-543 베이스 및 일본제 베이스의 TEL을 사용하는 곳은 북한과 이란뿐이다.

참고로 화성 5호의 기원이 된 스커드-B의 입수 경로에 관해 또 하나의 흥미로운 주장이 있다. 1968년 초, 북한이 미국의 정보 수집함 '푸에블로호'를 나포한 것에 주목한 소련이 선내에 남아 있는 기밀 자료의 대가로 20기의 R-17E를 넘겼다는 주장이다.[7]

2017년 김일성 탄생 105주년 기념 열병식에서 행진하는 KN-18용 TEL. 극히 이례적으로 북한은 차대를 장륜식 MAZ-543 트럭에서 궤도식으로 변경했다. 이로 인해 미사일 내부의 정밀 기기가 진동으로 손상될 가능성이 있지만, 결과적으로 전략군은 TEL의 생산량을 늘릴 수 있었다. (KNPro)

다만 북한에서 스커드-B를 국산화한 시험 제작 1호기가 완성된 것은 1980년대 중반으로 '푸에블로호' 나포에서 15년 이상 시간이 흐른 뒤였기 때문에 이 주장을 믿기는 힘들다. 다만 북한의 탄도 미사일 개발 계획에서 소련의 원조를 받은 징후가 보이고 있고, 1980년대 양국 간의 관계가 회복되어 한때는 지원을 거부하던 소련이 생각을 바꿨을 가능성도 충분히 있다.

이렇게 기원에 관해 다양한 설이 있는 화성 5호는 성능 향상을 위한 연구가 빠른 속도로 진행되어 1987년에는 명중 정밀도가 높아진 개량형의 실험이 시작되었다. 화성 6호라 명명된 이 단거리 탄도 미사일은 1988년에 첫 시험 발사에 성공했고, 서방권에서는 스커드-C라는 명칭을 붙였다.[8] 하지만 화성 6호는 북한이 독자 개발한 파생형이기에 스커드라는 이름을 붙이는 것은 부적절하다. 거기다 소련에도 스커드-B의 사거리를 연장한 파생형 스커드-C가 존재하기 때문에 양 미사일이 혼동될 가능성이 높다. 그리고 이 소련의 스커드-C와 화성 6호는 기술적 유사성을 보이기 때문에 더욱 혼동을 부추긴다. 화성 5호와 외견상으로는 동일한 화성 6호는 동형의 TEL에서 발사가 가능하며 미사일의 유도를 담당하는 구획을 재설계해 액체 연료/산화제 탱크를 대형화하는 데 성공해 사거리가 약 500km로 대폭 연장되었다.[9] 한편 탄두 탑재 중량은 화성 5호의 1,000kg에서 750kg으로 감소했다. 하지만 가장 큰 개선점은 명중 정밀도의 향상이다. 북한의 소식통에 따르면 화성 6호는 신형 유도 장치를 탑재해 화성 5호의 1km에 가까운 원형 공산 오차(CEP: Circular Error Probability)를 50미터까지 줄였다.[10] 도시의 한 구획 중 어디에 떨어질지 알 수 없는 화성 5호와 지정한 건물 한 채를 표적으로 정할 수 있는 화성 6호. 두 미사일을 비교하면 그 정밀도의 차이는 명확하다.

북한은 자국의 미사일 산업이 화성 5호/6호의 안정된 생산 체계가 확립되자 이를 적극적으로 해외에 판매하기 시작했다. 그 후, 수십 년에 걸쳐 북한제 탄도 미사일은 이집트, 리비아, 파키스탄, 시리아, 아랍에미리트, 베트남, 그리고 예멘 등 많은 국가들에 수출되었

2017년 5월 28일, 유일하게 공개된 시험 발사에서 이동형 미사일 발사대에서 발사된 KN-18 미사일. (KCBC)

다. 해외 수출용 화성 5호/6호는 탄순히 스커드-B/C라는 이름으로 판매되었다. 스커드는 지금이야 시대에 뒤처지고 노후화가 진행되어 신뢰성이 떨어지며 정치적으로도 좋은 인상을 가지고 있지 않아 대부분의 국가에서 이미 퇴역했다지만, 북한의 화성 5호/6호(스커드-B/C)는 각국에서 독자적으로 개량한 파생형도 탄생해 2014년부터 계속된 예멘 내전에서도 실전에 투입되었다. 당연히 화성 5호/6호와 그에 수반된 탄도 미사일 기술을 퍼트린 북한은 전세계의 비난을 받으며 무기 밀수로 인해 처음으로 국제적인 주목을 받았다. 북한은 탄도 미사일 산업에 대한 투자를 점점 늘리고 있으며 1980년대부터 1990년대에 걸쳐서 해외에서 정밀 공작 기계(예를 들어 CNC)를 수입, 곧바로 국산화했다. 정밀한 제어가 가능한 CNC 장치를 도입하여 북한은 탄도 미사일과 그 밖의 무기에 사용되는 복잡한 부품을 자체 제작할 수 있게 되었으며 결과적으로 수입 부품의 의존도를 낮추는 데 성공했다. 1995년에 국내 생산을 개시한 이후로 북한제 CNC 장치는 프로파간다 영상에도 자주 나오며 현재는 약 1만 5,000대가 군수 공장 등에서 운용되고 있다 생각된다.[11]

북한에서 운용하고 있는 탄도 미사일 중에서도 특출나게 생산

량이 많은 화성 6호는 그 후 수십 년에 걸쳐서 전략군의 주력이 되었고, 21세기에 돌입한 지금도 더욱 성능이 높아진 파생형의 개발이 계속되고 있다. 2017년의 김일성 탄생 105주년 기념 열병식에 등장한 최신형 화성 미사일은 북한측의 제식 명칭은 불명(미 국방부 명칭: KN-18)이지만, 동년 5월 하순에는 공개 석상에서 시험 발사가 실시되었다. 탄도 미사일 자체에 큰 변경점은 보이지 않지만, 시스템 전체를 보면 그 성능이 크게 향상된 것을 알 수 있다. KN-18의 최대 특징은 북한제 주력 전차의 차체를 이용해 개발한 신형 궤도식 TEL을 채용했다는 점이다. 이것은 복잡한 구조를 가진 MAZ-543 베이스의 장륜식 TEL의 생산 효율이 좋지 않고, 사용되는 부품의 대부분이 수입품이어서 변경되었으리라 짐작한다.

사실 스커드 미사일의 기원이라 할 수 있는 탄도 미사일, R-11M도 당초 중전차의 차체를 활용한 궤도식 TEL을 사용했다. 다만 R-11M의 TEL은 흐루쇼프가 중전차 생산 라인의 폐지를 결정하여 나중에 장륜식으로 변경되었다.[12] 궤도식 보다 주행 시 진동이 적은 장륜식 TEL은 탄도 미사일이 탑재하는 섬세한 전자 기기에 악영향을 줄 확률이 적기 때문에 현장에서도 환영받았다. 반면 궤도식 TEL은 장륜식보다 험지 주파 능력이 우수하기 때문에 발사 장소 선택에서 자유도가 높다. 그리고 조선중앙통신이 공개 방송한 시험 발사 영상은 TEL에 장비된 탄도 미사일 제어 장치가 개량되었음을 암시하고 있다. 조작이 부분적으로 자동화되어 발사 준비 시간이 단축된 것을 알 수 있다.[13] 이 신형 궤도식 TEL은 KN-18만이 아니라 화성 5호/6호를 탑재하는 것도 상정하고 있다. 시험 사격에서 KN-18의 비행경로를 표시한 데이터를 보면 KN-18이 450km 떨어진 표적을 7미터의 오차 범위로 명중시켰다고 하며 종래의 관성식 탄두가 아닌 기동식 탄두 재진입체(MaRV: Maneuverable Re-entry Vehicle)를 탑재했을 가능성이 높다.

MaRV는 중간 또는 종말 유도 단계에서 탄두의 궤도 수정이 가능해 명중 정밀도를 향상시킬 뿐만 아니라 미사일 궤도의 예측을 어렵게 하여 요격당할 확률을 줄인다. 다만 탄두에 새로운 유도 장치를 장비하면서 미사일의 총중량이 증가해 사거리는 450km 정도로 짧아졌다. 탄도 미사일의 궤도 수정은 초기 단계에서는 노즈 페어링에 설치된 4장의 카나드 날개로, 종말 유도 단계에서든 탄두 후방에 탑재된 소형 엔진으로 조정된다. 화성 6호에 MaRV를 탑재한다는 번거로운 방식의 파생형을 북한이 어째서 개발했는지는 알 수 없다. 그래서 KN-18은 당초 대함 탄도 미사일(ASBM: Anti-Ship Ballistic Missile)로 운용하려는 것이 아닌가 보는 견해도 있다. 대형 탄두를 마하 5의 속도로 원거리 목표를 명중시킬 수 있는 탄도 미사일은 항공 모함을 포함해 대형 수상함 상대로 효과적이며 미 해군에 대한 억지력으로 활약할 수도 있다. 다만 '대함 탄도 미사일'설에는 많은 모순점이 지적된다. 통상 ASBM에는 광학식 또는 패시브/액티브 레이더식 유도 장치를 탑재할 필요가 있는데 KN-18에는 아마도 위성 측량식 유도 장치가 사용되었을 것이며 이것은 일반적으로 수상함 같은 이동 목표에는 사용하지 않는다. 이는 발사된 탄도 미사일이 탄착할 무렵에는 이미 적함이 이동했을 가능성이 높기 때문이다. 그리고 KN-18에 대함 유도 미사일에 적용되는 유도 장치가 탑재되어 있다 가정해도 ASBM이 제대로 위력을 발휘하기 위해서는 고도의 수색/탐지 레이더망의 정비가 필요하다. 북한의 경

화성 7호의 초기형은 스커드 시스템의 R-17 미사일과 비슷한 원뿔형 탄두를 탑재했다. 1990년대 초 등장한 이래 목격 사례는 적지만, 그 후 원뿔형 탄두가 트라이코닉(triconic:삼단 원뿔)형으로 변경되면서 탄두 중량이 감소하고 사거리가 늘어났다. (KCBC)

2013년, 전승절 60주년 기념 열병식에서 평양을 행진하는 화성 7호 전용 TEL. (KCBC)

우 이 수색/탐지 레이더망에 해당하는 것이 연안 일대에 설치된 경계 레이더 기지이지만, 이것들은 동해 전역을 감시하기에도 성능이 부족하여 적 항모 전단의 공격을 방어하기에도 어렵다. 그렇기 때문에 북한이 실용적인 대함 탄도 미사일을 도입하는 것은 아직은 불가능하다.

어쨌든 KN-18의 개발에 성공한 북한은 한국 내의 군사 기지나 공항 등을 비교적 저비용으로, 그것도 구형 탄도 미사일에 비해 높은 명중 정밀도를 가져 핀포인트로 공격이 가능한 능력을 가지게 되었다. KN-18을 포함해 북한의 여러 탄도 미사일에 대항하기 위해 한국에는 사드(THAAD: 종말 고고도 지역 방어 체계)로 대표되는 방공 시스템의 대처 능력을 넘어서는 탄도 미사일이 발사될 것으로 예상되며 요격이 어려운 MaRV도 사용될 것을 고려하면 이들 전부를 요격하는 것은 어려운 일이다. 만약 충분한 수량의 KN-18이 정식으로 배치될 경우 한국에게 있어 심각한 위협이 될 것이다.

20세기 시점으로 돌아와 1990년대 초, 북한은 스커드 미사일을 베이스로 하는 탄도 미사일 개발에 한계를 느끼고 있었다. 그래서 보다 혁신적인 설계의 신형 탄도 미사일이 개발되어 1992년에는 최초의 시험 발사를 성공적으로 수행했다.[14] 이 신형 탄도 미사일은 화성 7호로 서방 국가에서는 노동 1호로 널리 알려졌다. 화성 7호는 과거에 북한이 운용하던 탄도 미사일에 비해 상당히 커져서 이를 운반하기 위한 MAZ-543의 차체를 연장한 신형 TEL이 개발되었다.

신형 TEL은 차체 뒷부분에 차축을 추가해 MAZ-543의 전장을 약 2미터 연장했으며 미사일이 대형화된 만큼 발사대도 재설계했다. 다만 새로 추가된 차축은 구동륜은 아닌 듯하며 탑재한 엔진도 변경되지 않았다. 그래서 이 신형 TEL의 주행 성능은 원본인 MAZ-543에 비해 떨어질 것으로 예상된다. 이후 전(全)륜구동식으로 업그레이드된 개량형 TEL이 개발된 것 같지만, 복잡한 10륜 구동 차량

의 생산이 어려운지 목격된 경우는 적다. 화성 7호에는 2종류의 탄도 미사일이 존재하며 둘 다 R-17을 그대로 확대한 듯한 외관이다. 전장은 15미터, 직경은 약 1.35미터다. 두 미사일의 눈에 띄는 차이점은 탄두의 형상이다. 하나는 일반적인 원뿔형 탄두에 약 1,000kg의 페이로드를 가지며 다른 하나는 특수한 트라이코닉(삼단 원뿔)형에 페이로드는 700kg의 사거리 연장형이다. 이전에 화성 7호를 시험 발사할 경우 주변국을 의식해 본래 상정한 발사각보다 수직에 가깝게 발사해 영공 침범 가능성을 피했지만, 이것은 동시에 사거리가 짧아진다는 의미다. 다만 두 미사일

2017년 3월 6일, TEL에서 동시에 발사되고 있는 4기의 화성 9호. 분석에 따르면 이 훈련에서 5기째의 미사일도 존재하지만, 발사 후 금방 추락하여 공식 영상에서 삭제되었다. (KCBC)

은 적어도 한 번씩은 북한 영공 바깥으로 시험 발사를 실행했고, 그렇게 해서 달성한 사거리는 대략 1,000km로 일본까지 사정권에 들어간다.[15] 화성 7호의 시험 발사 상황을 촬영한 영상은 많지 않아 두 미사일의 구체적인 사거리는 판명되지 않았지만, 화성 7호의 복제품이라 생각되는 이란의 샤하브(Shahab)-3A/B로 추측하자면 원뿔 탄두형이 약 1,280km, 삼단 원뿔 탄두형이 최대 1,930km 정도의 사거리를 가진 것으로 보인다.[16]

미사일 본체의 대형화에는 연료 탱크와 산화제 탱크의 배치를 변경하고 엔진을 키우는 등 본격적인 재설계가 필요했고, 당시의 북한 탄도 미사일 산업 수준에서 이를 해낸 것은 대단한 일이다. 다만 화성 7호에 사용된 기술은 소련이 관여한 흔적이 있는 것으로 보아 북한은 어떤 식으로든 소련의 지원을 받았을 가능성이 있다.[17] 화성 7호는 원뿔 탄두형 이든 삼단 원뿔 탄두형이든 사거리 1,500km급의 탄도 미사일로 스커드-E라는 이름으로 해외에 수출되었다.[18] 샤하브-3라는 파생형을 운용하는 이란 이외에도 파키스탄이 북한에서 구입한 화성 7호를 참조해 가우리(Ghauri)-1, 가우리-2를 개발했다.

화성 8호라 불리는 탄도 미사일이 북한에 배치된 적은 없지만, 이것은 시리아 등 수출용 사양의 스커드-D인 것 같다. 이 탄도 미사일은 화성 6호의 파생형 중 하나로 엔진의 교체 또는 사용하는 연료와 산화제의 종류를 변경하여 사거리를 연장했다 여겨진다. 구체적인 사거리는 약 700km, 탄두 탑재 중량은 500kg 정도라 생각된다. 연료 및 산화제 탱크를 확장해 전장은 12.4미터가 되었으며 미사일 제어 장치의 구성도 개선되었다.[19] 그리고 화성 7호, 화성 9호와 마찬가지로 화성 8호도 미사일 내부의 연료 탱크와 산화제 탱크의 배열이 바뀌었다. 화성 8호는 2000년 9월 시리아에서 시험 발사가 실시되었다는 보고가 있지만, 실제로 해외에서 목격된 사례는 없으며 북한에서 배치되지 않고 끝난 이유도 불명이다.[20] 다만 그렇게 된 배경에는 R-17 스커드 미사일에 탑재된 9D12 엔진의 성능을 최대한 끌어내는 데 성공한 화성 8호보다 높은 성능을 가진 화성 9

호의 개발에 성공한 것이 이유일지도 모른다. 화성 9호는 1990년대에 스커드 미사일을 베이스로 개발된 신형 탄도 미사일로 그 존재는 2016년 7월에 조선중앙통신이 시험 발사 영상을 방송할 때까지 해외의 정보기관에도 거의 알려지지 않았다. 이 탄도 미사일이 처음 발사된 것은 1994년으로 이후 20년 동안 비밀이 유지된 것이다.[21] 화성 9호는 2010년대에 KN-18이 등장할 때까지 북한에서 R-17 스커드 미사일에서 직접 파생된 탄도 미사일로는 마지막이자 최신의 미사일이다. 새로이 몇몇 신기술이 적용된 설계 요소가 추가되기도 했지만, 화성 7호에 비해 원형인 스커드 미사일에 가까운 외관을 가졌다.[22] 그리고 이동형 미사일 발사대도 10륜식의 연장형부터 8륜식 MAZ-543 TEL로 회귀했으며 R-17에서 사용된 것과 같은 구형 엔진을 탑재했지만, 탄도 미사일 자체는 직경 1미터, 전장 12.8미터로 대형화되었다. 바이코닉(이단 원뿔)형 탄두의 페이로드는 500kg으로 미사일 동체에 사용된 재료는 가벼운 알루미늄을 채용하여 사거리는 1,000km 정도로 늘어났다.[23] 일견 탄두 탑재 중량 1,000kg에 1,000km 떨어진 목표를 공격 가능한 화성 7호보다 떨어지는 성능으로 보이나 화성 9호는 종래보다 훨씬 저비용으로 간단히 생산이 가능하다. 다만 페이로드가 비교적 적은 화성 9호는 핵탄두를 탑재하기에는 적합하지 않다. 유도 장치의 상세는 알려지지 않았지만, 재래식 탄두를 사용할 경우 KN-18이 보여준 우수한 CEP 성능을 가진 명중 정밀도를 가졌을 것으로 기대된다. '기존의 MAZ-543 TEL에 탑재할 수 있는 사거리 연장형 신형 탄도 미사일'이라는 콘셉트는 매력적이지만, 해외에서 화성 9호를 도입한 국가는 없다. 다만 이란에서 운용되고 있는 샤하브-3(화성 7호의 카피)의 파생형 중 하나가 화성 9호와 유사한 것으로 보아 북한으로부터 기술 원조를 받았을 가능성이 있다.

화성 5호, 6호, 7호, 그리고 9호를 개발하는 10여 년 동안 북한의 탄도 미사일 산업의 기술 수준은 현저한 진보를 이루었다.

이것은 소련 및 러시아의 지원 없이 이룰 수 없었을 것이지만,

12륜구동식 TEL에서 발사되는 화성 10호. 분사 화염에서 타이어를 보호하기 위해 보호 커버를 장비했다. 이것은 초기 실험 후 추가된 사양이지만, 미사일 제어 장치에 연결된 결과 준비 시간이 길어졌다. (KCBC)

그래도 북한 같은 소국이 이 정도의 성과를 달성한 것은 믿기 힘든 일이다. 다만 R-17을 원형으로 한 탄도 미사일이 전략군의 여명기를 지탱한 것은 확실하지만, 북한이 무엇보다 절실히 바라는 대륙간 공격이 가능한 보다 고성능의 강력한 미사일을 손에 넣기 위해서는 완전히 새로운 설계의 미사일을 개발해야만 한다.

중거리 탄도 미사일(IRBM)급에 속하는 최초의 탄도 미사일이며 서방 국가에 큰 파문을 일으킨 화성 10호는 2010년 조선로동당 창건 65주년 기념 열병식에서 첫선을 보였다. 이 신형 탄도 미사일은 해외 미디어에서 노동 2호, 노동B, 대포동X, 무수단(시험 발사를 한 시험장의 지명) 그리고 BM-25('제25 탄도 미사일'이라는 의미. 북한이 해외 수출에 사용한 명칭이다.) 등 다양한 명칭으로 불리고 있다. 화성 10호의 개발은 난항을 겪어 전력 투입이 가능한 수준까지 완성된 것은 2016년대 중반이라 한다. 하지만 개발 자체는 1990년대까지 거슬러 올라간다. 화성 10호의 개발에 착수한 시기에 신형 탄도 미사일 개발 계획을 원조하기 위해 러시아의 미사일 기술자와 과학자들이 북한을 방문했다는 보고가 있다. 북한은 소련의 붕괴로 혼란한 상황을 틈타 러시아 정부로부터 정식 허가 없이 탄도 미사일 기술을 은밀히 획득하려고 했다. 1992년, 러시아는 북한에 입국하려던 러시아 과학자를 막아세웠으며 구류에 처하기도 했다.[24] 이런 기술 탈취 시도는 1990년대 중반까지 계속된 것으로 확인되며 그중에 몇 건은 러시아 당국에 발각되어 실패로 끝났지만, 화성 10호에 사용된 첨단 기술의 대부분을 이런 불법 경로를 통해 얻었다는 의혹도 있다.[25] 화성 10호는 소련의 RDS-10 중거리 탄도 미사일(IRBM: intermediate-range ballistic missile)에 사용된 MAZ-547W 10륜 구동 트럭을 베이스로 제작한 이동형 미사일 발사대에 탑재되는데 신형 TEL은 동체 중앙 및 운전석 상부에 캐빈을 추가하는 등의 독자적인 개수를 했다. 이런 개수 사항과 벨라루스에서 생산된 정규 MAZ-547W 이동형 미사일 발사대가 상당한 대형 차량이기 때문에 수입에 어려움이 있어 화성 10호를 탑재하는 신형 TEL은 북한 국내에서 생산 또는 녹다운 생산되었을 가능성이 높다.[26]

탄도 미사일 본체는 소련의 R-27(U) 잠수함 발사 탄도 미사일과 유사하지만, 북한의 필요에 맞춰 다양한 개조가 실시되었다. 여기서 주목할 점은 연료 탱크와 산화제 탱크를 확장해 탄도 미사일의 전장이 오리지널의 8.8미터에서 11미터로 연장된 점이다.[27] 신형 탄도 미사일의 베이스로써 R-17 스커드 미사일이 아닌 R-27을 사용하여 북한은 새로운 엔진의 도입만이 아니라 보다 선진적인 접촉점화성 추진제에 관련된 기술도 획득하는 데 성공했다.[28] 먼저 로켓 연료는 기존의 케로신(TM-185)보다 성능이 향상된 비대칭디메틸하이드라진(UDMH)이 사용되었으며 이는 이후 개발되는 후계 탄도 미사일에도 사용된다.[29, 30] 다만 UDMH 로켓 연료에 첨가되는 산화제의 종류에 따라 화성 10호의 성능에 영향을 준다. 화성 10호의 원형이 되는 R-27은 R-17에서 사용되던 AK-217과 유사한 AK-27P 적연질산이 산화제로 사용되지만, 개량형인 R-27U에는 보다 강력한 사산화이질소(N2O4/NTO)를 사용해 사거리는 3,000km에 달한다. 북한이 화성 10호에 사용하는 산화제는 AK-27P 적연질산을 선택했지만, 보다 강력하고 순도가 높은 사산화이질소를 사용하는지는 논란의 대상이어서 이 신형 탄도 미사일의 성능에 대해 정확히 추측하기는 어렵다. 이것은 화성 10호만이 아니라 북한이 개발한 액체 연료를 사용하는 탄도 미사일에 공통적으로 제기되는 문제. 사거리의 연장에 유용한 사산화이질소는 적연질산보다 훨씬 휘발성이 높고 독성이 강해 취급에 주의가 필요하다. 때문에 일반적인 탄도 미사일에 잘 사용되지는 않는다. 애초에 사산화이질소 또는 거기에 몇 퍼센트의 일산화질소를 첨가한 MON이 산화제로 적당한 상태, 즉 액체 상태를 유지하는 온도 범위가 상당히 좁아 연료를 충진한 탄도 미사일에는 엄격한 온도 관리가 필요하다. 이렇게 많은 결점에도 불구하고 북한이 주장하는 사거리 3,000km 이상의 성능은 사산화이질소를 사용하지 않고는 도저히 가능하지 않기 때문에 화성 10호에 탑재되는 산화제는 사산화이질소 계열일 가능성이 높다. 다만 경량 탄두를 탑재한 화성 10호가 실제로 3,000km 정도를 비행할 수 있다 가정해도 공격 목표로 자주 언급되는 괌의 미군 기지에 도달하기에는 사거리가 약간 모자라다. 그래서 신기술이 적용되어 기존의 미사일보다 우수한 성능, 특히 긴 사거리를 가졌지만 전략 무기로써의 운용 능력은 기존의 탄도 미사일과 큰 차이가 없어 보인다.

1990년대에 러시아 기술자가 기술 개발에 도움을 줬다는 증거가 산더미처럼 있지만, 화성 10호의 시험기가 완성된 것은 2000년대 초의 일이다.

이 사실은 2004년 김정일이 시찰한 것을 기념하는 명판이 붙은 화성 10호를 통해 뒷받침된다. 하지만 이후에는 시험 발사가 실시되지 않아 2010년의 열병식에서 등장한 화성 10호는 단순한 목업이며 이란 국내에서 비밀리에 시험 발사가 실시되었다는 억측을 낳는 요인이 되었다. 그러다 2016년 북한은 연달아 6기의 화성 10호를 시험 발사했고, 그 중 2기가 발사에 성공했다고 주장한다. 하지만 한국 국방부의 견해로는 이 시기에 실시된 시험 발사는 합계 8회, 부분적인 성공을 거둔 1기를 제하고 전부 실패했다고 분석했다. 이런 북한의 거듭된 시험 발사 목적은 데이터 수집에 있는 것으로 보이며 비행 안정화를 위한 그리드핀의 추가 등 열병식에서 선보인 미사일과 차이점이 있는 것으로 보아 화성 10호는 2016년 이전에는 정식으로 배치되지 않은 것으로 생각된다.

전용 TEL에 탑재되어 평양에서 퍼레이드하는 전략군의 화성 11호. 이 미사일의 시험 발사 사진은 공개되지 않았다. (KCBC via Boaz Guttman)

1990년대부터 2000년대에 걸쳐 심각한 경제난과 개발 중 명백해진 성능 부족 등이 개발에 착수해 실전 배치되기까지 오랜 시간이 걸린 이유라 하겠다. 2010년의 열병식에서 목업이 사용된 것은 완성을 기다리지 못하고 허세를 부려서라도 억지력을 발휘하고자 했을 가능성이 높다.

화성 10호가 이란으로 수출되었다는 의혹이 있지만, 아마도 실제로 수출되지는 않은 것 같다. 다만 '미얀마 국방부 대표단의 2008년 북한 방문'에 관련된 보고서에 따르면 화성 10호를 3,000km의 사거리를 가진 스커드-F라는 이름으로 판매를 시도한 것은 틀림없다.[31, 32] 당시 아직 화성 10호가 실전 배치될 수준에 다다르지 못한 것을 생각하면 2008년에 수출을 시도하며 선전했다는 사실은 흥미롭다.

화성 10호에는 러시아에서 비밀리에 얻은 신기술이 적용되었지만, 기존의 탄도 미사일과 마찬가지로 액체 연료를 사용한 획기적인 성능 향상을 이루지는 못했다. 액체 연료는 생산이 쉬우며 미사일의 구조도 비교적 단순하게 할 수 있는 반면, 고체 연료에 비해 추력이 약하고 취급에 주의할 필요가 있다. 하지만 더욱 치명적인 문제는 액체 연료의 충진에 시간이 걸린다는 점이다. 이것은 발사 준비를 하던 TEL이 발각될 확률이 높아진다는 뜻이다. 그래서 북한의 미사일 기술자들은 신뢰성이 높고, 사거리도 우수한 고체 로켓을 사용하는 신형 탄도 미사일의 개발을 장기 목표로 삼았다. 그 개발의 시작이 된 것이 소련의 전략 탄도 미사일(9K79 토치카)을 모방해 개발한 화성 11호다. 이것은 서방 국가에서 KN-02 또는 독사라고 불리며 2007년의 조선인민군 창건 75주년 기념 열병식에서 처음으로 공개되었다. 화성 11호의 개발 경위는 북한이 과거에 계획하던 탄도 미사일과 마찬가지로 비밀에 싸여 있었다. 소식통에 따르면 관련 기술을 시리아에서 도입했거나 원형인 토치카 전술 탄도 미사일 시스템의 기술이 적용되었다고 하지만, 러시아로부터 직접 원조를 받았을 가능성도 버릴 수 없다. 1990년대 말부터 2000년대 초에 걸쳐서 동시기에 진행 중에 있던 금성-3과 번개-5 등의 개발 계획

2014년 8월 14일 개량형 화성 11호 발사로 위장하기 위한 합성 사진. 실제로는 신형 300㎜ 다연장 로켓의 테스트였다. (KCBC)

은 러시아의 허가를 받고 역설계를 한 것으로 추가적인 기술 지원을 받았을 수도 있다. 한국 미디어는 2004년의 시험 발사가 실패로 끝난 후, 2015년 5월에 북한의 화성 11호가 발사에 성공했다고 보도했다.[33] 이때 기록된 미사일의 비행 거리는 약 120km로 이것은 토치카의 개량형인 9M79-1에 가까운 성능이다. 하지만 당시 시리아 국내에는 9M79-1가 아직 배치되지 않았다. 그래서 120km의 사거리를 가진 것으로 여겨지는 북한의 화성 11호를 개발하기 위한 베이스가 된 것은 개량형인 9M79-1이 아닌 사거리 70km, 탄두 탑재 중량 482kg, 원형 공산 오차 150미터의 통상형일 것이다.

미사일의 외관에 큰 차이는 없지만, 토치카가 BAZ-5921에서 파생된 수륙 양용 이동형 미사일 발사대를 사용하는 반면 화성 11호는 벨라루스제 MAZ-630308 6륜 트럭에서 기원한 일반형 TEL을 사용했다. 이 사실에서 북한이 대형 TEL의 국산 개발에 고생하고 있음을 알 수 있다. 이것은 9K79의 전반적인 특징으로 화성 11호도

서해 위성 발사장에서 실시된 지상 연소 실험. (KCBC)

4기의 자세 제어 슬러스터를 가진 RD-250과 유사한 로켓 엔진. 2017년의 지상 연소 실험에서. (KCBC)

2017년 9월, 화성 12호의 발사 테스트 성공 후, MAZ-547W 계열 TEL의 승무원에게 손을 흔드는 김정은. 차량에 시험 발사로 인한 손상이 보인다. 보호 커버가 떨어졌고, 노출된 후륜에 그을린 자국이 있고, 앞쪽 패널도 변형되었다. (KCBC)

이동 시 탄도 미사일을 차량 내부에 격납할 수 있어서 멀리서 관측할 때 TEL인지 일반 트럭인지 식별하기 어렵다. 화성 11호는 사거리는 짧지만, 전략군이 보유한 탄도 미사일 중에서 명중 정밀도가 높고 기동성이 좋아 전시에는 귀중한 전력이 될 것이다. 하지만 사거리와 명중 정밀도 둘 다 우수한 300mm 로켓을 사용하는 신형 다연장 로켓 시스템인 KN-09가 조선인민군에 도입되면서 화성 11호를 사용할 의미가 없어졌다고 생각된다. 다만 화성 11호는 탄두 탑재 중량에서 앞서기 때문에 북한이 최근 특히 중요시하는 핵탄두를 포함해 대량 살상 무기를 적지에 투발하는 수단으로 존재 의의가 있다.

고체 연료를 사용하는 신형 탄도 미사일의 개발이 정력적으로 추진되는 한편, 액체 연료를 사용하는 장거리 미사일로 재조명받는 것이 화성 12호다. 화성 12호는 2014년부터 2015년에 걸쳐서 실시된 고체 연료 미사일 시험 발사와 묶여서 보도되는 경우가 많지만, 이것은 같은 시기 실시된 신형 300mm 다연장 로켓의 실험과 혼동된 것 같다. 이때 발사된 로켓탄은 대략 220km를 비행했고, 당시 300mm 구경의 신형 다연장 로켓의 존재가 공개되지 않아 이 시험 발사를 화성 12호라고 착각해도 무리가 아니다. 이런 오해가 생긴 이유는 2014년 8월 14일 조선중앙통신이 이때 발사된 300mm 로켓탄을 마치 화성 11호의 파생형인 것처럼 가공한 화상을 공개했기 때문이다. 이 화상을 분석한 결과, 이날 실험이 300mm 다연장 로켓이라는 것이 명백히 밝혀졌다. 북한이 이런 조작을 한 이유는 신형 전략 무기의 정보가 일찍 드러나는 것을 피하고자 한 행동일 가능성이 높다.

결국 화성 12호(미 국방성 명칭: KN-17)가 처음으로 공개된 것은 2017년 김일성 탄생 105주년 기념 열병식에서였다. 북한은 이 열병식에서 화성 12호를 포함해 4종류의 신형 탄도 미사일 시스템을 대대적으로 선전해 국제 사회의 주목을 끌었다. 하지만 화성 12호의 등장은 전혀 예상외의 사태는 아니었다. 북한이 새로운 탄도 미사일을 개발하고 있다는 징후는 2016년 7월에 신설된 서해 위성 발사장에서 실시된 신형 엔진의 연소 실험을 통해 보여줬다. 이 신형 엔진은 일신된 설계로 만들어진 고출력 엔진으로 '백두산(白頭山)'이라는 이름이 붙었다. 김정은이 확인한 제원표에 따르면 R-27의 4D10 로켓 엔진의 3배 이상인 80톤의 추력을 발휘한다고 한다. 전문가에 따르면 백두산 엔진의 설계는 소련의 글루시코 RD-250

액체 연료 로켓 엔진과 유사하다.[34] RD-250 로켓 엔진은 냉전기에 악명이 높았던 R-36 'SS-18 사탄' 대륙간 탄도 미사일에 사용된 RD-251의 원형인 엔진이다. 사용하는 액체 연료는 비대칭 디메틸하이드라진(UDMH), 산화제는 사산화이질소를 사용한다. 양쪽 엔진 설계의 유사성을 보면 백두산 엔진은 RD-250의 파생형 중 하나라는 결론을 내릴 수 있다. 이 사실은 소련 붕괴 후 북한이 RD-250의 설계도 또는 엔진을 입수하는 데 성공했거나 러시아 미사일 기술자를 통해 비밀리에 기술을 전수받았을 수도 있음을 시사한다. 아니면 북한이 첩보 활동을 통해 기술을 빼냈을 수도 있다고 본다. 첩보 활동을 통해 엔진 개발에 필요한 기술을 입수했을 가능성을 완전히 배제할 수 없는 이유는 2명의 북한인이 우크라이나의 유즈노예 설계국에서 기밀문서를 훔치려 시도한 사건이 벌어져 2012년 5월에 고발당했기 때문이다.[35] 이 유즈노예 설계국은 R-251 로켓 엔진을 사용하는 사탄 ICBM을 개발한 설계국이다. 흥미롭게도 2016년 9월에 실시된 연소 실험에 사용된 백두산 엔진은 RD-250 엔진의 더블 노즐 방식이 아닌 단일 노즐 방식이었다. 2017년 3월의 실험은 단일 노즐 방식의 백두산 엔진에 4기의 자세 제어 슬러스터(R-27에 사용된 것과 같은 형태)를 장착해 실시되었고, 이것이 화성 12호의 추진 시스템으로 채용되었다. 화성 12호의 시험 발사는 동년 4월에 연달아 실시되어 다음달인 5월 14일에 시험 발사에 성공했다.[36] 이때 고각으로 발사된 화성 12호는 787km를 비행했고, 최고 도달 고도는

2,111.5km였다고 보고되었다.[37] 이것은 직경 약 1.5미터(기단부는 약 1.66미터), 전장 약 16미터의 1단 탄도 미사일인 화성 12호가 최대 4,500km 떨어진 목표를 공격할 수 있다는 뜻이다. 그래서 화성 12호는 잠시 동안 북한이 보유한 탄도 미사일 중에서 가장 사거리가 긴 미사일이 되었다. 하지만 사거리 이외에도 눈에 띄는 점이 있는데 먼저 탄도 미사일을 탑재하는 이동형 미사일 발사대(TEL)이다. 이 TEL은 화성 10호에 사용되는 것과 같은 MAZ-547W를 베이스로 개발된 것이지만, 분류상 이동형 미사일 발사대에서 발사 기능이 생략된 이동식 발사대(TE: Transporter Erector)다. 탄도 미사일을 수송할 수는 있지만, 발사 시에는 미사일을 발사대에 기립시키고 차량은 안전한 위치로 피난한다. 지금까지 본격적인 이동형 미사일 발사대의 개발에 실패한 북한이 화성 12호에 TEL이 아닌 TE를 채용한 것은 합리적인 선택이라 하겠다. 거기다 시험 발사에서 귀중한 TEL이 발사

화성 10호 및 12호용의 MAZ-547W형 TEL/TE의 북한제 카피는 단독으로 미사일 발사가 가능하다. 평시의 시험 사격에서 차량의 손상 정도를 보면 전시에도 충분히 제 기능을 다할 것으로 생각된다. (NK Pro)

일부 MAZ-547W 계열 차체는 미사일 발사 시 입는 손상이나 사고에서 생존성을 높이기 위해 대규모 개조를 했다. (NK Pro)

충격에 파손된 사례도 있어 이런 선택을 했을 것이다. 탄도 미사일의 발사 충격을 견디지 못하고 TEL이 잇달아 파손되면서 화성 10호의 시험 발사에서는 타이어 위에 두꺼운 보호 커버를 장착한 이동형 미사일 발사대가 등장했다. 흥미롭게도 이 보호 커버는 화성 12호의 TE 차체와 미사일 제어 장치에도 장착되었다. 유사시 화성 12호의 이동식 발사대를 TEL로 사용할 수 있지만, 평시에는 차량의 파손을 막기 위해 TE로 사용될 가능성이 높다. 만약 이동식 발사대 이상의 기능을 가지지 못할 경우, 화성 12호의 발사는 국내에 흩어진 몇몇 고정식 발사대로 제한되며 사전 준비에 필요한 시간도 대폭 길어질 것이다.

화성 12호를 TEL/TL에 탑재하는 모습을 바라보는 김정은. (KCBC)

화성 12호의 발사 연속 사진. 3장째에서 보이는 분사 화염에 TEL/TE가 파손될 위험이 있어서 보호 커버가 추가되었지만, 시험 발사에는 고정식 발사대가 사용된다. (KCBC)

원래 건설용으로 수입된 민간사양의 WS-51200를 개조해 액체 연료를 사용하는 탄도 미사일용 TEL로 사용하고 있다. (KCBC)

TEL/TE로 운반되어 고정식 발사대에 설치되고 있는 화성 14호. (KCBC)

발사 시 충격에 대비해 발사대에서 떨어지고 있는 TEL(L). (KCBC)

화성 14호는 차세대 개발을 위한 징검다리 역할을 하는 존재다. 그래서 등장 직후 보다 고성능의 신형 탄도 미사일이 출현했다. 그럼에도 불구하고 2018년 2월의 열병식에 3기가 등장했다. (KCBC)

화성 12호의 또 하나의 특징은 기동 탄두 재진입체(MaRV)의 도입이다. 기동식 탄두라고도 하는 MaRV는 중간, 종말 유도 단계에서 탄두의 비행 궤도를 수정할 수 있다. 이로 인해 탄두가 종래보다 높은 명중 정밀도를 발휘할 수 있으며 비행 궤도의 예측을 어렵게 하여 적의 요격 시도를 회피할 수 있다. KN-18에 탑재되는 MaRV와 마찬가지로 화성 12호도 위성 측량식 유도 장치를 장비했을 것으로 보이나 이 기술이 실전에 투입하기 충분한 신뢰성을 가지고 있는지는 의심스럽다. 2017년 5월 14일에 실시된 실험에서 현재에 이르기까지 화성 12호가 추가로 발사된 기록은 없다. 동년 8월에는 1

기가 일본 열도를 횡단하는 형태로 비공식 발사가 되었다는 보고가 있으나 이 시험 발사는 실패로 끝난 것 같다.[38] 어쨌든 북한이 실시하는 탄도 미사일의 시험 발사는 개발 데이터 수집보다는 주변국에 대한 위협 행위의 성격이 강하다. 한 번이라도 탄도 미사일의 발사에 성공하면 북한의 관심은 다음 신형 전략 무기의 개발로 옮겨지기에 귀중한 예산과 물자가 기존 미사일 시스템의 미세 조정에 쓰이는 경우는 드물다. 빈번한 엔진 트러블에 시달린 화성 10호가 사실상 퇴역하면서 MAZ-547W 베이스의 이동형 미사일 발사대는 전부 화성 12호에 사용하게 되었다. 북한은 화성 12호를 배치하는 동시에 2017년 8월 8일에 괌에서 30~40km 떨어진 해역을 향해 시험 발사한다고 공개적으로 발표했다.[39] 이에 국제 사회는 일시적으로 패닉 상태에 빠졌다. 이 시험 발사는 동아시아를 감시하고 있는 괌의 앤더슨 공군 기지와 해군 기지에 주둔한 미군에 대해 경고한다는 의도로 계획된 것이다. 이로 인해 북미 관계는 전에 없는 긴장 상태에 들어갔다. 결과적으로 화성 12호가 괌을 향해 발사되지는 않았지만, 세계 각국은 이 시기 북한이 핵전쟁의 트리거가 될 정도의 전략 무기를 개발하는 데 성공했다는 것을 통감하게 되었다.

화성 12호는 다양한 신기술을 적용해 개발했고, 배치되자마자 한바탕 소동을 일으켰지만, 숨돌릴 틈도 없이 북한에 첫 이동식 대륙간 탄도 미사일이 배치되면서 그 존재감이 희미해졌다. 2017년 7월 3일 북한은 화성 14호(미 국방부 명칭: KN-20)가 이미 부대에 배치되어 실전 투입이 가능한 신형 전략 무기라고 공표했다. 화성 14호는 화성 12호에 사용된 기술을 이어받아 개수하는 형태로 개발된 것으로 북한의 탄도 미사일 개발 계획에 따라 정석대로 진화한 결과물이라 하겠다.

시험 발사에서 고각으로 발사된 화성 14호는 비행 거리 933km, 최대 상승 고도 2,802km를 달성했다. 화성 14호는 화성 12호의 주 엔진을 직경 1.7~1.9미터로 확장한 동체에 탑재하고 1단식에서 2단식으로 변경해 중거리 탄도 미사일에서 대륙간 탄도 미사일로 진화하는 데 성공했다. 일반적으로 ICBM은 사거리 5,500km 이상의 미사일을 말한다. 2017년 7월 27일에 실시된 두 번째 실험 발사는 화성 14호의 사거리 성능에 집중하는 방식으로 실시되었다. 이때 미사일이 달성한 최대 상승 고도는 3,724.9km, 비행 거리는 998km였다. 이것으로 화성 14호가 당초 예상보다 훨씬 우수한 사거리를 가졌다는 것이 밝혀졌다. 조선중앙텔레비전이 방영한 뉴스 방송에서

화성 13호의 특징적인 트라이코닉형 노즈콘과 초기형 3단식 미사일 동체. 바로 뒤에 보이는 것은 핵탄두의 목업. (KCBC)

이 시설에는 흥미롭게도 설계가 일신된 2단식 화성 13호가 다수 보인다. 열병식을 위한 준비로 보인다. (KCBC)

2015년의 조선로동당 창건 70주년 기념 열병식에서 WS-51200 TEL(L)에 탑재된 2단식 화성 13호. (KCBC)

발사 상황을 보면 두 번째 실험에 사용된 화성 14호는 2단 로켓에 탑재된 엔진의 수가 2기에서 3~4기로 증설된 것 같다. 엔진 수가 달라졌다는 것만으로도 두 번째 시험 발사에서의 최대 상승 고도 차이를 설명하는 데 충분하다.[40] 화성 14호의 구체적인 성능에 대해서는 아직 이론의 여지가 있지만, 사거리는 최대 1만 km에 달할 것으로 예상된다.[41][42] 이것은 미국 영토의 서쪽 절반을 사정권에 두는 성능이다. '미국 본토를 직접 공격할 수 있는 탄도 미사일'이라는 헤드라인이 여러 뉴스에서 흘러나왔고, 조선인민군 전략군이 가진 억지력은 다시 세계의 주목을 끌었다. 하지만 화성 14호는 북한에게 있어 단순한 통과점 중 하나일 뿐이다. 그렇게 보는 이유는 화성 14호의 탄두 형상에 있다. 북한이 과거에 개발한 탄도 미사일의 탄두는 내부에 작약이 채워진 노즈콘 형식이지만, 화성 14호는 슈라우드형으로 변경되었다. 일반적으로 슈라우드형은 노즈콘형에 비해 훨씬 가느다랗고 요격당할 확률이 크게 줄어드는 다탄두 탄도 미사일(MIRV: Multiple Independently Targetable Reentry Vehicle) 등 다양한 탄두의 탑재가 가능하다. 다만 화성 14호의 탄두 사이즈는 MIRV 같은 특수한 탄두를 탑재하기는 작아 보인다. 그래서 화성 14호는 장래에 개발될 보다 강력한 대륙간 탄도 미사일을 탑재할 것을 염두에 둔 슈라우드형 탄두를 포함한 신기술의 시험대 역할을 할 것이다.

북한이 한층 더 신형 대륙간 탄도 미사일 개발에 몰두하고 있음을 보여주는 증거로 화성 14호에 사용되는 이동형 미사일 발사대를 들 수 있다. 북한은 중국의 완샨(万山)특종차량유한공사와 2년간에 걸친 교섭 끝에 2010년 11월에 거대한 16륜식 트럭인 WS-51200을 구입했다. 이 16륜식 트럭에 화성 13호가 탑재되어 2012년의 김일성 탄생 100주년 기념 열병식에서 처음으로 공개되었다. 기존의 TEL/TE와는 차원이 다른 전장 20미터가 넘는 크기에 전례가 없는 16륜이라는 구성의 WS-51200은 화성 13호 이후로 북한이 도입한 대륙간 탄도 미사일의 거의 대부분을 탑재하는 이동형 미사일 발사대가 되었다. 그렇기 때문에 WS-51200은 북한이 신형 ICBM을 개발하면 이를 탑재하기 위한 대대적인 개수를 받는다. 2017년 화성 14호가 최초의 시험 발사를 했을 때, 5대의 WS-51200은 이미 발사관식 탄도 미사일을 탑재하기 위한 개수를 실시하고 있어 실질적으로 사용이 가능한 것은 1대였다고 한다. 그래서 WS-51200 TEL/TE에 화성 14호가 탑재될 가능성은 낮을 것이다.

여담으로 전술한 발사관식 탄도 미사일은 2017년의 김일성 탄생 105주년 기념 열병식에서 공개된 것이다. 어쨌든 화성 14호가 2018년에 개최된 조선인민군 창건 70주년을 기념하는 열병식에 등장했을 때, 미사일 발사대가 없는 단순한 대형 트럭의 짐칸에 탑재되었다. 이때 원형을 알아볼 수 없을 정도로 개조된 WS-51200(이때는 화성 15호를 탑재)도 열병식에 참가했다.

2000년대 후반, 전술한 과정이 일어나기 10여 년 전에 원래 WS-51200에 탑재될 예정이었던 화성 13호(미 국방부 명칭: KN-08)의 개발이 시작되었다. 참신한 설계가 적용된 미사일에 고출력 엔진을 탑재하여 대륙간 탄도 미사일을 만들어 낸 북한은 미사일 개발에 활기를 띄고 있었다. 당시 북한의 미사일 산업의 기술 수준으로는 대륙간 탄도 미사일을 만들 수 없다 생각한 군사 전문가들이 화성 13호가 2012년 김일성 탄생 100주년 열병식에서 공개되었을 때 이것을 단순한 기만 공작의 일환으로 제작된 목업이라 생각한 것도 무리는 아니다. 다만 김정일이 이 복잡한 3단식 탄도 미사일을 시찰하였고, 그중에는 MAZ-547W를 베이스로 대형화한 TEL에 탑재된 모습도 목격된 것으로 보아 화성 13호의 개발 계획은 실재하는 것으로 생각하는 게 자연스럽다. 어쨌든 화성13호의 개발은 WS-51200 TEL/TE가 도입되기 훨씬 전부터 시작되어 북한이 현재 운용하고 있는 최신 대형 탄도 미사일 중에 가장 오래된 기원을 가지고 있다. 당연히 화성 13호는 개발 도중 많은 문제에 직면했다. 이는 과거 화성 10호 개발 계획이 실패한 원인과 유사할 것이라 생각된다. 사실 화성 13호의 주 엔진은 화성 10호에 사용된 4D10 엔진 2기를 합쳐서 탑재한 구조다. 원래 잠수함 발사 탄도 미사일용으로 개발

2018년 2월 8일, 조선인민군 창건 70주년 기념 열병식에서 평양을 행진하는 화성 15호를 적재한 전용 TEL. (KCBC)

이동식 발사대에 장착된 새로운 휠캡은 이 거대한 TE가 WA-51200의 개조 차량이라는 사실을 숨기려는 의도일지도 모른다. (KCBC)

발사대에 설치된 화성 15호. (KCBC)

최초이자 최후의 시험 발사를 위해 준비 중인 화성 15호. (KCBC)

된 4D10 엔진은 일반적인 로켓 엔진에 비해 상당히 복잡한 구조를 가지고 있다. 그런데 그것을 2기나 무리해서 탑재했다는 것은 북한이 화성 13호의 엔진을 설계하는 데 많은 시행착오를 겪었다는 뜻이다. 2기의 4D10 로켓 엔진은 전장 18미터, 직경 2미터로 터무니없이 거대한 화성 13호를 발사하는 데 필요한 추력을 확보할 수 있다 여겨졌다. 다만 화성 10호에 탑재된 1기의 4D10 엔진조차 실용성이 있다 할 수 있는 수준까지 도달한 것은 2016년 이후였고, 아무리 낙관적으로 보아도 화성 13호를 2010년대 초에 완성하기는 불가능할 것이다. 화성 13호의 주 엔진은 2016년 4월이 되어서야 겨우 연소 실험을 했지만, 이때는 이미 보다 신뢰성이 있고 우수한 RD-250 베이스의 엔진을 활용한 탄도 미사일의 개발이 궤도에 올랐다.[43] 그 사이 화성 13호는 복잡한 3단 구조에서 사거리를 희생하고 2단 구조로 변경되었다. 이 개수형 미사일은 2015년의 조선로동당 창건 70주년 기념 열병식에서 등장했다.[44] 미 국방부는 이 파생형을 KN-14로 식별하고 있지만, 북한 내에서는 계속해서 화성 13호라는 명칭을 사용하고 있으며 주 엔진(4D10×2기)과 동체 직경 등 1단은 초기형 그대로다. 다만 전장은 약 2미터 짧아져 복잡한 형상의 노즈 콘은 보다 단순한 형상으로 변경되었고, 2단째 상부에 탑재되었다. 이 개수는 화성 13호의 설계를 될 수 있는 한 단순화하여 개발 계획을 이어 나가려는 의도로 보이나 최종적으로 결과가 바뀌지는 않았다. 화성 13호의 개발 계획이 완전히 중단되었는지는 확실하지 않으나 실질적으로 탄도 미사일용 엔진이 RD-250 베이스의 엔진으로 일원화된 것을 보면 4D10 엔진을 사용하는 계획은 전부 취소되었을 가능성이 높다. RD-250 엔진의 우월함은 현재 신형 탄도 미사일의 개발 속도를 보면 명확하다. 확실히 4D10 엔진의 추력은 RD-250 엔진에 비해 고출력이지만, 단순한 구조의 RD-250 엔진을 다수 탑재하는 일이 비교적 간단하기 때문에 차후 개발되는 신형 대륙간 탄도 미사일에도 채용될 것이다.

화성 13호의 개발은 결과적으로 실패로 끝났지만 개발 과정에서 쌓은 경험이 이후의 대륙간 탄도 미사일 개발에 활용된 것은 말할 것도 없으며 초기형의 11,500km, 개량형의 1만 km의 사거리는 북한이 목표로 하는 ICBM의 기준을 명확히 보여준다.[45]

그리고 그 야심찬 목표는 예상보다 빠른 2017년 겨울에 달성되었다. 동년 7월에 화성 14호의 실험이 있었고, 많은 사람들이 11월 29일의 시험 발사도 같은 탄도 미사일 또는 그 파생형을 발사할 것이라 예상했다. 하지만 눈앞에 나타난 것은 세계 최대의 자주식 대륙간 탄도 미사일 화성 15호였다. 전장 24미터, 직경 2미터의 이 거대한 2단식 탄도 미사일은 러시아의 RS-24 야르스(YARS)나 중국의 DF-41 같은 종래의 이동식 ICBM과는 비교할 수 없을 정도로 대형이다. 최초이자 최후가 된 11월 29일의 시험 발사는 성공한 것 같으며, 미사일은 53분 비행해 최대 상승 고도 4,475km, 비행 거리 950 km라는 기록을 세웠다. 이 테스트 데이터로 산출된 추정 성능에는 이론의 여지가 있으나 화성 15호의 탄두에 1,000kg를 탑재한 상태로 미국 전역을 사정권 안에 두고 있다는 것은 확실하다. 화성 14호에서 성능을 대폭 향상시키는 열쇠가 된 것은 엔진이다. 화성 15호가 사용하는 주 엔진은 자세 제어용의 짐벌 마운트에 접속된 RD-250의 파생형으로 화성 12호나 화성 14호에 비해 연소실을 늘린 더블 노즐식이다. 이 로켓 엔진은 2016년 9월 위성 발사용이라 하며 시험 발사된 백두산과 동형으로 거체를 쏘아 올리기 위해 필요한 막대한 추력을 만들어 낸다. 미사일 2단 부분의 구체적인 구조는 직경이 1단 동체와 같다는 것 이외에는 밝혀지지 않았지만, 아마도 소형 북한제 엔진을 통해 개발을 추진했을 것이라 생각된다. 북한이 최근 도입한 신형 탄도 미사일에 많이 장비된 것처럼 화성 15호 또한 MaRV에 의해 명중 정밀도를 향상시켰을 가능성이 높다. 그리고 화성 15호는 탄두가 대형화되면서 페이로드도 증가했고, 탑재하는 대량 살상 무기의 위력을 높이는 데 유용한 다탄두 탄도 미사일(MIRV)의 사용도 가능해졌다. MIRV는 1기의 미사일에 복수의 소형 탄두를 탑재한 것으로 대기권 밖에서 분리되어 각 탄두는 설정된 개별 목표를 타격하는 무기다.[46] 현재 북한이 MIRV를 개발하고 있다는 확증은 없지만, 적대 세력의 압력에 더욱 큰 억지력을 얻기 위해서는 필요한 기술이기 때문에 탄도 미사일 개발 계획의 장기 목표 중 하나일 것이다. 그 밖에도 탄두에 다수의 디코이(기만체)를 탑재해서 요격 측의 목표 선정을 보다 곤란하게 만든다. 디코이는 MIRV에 비해 필요한 기술 수준은 낮다. 디코이를 사용해 적 미사일 요격망을 교란하는 것은 저비용으로 화성 15호의 공격 성공률을 대폭 높일 수 있어 이미 개발 중에 있을 것으로 추측된다. 화성 15호의 또 하나의 특징은 북한의 탄도 미사일에서 처음으로 실용화된 기능으로 미사일 운용 능력을 크게 향상시키는 것이다. 통상 액체 연료를 사용하는 탄도 미사일은 눕혀서 수송하던 본체를 수직으로 세운 후 연료 주입이 가능하지만, 화성 15호는 이동식 발사대가 격납고 등에 있는 상황, 즉 미사일이 수평인 상태에서도 연료를 주입할 수 있으며 야전에서 적에게 노출되는 시간을 최소한으로 억제하는 게 가능하다. 하지만 화성 14호와 마찬가지로 화성 15호를 탑재한 TE는 발사기로써의 기능은 없기 때문에 고정 발사대에 미사일을 설치하고 차량은 안전거리 밖으로 대피할 필요가 있다.

이 거대한 대륙간 탄도 미사일을 탑재하기 위해 중국에서 구입한 WS-51200은 다시 전면적인 개수를 받았다.

유압식 기립 장치, 미사일 제어 장치, 그리고 운전석 등의 위치가 전부 변경되었으며 추가로 차체가 연장되었고 뒤에서 3, 4번째의 차축 사이에 차축이 추가되었다. 결과적으로 화성 15호의 TE는 18륜(12륜 구동) 구성으로 다른 국가에 비해 봐도 상당히 대형인 이동식 발사대다. 다만 엔진은 원형 그대로인 685마력 엔진으로, 차체 중량이 증가한 데 비해 출력이 부족해 보인다. 화성 15호를 탑재한 이동식 발사대는 4대가 2018년에 개최된 조선인민군 창건 70주년 열병식에 등장했지만, 남은 2대의 WS-51200의 행방은 불명이다. 만약 북한이 이대로 이동식 대륙간 탄도 미사일의 개발에 집중한다면 가까운 미래에 TEL/TE를 북한 자체적으로 개발, 생산할 것이다. 물론 중량급의 미사일을 수송하는 것만이 아니라 수직 발사가 가능한 TEL/TE를 개발하는 것은 결코 쉽지 않다. 하지만 TEL/TE가 맡은 역할의 중요도를 고려하면 북한이 이 분야에 막대한 예산을 투입할 것은 확실하며 이미 WS-51200의 타이어(또는 차륜 전체) 등 일부 부품의 국산화에 착수한 것 같다.

최초의 시험 발사에서 화려한 성공과 함께 끝을 맞이한 화성 15호는 실제로는 운용 가능한 수준에 도달하지 못한 것 같으며 현재 부대 배치가 진행되고 있는지도 판단할 수 없다. 미사일 자체의 신뢰성과 장거리를 비행해 고속으로 재돌입하는 탄두의 유효성을 실증하기 위해서는 많은 시험 발사가 필요하다. 하지만 북한이 북극성

15호를 탑재한 이동식 발사대를 최대 6대 보유하고 있다는 사실은 전시에 북극성 15호로 미국 본토를 공격할 가능성이 있다는 의미이며 이것을 결코 얕봐서는 안된다. 장래에 전쟁이 발발한다면 북한과 대치한 국가는 북한이 보유한 모든 이동식 발사대의 위치를 파악할 필요가 있으며, 이것은 전략군이 가진 억지력을 보여주는 증거라 하겠다.

최근 이동식 장거리 탄도 미사일 개발의 성공에 더해 북한은 놀랍게도 3대 핵전력 중 하나인 잠수함 발사 탄도 미사일의 개발을 병행하고 있음이 2014년 말에 밝혀졌다. 북한의 첫 탄도 미사일 잠수함(SSB)(자세한 것은 4장을 참고), 그리고 거기에 탑재되는 SLBM의 실험 거점으로 선택된 곳은 마양도 잠수함 기지 근처의 신포 동 항이다. 이곳에는 미사일 사출과 발사 실험을 위한 본격적인 육상 시험장과 수중 발사 시의 데이터를 정확히 얻기 위해 소련제 PSD 시리즈를 모방한 수중 실험 플랫폼이 건설되었다. 2014년 후반기에 일련의 육상 실험을 실시한 후, 2015년 초에 수중 바지선 플랫폼을 사용해 수중 시험 발사가 실시되었고, 2015년 5월 9일에는 실제로 잠수함에서 SLBM을 발사하는 모습이 찍힌 화상을 공개했다. 분석 결과 이 화상은 수중 바지선에서 시험 발사한 것이라 판명되었지만, 이때 처음으로 북한이 SLBM 및 SSB의 실용화를 기도하고 있다는 사실을 세계에 알리게 되었다. 5월 9일에 시험 발사된 SLBM은 액체 연료를 사용하며 직경은 1.25미터, 전장 8.5미터, 탑재한 엔진은 초기의 화성 미사일에서 사용하던 단순한 구조의 엔진을 탑재한 듯하다. 미사일 동체에는 북한 측의 명칭인 '북극성'(미 국방부 명칭: KN-11)이라고 크게 적혀 있다. 북극성이란 이름은 1950년대 미국이 최초로 배치한 SLBM, UGM-27 폴라리스(북극성)에 대항해 붙인 이름일 것이다. 흥미롭게도 화성 10호에 사용된 SLBM용 4D10 로켓 엔진이 북극성 1호에 사용되지는 않았다. 이것은 4D10 엔진의 몇 가지 치명적 결점으로 인해 신뢰성이 의심스러웠기 때문인 것으로 보인다. 하지만 SLBM의 발사에 있어 엔진보다 중요한 요소는 콜드 런치 기술이다.

콜드 런치란 고압 가스를 발사관에 보내 그 압력으로 미사일을 사출, 발사관을 빠져나온 몇 초 후 주 엔진을 점화해 발사하는 방법이다. 다만 이 발사 방식은 미사일 본체에 높은 부하가 걸리기 때문에 충격에 민감한 액체 연료를 사용하는 탄도 미사일에는 알맞지 않다. 2015년 말 1~2회 실시된 탄도 미사일 잠수함에서의 시험 발사는 실패로 끝났다. 이때의 발사 실패가 잠수함에 어떤 손상을 입혔는지는 불명이다.

어쨌든 2016년 3월 23일에 실시된 고체 연료식 로켓 엔진의 연소 실험은 신형 SLBM의 출현을 예고한다.[47] 그리고 이 예고는 한 달 후 실시된 SLBM 시험 발사로 현실이 되었다. 이 때 발사된 신형 SLBM의 제원은 북극성 1호와 같지만, 탑재된 로켓 엔진은 종래의 액체 연료식에서 고체 연료를 사용하는 것으로 변경되었다.[48] 그리고 미사일 동체에 숫자를 생략해 단순히 북극성이라고 기재했다. 이 시험 발사에서 북극성이 실은 2단식 SLBM이라는 것이 판명되었으며 북한의 첫 다단식 탄도 미사일이라는 점은 주목할 만하다. 동년 4월에 시험 발사된 SLBM은 대략 30km를 비행했지만, 8월 24일에 실시된 2번째 테스트에서는 약 500km라는 인상적인 성과를 거두었다. 이날의 북극성은 고각으로 발사되었으며, 기록된 최대 상승 고

아마도 수중 바지선에서 시험 발사된 북극성 수중 발사 탄도 미사일. 3장째의 엔진 점화가 수중 발사관에서 완전히 사출된 후인 것에 주목. (KCBC)

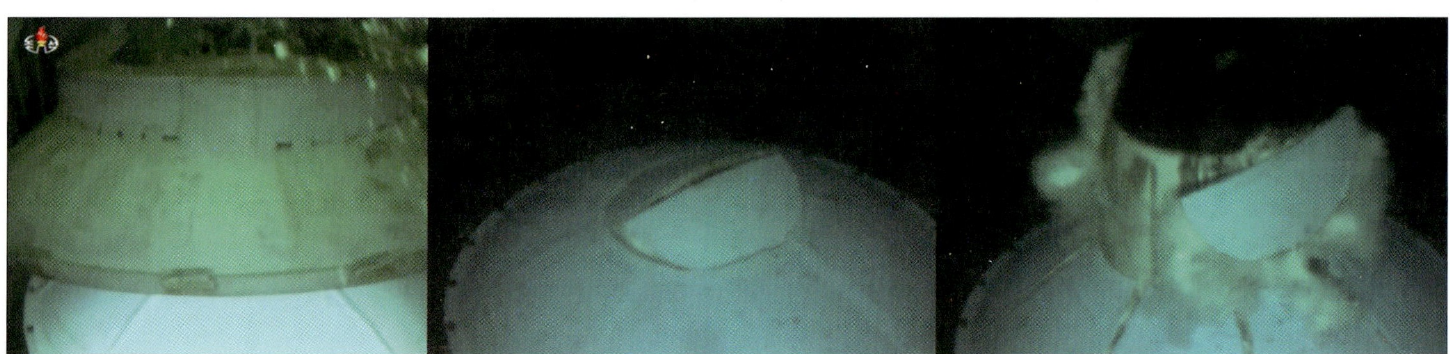

수중의 발사관에서 콜드 런치하는 북극성 수중 발사 탄도 미사일. (KCBC)

도인 550km에서 역산해 보면 유효 사거리는 최대 1.250km에 달할 것으로 보인다.[49] 이것은 북한이 마음만 먹으면 500kg의 페이로드를 가진 SLBM으로 한국 전체와 일본 일부 지역까지 공격할 수 있다는 것을 의미하며 이것을 포착, 요격하는 것은 꽤 어려울 것이다. 현재 조선인민군 해군이 보유한 탄도 미사일 잠수함은 고래급 1척뿐이지만, 북한은 트럭의 전용 가대에 탑재한 북극성 미사일을 열병식에서 선보이면서 전력을 적극적으로 과시하고 있다. 흥미롭게도 북극성을 촬영한 고해상도 위성사진은 북한이 고체 연료를 사용하는 탄도 미사일의 성능을 대폭 향상시키는 또 다른 신기술이 이 야심찬 설계에 적용된 모습을 보여주었다. 2017년 8월, 김정은이 국방과학원 화학재료연구소를 현지 시찰했을 때 북극성 미사일의 동체가 탄소 섬유를 겹쳐서 만드는 탄소 복합 소재로 만들어지고 있음이 확인된 것이다. 탄소 복합 소재는 가볍고 단단하다는 특성이 있어 고체 연료 연소 시의 압력과 엔진의 진동을 견뎌야 하는 탄도 미사

일의 동체에 최적의 소재다. 탄소 복합 소재는 고체 연료를 사용하는 기존의 탄도 미사일의 성능을 높일 뿐만 아니라 종래의 금속 소재로는 제작이 힘든 보다 대형의 미사일을 개발하는 길을 열어 주는 존재다.

인접한 가상 적국을 신속히 공격할 수 있는 고체 연료식 준중거리 탄도 미사일(MRBM)을 수중에서만이 아니라 지상에서도 발사하고자 하는 전략군의 염원은 생각보다 빨리 이뤄졌다. 지상에서의 운용을 상정한 북극성 2호는 2017년 2월 11일 시험 발사에 성공했다.[50] 하지만 놀랍게도 북극성 2호는 단순히 SLBM에 지상 발사 능력을 부여한 것만이 아니라 전체적으로 재설계되어 전장 9.5미터, 직경 1.5미터로 대형화되었다. 그럼에도 불구하고 첫 번째와 2017년 5월 21일에 실시된 두 번째 시험 발사에서 북극성 2호가 기록한 최대 상승 고도는 560km, 비행 거리는 500km로 2016년 8월의 북극성 시험 발사와 그다지 차이가 없었다. 사거리 연장에 실패한 주 요

평양 시내를 퍼레이드하는 북극성 수중 발사 탄도 미사일. 이 SLBM은 가스 이젝터가 아직 붙어 있으며 화성 10호 등의 고체 연료식 탄도 미사일과 유사한 그리드 핀이 8장 장착된 것이 확인되었다. (KCBC)

인은 형상을 변경한 탄두에서 추측할 수 있다. 탄두 탑재 중량이 이전의 500kg에서 1,000kg으로 늘어난 것이 원인이라 생각되지만 자세한 제원은 아직 밝혀지지 않았다. 아무리 북극성 2호의 사거리 성능이 베이스가 된 SLBM형과 차이가 없다고 하더라도 한국과 일본의 대부분을 사정권에 두고 있다는 점은 변함이 없고, 억지력으로서의 효과는 충분히 기대할 수 있다.

북극성 2호에서 미사일 자체의 대대적인 개수가 더해졌지만, 소련의 RT-20P ICBM에 사용된 이동형 미사일 발사대와 유사한 신형 장륜식 TEL도 주목해야 한다. 이 TEL은 구성 전차 공장의 주력 전차 생산 라인을 빌리는 형태로 생산되었기 때문에 천마와 선군 기갑 차량의 생산에 일시적으로 지장을 초래했다. 선군 전차의 차체를 사용했지만, 새로 2축을 추가해 전장 약 9미터로 연장되었으며 장갑화된 캐빈과 미사일 제어 장치 등을 장비하고 있다.

이미 양산 체제가 정비되어 있는 주력 전차의 차체를 사용해 호환성을 높여 신형 궤도식 TEL은 장륜식에 비해 훨씬 생산이 쉬우며 험지 주행 능력도 우수하다. 2017년 4월의 김일성 탄생 105주년 기념 열병식에서는 북극성 2호를 탑재한 신형 궤도식 TEL 7대가 참가했으며 다음 달 실시된 시험 발사의 결과에 만족한 김정은은 조속히 양산을 개시하라고 지시했다.[51] 김정은의 지령이 구체적으로 무슨 의미인지 확실하지는 않지만, 가까운 장래에 다수의 북극성 2호가 실전 배치될 것은 확실하다. 이렇게 북한 전략군은 주변 국가에 대한 위협 수위를 높여 가고 있다. 북극성 2호는 넉넉한 탄두 탑재 중량과 양호한 비행 특성을 가졌으며 고체 연료를 채용해 신뢰성과 발사 즉응성도 우수한, 전략군이 현재 운용하고 있는 가장 강력한 탄도 미사일 시스템이라 하겠다. 그리고 동급의 성능을 가진 과거의 탄도 미사일에 비해 압도적으로 생산이 용이하며 이동식이기 때문에 적에게 쉽게 포착, 추적 당하지 않는다는 이점도 가지고 있다.

차세대 탄도 미사일 잠수함 탑재를 상정한 신형 SLBM 개발은 북극성 2호와 병행해 신포 동향의 실험장에서 계속되었다. 이 신형

SLBM에 관해서는 알려진 것이 적으며 2017년 7월의 화성 14호의 시험 발사 성공을 축하하는 기념식에서 방영된 화상, 그리고 김정은이 국방과학원 화학 재료연구소를 시찰했을 때 포스터에 게재된 사진 등 한정된 정보만이 있다. 기념식의 화상에서 이 신형 SLBM이 신포의 지상 시험장에서 이미 2회의 사출 시험을 실시했으며 구성 전차 공장 근교에 신설된 실험 설비에서 북극성 2호의 생산이 실시된 것이 밝혀졌다. 국방과학원 화학재료연구소의 포스터에 나온 2단식 신형 SLBM은 이전보다 대형화된 전장 12미터, 직경 2미터로 추측된다. 이것은 북극성 3호가 신포 동향의 수중 바지선 플랫폼을 쓰기에는 너무 크다는 의미다. 또한 2017년 4월, 새로운 수중 실험 시설이 남포에 건설된 것이 확인되었다. 미사일이 대형화되었기에 북극성 3호는 현재 북한이 보유한 유일한 SSB인 고래급 잠수함에는 탑재할 수 없다. 북극성 3호를 장래에 탑재할 수 있는 차세대 탄도 미사일 잠수함은 고래급과 마찬가지로 함교 부분에 미사일 발사관을 설치하던가 선체의 일부분을 확장해 전고를 SLBM에 맞출 필요가 있다. 하지만 북한은 괌의 앤더슨 공군 기지나 보다 멀리 있는 미군 기지를 직접 타격하는 능력을 원하기 때문에 여러 단점에도 불구하고 북극성 3호를 대형화시켜 사거리의 연장을 시도하고 있다.

외교를 통한 대외 관계를 회복하려는 움직임이 2018년부터 활발해지면서 북한은 탄도 미사일 발사 실험을 일시 중단했지만, 그 직전의 2월 8일에 개최된 조선인민군 창건 70주년 기념 열병식에서 새로운 전략 무기가 등장했다.

이것은 신형 탄도 미사일을 태백산 트럭(KamAZ-55111의 북한 카피)을 베이스로 하는 TEL에 2기 탑재한 것으로, 열병식에는 6대가 참가했으며 전략군의 전력이 증강되었음을 보여주는 불길한 징조다. 북미 정상 회담에 나선 트럼프 대통령을 의식해서인지 이 신형 탄도 미사일은 2018년에는 발사 실험을 실시하지 않았지만, 특

신포 근교에서 시험 발사를 위해 지상 발사대에 크레인으로 설치되고 있는 북극성 3호라 생각되는 SLBM. 구성 전차 시험 공장 근처의 시험장에서도 같은 방식으로 테스트가 실시되었다. (KCBC)

최초의 테스트 실시 전의 북극성 2호용 궤도식 TEL. 발사관 앞부분의 보호 커버는 수직으로 세워지기 전에 사출된다. (NK Pro)

스칸데르와 동급의 성능을 가지고 있다는 증거다. 그리고 시험 발사된 단거리 탄도 미사일은 비행 거리 690km, 최대 상승 고도 50km로 비교적 저공을 비행한다. 이지스, 패트리어트, 그리고 사드(THAAD) 등의 요격 체계는 저고도 영역에서 본래의 성능을 발휘하기 힘들기 때문에 신형 SRBM은 우수한 요격 회피 성능을 가지고 있다 하겠다.[52] 비행 거리 690km를 기록한 실험에서는 이상적으로 여겨지는 최소 에너지 궤도(minimum-energy trajectory)보다 낮은 고도에서 실시되어 탄두가 비행 중 기동했음이 확인되었으며 이 신형 SRBM이 본래 발휘 가능한 최대 사거리는 더욱 길 것으로 생각된다. 북한의 신형 단거리 탄도 미사일은 러시아의 9K720 이스칸데르와 유사성이 높지만, 상세를 보면 차이점이 많이 발견된다. 예를 들어 북한의 SRBM과 이스칸데르의 케이블 레이스웨이(cable raceway. 연료 탱크와 엔진 등의 주요 구조물을 연결하는 배관)의 길이에 차이가 있으며, 이것은 두 미사일 사이에 내부 구조의 차이가 있음을 보여준다. 더

징적인 외관에서 신형 탄도 미사일의 의도와 역할을 추측하기는 쉽다. 먼저 외관을 보면 미사일의 형상과 크기, TEL의 기본적인 구성까지 러시아의 9K720 이스칸데르 단거리 탄도 미사일과 상당히 유사한 것에서 양 시스템의 관련성이 의심된다. 2019년 5월에 실시된 2회의 발사 실험, 그리고 7월 하순과 8월 상순에 연달아 실시된 2회의 실험에서 합계 8기가 발사되었고, 그 때 기록된 탄도 궤도는 9K720 이스칸데르의 9M723K1 1단식 유도 미사일과 유사하다. 이것은 북한의 신형 단거리 탄도 미사일(SRBM)이 적어도 9K720 이

2017년 2월 11일에 발사되는 북극성 2호. 사진의 화염은 미사일을 발사관에서 콜드 런치하는 고압 가스에 의한 것이다. 콜드 런치 1초 후 주 엔진이 점화된다. (KCBC)

2018년 열병식에서 이스칸데르와 유사한 신형 고체 연료식 탄도 미사일의 이동형 미사일 발사대. (KCBC)

2019년 5월 4일에 발사된 이스칸데르와 유사한 북한제 미사일. 미사일 고정용 링의 분리 방식이 9K720 이스칸데르M과 같다. 하지만 러시아제 미사일의 링이 기계적으로 분리되는 데 비해 북한제는 폭발 볼트를 채용해 양자의 설계 치이를 보여준다. (KCBC)

5월 4일의 테스트와 사진의 7월의 테스트에 사용된 TEL은 2018년 열병식에서 보던 것과는 큰 차이가 있다. 미사일 제어 장치가 새롭게 바뀌었고 차량 본체도 보다 현대화되었다. (KCBC)

2019년 5월 9일, 발사 직전의 이스칸데르와 유사한 북한제 단거리 탄도 미사일. 미사일의 뒷부분은 9M723K1과 유사하지만, 자세히 관찰해보면 차이가 있으며 이는 북한이 국산화를 시도하면서 생긴 변화로 보인다. (KCBC)

욱 중요한 것은 이 신형 단거리 탄도 미사일의 형상은 이스칸데르의 9M723K1 미사일과 거의 동일하지만, 제원상으로는 북한의 SRBM이 전장 8.6미터, 직경 1.1미터로 약 20% 정도 크다. 이것을 보면 이 신형 단거리 탄도 미사일은 9K720 이스칸데르의 완전 카피가 아니라 어디까지나 러시아의 SRBM 시스템에 사용된 기술을 참고한 형태로 북한이 독자 개발한 것으로 보는 게 맞겠다. 북한의 신형 SRBM에 채용된 고체 연료 엔진도 북극성 1호에 탑재된 기존의 엔진을 사용했을지도 모른다. 그리고 9K720 이스칸데르에는 높은 명중 정밀도를 자랑하는 광학 유도식 탄두 등을 운용할 수 있지만, 북한의 신형 SRBM에는 동급의 전자 광학 유도 시스템이 탑재되었을 가능성은 낮다. 신형 SRBM과 이스칸데르의 외견상의 유사점은 단순히 적 첩보 기관의 혼란을 노린 것일지도 모른다. 또는 러시아라는 대국의 최신 전략 무기의 카피에 성공했다는 것을 대외적으로 과시하기 위한 행위일지도 모른다. 다만 변함없이 북한의 TEL 개발은 난항을 겪고 있는 듯하며, 퍼레이드에 등장한 장륜식 차량과 2019년 5월 4일에 실시된 시험 발사에서 사용된 차량에 차이점이 보이는 것에서 최종적으로 양산 사양이 아직 정해지지는 않은 것 같다. 그리고 TEL 개발에 더욱 혼선을 일으키는 점으로, 5월 9일에 사용된 TEL은 궤도식이며 전술한 이동형 미사일 발사대와는 전혀 다른 종류였다. 이 궤도식 이동형 미사일 발사대에는 기존 주력 전차의 차체를 사용했기 때문에 비교적 쉽게 양산 체제를 정비했을 것이다. 그리고 장륜식 TEL로는 통행이 곤란한 험지를 주파해 보다 자유롭게 발사 지점을 선택할 수 있다.

북한의 신형 SRBM에는 비행 중 궤도를 수정/변경이 가능한 고도의 기능이 있기 때문에 적의 방공 시스템에 의해 무력화될 확률을 낮추는 데 성공했다. 특히 대량의 탄도 미사일을 일제히 발사하는 포화 공격을 할 경우, 적이 이것을 방어하는 것은 불가능에 가까우며 억지력으로서의 효과는 북한이 운용하는 전략 무기 중에서도 특출나다. 한국은 종말 고고도 지역 방어 체계(THAAD)의 운용을 2017년 후반부터 개시했지만 북한은 이에 대항해 단거리 탄도 미사일 시스템을 전략군에 신속히 배치했다. 이는 북한의 경고를 겸한 메시지성이 강한 위협 행위라 해석된다.[53]

2018년부터 자제하던 탄도 미사일 시험 발사는 중거리와 대륙간 탄도 미사일을 제하고 단계적으로 해제되었으며 2019년 8월에 새로운 단거리 탄도 미사일 시스템의 테스트에 성공했다.

이 신형 SRBM은 미국의 MGM-140 에이태킴스(ATACMS)나 한국의 KTSSM 전술 탄도 미사일과 유사하지만, 제원과 형상이 보다 유사한 것은 역시 러시아의 9K720 이스칸데르다. 미사일의 직

5월 9일의 테스트에서 사용된 장륜식 TEL. 북극성 2호와 MaRV 탄두를 탑재한 북극성 6호 파생형에 이어서 전략군 제3의 장륜식 탄도 미사일이다. (KCBC)

2019년 8월, 원산 근교의 해안에서 발사관을 빠져 나오는 북한의 신형 미사일. (KCBC)

발사 테스트에 참가한 궤도식 TEL의 앞에 선 김정은과 실험 관계자. 이 사진은 TEL이 실제보다 크게 보이는 구도로 찍혔다. (KCBC)

경은 이스칸데르와 같은 것으로 보이나 북한의 신형 SRBM은 전장 7.1미터로 이스칸데르에 비해 약간 단축되었다. 시험 발사에서 보인 비행 궤도는 또 하나의 신형 SRBM과 유사한 저고도를 비행했으며 합계 4기가 발사된 탄도 미사일 중 가장 장거리를 이동한 것은 400km, 최대 상승 고도 48km를 기록했다. 또한 신형 SRBM을 비행 거리의 연장에 최적화된 최소 에너지 궤도로 발사할 경우 최대 사거리는 훨씬 길어질 것이다. TEL에 탑재된 SRBM의 수는 2기로 기존 사양에서 변경되지 않았지만, 미사일은 격납된 장방형의 발사관이 세워지는 방식이다. 이 신형 SRBM의 전용 궤도식 TEL은 흥미롭게

도 종래의 이동형 미사일 발사대에 사용된 천마-216/선군-915가 아닌 보다 구형인 T-62 베이스의 천마 차체를 활용했다. 이렇게 2019년에 공개된 두 가지 신형 SRBM 시스템은 동급의 성능을 가졌지만, 미사일의 탑재 방법과 사용되는 TEL 등 몇 가지 미묘한 차이가 있으며, 이는 비용 절감을 위한 것으로 보인다. 이들 신형 SRBM은 사거리라는 관점에서는 전략군의 전력 강화에 공헌하지 못했지만, 고가의 기존 전략 무기와 비교하면 저렴하기 때문에 많은 수를 배치하는 게 가능하며 종합적으로 보면 보다 유연한 작전 실행 능력을 확보하는데 성공했다.

신형 SRBM과 같이 비용을 절약하면서 북한의 장거리 타격력의 향상을 도모하는 새로운 전략 무기의 테스트가 2019년 여름에 실시되었다. 탄도 미사일 또는 다연장 로켓으로 보이는 이 거대한 신무기는 7월 하순의 첫 시험 발사 후, 8월에 2회, 9월에도 1회 발사되었다. 발사된 로켓탄은 직경 600mm의 대구경에 전장은 약 8미터로 북한이 운용하는 다연장 로켓 중에서 가장 크다. 최초의 시험 발사에서 저공 궤도로 비행했으며 최대 상승 고도는 30km, 비행 거리는 250km였다. 조선인민군 육군이 운용하는 보다 소형의 300mm 다연장 로켓(KN-09)의 사거리가 220km인 것을 고려하면 부족해 보이는 비행 거리지만, 기록된 최고 속도는 마하 6.5로 상당히 빠른 것이 눈길을 끈다. 8월 하순의 시험 발사는 이 로켓탄의 성능을 보다 상세히 확인하기 위한 것으로 저공이 아닌 종래의 궤도로 발사된 결과, 최고 상승 고도 97km, 비행 거리는 약 380km를 달성했다. 다시 저공 궤도로 발사된 9월의 시험 발사에서는 최고 상승 고도를 60km 이하로 제한하면서 330km를 비행 후 착탄하는 데 성공했다. 이 시험 발사에서 장거리 로켓탄으로 북한의 후방에서도 한국을 공격할 수 있음을 증명했으며 이는 전방 가까이에서 발사할 경우 한국 전역을 사거리에 둘 수 있다는 뜻이다. 단거리 탄도 미사일이라 말해도 과언이 아닌 성능을 발휘하지만, 이 신무기가 전략군의 관할 아래 있는지, 아니면 조선인민군 육군에서 운용하는지는 알 수 없다.

그리고 이 600mm 로켓탄용으로 3종류의 TEL이 개발되었으며 각각 다른 수의 로켓을 탑재한다. 첫 번째는 금성-3을 탑재하는 연안 방어 시스템에도 사용되는 선군 주력 전차의 차체를 사용한 것으로 로켓탄이 격납된 차체 전장보다 훨씬 큰 정방형 발사관 3기를 탑재한다.

두 번째는 선군 차체를 보기륜 10개 구성으로 연장한 대형 차량으로 2×3발 구성으로 합계 6발을 탑재한다. 그리고 이 TEL은 북극성 2호 MRBM(준중거리 탄도 미사일)에 사용된 이동형 미사일 발사대보다 크다. 2019년 9월의 시험 발사에서 처음으로 사용된 세 번째 TEL은 장륜식으로 신규 설계된 8륜 구동식 차체에 2×2발 구성으로 합계 4발의 600mm 장거리 로켓탄을 탑재한다. 말할 것도 없이 궤도식 TEL의 시험 발사는 지형 조건이 나쁜 비포장도로에서, 장륜식 TEL의 시험 발사는 포장도로와 인접한 비행장 등으로 각각의 이동형 미사일 발사대의 장점과 특성에 따라 실시되었다. 북한은 적절한 TEL의 개발에 지금도 고생하고 있지만, 이렇게 신형 이동형 미사일 발사대를 적극적으로 도입하고 있으며 600mm 로켓탄을 사용하는 신무기의 대량 배치에 진심이라는 것은 확실하다. 대부분의 나라에서는 높은 도입 비용에 걸맞는 성과를 얻을 수 없다는 판단으로 대구경 다연장 로켓의 도입을 보류하고 있지만, 북한에게 있어 대구

북한의 초대구경 다연장 로켓용 신형 궤도식 TEL. 현시점에서 정보를 분석하지 못하도록 미사일에 모자이크 처리가 되어 있지만, 그래도 발사관이 6개인 것을 알 수 있다. (KCBC)

2019년 9월, 시험 발사 전의 4연장 발사관 탑재 장륜식 TEL. (KCBC)

8월말의 발사 테스트에서 4연장 발사관을 탑재한 장륜식 TEL. 300mm MRL과 같이 탄두 끝에 조타익과 후미부의 특징적인 전개식 안정익이 확인된다. (KCBC)

화성 5호 또는 화성 6호의 탄두. 북한은 이렇게 비교적 소형 탄도 미사일에도 탑재 가능한 소형화한 탄두를 제조할 수 있다. 소형 탄도 미사일은 다양한 종류의 대량 살상 무기의 탑재가 가능하다. (KCBC)

전시된 백두산 1호 SLV. 1단은 화성 7호의 개조형, 2단은 화성 6호의 개조형인 것 같다. (KCBC)

경 다연장 로켓은 노후화가 진행 중인 항공기 부대를 대체하는 필수불가결한 존재다. 특정 목표에 대해 복수의 공격 수단을 보유하는 것은 임무의 특성에 맞춰 비용 대 효과가 높은 무기를 선택할 수 있다는 의미이며, 전략의 유연성을 높일 수 있다. 다만 9월의 시험 발사에 참가한 3대의 TEL 중 1대가 발사에 실패한 것에서 알 수 있듯이 600mm 로켓탄과 관련된 이동형 미사일 발사대의 개발이 완료되지는 않은 것 같다.

장래적인 개발

북한이 지금까지 진행해 오던 탄도 미사일 개발은 점점 규모가 확대되고 있다. 그리고 북한은 장래적으로 보다 고도의 기술을 사용해 한반도 정세를 더욱 불안하게 만드는 신형 전략 무기를 도입할 것이 분명하다. 그 징후가 뚜렷하게 보인 것이 2017년. 김일성 탄생 105주년 기념 열병식이다. 이때 지금까지 북한이 도입해 오던 탄도 미사일 시스템과는 선을 긋는 발사관식 대륙간 탄도 미사일 혹은 중거리 탄도 미사일로 보이는 2종류의 미사일이 공개되었다. 그중 하나는 화성 15호에 사용되고 있는 5대의 WS-51200 베이스의 16륜식 TEL에 탑재된 형태로 등장했다. 북극성 2호에서 파생된 것으로 보이는 이들 신형 탄도 미사일은 즉응 능력과 신뢰성이 우수한 고체

연료식 ICBM의 생산과 배치를 북한이 계획하고 있음을 보여준다. 동급의 전략 무기를 꼽자면 세계 유수의 핵 억지력을 가지고 있는 러시아의 RT-2PM2 토폴-M을 들 수 있다. 발사관 내에 있는 미사일의 상세한 제원을 알 수는 없으며 외관에서 이들 신형 탄도 미사일의 개발이 실제로 어느 정도 진행되었는지 추측하기는 어렵다.

또한 열병식에 선보인 미사일은 북한이 앞으로 개발할 것이라고 보여주는 식의 단순한 목업일 가능성도 있다. 하지만 현실적으로 탄소 복합 소재를 사용한 미사일 외피와 고압 가스로 사출되는 콜드 런치 등 북한이 고체 연료식 ICBM의 개발에 필요한 기술의 대부분을 보유하고 있는 것은 확실하다. 남은 과제는 기존의 미사일 설계

를 그대로 확대하는 것이다. 열병식에서 선보인 2종류의 신형 탄도 미사일 시스템 중 하나가 북극성 2호와 유사한 것은 단순한 우연이 아니며 두 미사일의 가장 큰 차이는 신형 ICBM이 북극성 2호보다 20미터 정도 대형화된 것이다. 또 하나의 신형 ICBM도 마찬가지로 발사관식이지만 설계가 약간 다르며 기본의 북한제 트럭을 개수한 간이식 TEL/TE에 탑재된 것에서 북한에 WS-51200으로 대표되는 정규 이동형 미사일 발사대

ICBM이라 생각되는 발사관식 탄도 미사일. 차체가 단순한 견인식 트레일러로 북한에서도 대량 생산이 용이할 것이다. (NK pro)

엄폐호에서 나오는 화성 10호를 탑재한 TEL의 사진. 이런 방폭 사양의 기지는 북한 각지에 산재해 있으며 위장되어 있어 발견하기 힘들다. (KCBC)

가 여전히 부족한 것을 알 수 있다. 그렇기 때문에 이동은 적에게 발견되기 쉬운 고속도로나 포장도로로 제한되지만, 기동성을 희생해 생산성을 우선한 선택일 것이다.

핵 억지력의 증강은 이동식 탄도 미사일에만 집착할 필요가 없으며 대신에 전국 각지에 건설된 고정식 사일로에서 ICBM을 숨기는 것도 유용한 전략이다. 고정식 사일로는 위치가 적에게 특정되기 쉽다는 결점이 있지만, 발사 시 사전 준비를 들킬 가능성이 적어서 선제공격에 특히 유용하다. 사일로는 통상 엄폐된 단단한 방어 시설에 설치되기 때문에 2차/보복 공격에도 어느 정도 버틸 수 있다. 그리고 이동식 탄도 미사일처럼 TEL/TE의 수용력과 탑재 중량에 제한을 받지 않아 보다 대형 탄두를 탑재한 중량급 ICBM의 운용이 가능하다. 고정식 사일로의 건설 비용은 결코 싸지 않지만, ICBM을 탑재할 수 있는 TEL/TE와 미사일을 세우는 유압 장치의 생산 비용

2017년의 김일성 탄생 105주년 기념 열병식에서 공개된 ICBM용이라 생각되는 신형 탄도 미사일 발사관을 탑재한 WS-51200 개조 TEL. 이것들은(아마도 1대를 제하고) 이후 화성 15호용으로 개수된 것으로 보인다. (KCBC)

또한 상당한 고가이기 때문에 단순히 우열을 가리기는 힘들다. 탄도 미사일을 탑재한 TEL/TE를 수용하는 방폭 격납고는 전국 각지에 이미 존재하고 있으며 그중에는 산 속을 수백 미터나 굴착해 들어간 대규모 지하 기지도 있는 것 같다. 다만 이것은 어디까지나 이동식 탄도 미사일을 운용하기 위한 것이며 발사 명령이 내려지면 내부에 있던 TEI/TE가 각지로 흩어지는 방식으로 고정식 사일로와는 전혀 다른 종류다. 현재 북한은 고정식 사일로를 보유하고 있지 않다. 하지만 이미 개발 중이라 전해지는 RD-250 로켓 엔진을 2기 탑재한 액체 연료식 ICBM 같은 신형 대형 탄도 미사일을 장래에 도입할 예정이며 고정식 사일로도 건설하고 있을 가능성이 있다. 고정식 사일로에서 운용하는 대형 탄도 미사일을 이동식의 TEL/TE에 탑재하는 것은 현실적으로 불가능하지만, 고정식 사일로 구상이 현실화될 경우 북한은 미국 본토에 대한 공격 능력이 한층 더 강화될 것이다.

국가우주개발국(NADA)

탄도 미사일 산업에는 반드시 부가적으로 위성 발사체(SLV: Satellite Launch Vehicle)나 민간 위성의 기술 개발을 담당하는 항공 우주 산업이 따라온다. 북한의 경우 이에 해당하는 것이 2013년에 조선우주공간기술위원회(KCST: Korean Committee for Space Technology)의 후속 조직으로 설립된 국가우주개발국, 통칭 NADA다. NADA를 중심으로 하는 북한의 항공 우주 개발은 어디까지나 평화적인 역할을 담당하는 존재라고 주장하지만, 과거에는 대륙간 탄도 미사일에 사용될 가능성이 있는 기술의 실증 실험을 실시했고, 위성 발사체를 마치 핵 억지력의 일환처럼 취급해서 서방 국가의 비난을 받았다. 사실 1998년 8월에 최초의 인공위성 발사에 성공한 이래 수 기의 시험 제작 엔진과 구성 부품, 때에 따라서는 로켓 전체를 군사용으로 사용한 것이 확인되었고, 북한이 항공 우주 개발을 통해 얻은 기술을 탄도 미사일 개발에 직접 유용하고 있음은 틀림없다. 다만 위성 발사체를 탄도 미사일로 전환한다는 주장이 빈번히 거론되지만, 이는 근거 없는 억측일 뿐이며 현실적이라 생각하기 힘들다. 북한은 전부터 군용이라 명확히 공언하면서 탄도 미사일 발사 실험을 해 왔기 때문에 애초에 항공 우주 개발을 은폐할 필요성이 없다. 그래서 북한의 국가우주개발국이 군사적 측면에서 담당한 역할은 적다고 생각하는 것이 옳겠다.

다만 위성 발사체는 군사 작전의 수행에 필수적인 정찰 위성과 통신 위성 등 군사 위성의 발사에 사용되는 경우도 있다. 그리고 최근 반복해서 실시된 인공위성 발사 실험을 통해 위성 발사체의 신뢰성 향상과 외국산 부품의 의존도를 낮추는 등 북한의 우주 항공 산업의 기술 수준은 착실히 높아지고 있다. 2016년 2월 발사되어 궤도 진입에 성공한 지구 관측 위성 '광명성(光明星)-4'는 초보적이지만 정찰 위성의 기능을 가지고 있는 것으로 예상된다. 장래적으로는 적의 탄도 미사일 발사를 탐지하는 데 유용한 조기 경보 위성의 개발이나 유인 우주 비행 계획 등에 착수할 가능성도 높다. 물론 우주 항공 기술의 개발에는 막대한 예산과 기술력이 필요하다. 북한은 투입된 예산에 걸맞는 성과, 즉 국가적 위상의 상승과 조선인민군의 전력 강화에 도움이 될지의 여부를 신중히 선택해야 할 것이다.

2016년 3월에 공개된 핵분열형 탄두의 단순한 목업. 배후에 있는 화성 13호는 이 시기에 이미 개발이 취소된 듯하다. 또한 2011년 이전에 김정일이 같은 핵무기를 시찰하는 사진이 복수 존재하는 것으로 보아 이 목업은 당시의 최첨단 기술을 보여주는 것은 아니라 생각된다. (KCBC)

2017년 9월의 핵 실험에 사용된 것으로 보이는 대폭 진화된 위력 가변식 핵탄두의 목업. (KCBC)

대량 살상 무기

전략군에서 운용하는 다수의 최첨단 탄도 미사일 시스템은 그 어마어마한 외관에서 두려움의 대상이라 인식되고 있지만, 결국 실제로 위험한지 어떤지는 탄두부에 무엇을 탑재하는가에 좌우된다. 탄도 미사일에는 재래식 탄두, 즉 작약 등을 탑재하는 것도 가능하지만, 그 진가는 역시 대량 살상 무기에 의해 발휘된다. 북한은 대량 살상 무기(WMD)로 분류되는 다양한 무기의 개발에 투자해 온 결과 세계 유수의 대량 살상 무기 보유국으로 성장했다. 그중에서도 특히 위협적인 것이 빈번하게 미디어에서 등장하는 핵무기다. 하지만 북한은 핵 이외에도 다양한 대량 살상 무기를 가지고 있으며 확실히 보유한 것으로 여겨지는 깃이 생물 무기와 화학 무기다. 그리고 방사능 무기도 이미 도입하였거나 적극적으로 연구, 개발, 비축이 진행되고 있을 것으로 생각된다. 그리고 전략의 폭을 넓힐 목적으로 탄도 미사일 이외의 핵무기 운반 수단도 모색 중이다. 이들 대량 살상 무기가 실전에 투입될 경우 주변국은 괴멸적인 피해를 입을 것이며 전례가 없는 규모의 사상자가 발생할 뿐만 아니라 전 세계가 휘말려 들어가는 본격적인 핵전쟁의 트리거가 될 가능성이 있다.

한반도에서 전쟁이 다시 발발할 경우 북한은 서전 또는 주력 공

로켓 엔진의 분사 화염으로 내열성을 시험하는 탄두부의 내열 실드. (KCBC)

세가 실패로 끝난 시점에 최종적으로 대량 살상 무기를 사용할지도 모른다. 대량 살상 무기의 투입은 전쟁 자체의 본질을 극적으로 변화시키는 것으로 종래의 전쟁이나 분쟁에서 얻은 척도로는 어떤 결과를 초래할지 예측하기 어렵다. 제2차 세계 대전의 종결을 가져온 원자폭탄이나 여러 내전에서 수많은 사상자를 만든 생물 무기 등 대량 살상 무기가 실전에 사용된 일은 과거에도 있었지만, 한반도의 경우 현격한 차이가 있는 배치 규모와 파괴력을 생각하면 미증유의 재앙을 초래할 것이다. 쌍방이 핵무기의 사용을 자제한다는 시나리오도 상정해 볼 수 있지만, 적어도 북한 측이 화학 무기를 사용해 전투에서 우위를 확보하려 시도할 가능성은 높다. 그래서 평시에도 비록 성공 확률이 절망적으로 낮더라도 북한이 대량 살상 무기를 포기하도록 만들기 위한 노력은 여전히 중요하다. 북한이 1993년 핵 확산 금지 조약(NPT: Treaty on the Non-Proliferation of Nuclear Weapons)의 탈퇴를 표명한 이래 WMD 철폐를 위한 노력은 항상 대북 외교의 선결 과제였다.

핵을 포함한 대량 살상 무기의 군축을 위한 협상이 결렬되면서 외교 관계의 긴장이 높아졌지만, 역으로 북한을 둘러싼 환경은 진전을 보이며 온화해졌다. 그런 움직임은 2018년 초에 당시 미국의 도널드 J. 트럼프 대통령과 김정은이 역사적인 회담을 가지며 확인되었다. 새삼 한반도 정세를 예측하기 힘들다는 것을 보여주는 사례라 하겠다.

핵무기

북한이 핵무기에 관심을 보인 것은 실제로 개발에 들어간 1980년대보다도 수십 년도 전의 일로 1958년부터 원자로를 포함한 핵 연구에 관심을 기울이고 있었다는 것이 판명되었다.[54] 북한은 1960년대에 들어서 영변원자력연구소를 설립해 1959년에 체결된 원자력 연구 협력 협정에 기반해 소련으로부터 공급받은 IRT-2000 연구

용 원자로의 가동을 시작했다.[55] 다만 보다 긴밀한 기술 지원과 실제 운용이 가능한 원자력 발전소를 원하던 북힌의 요청은 소련이 거부했다.[56] 그 결과 북한은 기존의 원자로를 자력으로 개량할 수 없게 되어 고농축 우라늄을 사용해 원자로의 출력 향상을 시도했다.[57] 새로운 원자로의 공급이 가능해진 것은 1980년대 초의 일로, 김일성이 소련을 방문하면서 집요하게 요청해 성사되었다. 김일성의 노력이 성과를 거두어 핵무기 개발에 사용할 수 있는 고농축 플루토늄의 대량 정제가 가능한 신형 연구용 원자로의 건설이 결정되었다. 한때 악화되었던 양국 관계가 회복되면서 소련의 기술 지원도 늘어나 1986년 북한에 2번째 연구용 원자로의 가동이 시작되었다. 하지만 이 기술 지원은 북한의 핵 확산 금지 조약 가맹을 전제로 한 것이었다.[58] 북한의 핵 개발 계획을 둘러싼 격렬한 외교적 논쟁은 이 시기부터 시작되어 1992년 국제 원자력 기구(IAEA: International Atomic Energ Agency)가 북한의 연구용 원자로를 사찰하던 중에 핵무기 개발을 시도하는 최초의 징후를 포착했다. 이 사찰에서는 북한의 주장을 상회하는 규모의 핵 시설, 설비, 그리고 핵연료가 발견되었다.[59] 그 후, IAEA는 추가 사찰을 요구했으나 북한은 당연히 거부했다. 그리고 1993년 3월 12일, 북한이 핵 확산 금지 조약의 탈퇴를 선언하면서 사태는 급격히 악화되었다.[60] 유엔 안전 보장 이사회 결의 제825호에 따라 북한의 핵 확산 금지 조약 탈퇴는 발효 하루 전에 철회되었으며 관련 국가들의 핵 개발 회담이 시작되었다. 다만 1994년 5월에 북한은 두 번째 연구용 원자로에서 연료봉을 철거하는 작업을 개시하였고, 이에 IAEA가 농축 핵연료의 질과 양을 정확히 조사하는 것이 사실상 불가능해졌다.[61] 같은 해 미국이 북한 핵 시설의 공중 폭격을 검토했을 때, 개전 일보 직전까지 갔다고 한다.[62] 많은 전문가들이 예상하기를 이 공격이 실행되었을 경우 조선인민군은 곧바로 한국을 공격해 전면 전쟁이 벌어졌을 것이며 양 진영 합해서 100만 명 이상의 사망자가 나왔을 것이다.

하지만 당시 전례 없는 외교상의 대성공이라 칭해지던 '북미 제네바 합의'에 의해 전쟁을 피할 수 있었다. 북한은 핵 확산 금지 조약의 준수를 결정했고, 기존 원자로의 폐쇄 및 연료봉의 재처리를 중지하는 데 합의했다. 대신에 미국은 북한에 2기의 대형 경수로를 지어 주기로 약속했다. 경수로는 일반적인 원자로에 비해 핵무기로의 전용이 가능한 농축 플루토늄 정제가 어려운 것으로 알려져 있다. 그리고 경수로가 건설될 때까지 부족한 전력을 보충하기 위해 매년 50만 톤의 중유를 공급할 예정이었다. 다만 '북미 제네바 합의'라는 이름처럼 이것은 단순한 합의일 뿐 구속력이 있는 조약이나 협정이 아니었다. 실제로 미국은 경수로를 건설해 주지 않았고, 중유

의 공급도 계속 연기되었다. 북한이 은밀히 우라늄 농축 계획을 진행하고 있다고 비난을 받은 후, 2002년 말에 최종적으로 합의가 결렬되었다. 2003년 1월 10일에 북한이 핵 확산 금지 조약에서 최종적으로 탈퇴를 결정하면서 한반도의 핵 문제를 해결하기 위해 한국, 미국, 중국, 일본, 러시아 그리고 북한을 포함한 6개국의 회담(북핵 6자회담)이 정기적으로 개최되었지만, 가시적인 성과를 거두지는 못했다.

북한이 처음으로 핵무기 실험(전문가들 사이에서는 북한이 과거에 실시했던 핵 실험에서 성공 또는 부분적 성공을 거둔 것은 이 한 건뿐이라 생각한다)을 실시한 것은 2006년 10월 9일로, 이어서 2009년에 두 번째 실험이 실시된 후 김정일은 6자회담 불참을 선언했다. 이어서 2010년대에는 빈번한 탄도 미사일의 시험 발사와 더불어 핵 실험도 실시되었다. 이것은 경제 정책과 핵 개발 쌍방을 중요시하는 김정은의 병진 정책의 영향이라 생각된다. 세 번째 핵 실험은 2013년에 실시되었다. 이 뉴스를 보도한 조선중앙통신에 따르면 2013년의 실험은 핵전력을 과시할 뿐만 아니라 소형화의 가능성을 모색하는 것으로 북한이 탄도 미사일에 탑재가 가능한 핵탄두의 실용화에 성공했을 가능성을 보여준다.[63]

그리고 2016년 1월에는 북한 최초의 수소 폭탄 핵 실험이 실시되었다고 북한 미디어는 주장한다.[64] 하지만 이 실험 중에 기록된 데이터를 역산해 보면 북한이 실제로 수소 폭탄을 실험했다고 생각하기는 어렵다. 다만 소련이 최초의 수소 폭탄이라 주장했던 RDS-6와 마찬가지로 열핵 반응을 이용해 파괴력을 높이는 증폭 핵분열탄일 가능성은 부정할 수 없다.[65] 네 번째 실험 직후, 김정은은 평양 근교의 미사일 공장을 방문해 일견 조잡해 보이는 소형 핵무기를 가까이 두고 담소를 나누는 모습이 촬영되었다. 2016년에 사용된 핵무기가 실제로 열핵 반응을 이용한 수소 폭탄인지 아닌지는 지금도 전문가들 사이에서 논란의 대상이지만, 적어도 탄도 미사일에 탑재가 가능한 사이즈까지 소형화, 경량화하는 데에는 성공한 것 같다. 조선중앙통신은 2017년 9월에 실시된 실험에서 지난번과 같은 설계의 핵무기를 사용해 보다 높은 파괴력을 발휘하면서 더욱 소형화하는 데 성공했다고 보도했다.[66] 대륙간 탄도 미사일의 발사 실험에 연이어 성공한 2018년, 핵탄두를 시찰하는 김정은의 모습이 다시 공개되었다. 김정은의 배후에 화성 14호의 탄두부가 찍혀 있는 것에서 이 사진이 무엇을 암시하는지는 명백하다. 더욱 중요한 것은 이때 김정은이 시찰한 핵탄두는 틀림없이 소형 수소 폭탄에 부합하는 형태였고, 중량이 255~360kg 정도로 상당한 경량이라 추측된다.[67] 그리고 2017년 9월의 핵 실험에서 기록된 충격파는 수백 킬로톤에 상당하는 핵폭발이 일어난 것을 보여주며 이 수치는 조선중앙통신의 보도 내용과 일치한다.

> "핵탄 위력을 타격 대상에 따라 수십kt급으로부터 수백kt급에 이르기까지 임의로 조정할 수 있는 우리의 수소탄은 거대한 살상 파괴력을 발휘할 뿐 아니라 전략적 폭격에 따라 고공에서 폭발시켜 광대한 지역에 대한 초강력 EMP공격까지 가할 수 있는 다기능화된 열핵전투부이다."[68]

조선중앙통신이 주장하는 능력이 맞다고 가정하면 미국의 W88

열핵탄두와 비슷한 외관을 가진 이 최신 핵무기는 북한 최초의 경량 위력 가변형 열핵탄두라 하겠다. 그리고 이 핵무기가 실제로 고고도 전자기 펄스(HEMP) 공격이 가능하다면, 광범위한 지역의 전자 기기를 무력화해서 군대의 지휘 계통을 마비시키며 지구상에서 중요한 경제 요충지 중 한 곳인 동북아시아에 심각한 피해를 줄 수 있는 능력을 북한이 가지고 있다는 의미다.

공개된 사진의 핵탄두가 실제로 핵 실험에 사용되었는지 증명하는 것은 불가능하다. 따라서 자국의 핵무기 개발 진전 상황을 과장해 해외의 정보기관을 기만하는 것이 북한의 노림수일지도 모른다. 다만 전시된 목업과 핵탄두의 설계, 그리고 핵 개발의 진보에서 추정하자면 북한이 열핵탄두의 개발에 성공했을 가능성은 충분히 현실적이다. 과거 수 년간 실시된 다른 분야의 무기 실험에서 어느 정도의 신뢰성을 인정받은 것을 보아도 북한이 주장하는 핵전력의 일부는 사실이라 봐야 할 것이다. 추가로 핵탄두와 그것을 운반하는 탄도 미사일 시스템의 개발에서 대기권 재돌입 시의 고열에 버텨야 하는 재돌입체의 실험을 하는 것은 북한이 적어도 한반도에서의 핵 억지력의 보유에 성공했다는 결정적인 증거다. 대대적으로 공개된 탄두 부분의 목업 사진을 분석해 보면 북한이 운용하는 탄도 미사일의 대부분이 핵무기를 탑재할 수 있다고 생각되며 이것들 전부를 선제공격으로 무력화하는 것은 상당히 힘든 일이다. 북한의 우라늄 농축 시설은 매월 1발분의 핵무기에 필요한 양의 우라늄을 정제할 수 있다고 추정되며 전략군은 현재 50~65발의 핵탄두를 보유하고 있다고 생각된다.[69]

북한에게 있어 이 보유 수량은 적어도 주변국(한국, 일본, 그리고 아마도 괌)을 선제공격하는 데 충분한 수량이며 매월 1발의 생산 페이스를 고려하면 장래적으로 2차/보복 공격 능력을 가지게 될 날도 그렇게 멀지 않을 것이다.[70][71] 핵탄두를 탑재한 탄도 미사일의 대부분이 발사 전에 파괴되거나 탄착 전에 요격, 또는 다른 여러 방법으로 방어된다고 가정해도 100~200킬로톤급의 핵무기가 비록 한 발이라도 인구 밀집 지역에 명중한다면 단숨에 수백만 명 규모의 사상자가 발생할 것이다.[72] 한정적, 일시적, 부분적 등의 형용사를 붙여 얼버무려도 이것들이 분명한 핵 억지력인 것은 틀림없다. 이들 전략 핵무기의 보유에 성공한 북한이 다음으로 배치를 목표로 하는 것은 전술 핵병기다. 이미 핵무기의 소형화에 성공한 것을 생각하면 핵무기를 통상 무기에 탑재하는 것은 그렇게 어렵지 않을 것이다. 핵무기의 탑재가 가능한 통상 무기란 항공기 탑재 폭탄, 대형 지대공 미사일, 대함 미사일, 어뢰, 그리고 기뢰 등을 들 수 있다.

이들 통상 무기는 탄도 미사일로는 할 수 없는 핵무기의 전술적 운용을 가능하게 하지만 전면 전쟁이 핵전쟁으로 확대될 경우 전황을 더욱 복잡하게 만드는 요인이 될 것이다. 예를 들어 압도적인 전력을 가진 한국 해군과 미 해군 함대를 상대로 잠수함에 핵 어뢰를 탑재해 공격한다면 단숨에 전황을 뒤집을 수도 있다. 핵 어뢰를 1발이라도 제대로 맞출 수 있다면 항모 전단 전체에 괴멸적인 피해를 입힐 수 있지만, 북한의 잠수함 부대가 미 해군의 치밀한 방어망을 돌파할 수 있을지는 의문이다. 마찬가지로 S-200 같은 대형 지대공 미사일에 핵탄두를 탑재해 열세에 처한 한반도 상공의 제공권을 해소할 수 있지만, 이것도 발사 전의 생존을 전제로 하고 있다. 한편 핵 기뢰는 적의 반격을 받을 일도 없고 전술적으로 중요한 해역에

미리 부설해 적 함대를 파괴 또는 항해를 방해하는 것이 가능하다. 이 전술은 냉전 중에 미국을 포함한 다양한 핵보유국이 채용한 것으로 유명하다.[73] 실제로 북한이 전술 핵무기의 개발, 생산, 그리고 운용에 얼마나 흥미를 가지고 있는지는 추측의 영역을 벗어나지 않고 있다. 다만 2009년에 탈출한 탈북민은 '북한은 적어도 핵 기뢰와 핵 어뢰의 연구 및 개발에 착수했으며 최초의 핵 어뢰가 2012년에 완성 예정'이라 주장했다.[74]

전술 핵무기의 배치는 당연히 핵무기의 실전 투입 가능성을 높이게 되며 전술핵의 사용은 그 보복으로 전략핵의 사용으로 이어지는 것이 필순이다. 전황이 조선인민군에게 불리하게 기울어지는 순간 북한이 전술 핵무기 또는 보유하고 있는 전략 핵무기를 사용할 것은 거의 확실하다. 이것은 곧바로 보복 핵공격으로 이어지면서 북한의 모든 병력, 모든 핵무기가 무력화될 때까지 핵전쟁이 지속될 것이다. 예상되는 다른 시나리오는 핵무기의 사용을 위협 수단 삼아 점령 지역의 영유권을 주장하는 것이다. 다만 이것은 서전에서 북한이 주력 공세에 성공한 경우에만 유용한 교섭술이며 이런 협박이 통용되는가와는 별개로 한국 영토의 점유는 현실성조차 의심된다. 어쨌든 북한이 핵무기를 사용하면 곧바로 미국의 괴멸적인 핵 보복 공격이 실행될 것이다. 예상되는 것은 오하이오급 전략 원잠의 공격으로 오하이오급 1척만으로도 북한의 주요 군사 거점과 도시를 파괴할 수 있다. 북한이 다양한 핵전력의 증강에 집착할 경우 생각되는 것은 방사능 무기의 개발이다. 방사능 무기는 그 이름대로 방사능 물질을 널리 살포하는 데 특화된 핵무기로 방사선 피폭에 의한 대량 살상과 더불어 지역 일대를 방사능으로 오염시켜 장기간 거주가 불가능하게 만드는 '더러운 폭탄(Dirty Bomb: 더티 밤)'이다. 이런 무기를 개발, 배치하는 것은 비도덕적이라는 비난을 피할 수 없고, 전략, 전술적 관념에서 봐도 유용성이 있다고 말할 수 없다.

북한이 장래적으로 선택할 핵무기 개발 계획으로 가능성이 높은 것은 전술한 핵전력의 다양화로 위력 가변형과 고고도 폭발형 등 보다 선진적이고 위력이 높은 전략 무기를 도입하는 것이다. 그리고 현시점에서 개발 계획의 진행은 확인되고 있지 않지만, 핵보유국이라면 절실히 원하는 기술이라 할 수 있는 다탄두 탄도 미사일(MIRV)도 북한의 핵전력 증강에 유용할 것이다. MIRV란 탄도 미사일의 탄두 부분에 여러 개의 자탄두를 탑재해 각각의 개별 목표 지점을 타격하는 미사일을 말한다. 적의 미사일 방어망에 의한 요격을 회피하는 데 효과적인 기동 탄두 재진입체(MaRV), 디코이 탄두 등의 개발은 이미 착수한 것으로 보이며 북한의 핵 억지력의 강화에 공헌하고 있는 것이 틀림없다. 지상에서는 고정식 사일로의 건설과 신형 탄도 미사일 잠수함의 개발과 건조, 그리고 기존의 이동식 탄도 미사일 부대의 규모 확대 등 핵무기 운용 수단의 다양화를 추구하고 있다.

화학 무기와 생물 무기

북한이 보유하고 있는 대량 살상 무기에 대해 말할 때 항상 주목을 끄는 것은 핵무기이며 그 밖의 대량 살상 무기가 완전히 무시당하는 것은 그다지 신기한 일이 아니다. 물론 핵무기의 잠재적인 파괴력과 최근 급격한 진전을 보이는 핵 개발 상황을 고려하면 어쩔

제2차 세계 대전기 소련의 ShM-41 방독면과 구형 화학방호복을 착용한 조선인민군 육군 병사. 최근에는 보다 현대적인 PMK계열 방독면을 사용하고 있다. (KCBC)

수 없는 면이 있지만, 북한이 다른 대량 살상 무기에도 힘을 쏟고 있는 점을 결코 잊어서는 안 된다. 그중에서 핵무기와 동등한 수준의 엄청난 피해를 적에게 줄 수 있는 것이 존재하며, 특히 주목해야 것으로 화학 무기와 생물 무기가 있다. 이것들은 조선인민군이 채용한 재래전(=비핵전)을 상정한 군사 독트린에서의 운용을 상정하고 있으며, 전황을 적절히 예측하기 위해서는 능력을 충분히 분석할 필요가 있다.

북한은 화학 무기의 생산, 비축과 실전에서 사용을 금지하는 화학 무기 금지 조약(CWC: Chemical Weapons Convention)에 서명하지 않았으며 생물 무기 금지 조약(BWC: Biological Weapons Convention)과 제네바 의정서에는 서명했지만, 제네바 의정서는 금지 사항을 준수하지 않는 국가를 상대할 경우에는 사용을 제한하지 않는다. 이에 따라 북한 역시 화학/생물 무기의 선제적 사용, 그리고 화학 무기에 관한 개발, 생산, 비축이 금지되지만, 국가의 존속이 달린 전면 전쟁에서 북한이 조약을 준수할 가능성은 극히 희박하다. 화학/생물 무기의 실전 투입을 포기하지 않는 북한의 성향은 2017년 2월, 김정은의 이복형인 김정남이 두 물질을 혼합해야 활성화되는 VX2로 암살되면서 증명되었다. 물론 제네바 의정서처럼 특정 무기의 사용을 제한하는 조약은 이란-이라크 전쟁이나 최근의 시리아 내전과 같은 과거의 전쟁, 분쟁에서 증명된 것처럼 당사국이 무시하는 경우가 많다. 현재 CWC와 BWC에 서명한 많은 나라들이 화학 무기와 생물 무기의 보유 규모를 축소 또는 폐기하고 있으며 전장에서의 사용을 제한하는 조치를 자율적으로 지키고 있다. 이것은 분명 세계가 나아가야 할 올바른 방향성을 제시하는 일이지만, 동시에 북한이 원하는 상황이 만들어졌다. 현재 미국은 화학/생물 무기를 감축하기 시작했고, 전량 폐기하게 된다면 북한은 보복을 걱정할 것 없이 대량 살상 무기를 실전에서 사용할 것이다.[75]

북한의 생물 무기는 치명도가 높아 위험하다고 알려졌지만, 규모와 실태가 어느 정도인지는 여전히 논란이 되고 있다. 여러 증언에서 북한이 생물 무기를 과거 수십 년에 걸쳐서 개발하고 있음은 확실하지만, 구체적으로 무엇을 배양하고 있는지, 비축량은 어느 정도인지, 배치가 진행되고 있는지 등 많은 부분이 비밀에 싸여 있다. 하지만 탈북한 북한 병사들의 증언에서 천연두 같은 바이러스와 세

화학 정찰에는 사진의 퍼레이드 행렬에 보이는 BTR-40Kh 같은 소형 차량이 사용된다. 오염 지역을 표시하기 위한 황색 깃발에 주의. (KCBC)

균에 대한 예방 접종이 실시되고 있는 것에서 북한이 미래에 일어날 전쟁에서 생물 무기를 실전 투입할 것은 분명하다.[76] 이와 대조적으로 한국의 군인과 민간인의 대부분이 천연두나 탄저균 등의 주요 바이러스/세균의 예방 접종을 받지 않았다.[77] 전쟁이 발발하면 생물 무기가 어느 정도의 규모로 사용될지 알 수 없지만, 연구 시설과 배양 시설 등의 설비 투자에 적극적인 북한이 이 분야를 특히 중요시하고 있는 것은 확실하다. 의외로 한반도에서 처음으로 생물 무기를 사용하여 비난받은 나라는 북한이 아니라 미국이었다. 미국이 생물전을 실행했다는 주장은 북한만이 아니라 중국, 그리고 소련에서도 나왔지만, 이는 한반도에서 티푸스, 장티푸스, 천연두 등이 유행한 것을 미국의 소행이라 중상모략한 것으로 주로 중국과 북한이 선동한 거짓임이 밝혀졌다. 한편 북한은 이들 유행성 전염병의 군사적 이용을 일찍부터 획책하고 있었다. 1961년 시점에서 김일성은 생물 무기를 '장래적으로 전쟁에서 유용한 무기'라 하며 집중 개발을 지시했으며 해외에서 연구용으로 병원체와 실험 기기의 수입을 시작했다.[78] 생물 무기에 적합한 병원체의 배양은 1980년대부터 개시되었다는 보고가 있으며 1992년에는 13종류를 생산하는 데 성공한 것 같다.[79] 현재 적어도 3개의 생산 거점과 7개의 연구 시설이 북한 국내에 존재하며 14종의 병원체가 배양되고 있다고 한국 국방부는 추정하고 있다. 탄저균, 보툴리누스균, 페스트, 천연두, 그리고 야토병 등 14종의 병원체 중 대다수가 유포성과 치사성이 높은 카테고리 A의 생물 무기로 분류되고 있다.[80, 81, 82]

다만 병원체의 배양은 반드시 무기화를 의미하는 것은 아니며 광범위한 살포나 효과적인 사용에는 다방면의 연구가 필요하다. 4만의 인원을 투입해 개발에 63년(1928~1991년)이 걸린 소련조차도 13종만을 무기화하는 데 성공한 것을 보면 병원체를 실용 레벨로 무기화하는 것은 어려운 일이다.[83] 최근 기술적 진보와 병원체에 대한 이해도가 높아지면서 북한의 생물 무기 개발이 예상보다 진전되었을 가능성도 있으나 생물 무기의 실용화가 어려운 일인 것은 변함이 없다. 그래서 북한은 탄저균과 천연두처럼 배양, 비축, 그리고 실전 투입이 비교적 간단한 생물 무기에 특히 주력하고 있을 가능성이 높다. 이들 생물 무기가 인구 밀집 지역인 대도시에 뿌려지면 대량의 사상자를 발생시키는 데 충분한 위력을 가지고 있으며 대응하는

측은 바이러스나 세균의 정화, 예방 접종의 실시, 검역 같은 대책에 시간과 노력을 쏟아야 하기에 군대의 작전 계통과 사회 전체에 큰 혼란을 일으킬 것이다. 수원지 오염을 통해 서울 같은 대도시에 전염병을 유행시키는 데 성공할 경우 적어도 수백만 명 규모의 사상자가 발생할 것으로 예상된다. 다만 생물 무기의 주요 사용 목적은 어디까지나 군사적 우위를 확보하는 데 있다. 이는 에어로졸화한 생물 무기를 항공기 탑재 폭탄이나 포탄에 탑재해 기지와 군항, 공항 등에 투하/포격하는 것으로 달성할 수 있다. 오염된 군사 거점은 시간을 들여 제염 작업이 필요하며 작업을 완료해도 본래의 운용 능력을 회복할 수 있다고 장담할 수 없다. 2017년 7월, 김정은이 평양 생물기술연구원을 시찰하였다는 보도에서 군사적 이용이 가능한 수준의 탄저균을 대량 배양할 수 있는 기재 및 재료가 존재하는 것이 처음으로 확인되었다. 2010년대 초에 설립된 평양 생물기술연구원은 농약 개발을 목적으로 하는 연구 시설이라 주장하고 있지만, 실제로는 군사용인 것이 틀림없으며 북한에 높은 수준의 탄저균 배양 능력이 있다는 증거이다.[84]

이들 생물 무기가 가져올 파멸적인 피해를 고려하면 한국이 사전에 대응 수단을 준비하고 있는 것은 당연하다. 다만 주한미군과는 달리 한국 육군 병사들은 탄저균이나 천연두의 예방 접종을 실시하고 있지 않다.[85] 한국이 보유하고 있는 천연두 백신의 비축량은 총 인구의 절반에도 미치지 못하는 수로 탄저균 백신은 아직 개발 중이어서 군대에 백신이 제공되기까지는 좀 더 시간이 필요하다.[86] 한편 미 국방부는 한국에 15일 이상 체제하는 모든 인원의 예방 접종(천연두, 탄저균)을 2014년부터 의무화하고 있으며 2011년부터는 핵, 생물, 화학 병기의 사용을 상정한 훈련을 한국 육군과 합동으로 정기적으로 실시하고 있다.[87] 이 훈련의 규모는 매년 확대되고 있으며 생존성을 높이는 장비의 개발과 도입도 적극적으로 실행하고 있는 것에서 한미가 북한이 보유한 생물 무기의 위험성을 인식하고 있음을 알 수 있다. 북한이 만약 생물 무기를 투입해 전술적 우위를 획득하더라도 필연적으로 국제 사회의 강한 비난을 받을 것이며 최악의 경우 중국과 러시아 같은 우호국의 무력 개입을 초래할 가능성도 있다. 하지만 그런 리스크를 회피할 수단이 몇 가지 존재한다. 이란-이라크 전쟁과 시리아 내전에서처럼 생물 무기의 사용을 완강히 부정

하는 것만으로도 충분한 효과를 얻을 것이다.

그래서 한반도에서 다시 전쟁이 벌어진다면 북한이 생물 무기를 실전에 투입할 가능성이 상당히 높으며 전쟁이 길어진다면 확실히 사용될 것이라 말해도 과언이 아니다.

생물 무기와는 대조적으로 북한의 화학 무기 개발에 대해서는 많은 부분이 밝혀져서 전모를 파악하기 쉬운 편이다. 북한은 화학 무기의 보유를 부정하고 있지만, 1960년대부터 개발에 착수하고 있다는 것은 주지의 사실이다.[88] 북한의 화학 무기 개발 여명기에는 화학 무기에 대한 방어 수단의 확립을 먼저 시작하였고, 그 후 수십년에 걸친 연구가 계속된 결과 1990년대에는 무기화를 위한 생산 체제의 구축이 시작되었다.[89] 그 사이 다양한 화학 약품을 입수해 소량 생산에 필요한 기술 습득에 상당한 노력을 기울였다.[90] 1990년대 말에는 대략 5,000톤의 화학 무기를 비축하는 데 성공했으며 추가로 매년 5,000톤의 생산 능력을 확보했다는 보고가 있다.[91] 이후 비축량이 급증하거나 생산 규모를 확대했다는 징후는 확인되고 있지 않으나 화학 무기의 안정성과 치사성을 높이는 연구는 계속되고 있는 것 같다.[92] 당초에는 제1세대와 제2세대 화학 무기, 예를 들어 질식, 수포, 마비를 유발하는 화학 무기가 주류였지만, 차세대 화학 무기는 2종류의 화학 물질을 사용해 보다 선진적인 바이너리 무기 (2종 혼합 활성화 화학 병기)로 세대교체가 이루어졌다.[93] 단일 화학 물질을 사용하는 화학 무기는 통상 치사성이 높고 넓은 범위에 맹위를 떨치지만, 항상 불안정한 상태여서 취급에 주의가 필요하다. 또한 열화되는 속도도 빨라 유효 기간이 짧다. 이것은 화학 무기의 비축교환을 자주해야 하고 유효 기간이 지난 화학 무기를 폐기하는 무독화 작업에도 귀중한 자원이 소모된다는 의미이며 이는 병참에 심각한 영향을 준다. 한편 바이너리 무기는 격리된 용기에 2종류의 전구체를 담고 사용 직전에 혼합하면 효과가 발생하는 무기다. 그래서 바이너리 무기는 장기간 저장이 가능할 뿐만 아니라 취급상의 위험도 낮으며 전용 장비 없이 일반 부대에서도 폭넓게 배치가 가능하다. 그에 반해 신경가스처럼 즉효성이 높으며 수포, 화상, 혈전을 발생키는 화학 무기는 전신을 감싸는 본격적인 방독복과 장비가 필요해 즉각적인 대처와 제염이 힘들다. 그래서 여러 종류의 화학 무기를 동시에 사용하는 것은 상당히 효과적인 사용법이라 생각된다.

하지만 과거 이라크와 시리아의 예와 달리 북한이 현재 저장한 화학 무기의 대부분은 신경가스가 주류일 가능성이 높다. 그리고 중동지역에서 확인된 화학 무기의 실전 투입은 주로 인구 과소지에서 사용되어 인구 과밀지인 도시에서 사용을 상정한 한반도에서는 종래와는 근본적으로 다른 대응책을 마련할 필요가 있다. 북한에서 생산하는 것으로 알려진 위험한 화학 무기는 V시리즈라 불리는 것으로 그중에서도 치사성이 특히 높은 것이 VX다. G시리즈로 분류되는 약제는 반감기가 짧고 제염도 비교적 간단하지만, V시리즈는 장기간 독성이 유지되는 것으로 악명이 높다. VX의 치사성은 2017년 2월의 김정남 암살 사건에서 이미 증명되었고, 이때 사용된 것은

VX를 발생시키는 바이너리 무기로 짐작된다. 김정남은 북한에서 실질적으로 추방된 신분이었지만, 외적 요인으로 인해 김정은이 하야할 경우 대신 최고 지도자가 될 수도 있기에 암살 대상으로 지정되었을 것이다. 쿠알라룸푸르 국제공항에서 암살을 실행한 사람은 베트남인과 인도네시아인 2명의 여성이었다. 그녀들은 '장난 영상'의 촬영에 협력해 한쪽이 김정남의 안면에 스프레이를 뿌리고 다른 한쪽이 젖은 손수건으로 얼굴을 문지르라는 지시에 따라 행동했다고 한다. 스프레이와 젖은 손수건, 이 2종류의 액체가 VX를 발생시키는 전구체였고, 김정남은 잠시 후 사망했다. 이와 같은 바이너리 무기가 전쟁에서 대대적으로 사용된다면 화학 무기 공격을 받는 측은 막대한 인명 피해를 입으며 혼란에 빠질 것이다.

다만 화학 무기를 효율 좋게 실전 투입하는 데는 NBC 방호 장비와 각종 감지기, 그리고 제염 장비 등이 필요하다. 당연히 북한은 이 분야에도 거액의 예산을 투입하고 있다. NBC 대응 부대는 6.25 전쟁 직후에 설립되었으며 현재는 조선인민군 대부분의 연대에 부속되어 있다.[94] 당초 BTR-40Kh NBC 정찰 차량 같은 소련제 차량과 장비를 배치했지만, 지금은 그것들을 보완한 북한제 장비의 연구 및 생산도 실시하고 있다. 북한제 NBC 정찰 차량의 대부분은 기존의 소형 사륜구동 차량이나 오토바이 사이드카를 베이스로 개발되었으며 일부가 2013년 모잠비크에 수출되었다.[95] 이 무기 판매 거래는 NBC 정찰 차량 이외에도 검출기와 방호 장비 등이 판매 목록에 포함되어 있다. 그리고 소련의 NBC 전술 교리에 따라 북한의 전투 차량은 거의 대부분 본격적인 NBC 방호 시스템이 탑재되어 있으며 방사선과 생물 무기에 오염된 상황에서도 작전 행동이 가능하다.

이들 차량에 더해 화학 방호복, 방독면, 개인 휴대식 검출기 등의 개발도 정력적으로 실행되었으며 이에 대한 대처가 늦고 있는 한국에 대해 압도적인 우위를 확보하는 데 성공했다.

북한이 대량 살상 무기를 개발하면서 쌓은 경험과 기술은 한반도만이 아니라 전 세계에 위기를 확산시키고 있다. 그 위험성을 보여주는 대표적인 예시가 시리아의 알키바(Al Kibar) 원자력 연구 시설이다. 이 원자로는 2000년대 중반 북한의 기술 지원을 받아 건설된 것으로 판명되었으며 핵무기에 필요한 고농축 우라늄의 정제가 가능하다는 보고가 있었지만, 2007년 9월, 완성을 앞두고 이스라엘 공군기의 공중 폭격을 받아 계획이 좌절되었다.[96] 그 후 IAEA가 실시한 현지 조사에서 비밀리에 원자로의 건설이 진행되고 있었다는 것이 확실하다고 보고 있다.[97] 북한은 시리아의 화학 무기 개발 계획에도 밀접하게 관여하고 있음이 밝혀졌으며 2013년에 시리아가 CWC에 가입한 후에도 화학 무기의 정제에 필요한 원재료의 밀수와 기술자 파견이 빈번했던 것 같다.[98] 이 사례는 북한이 외화 획득을 위해서라면 최고 기밀급의 군사 기술이라도 주저 없이 팔아 버린다는 것을 보여주며 북한은 앞으로도 위험한 군사 기술을 적극적으로 판매할 것이다.

종장
Concluding remarks

현재 북한은 건국 이래 최대의 기로에 서 있다. 지금까지 불안정한 길을 걸어 온 결과 외교의 기반이 붕괴된 전례가 없는 사태를 맞이하며 북한은 점점 설 자리를 잃고 있다. 그래도 김씨 일가가 선택한 것은 군사력 지상주의, 선군 사상의 길이며 이를 고집하는 북한은 장래 수많은 고난에 부딪칠 것이다. 이것이 조선인민군에게 있어 무엇을 의미하는가는 명확하지 않지만, 북한의 핵 개발 계획이 어떤 평화적 해결을 맞이하더라도 김정은, 그리고 이전의 지도자들이 추진하던 군비 확장은 멈추지 않을 것이며 현재 조선인민군은 과거와 달리 현대화를 진행하고 있다.

아직 신생 국가이자 소국이었던 북한은 제2차 세계 대전 직후 가혹한 격전이 벌어진 6.25 전쟁이라는 거친 파도에 휩쓸렸다. 이때 북한을 이끌었던 것이 선군 사상이었고, 그 후 북한은 빠른 속도로 군국주의 국가가 되었다. 1960년대에 들어서 북한은 적대하는 두 개의 초강대국 사이에 끼인 형태로 냉전 체제에 말려들었고, 이 시기야말로 진정한 6.25 전쟁이라 주장하는 사람도 있을 정도다. 무리한 군비 확장은 이때부터 북한 경제에 상처를 남기기 시작해 1970년대가 되자 북한의 경제는 실질적으로 파탄이 났다.

그로부터 20년이 경과하고 소련이 붕괴했다. 북한의 고독한 여정은 이때부터 시작되었다고 할 수 있다. 북한은 세계로부터 고립된 것을 결코 비관하지 않고 오히려 선군 사상에 최적의 상황이라고

2018년, 싱가폴에서 개최된 북미 정상 회담에서 악수하는 김정은과 도널드 J. 트럼프. (KCBC)

받아들였다. 이후로 빈번히 실시한 탄도 미사일, 그리고 여러 차례의 핵 실험은 대외 관계를 더욱 악화시켰으며 1990년대부터 2010년대에 걸쳐 대부분의 기간 동안 북한은 대외적으로 극한 대립 상태를 유지하게 되었다. 북한을 선군 사상의 길에서 벗어나게 하고자 하는 노력은 연평도 포격과 '천안함' 격침이라는 무력 도발 행위 앞에 허사가 되었고, 그 결과 이어진 경제 제재는 과거 유래를 찾아볼 수 없도록 엄격하게 바뀌었다. 북한은 국제 사회의 압력에 굴복하는 모습을 보이지는 않았지만, 선군 사상의 길은 점점 현실성을 잃어 갔다.

2018년, 국제 사회로의 복귀를 시도한 북한은 전략 탄도 미사일 실험을 일시적으로 중단했으며, 김정은은 중국의 주석, 한국, 그리고 미국 대통령이라는 세계의 지도자들과 정상 회담을 했다. 도널드 J. 트럼프와의 회담은 북한 최고 지도자와 현직 미국 대통령 사이에 실시된 사상 첫 북미 정상 회담이라는 의미 깊은 일이기도 했다. 북한의 비핵화라는 가장 중요한 목표가 공염불로 끝났는지 아닌지 확실하지는 않지만, 과거에는 불가능하다 생각되던 양보를 이끌어 내

2018년의 북미 정상 회담은 일정 부분 성과를 거두었다고 본다. 합의 내용에는 몇몇 탄도 미사일 실험 시설과 악명 높은 풍계리 핵 실험장의 해체도 포함되어 실제로 외국 기자들이 보는 앞에서 시행되었다. 다만 북한의 이런 양보는 이번이 처음이 아니었다. 냉전기에도 같은 움직임이 정기적으로 있었고, 한국과의 화해, 그리고 남북 재통일이 현실적으로 가까워졌다는 기대는 예외 없이 실망으로 끝났다. 북한이 병진(並進)정책에 기반해 부분적으로 핵전력의 확보에 성공했다고 여겨지는 현재, 김정은에게 있어 북미 정상 회담은 경제 제재를 회피하려는 단순한 퍼포먼스일 가능성도 있다. 그럴 경우 북한이 추구하는 목표는 단 하나로, 이스라엘처럼 '불확정 핵 억지력'을 확립해 세계의 용인을 받는 것이다. 하지만 생각대로 일이 진행되지 않자 초조함을 숨기지 못한 북한은 다시 국제 사회를 향해 날을 세웠다. 새롭게 건설된 실험 시설에서 탄도 미사일의 발사가 재개되었고, 현재 세계는 핵이라는 불똥이 튀지 않기를 바라며 북한을 예의주시하고 있다.

[특별기고]

북한의 러·우 전쟁 참전과 그 영향

DPRK in Ukraine: Impact

기이한 세상이 왔다. 우리가 살아가고 있는 오늘날의 세계질서—2차 세계대전의 종식을 통해 성립된 '전후 질서' 또는 '자유주의 국제질서'라고 불리는 이 질서—는 우리 눈앞에서 명백히 붕괴의 조짐을 드러내고 있다.

이 질서는 우리의 세계관을 구성한다. 자유무역과 인권, 내정 불간섭 원칙과 같은 가치 중심의 규범과 국제연합(UN)을 위시한 제도적 장치, 이와 같은 요소로 구성된 세계 질서가 바로 대부분의 현대인에게 당연하게 받아들여지는 현실의 모습이다.

이 국제질서의 핵심 장치 중 하나가 바로 UN 헌장 제2조 4항에 명시된 '무력 사용 금지의 원칙'이다. UN 헌장 제2조 4항은 "모든 회원국은 그 국제관계에 있어서 다른 국가의 영토보전이나 정치적 독립에 대하여 또는 UN의 목적과 양립하지 아니하는 어떠한 방식으로도 무력의 위협이나 무력행사를 삼간다"라고 규정한다. 이 원칙은 국가의 무력 사용 조건을 매우 엄격하게 제한하며, 무력 사용이 허용되는 예외는 침공에 맞서 자신을 방어하기 위한 자위 목적이나 UN 안전보장이사회(안보리)의 결의에 따른 무력 개입이라는 단 두 가지 경우뿐이다.

즉, 무력을 수단으로 삼아 강제로 국경선을 변경하는, 국제질서의 현상(status quo)을 깨는 것을 금한 것이다. 그런데 UN 내에서 유일하게 무력을 동원할 수 있는 기관인 안보리 상임이사국 러시아는 2022년 2월 이웃 주권국인 우크라이나를 침공하며 이 전후 질서에 뚜렷한 균열을 내기 시작했다.

전후 질서를 수호할 의무가 있는 다섯 상임이사국(미국, 영국, 프랑스, 중국, 러시아) 중 하나가 전면적 침략전쟁을 벌인 일도 충격적이지만, 사태는 점입가경으로 치닫고 있다. 핵 개발과 미사일 프로그램, 인권 유린 등으로 수많은 국제 제재를 받는 '왕따 국가(Pariah State)' 북한이 2024년 10월 침략전쟁에서 고전하던 안보리 상임이사국 러시아 편에 서서 대규모 전투 병력을 파견한 것이다.

북한의 대규모 파병이 이루어진 지 약 9개월(원고 작성 기준)이 흘렀다. 북한군의 적극적인 전투 활동은 외신과 러시아, 우크라이나 양측 병사들이 드론이나 휴대전화로 촬영한 영상, 양국 공식 발표 등 다양한 출처를 통해 교차 검증되고 있다. 지난 4월 29일 블라디미르 푸틴 러시아 대통령은 우크라이나군이 일시 점령했던 쿠르스크 지역을 수복하는 과정에서 "(북한군이) 적극적인 역할을 했다"라고 평가하며 북한군을 추켜세웠다. 파병 9개월이 지난 현재, 북한의 우크라이나 파병 여파는 러시아-우크라이나 전쟁뿐 아니라 유라시아 대륙을 넘어 동북아의 전략적 균형까지 뒤흔들고 있다.

러시아-우크라이나 전쟁 초기부터 북한은 러시아의 편에서 적극적인 역할을 수행해왔다. 2024년 10월 「더 타임즈」 보도에 따르면, 서방 정보기관 관계자는 북한이 러시아군 포탄 수요의 절반에 가까운 약 300만 발의 포탄을 공급했다고 전했다. 최근 대한민국 국가정보원(국정원)은 전쟁 발발 이후 북한이 약 컨테이너 2만 8000여 개 분량의 군수물자를 러시아에 제공한 것으로 추정했다. 이를 152mm 포탄 단일 품목으로 환산하면 약 1200만 발에 이르는 규모다.

놀랄 일은 아니다. 전쟁 개시 이후 러시아는 국제적으로 고립됐고, 전장에서 고전하면서 폭증하는 포탄 수요를 충당할 외부 공급처가 절실했다. 대북 제재와 코로나19, 자연재해라는 삼중고로 경제난과 민심 불안에 시달리던 북한 정권 입장에서 이 같은 거래를 마다할 이유가 없었다. 양국의 이해가 일치하면서 전쟁 초기부터 긴밀한 협력이 이어졌다.

양국의 군사적·경제적 교류는 각자의 전력 보완이라는 실질적

2024년 6월, 푸틴의 북한 방문에서 김정은과 푸틴 (kremlin.ru)

목적에서 비롯된다. 러시아는 서방의 제재와 전쟁의 장기화에 따른 물자 소모 속에서 재래식 무기 재고를 빠르게 소진했고, 북한은 텅 비어가는 러시아의 재래식 무기고를 저렴한 비용으로 대량 생산해 채워줄 능력을 갖추고 있었다. 이러한 거래를 통해 북한은 경제적 효과는 물론 러시아로부터의 기술, 장비를 도입해 남북 간의 재래식 군사력의 균형에서 압도적 열세에 놓여있던 현실을 어느 정도 상쇄, 극복하는 효과 또한 기대할 수 있었다.

또 이 협력 관계에서 파생된 러시아산 식량과 에너지 공급은 삼중고로 불안정해진 북한 체제 내부의 압력을 완화하고 지도부의 통제력을 강화하는 데 크게 기여하고 있다. 북한 정권에 러시아발 농산물과 연료는 내부 결속과 주민 통제에 긴요한 핵심 자원이다. 이 같은 상호 보완적 교류는 단순한 군사협력을 넘어서 정치·경제·외교 전반의 전략적 파트너십으로 진화하고 있다.

특히 우려되는 점은 러시아의 첨단 위성·로켓 기술 일부가 북한에 이전될 가능성이다. 북한은 2023년과 2024년 위성 발사 시도를 거듭하며 궤도 진입 기술을 고도화했고, 러시아의 해당 분야 기술 지원이 현실화하면 한반도의 군사 균형은 새로운 국면에 접어들 것이다. 한국과 미국 낭국은 이러한 기술 교류가 UN 안보리 결의에 정면으로 어긋난다고 거듭 목소리를 높였으나, 양국은 아랑곳하지 않고 협력의 강도를 계속 강화하고 있다.

이러한 우려는 양국 지도자의 정상회담과 '포괄적 전략적 동반자 관계에 관한 조약' 비준, 북한군의 우크라이나 파병을 거치며 점점 현실화하고 있다.

2023년 9월 김정은 북한 국무위원장은 극동 러시아의 보스토치니 우주기지를 방문해 푸틴 대통령과 정상회담을 열었다. 회담 장소부터 큰 주목을 받았다. 정상회담 4개월 전 북한이 정찰위성 발사에 실패한 만큼, 양국의 우주·로켓 분야에서의 협력을 암시하는 장소 선정이라는 분석이 나왔다. 이 자리에서 김정은은 러시아의 '성전'을 "전폭적으로 지지한다"라고 밝히며 "우리나라의 최우선 순위는 러시아와의 관계"라고 강조했다.

이듬해 6월 푸틴 대통령이 평양을 답방하며 양국은 '포괄적 전략적 동반자 관계에 관한 조약'을 비준했다. 조약에는 북·러 중 어느 한 나라가 무력 침공을 받아 전쟁 상태에 처하면 다른 쪽이 군사 지원을 제공한다는 내용이 담겼다. 경제, 무역, 과학기술, 농업, 관광 분야 협력 강화를 포함하는 이 조약은 조약 4조에 "어느 일방이 침공을 받아 전쟁 상태에 처하면 UN 헌장 제51조와 양국 법에 준해 지체 없이 보유한 모든 수단으로 군사적 및 기타 원조를 제공한다"라고 규정했다. 당시 많은 분석은 이 조항이 북한의 러시아 파병에 대한 명분으로 활용될 것이라고 내다봤다. 예측대로 조약 비준 한 달 뒤인 2024년 10월, 북한은 러시아에 1만 1000명 규모의 병력을 파견했다.

최초 파병 이후 북한은 지난 1~2월 약 3000명 이상의 병력을 추가 파병했다. 지난 4월 국정원은 파병된 전체 북한군 인원 중 사망 600명을 포함해 총 4700여 명이 사상한 것으로 추산했는데, 이러한 높은 사상 비율에도 북한의 파병 규모는 확대일로에 있다. 지난 6월 국회 정보위원회 현안 보고에서 국정원은 북한이 7~8월 러시아에 약 6000명의 병력을 추가 파병할 것으로 전망했다.

북한이 '남의 전쟁'인 러시아-우크라이나 전쟁에 이처럼 의욕적으로 뛰어드는 데에는 분명한 이유가 있다. 북한군의 전력 증강과 체제 생존 보장이라는 이익이 다소 간의 인명 피해를 부수적인 비용으로 치부할 수 있을 만큼 막대하기 때문이다.

북한군은 러시아의 지원을 통해 재래식 전력과 비대칭 전력을 동시에 강화하고 있다.

재래식 전력 측면에서, 국정원과 우크라이나 정보당국은 북한이 러시아로부터 판치르-S1 야전 방공 시스템을 공급받아 평양 인근에 배치했다고 밝혔다. 판치르는 탐지거리 50km의 레이더를 갖추고 사거리 20km 안에 들어오는 고정익 항공기와 회전익기는 물론 미사일, 순항미사일을 요격할 수 있는 체계다. 비록 판치르는 정밀 명중과 동시 다목표 교전이 어려운 지령 유도 방식을 채택해 그 한계를 러시아-우크라이나 전장에서 드러냈으나, 여전히 강력한 탐지 능력을 보유한 무기다. 특히 여러 방공체계를 결합해 다층 방공망을 구성하면 우리 공군의 작전에 상당한 제한을 가할 수 있다. 판치르는 유사시 우리 공군의 활동이나 특수부대 침투 작전 간 큰 위협이 될 것이다.

북한은 '하늘의 지휘소'로 불리는 공중조기경보통제기(AWACS) 기술과 장비도 러시아로부터 도입했다. 지난 3월「조선중앙통신」은 김정은이 조기경보통제기를 참관하는 사진과 비행 장면을 공개했다. 이 기체는 IL-76 수송기 동체 위에 회전 레이돔을 장착해 러시아군이 운용하는 A-50 조기경보기와 매우 유사했다. 전문가들은 북한의 군수물자 지원에 대한 대가로 러시아가 관련 기술·장비를 이전했다고 추정한다. 북한이 조기경보기를 도입했다고 해서 곧바로 아 공군과 대등한 현대 공군 역량을 갖춘 것은 아니지만, 470km 탐지 범위를 가진 이 기체는 아 공군의 작전에 상당한 부담으로 작용할 것이다. 또한 이 조기경보기는 북한의 탄도미사일 시험에서 더 정밀하게 긴 시간 동안 발사체를 추적해 대륙간탄도탄(ICBM)의 재진입 기술 완성에 중요한 역할을 할 수 있다.

그 외에도 북한은 러시아를 통해 다양한 재래식 전력을 강화하고 있다. 국정원에 따르면 북한은 러시아로부터 전파교란 장치 등 최신 전자전 장비를 지원받았다. 일부 전문가들은 비록 진수에 실패하긴 했으나, 북한이 지난 4월 공개한 5,000t급 신형 다목적 구축함 '최현함'이 러시아의 기술 지원을 받아 건조됐을 가능성을 제기한다. 최현함의 마스트에 장착된 4면 위상배열 레이더는 러시아 카라쿠르트급 함정에 탑재된 레이더와 배치 형상과 설치 각도가 유사하며, 복합방공무기체계 역시 함대공 유도탄 발사관, 추적 레이더, 기관포, 구동축 등이 러시아 판치르 체계와 거의 같은 모습을 하고 있다는 것이다. 또한 최현함에 장착된 초음속 순항미사일은 러시아 극초음속 순항미사일 '지르콘'과 형상이 흡사하다는 평가도 나온다.

아울러 지난해 12월, 새뮤얼 퍼파로 미 인도·태평양 사령관은 북한이 파병 대가로 러시아와 4세대 전투기 MiG-29 및 Su-27 전투기 지원을 협의 중이라고 주장했다. 현재까지 이러한 거래가 실현되지는 않았으나, 만약 현실화한다면 북한이 새로 확보한 조기경보기와 시너지 효과를 내면서 아 공군에 전례 없는 위협을 가할 수 있다.

재래식 전력 강화 성과도 괄목할 만하지만, 북한은 비대칭 전력 부문에서도 상당한 진전을 이루고 있다. 북한군은 러시아-우크라이나 전쟁에 참전해 최신 드론 전술과 현대전 운용 경험을 빠르게 습득하고 있다. 지난 6월 북한은 드론을 활용한 공격, 방어, 정찰, 탐지, 은폐 임무를 통합 운용하는 협동 지휘와 전술 능력 향상을 목표로 특별훈련을 실시했다. 이는 드론과 전자전이 전장에서 매우 중요한 역할을 하는 러시아-우크라이나 전쟁의 전훈을 적극적으로 받아들이는 조치였다.

북한 전문 매체「NK뉴스」7월 2일자 보도에 따르면, 러시아 교관들은 평양과 원산 인근 훈련장에서 북한군 드론 조종사들에게 드론 운용 전술을 교육하고 있다. 아울러 우크라이나 정보국은 러시아가 북한이 이란제 자폭 드론 '샤헤드'의 러시아 버전인 '게란' 드론 생산 시설을 북한 영내에 건설하는 데도 기술적 지원을 하고 있다고도 주장했다.

김정은은 지난 3월 핵추진잠수함 건조 현장을 시찰하는 모습을「조선중앙통신」을 통해 공개했다. 북한이 독자 개발하기 어려운 핵추진잠수함 건조에 김정은이 직접 모습을 드러냈다는 점에서, 일부 전문가들은 러시아의 기술 지원이 임박했거나 최소한 기술, 장비 지원에 대한 물밑 접촉이 있는 것이 아닌지 의심하고 있다. 특히 국정원이 전망한 대로 7~8월에 북한군의 추가 파병이 이루어진다면, 핵잠수함부터 위성기술까지 더 폭넓은 군사기술 지원이 이뤄질 것으로 예상된다.

이 외에도 국정원에 따르면 북한은 러시아로부터 우주 발사체 엔진, 드론, 그리고 KN-23 탄도미사일의 정밀도 개량 기술 자문 등의 지원을 받고 있다. 이 같은 기술 지원은 북한의 무기체계를 과거 그 어느 때보다 빠르고, 치명적으로 현대화하는 발판이 되고 있다.

북한의 러시아-우크라이나 전쟁 파병의 이득은 북한에 있어 단순히 군사적 측면에 그치지 않는다. 파병은 위기에 봉착했던 북한 경제와 체제에 숨구멍을 틔워주고 있다.

지난 5월「데일리NK」보도에 따르면, 북한은 러시아에 약 1만 5000명의 병력을 파견하면서 월 4400만 달러를 초과하는 수익을 얻고 있을 것으로 추정된다. 국정원 추산에 따르면 북한은 군부대 외에도 약 1만 5000명의 노동자를 러시아에 송출했으며, 이들이 벌어들이는 외화 수입도 상당할 것으로 예상된다. 아울러 북한은 러시아에 꾸준히 군수물자를 공급하며 막대한 외화를 획득하고 있다.

외화 수익뿐 아니라 북한의 군수산업 전반도 러시아-우크라이나 전쟁을 계기로 일대 전환기를 맞았다. 국정원 산하 연구 기관인 국가안보전략연구원은 최근 연구에서 "(김정은의) 과거 핵과 미사일 개발에 집중됐던 관심이 이제 재래식 무기체계 현대화, 생산공정 혁신, 그리고 무인화·인공지능(AI) 등 첨단기술 도입으로 확대되고 있다"라고 진단했다. 아울러 "북한의 가속화·다각화되는 군수산업 현대화와 러시아의 기술 이전이 핵·미사일 능력 고도화와 함께 재래식 전력의 질적 향상을 촉진할 수 있다"라고 평가했다. 파병으로 말미암아 북한의 군사기술과 전략, 전술 패러다임은 물론 경제 산업의 패러다임까지 일대 대전환기, 혁신기를 맞은 것이다.

러시아-우크라이나 전쟁은 북한에 새로운 기회를 제공하는 동시에, 동북아를 넘어 전 세계 안보 지형에 심각한 균열을 일으키고 있다. 러시아는 전쟁 장기화로 발생하는 물자 부족과 군사적 수요의 상당 부분을 북한의 값싼 노동력과 군수물자로 메우며 전력을 유지하고 있고, 북한은 그 대가로 식량과 에너지 지원, 첨단 무기체계와 군사 기술 이전, 재래식·비대칭 전력 전반의 현대화 기회를 확보했다.

이 협력은 소련 붕괴 뒤 소원해졌던 북러 관계를 실질적 전략 동맹으로 전환시키는 촉매제가 됐다. UN안전보장이사회 상임이

사국이자 전후 질서의 기둥 중 하나였던 러시아가 국제사회에서 고립을 돌파하기 위해 북한과 같은 '왕따 국가'에 전쟁 수행 노력의 상당 부분을 의존하며 군사기술을 이전하는 광경은 자유주의 국제질서의 균열을 가장 극명하게 보여주는 장면이다.

북한에 러시아-우크라이나 전쟁 참전은 경제적 곤경의 탈출구이자, 한반도 전력 균형에서의 열세를 상당 부분 만회할 절호의 기회가 됐다. 판치르 야전방공체계, 조기경보기, 드론 및 전자전 기술, 그리고 우주·로켓 분야의 지원까지 이어지는 일련의 협력은 단기간에 북한의 군사 역량을 한껏 끌어올리고 있다. 파병으로 확보한 실전 경험은 북한군의 전술·지휘 체계 전반에 혁신의 씨앗을 심고 있으며, 이는 한반도 유사시 예상되는 북한발 위협의 범위와 강도를 근본적으로 달라지게 할 것이다.

북한은 이제 부실한 재래식 전력을 만회하기 위해 핵과 미사일 개발에 집중하는 국가를 넘어, 재래식 전력과 비핵 비대칭 전력 양 측면에서 한국을 상대로 상당한 억지력을 갖춘 국가로 진화하고 있다. 러시아의 기술 이전과 경험 공유, 외화 수익은 김정은 체제가 상당한 전략적 자율성을 유지하며 생존할 수 있는 토대를 제공하고 있다. 이는 동북아에서의 군비경쟁과 불안정성을 증폭시키는 요인으로 작용할 것이다.

전후 질서가 해체 조짐을 보이고 국가의 생존과 이를 위한 군사력을 강조하는 국제관계학에서의 현실주의 사조가 힘을 얻는 지금, 북한과 러시아의 협력 관계는 일시적 동맹이 아니라 장기적, 전략적 이익을 공유하는 지속적 파트너십으로 진화할 가능성이 높아지고 있다. 전쟁과 제재가 양국을 동맹으로 결속시키고, 그 결속이 또 다른 위협과 불확실성을 파생시키며 양국을 더 결속시키는 순환 구조가 만들어지고 있기 때문이다.

이러한 현실에 놓인 우리가 마주한 과제는 분명하다. 북한의 재래식 및 비대칭 전력 현대화가 동북아 안보 환경을 근본적으로 변화시키는 과정을 면밀히 주시하고, 러시아의 군사·경제 지원이 장기적으로 어떤 역내 전략적 균형을 초래할지를 철저히 검토해 정치적, 군사적 대책을 세워야 한다. 우크라이나 전쟁이 보여준 북러 협력의 실체는 전후 질서의 균열과 새로운 질서의 태동이 이미 시작되었음을 웅변한다. 지금 이 변화의 파고에 적응, 대응하는 데 실패한다면 우리는 장차 큰 대가를 치를 수밖에 없을 것이다.

▌ 윤우성 (런던정경대 국제관계학과, 서울대학교 국제대학원 석사 수료. 前 연합뉴스 기자. 前 국제형사재판소 근무. 現 국내 방위산업체 재직)

약자
Abbreviations

AA	Anti-air	대공(반항공)
AAA	Anti-aircraft artillery	대공포
AAM	Air-to-air missile	공대공 미사일
AEW&C	Airborne early warning and control	조기 경보 통제기
AFV	Armoured fighting vehicle	장갑 전투 차량
AGL	Automatic grenade launcher	자동 유탄 발사기
AIP	Air-independent propulsion	공기 불요 추진 체계
AP	Armour-piercing	철갑탄
APC	Armoured personnel carrier	병력 수송 장갑차
ASBM	Anti-ship ballistic missile	대함 탄도 미사일
ASHM	Anti-ship missile	대함 미사일
ASW	Anti-submarine warfare	대잠수전
ATGM	Anti-tank guided missile	대전차 유도 미사일
BVRAAM	Beyond-visual-range air-to-air missile	비가시거리 공대공 미사일
BWC	Biological Weapons Convention	생물 무기 금지 조약
CAS	Close air support	근접 항공 지원
CBRN	Chemical, biological, radiological and nuclear	화생방
CDS	Coastal defence system	연안 방어 시스템
CEP	Circular error probability	원형 공산 오차
CIA	Central intelligence Agency	미국 중앙정보국
CIWS	Close-in weapon system	근접 방어 무기 체계
CNC	Computer numerical control	컴퓨터 수치 제어
CWC	Chemical Weapons Convention	화학 무기 금지 조약
C4ISR	Command, control, communication, computers, intelligence, surveillance and reconnaissance	지휘, 통제, 통신, 컴퓨터, 정보, 감시 및 정찰
DEAD	Destruction of enemy air defences	적 방공망 파괴
DMZ	Korean Demilitarized Zone	군사 분계선(휴전선)
DoD	Department of Defence	국방부
DPRK	Democratic People's Republic of Korea	조선민주주의인민공화국
ECM	Electronic counter measure	전자 방해 공격
ELINT	Electronic inteligence	전자 정보
ERA	Explosive reactive armour	폭발 반응 장갑
GDP	Gross domestic product	국내총생산
GLATGM	Gun-launched anti-tank guided missile	포발사 대전차 미사일
GNSS	Global navigation satelite system	위성 항법 시스템
GPS	Global positioning system	위성 위치 측정 시스템
GPMG	General purpose machine-gun	다목적 기관총
GSD	General Staff Department	총참모부
FAC	Fast attack craft	고속 전투기
FCS	Fire-control system	사격 통제 시스템
FOB	Forward operating base	전방 작전 기지
HARTS	Hardened artillery site	강화 포격 거점
HE	High-explosive	고폭탄
HEAT	High-explosive anti-tank warhead	대전차 고폭탄
HEMP	HIgh-altitude electromagnetic pulse	고고도 전자기 펄스
HMG	Heavy machine gun	중기관총
IADS	Intergrated air defence system	통합 방공 시스템
IAEA	International Atomic Energy Agency	국제 원자력 기구
ICBM	intercontinental ballistic missile	대륙간 탄도 미사일
IFV	Infantry fighting vehicle	보병 전투차
INS	Inertial navigation system	관성 항법 장치
IR	Infrared	적외선
IRBM	Intermediate-range ballistic missile	중거리 탄도 미사일
JSA	Joint Security Area	공동 경비 구역
KCBC	Korean Central Broadcasting Committee	조선중앙방송
KCNA	Korean Central Newa Agency	조선중앙통신
KCTV	Korean Central Television	조선중앙텔레비죤
KPA	Korean People's Army	조선인민군
KPAAF	Korean People's Army Air and Anti-Air force	조선인민군 항공 및 반항공군

KPAGF	Korean People's Army Ground Force	조선인민군 육군
KPAN	Korean People's Army Navy	조선인민군 해군
LMG	Light machine gun	경기관총
LRF	Laser rangefinder	레이저 거리 측정기
LWR	Laser warning receiver	레이저 경보수신기
MANPADS	Man-potable air-defence system	보병 휴대용 대공 방어 체계
MaRV	Maneuverable re-entry vehicle	조정 가능 재돌입 운반체
MBT	Main battle tank	주력 전차
MCLC	Mine-clearing line charge	지뢰 제거 라인식 폭탄(미클릭)
MCLOS	Manual command to line of sight	수동 지령 조준선 일치 유도 방식
MDL	Military Demarcation Line	군사 분계선(휴전선)
MFD	Multi-function display	다기능디스플레이
MIRV	Multiple independently tagetable re-entry vehicle	다탄두 개별 유도탄
MLRS	Multiple launch rocket system	다연장 로켓 시스템
MoD	Ministry of Defance	국방부
MPAF	Ministry of People's Armed Forces	인민무력부
MRL	Multiple rocket launcher	다연장 로켓
MRBM	Medium-range ballistic missile	준중거리 탄도 미사일
NADA	National Aerospace Development Administration	국가우주개발국
NATO	North Atlantic Treaty Organization	북대서양 조약 기구
NBC	Nuclear, biological, chemical	화생방
NLL	Northern Limit Line	북방 한계선
NPT	Treaty on the Non-Proliferation of Nuclear Weapon	핵무기 비확산 조약
PCEC	Patrol craft escort	호위 초계정
PGM	Precision-guided Munition	정밀 유도 무기
PRC	People's Republic of China	중화인민공화국
PVA	People's Volunteer Army	중국인민의용군
RAP	Rocket-assisted projectile	로켓 보조 추진탄
RCL	Recoilless rifle	무반동포
RCS	Radar cross-section	레이더 반사 단면적
RGB	Reconnaissance General Bureau	조선인민군 정찰총국
RHA	Rolled homogeneous armour	압연 균질 장갑
ROK	Republic of Korea	대한민국
ROKA	Republic of Korea Army	대한민국 육군
ROKAF	Republic of Korea Air Force	대한민국 공군
ROKN	Republic of Korea Navy	대한민국 해군
ROKS	Republic of Korea Ship	대한민국 해군함
RPG	Rocket-propelled grenade	휴대형 대전차 로켓
R&D	Research and Development	연구 및 개발
SAM	Surface-to-air missile	지대공 미사일
SACLOS	Semi-automatic command to line of sight	반자동 지령 조준선 일치 유도 방식
SEAD	Suppression of enemy air defences	적 방공망 제압
SES	Surface effect ship	표면 효과선
SHORAD	Short range air defence	단거리 방공
SIGINT	Signals intelligence	전자, 통신 및 첩보
SFIC	Submersible fast infiltration craft	고속 반잠수정
SKD	Semi knock-down kit	부분적 녹다운 생산
SLBM	Submarine-launched ballistic missile	잠수함 발사 탄도 미사일
SLV	Satellite launch vehicle	위성 발사체
SOF	Special Operations Force	특수작전군
SPAAG	Self-propelled anti-aircraft gun	자주 대공포
SPG	Self-propelled gun	자주포
SPH	Self-propelled howitzer	자주 유탄포
SPM	Self-propelled mortar	자주 박격포
SRBM	Short-range ballistic misslie	단거리 탄도 미사일
SRF	Strategic Rocket Force	전략군
SSB	Sub-surface ballistic (ballistic missile submarine)	탄도 미사일 잠수함
SSBN	Sub-surface ballistic nuclear (nuclear ballistic missile submarine)	탄도 미사일 원자력 잠수함
SSES	Stealth surface effect ship	스텔스 표면 효과정
TE	Transporter erector	이동형 미사일 발사대(견인식)
TEL	Transporter erector launcher	이동형 미사일 발사대(자주식)
THAAD	Terminal high altitude area defence	종말 고고도 방위 미사일
UAV	Unmanned aerial vehicle	무인 항공기/드론
UHF	Ultra high frequency	초단파
UXO	Unexpioded ordinance	불발탄
UN	United Nations	국제연합
US/USA	United States of America	미합중국

참고문헌
Bibliography

Berger, Andrea. *Target Markets.* (Abingdon: Routledge, 2015)

Bermudez Jr., Joseph S. *Shield of the Great Leader: The Armed Forces of North Korea.* (St Leonards: Allen & Unwin, 2001)

Butowski, Piotr. *Russia's Warplanes. Volume 1: Russian-made Military Aircraft and Helicopters Today.* (Houston: Harpia Publishing, 2015)

Carrel-Billiard, François., Christine, Wing. *Nuclear Energy, Nonproliferation, and Disarmament: Briefing Notes for the 2010 NPT Review Conference.* (New York City: International Peace Institute, 2010)

Cooper, Tom. et al. *Libyan Air Wars Part 2: 1985-1986.* (Solihull: Helion & Company, 2016)

Federal Research Division. *North Korea a country study.* (Washington, DC.: Federal Research Division, 2008)

Gerardi, Greg J,. James A. Plotts. *An Annotated Chronology of DPRK Missile Trade and Developments.* (Monterey: Nonproliferation Studies at the Monterey Institute of International Studies, 1994)

James Martin Center for Nonproliferation Studies at the Monterey Institute of International Studies *North Korea Biological Chronology.* (Washington, DC.: Nuclear Threat Initiative, 2011)

James Martin Center for Nonproliferation Studies at the Monterey Institute of International Studies *North Korea Chemical Chronology.* (Washington, DC.: Nuclear Threat Initiative, 2011)

James Martin Center for Nonproliferation Studies at the Monterey Institute of International Studies *North Korea Missile Chronology.* (Washington, DC.: Nuclear Threat Initiative, 2012)

Kim Il-Sung. *The present situation and the tasks of our party; report at the conference of the Workers' Party of Korea.* (Pyongyang: Foreign Languages Pub, 1966)

Korean Overseas Information Service. *Undermining Peace: North Korea's Infiltration Tunnels.* (Seoul: Korean Overseas Information Service, 1991)

Marine Corps Intelligence Activity. *North Korea Country Handbook.* (Quantico: Marine Corps Intelligence Activity, 1997)

Ministry of National Defence of the Republic of Korea. *Defense White Papers 2006-2018.* (Yongsan, Seoul: Ministry of National Defence of the Republic of Korea, 2006-2018)

Sang-Hoon Chung, Joseph. *North Korea's "Seven Year Plan" (1961-70): Economic Performance and Reforms in Asian Survey Vol. 12 No. 6.* (Berkeley: University of California Press, 1972)

Schmucker, Robert. et al. *Raketenbedrohung 2.0: Technische und politische Grundlagen* (Hamburg: Mittler Verlag, 2015)

Singlaub, John K. et al. *Hazardous Duty.* (New York City: Touchstone, 1992)

Zaloga, Steven J. *Scud Ballistic Missile and Launch Systems 1955–2005.* (Oxford: Osprey, 2006)

각주
Notes

들어가며 / 서장

1   저자는 공군에 KPAAAAAF라는 우스운 약칭은 사용하지 않기로 했다.

2   본서의 일러스트는 결정적인 사진이 없는 무기/군장을 명료하게 보여주는 것을 목적으로 일부 장에서는 많은 일러스트를 게재했다.

3   Ambassador Han Duck-soo. 'Briefing –the Cheonan Situation' (2010) Center for Strategic and International Studies
    ➡ http://csis-prod.s3.amazonaws.com/s3fs-public/legacy_files/files/attachments/100525_AMB_Briefing-2.pdf

4   연평도 포격에서 발사된 포탄수는 170발이라 여겨지지만, 그중 150발은 최초의 일제 사격에서 발 사된 것으로 강령반도에 있는 3기의 다연장 로켓은 탑재된 발사기의 종류에 따라 다르지만, 최대 1,440발의 122㎜ 로켓탄을 몇 분 이내에 발사할 수 있다.

5   Joseph S Bermudez Jr. 'The Yon-pyong-do Incident' (2011) 38 north
    ➡ https://www.38north.0rg/wp-content/uploads/2011/01/38north_SR11-1_Bermudez_Yeonpyeong-do.pdf

6   중국은 북한과의 관계 악화에 대비해 최근 군사 시설의 파괴훈련을 활발히 실행하고 있다. 중국 동북부의 지린성(吉林省)에 있는 타오난(洮南)합동전술훈련기지 부근에 강까지 재현한 영변 핵 개발연구센터의 원자로 목업의 제압훈련이 대표적이다.

제1장 조선인민군 육군

1   북한이 제창하는 역사에 따르면 김일성이 창설과 지도에 중심적인 역할을 한 것은 하늘의 뜻이라고 한다. 이 이야기는 2월 8일의 인민군 창설 기념일이 축하받지 못하게 되었으며 김일성의 영웅적인 과거에 관한 프로파간다가 신격화의 영역에 들어선 1970년대에 크게 각색되었다.

2   Kathryn Weathersby. "Should We Fear This?' Stalin and the Danger of War with America' (2002) Wilson Center
    ➡ https://www.wilsoncenter.org/sites/default/files/ACFAEF.pdf

3   DPR Korea. 'Outstanding Leadership and Brilliant Victory' (1993) Wilson Center
    ➡ https://digitalarchive.wilsoncenter.org/document/155225

4   Central Intelligence Agency. 'National Intelligence Estimate Number 43.2-56 Probable Developments In North Korea Over The Next Few Years' (1956) CIA FOIA
    ➡ https://www.cia.gov/library/readingroom/document/0005500089

5   Kim Gwang-Hyeop. 'TELEGRAM From Pyongyang to Bucharest, NO.76.161 Top Secret, May 10, 1967' (1967) Wilson Center
    ➡ https://digitalarchive.wilsoncenter.org/document/116703

6   Joseph Sang-Hoon Chung. North Korea's "Seven Year Plan" (1961-70): Economic Performance and Reforms (Berkeley: University of California Press, 1972)

7   Mitchell Lerner. "Mostly Propaganda in Nature:' Kim Il Sung, the Juche Ideology, and the Second Korean War' (2010) Wilson Center
    ➡ https://www.wilsoncenter.org/sites/default/files/NKIDP_WP_3.pdf

8   Central Intelligence Agency. 'US Helicopter Shot Down By South Koreans' (1974) CIA FOIA
    ➡ https://www.cia.gov/library/readingroom/document/cia-rap78s01932a000100130014-9

9   Istvan Kadas. 'Report, Embassy of Hungary in North Korea to The Hungarian Foreign Ministry' (1967) Wilson Center
    ➡ https://digitalarchive.wilsoncenter.org/document/114578

10 John K. Singlaub et al.. hazardous Duty (New York: Touchstone, 1992)

11 Government of South Korea. 'South Korean Report on Kim Il Sung's Attempt to Visit The Ussr IN 1975' (1975) Wilson Center
    ➡ https://digitalarchive.wilsoncenter.org/document/114588

12 Steinhofer. 'Report From The GDR Embassy in The Dark' (1975) Wilson Center
    ➡ https://digitalarchive.wilsoncenter.org/document/114284

13 Andrei Gromyko. 'From The Jounal of Gromyko, Record of A Conversation With Ambassador Ri Sin-Pal of The Democratic People'S Republic of Korea' (1958) Wilson Center
    ➡ https://digitalarchive.wilsoncenter.org/document/116019

14 Central Intelligence Agency. 'The Korean Military Balance And Prospects for Hostilities on The Peninsula' (1987) CIA FOIA
    ➡ https://www.cia.gov/library/readingroom/document/0005569324

15 Jonos Taraba. 'Report, Embassy OF Hungary IN North Korea TO The Hungarian Foreign Ministry' (1985) Wilson Center
    ➡ https://digitalarchive.wilsoncenter.org/document/110142

16 Korean Central News Agency. Kim Jong Un Guides Test-fire Newly Developed Anti-tank Guided Weapon' (2016) KCNA
    ➡ https://www.Kcna.co.jp/item/2016/201602/news27/20160227-01ee.html

17 고 김정일에게 '조선로동당의 영원한 총비서'의 칭호를 추증했기 때문에 정식으로는 제1비서.

18 Republic of Korea Ministry of National Defense. 'Defence White Papers 2006-2018' ROK MoD

19 상동.

20 상동.

21 North Korea Leadership Watch. 'KWP Central Committee Organization and Guidance Department' (2009) North Korea Leadership Watch
    ➡ https://nkleadershipwatch.files.wordpress.com/2009/10/kwpcentralcommittee organizationandguidancedepartment.pdf

22 North Korea Leadership Watch. 'State Security Department' North Korea Leadership Watch
    ➡ http://www.nkleadershipwatch.org/state-securitydepartment/

23 BBC News 'North Korea defactor numbers 'drop' under Kim' (2018) BBC
    ➡ https://www.bbc.com/news/world-asia-45697236

24 Republic of Korea Ministry of National Defense. 'Defence White Papers 2006-2018' ROK MoD

25 Ho Il Moon. 'How big is the North Korean army? Evidence from missing population' (2011) VOX
    ➡ https://voxeu.org/article/how-big-north-koreanarmy-evidence-missing- population

26 Republic of Korea Ministry of National Defense. 'Defence White Papers 2006-2018' ROK MoD

27 Republic of Korea Ministry of National Defense. 'Defence White Papers 2006-2018' ROK MoD

28 Rodong Sinmun. '"More Than 3 475 000 Korean People Volunteer to Join or rejoin in Army"' (2016) Rodong Sinmun

29 Choi Song Min. 'Mandatory Military Service Extends to Women' (2015) Daily NK
    ➡ https://www.dailynk.com/english/mandatory-military-serviceextrends/

30 Federal Research Division. North Korea a country study. (Washington, DC., Federal Research Division, 2008)

31 상동.

32 Choi Song Min. 'Mandatory Military Service Extends to Women'

33 조선인민군의 군종은 냉전 중에는 3개뿐이었으나 현재는 5개다.

34 Republic of Korea Ministry of National Defense. 'Defence White Papers 2018' ROK MoD

35   Republic of Korea Ministry of National Defense. 'Defence White Papers 2006-2018' ROK MoD

36   상동.

37   Joseph S. Bermudez jr., Shield of Great Leader: The Armed Forces of North Korea (St Leonarda NSW: Allen & Unwin, 2001)

38   Republic of Korea Ministry of National Defense. 'Defence White Papers 2008' ROK MoD
➡ http://www.mnd.go.kr/mbshome/mbs/mndEN/

39   Republic of Korea Ministry of National Defense. 'Defence White Papers 2006-2018' ROK MoD

40   눈썰미가 좋은 독자라면 제6과 제11 보병군단이 없는 것을 눈치챘을 것이다. 제6 군단은 지휘관의 비리, 또는 반란계획이 발각되어 1995년에 해체. 부대는 제9 군단의 지휘 하에 들어갔다. 제11 군단의 경우 조금 더 복잡한데 그 명칭은 북한의 최정예 특수 부대로 악명이 높은 '폭풍군단'의 코드네임으로 살아남아 있다.

41   Joseph S. Bermudez jr. 'KPA Journal Vol.2 No.7' (2011) KPA Journal
➡ https://www.kpajournal.com/vol-2-no-7-july-2011/

42   Republic of Korea Ministry of National Defense. 'Defence White Papers 2006-2018' ROK MoD

43   상동.

44   상동.

45   상동.

46   상동.

47   상동.

48   GlobalSecurity.org 'Homeland Reserve Force' GlobalSecurity
➡ https://www.glolobalsecurity.org/military/world/rok/hrf.htm

49   Republic of Korea Ministry of National Defense. 'Defence White Papers 2006-2018' ROK MoD

50   Ruediger Frank. 'The SPA Session of April 2014: Spotlight on Sports and Economic and Trade Zones' (2014) 38 North
➡ https://www.38north.org/2014/04/rfrank042314/

51   Piro Bita and the DPRK Ambassador to Albania. 'Information on a Meeting between Piro Bita and the DPRK Ambassador' (1967) Wilson Center
➡ https://digitalarchive.wilsoncenter.org/document/114384

52   Kim Il Sung., The Present Situation and the Tasks of Our Party (Pyongyang: Foreign Languages Pub, 1966)

53   Joseph S. Bermudez jr., Shield of Great Leader: The Armed Forces of North Korea (St Leonarda NSW: Allen & Unwin, 2001)

54   Republic of Korea Ministry of National Defense. 'Defence White Papers 2006-2018' ROK MoD

55   Joseph S. Bermudez jr., Shield of Great Leader: The Armed Forces of North Korea (St Leonarda NSW: Allen & Unwin, 2001)

56   Republic of Korea Ministry of National Defense. 'Defence White Papers 2006-2018' ROK MoD

57   특히 중요한 것은 전략군의 동원 징후다.

58   Marine Corps Intelligence Activity. 'North Korea Contry Handbook' (1997) Federation Of American Scientists
➡ http://fas.org/nuke/guide/dprk/nkor.pdf

59   상동.

60   상동.

61   상동.

62   Official Twitter page of the United States Army.
➡ https://twitter.com/usarmy/status/999727165800411138

63   상당히 혼란을 초래하는 명명법으로 64식이라는 명칭은 소총과 권총뿐만 아니라 항공제 ZPU-4에도 사용되고 있다. 또한 시제품의 제작연도가 명칭에 표기된 년도 보다 오래된 경우도 있다. 예를 들어 PPSh-41이 실제로 제조되기 시작한 것은 1948년 말이었다.

64   Berger. Target Marketa (Abingdon: Royal United Services Institute, 2015)

65   Joby Warrick. 'A North Korean ship was seized off Egypt with a huge cache of weapons Destined for a surprising buyer' (2017) The Wasington Post
➡ https://www.wasingtonpost.com/world/national-security/a-north-koreanship-was-seized-off-egypt-with-a-huge-cache-of-weapons-destined-for-asurprising-buyer/2017/10/01/d9a4e06e-a46d-11e7-b14f-f41773cd5a14_story.html?utm_term=.6e416b8b939a

66   Berger. Target Marketa (Abingdon: Royal United Services Institute, 2015)

67   United Nations Security Council. 'Report of the Panel of Experts established pursuant to resolution 1874 (2009)' 8 March 2018 UNSC

68   Dan Shea and Heebum Hong. 'NORTH KOREAN SMALL ARMS' (2013) Small Arms Defense Journal
➡ https://www.sadefenselournal.com/wp/?p=1785

69   '동아일보. '천안함 폭침 1년] "北 특수 부대원들 지금도 땅굴로 한국 침투"' (2011) Dong-A Ilbo
➡ https://news.donga.com/Politics/3/00/20110323/35801211/1

70   SaCO-Defense. 'The close combat system of the People's Army of the People's Democratic Republic of Korea (PDRK)' SaCO-Defense
➡ https://www.saco-defense.de/geschichte/gjogsul-de/

71   Guy M. Hicks. 'North Korea: Exporting Arms and Terror' (1984) The Heritage Foundation
➡ https://www.heritage.org/arms-control/report/northkorea-exporting-arms-and-terror

72   Central intelligence Agency. 'North Korea: New Weapons For The Mechanized Forces' (1984) CIA FOIA
➡ https://www.cia.gov/library/readingroom/document/cia-rdp85t00310r0020080006-1

73   Nuclear Threat Initiative 'North Korean Missile Chronology' (2012) NTI
➡ https://www.nti.org/Media/Pdfs/North_korea_missile_2.pdf?_=1327534760?_=1327534760

74   북한에서는 휴대형 대공 미사일(MANPADS)을 화승총(火繩銃)이라 부르고 있어 분석 시 혼동을 준다.

75   수동 시선 유도 방식(MCLOS)의 조준에는 목표추적과 동시에 미사일을 유도(통상 조이스틱을 사용)하는 사수가 필요하다.

76   Oryx Blog. 'North KoreanHT-16PGJ MANPADS in Syria' (2016) Oryx Blog
➡ http://spioenkop.blogspot.com/2016/03/north-korea-ht-16pgjmanpads-in-syria.html

77   그 밖에도 이란으로 향하던 물량이 2009년에 태국에서 적발되었고, 2011년, 70발을 아제르바이잔에 양도한다는 거래가 있었으나 관련된 무기상인이 체포되면서 무산되었다.

78   Nuclear Threat Initiative 'North Korean Missile Chronology' (2012) NTI
➡ https://www.nti.org/Media/Pdfs/North_korea_missile_2.pdf?_=1327534760?_=1327534760

79   양쪽 다 발사기는 공통이며 미사일만 다르다. 신형의 제식명은 HG-16이다.

80   Joseph S. Bermudez jr., Shield of Great Leader: The Armed Forces of North Korea (St Leonarda NSW: Allen & Unwin, 2001)

81   9K111은 유선유도 반자동시선 유도식(SACLOS) 미사일을 사용한다. 이것은 사수가 미사일을 직접 조종하는 것이 아니라 조준기에 목표를 잡고만 있으면 되는 MCLOS식보다 진보된 방식이다.

82   Joseph S. Bermudez jr., Shield of Great Leader: The Armed Forces of North Korea (St Leonarda NSW: Allen & Unwin, 2001)

83   Andrea Berger. Tatget Markets (Abingdon: Royal United Services Institute, 2015)

84   Korean Central News Agency. 'Kim Jong Un Guides Test-fire of Newly Developed Anti-tank Guides Weapon' KCNA

85   United Nations Security Council. 'Report of the Panel of Experts established pursuant to resolution 1874 (2009)' 8 March 2018 UNSC

86   평양에서 개최된 조선인민군 무장장비전시회에서 얻은 정보.

87   Kyodo. 'N. Korea to mass-produce Syria-provided misslie' (2009) Kyodo News
➡ https://www.thefreelibrary.com/n.+Korea+to+mass-produce+Syriaprovided+missile.-a0202321247

88   속설과는 달리 AK-47의 탄창은 FRP(섬유강화 플라스틱)제로 베이클라이트제가 아니다.

89   NK-11이라는 명칭은 서방권에서 K-11 복합소총과 유사해 임의로 붙인 이름이다. 북한의 제식 명칭은 불명이다.

90   평양에서 개최된 조선인민군 무장장비전시회에서 얻은 정보.

91   상동.

92   Joseph S. Bermudez jr. 'KPA Journal Vol.2 No.7' (2011) KPA Journal
➡ https://www.kpajournal.com/vol-2-no-7-july-2011/

93   The Chosun Ilbo 'N.Korea Bought Huge Numbers of Chinese Military Vehicles' (2011) The Chosun Ilbo
➡ https://english.chosun.com/site/data/html_dir/2011/08/23/2011082300978.html

94   평양에서 개최된 조선인민군 무장장비전시회에서 얻은 정보.

95   Central intelligence Agency. 'North Korea: New Weapons For The Mechanized Forces' (1984) CIA FOIA
➡ https://www.cia.gov/library/readingroom/document/cia-rdp88t00539r000400490002-2

96   97 천마라는 이름은 하늘을 나는 말이 아니라 천리마에서 유래한 명칭이다.

98   Central intelligence Agency. 'North Korea: New Weapons For The Mechanized Forces' (1986) CIA FOIA

➡ https://www.cia.gov/library/readingroom/document/cia-rdp88t00539r000400490002-2

99 물론 친소련 국가들 대부분은 훨씬 고성능의 T-72라는 선택지가 생겼다.

100 심수도하란 수밀처리된 전차의 포탑에 스노클을 부착해 공기를 순환하면서 하천을 주행해 건너는 것을 말한다. 소련제 전차와 북한제 전차는 원칙적으로 수심 5미터까지 심수도하가 가능하다. 반면에 미군의 기갑 차량은 심수도하 기능이 없는 경우가 많다. 한국의 전차인 K-1과 K-2는 스노클(북한군과 달리 비상 시 전차병이 탈출할 수 있는 크기다.)을 수송하는 병참차량이 필요하지만, 도하능력은 있다.

101 소련은 오랫동안 주조포탑을 전차에 사용해 왔다. 주조포탑은 복잡한 제조공정을 거치지 않고 정확한 형상을 고르게 생산할 수 있다는 장점이 있기 때문이다. 서방 국가의 전차는 복합장갑이 발명되면서 용접포탑을 사용하게 되었으며 북한은 1990년대 이후, 소련은 T-90A부터 용접포탑을 사용하고 있다.

102 군사분야에서 루마니아의 협력은 조선인민군의 무기에 명확한 변화를 가져왔지만, 평양의 전차공업에서 루마니아의 직접적인 영향은 보이지 않는다.

103 주체력은 김일성의 탄생년도인 1912년을 원년으로 한다.

104 Central intelligence Agency. 'North Korea: New Weapons For The Mechanized Forces' (1986) CIA FOIA
➡ https://www.cia.gov/library/readingroom/document/cia-rdp88t00539r000400490002-2

105 평양에서 개최된 조선인민군 무장장비전시회에서 얻은 정보.

106 장갑방어력은 각종 포탄에 대해 균질압연강판(RHA) 몇 mm 두께와 동급이라는 식으로 표현한다. 이 수치는 탄종에 따라 다르기 때문에 일률적으로 적용할 수는 없다. 다만 RHA 등급으로 평가하자면 선군-915형의 포탑 정면장갑은 HEAT탄에 대해 균질압연강판으로 900mm 상당의 방어력(장갑의 경사각도 고려)이 있다고 하겠다. 이것은 T-90의 장갑방어력에 필적한다(그럴 가능성은 낮다. 대략 580mm 급이라 보고 있다.).

107 평양에서 개최된 조선인민군 무장장비전시회에서 얻은 정보.

108 상동.

109 상동.

110 동시 착탄사격(TOT)에서 최대효력을 얻기 위해서는 다수의 포를 동원해 동시에 착탄하도록 포격해야 한다.

111 극단적인 예로 1960년대의 2K6 루나 전술 미사일이 최신 300mm 다연장 로켓과 함께 일제 사격하는 경우도 있다. 후자가 공산 오차를 무시할 정도의 정밀 유도 미사일을 1대에 8발 탑재하고 사거리 200km가 넘는 데 비해 전자는 공산 오차 약 800미터에 사거리 45km의 미사일을 1발 탑재하고 있다. 탄두 중량의 차이는 300mm MLRS보다 2K6가 우위에 있어 두 시스템은 앞으로도 같이 운용될 것이다.

112 평양에서 개최된 조선인민군 무장장비전시회에서 얻은 정보.

113 상동.

114 상동.

115 상동.

116 필자는 이 자주포의 독특한 외관이 귀엽게 보여 '러버덕(고무 오리)'이라는 닉네임을 붙였다.

117 북한의 정식 명칭은 '주체포'라고 판명되었으며 곡산포와는 다른 것이다. 보급판 자주포의 명칭은 불명이며 주체포라 여겨진 것은 단순한 실수인 것 같다.

118 Central intelligence Agency. 'North Korea: New Weapons For The Mechanized Forces' (1987) CIA FOIA
➡ https://www.cia.gov/library/readingroom/document/cia-rdp88t00539r000600800002-5

119 한국 육군의 화포 사거리는 조선인민군 육군 포병의 대부분이 곡산을 도입하기 이전에도 북한 포병에 비해 사거리가 모자랐다. M-46 130mm 야포나 그 북한판 야포 등을 상대로 보복 공격이 가능한 것은 소수의 M107 175mm 자주포와 1984년부터 배치되기 시작한 KH-179 155mm 견인식 곡사포뿐이었다.

120 Central intelligence Agency. 'North Korea: New Weapons For The Mechanized Forces' (1987) CIA FOIA
➡ https://www.cia.gov/library/readingroom/document/cia-rdp88t00539r000600800002-5

121 Rick Francona. 'North korean M1978 Koksan Gun-the Iranian angel' (2017) Middle East Perspectives
➡ http://francona.blogspot.com/2017/08/north-Korea-an-m1978-koksan-gun-iranian.html

122 평양에서 개최된 조선인민군 무장장비전시회에서 얻은 정보.

123 상동.

124 상동.

125 상동.

126 상동.

127 이 트럭은 인민해방군에서도 81식 40연장 122mm 다연장 로켓 시스템에 사용되고 있다.

128 Yonhap News Agency '(4th LD) N. Korea fires 25 shoot-range missiles toward East Sea' (2014) Yonhap News Agency
➡ https://en.yna.co.kr/view/AEN20140316003053315

129 확실한 오류이지만, 당시 같은 이름이 신형 대함 미사일에도 사용되었다.

130 하지만 흥미롭게도 이후 퍼레이드나 훈련에서 목격된 차량에는 거의 보이지 않는다.

131 Jeong Yong-Soo, Kang Jin-Kyu. 'Document says North now has guided 300mm launchers' (2017) Korea JoongAng Daily
➡ http://koreajoongangdaily.joins.com/news/article/article.aspx?aid=3034911

132 United Nations Security Council. 'Report of the Panel of Experts established pursuant to resolution 1874 (2009)' 27 February 2017 UNSC

133 Yonhap News Agency '(LEAD) N. Korea deploys 300 new MLRS along front line: sources' (2016) Yonhap News Agency
➡ https://english.yonhapnews.co.kr/national/2016/04/24/51/0301000000AEN20160424002700315F.html

134 지적하고 싶은 점은 만약 정확하다면 이 숫자에는 76.2mm 해안포에서 발사된 포탄도 몇 발인가 포함되었을 거라는 점이다. 이 포들은 제2차 세계 대전 중에 개발된 구형 ZiS-3형보다도 우수한 것 같지만, 사용된 포탄은 수십 년이나 보관하던 재고탄인 것 같다.

135 Joseph S Bermudez Jr. 'The Yon-pyong-do Incident, November 23, 2010' (2011) 38 north
➡ https://www.38north.org/wp-content/uploads/2011/01/38north_SR11-1_Bermudez_Yeonpyeong-do.pdf

136 베이스 블리드(BB: Base Bleed)탄이란 포탄 후미에 소형 가스발생기를 장착해 포탄 후방에 항력을 감소시켜 사거리를 연장하는 포탄이다. 사거리가 늘어나는 대신에 명중 정밀도가 약간 낮아진다. 로켓보조 추진탄이란 포탄 내부에 로켓모터를 내장해 포탄의 비행 중에 점화해 사거리를 대폭 연장시키는 포탄으로 내부 구조가 복잡해지는 단점이 있다. 로켓보조 추진탄은 북한의 다양한 화포에서 사용되는 것이 확인되었다.

137 이 사격모드에서는 장약량과 사격각도를 조정하면서 동일 포에서 다수의 포탄을 연속 사격해 전탄을 목표에 동시 착탄시켜 최대효과를 얻는다.

138 United Nations Security Council. 'Report of the Panel of Experts established pursuant to resolution 1874 (2009)' 27 February 2017 UNSC

139 Republic of Korea Ministry of National Defense. 'Defence White Papers 2006-2018' ROK MoD

140 Marine Corps Intelligence Activity. 'North Korea Contry Handbook' (1997) Federation Of American Scientists
➡ http://fas.org/nuke/guide/dprk/nkor.pdf

141 북한에서는 6.25 전쟁 시절의 불발탄이 지금도 전국 각지에 묻혀 있기 때문에 평시에도 폭탄처리반이 활동하고 있으며 그중에는 적십자에서 훈련을 받은 폭탄처리반도 있다.

142 Central intelligence Agency. 'Possible Production of New Air Defense Weapon System' (1983) CIA FOIA
➡ https://www.cia.gov/library/readingroom/document/cia-rdp91t00712r000200510005-1

143 ZSU-23-4의 23×152mmB 탄은 북한에서는 생산(또는 현재 사용)되고 있지 않아 쉴카 자주 대공포의 배치수는 소수에 그쳤고, 이 후 모스볼 처리 되었을 것으로 생각된다.

144 이런 식의 개장은 전례가 없는 것은 아니다. 예를 들어 러시아의 스트렐라-10은 스트렐레츠제 이글라용 4연장 포가를 사용할 수 있다. 일반적으로 현대의 MANPADS는 스트렐라-10에 사용되는 미사일의 파생형보다 훨씬 우수한 성능을 가졌기 때문에 이런식으로 사용되는 것은 자연스러운 흐름이다.

145 United Nations Security Council. 'Report of the Panel of Experts established pursuant to resolution 1874 (2009)' 6 March 2014 UNSC

146 BBC News 'North Korea 'jamming GPS signals' near South border' (2016) BBC
➡ https://www.bbc.com/news/world-asia-35940542

제2장 특수작전군

1 Republic of Korea Ministry of National Defense. 'Defence White Papers 2006-2018' ROK MoD

2 물론 특수작전군은 냉전 시대에는 일개 부대로서 활동했지만, 현재 조선인민군의 5개의 군종 중 하나가 되어 공식적으로 구분된 것은 2010년대 초부터였다.

3 Republic of Korea Ministry of National Defense. 'Defence White Papers 2006-2018' ROK MoD

4 Korean Overseas Information Service. 'Undermining Peace: North Korea's Infiltration Tunnel's

5 Singlaub, John K. et al. Hazardous Duty. (New York City, Touchstone, 1992)

6 Korean Overseas Information Service. 'Undermining Peace: North Korea's Infiltration Tunnel's

7 상동.

8 이것은 '조선의 벽', 즉 비무장 지대의 남측에 1970년대 말에 건설된 장대한 대전차 방어 시설을 말하며 당시 북한의 프로파간다에도 자주 등장했다.

9 Central intelligence Agency. 'The Korean Military Balance And Pros-

pects For Hostilities On The Peninsula' CIA FOIA
➡ https://www.cia.gov/library/readingroom/docu-ment/0005569324

10 실제로는 약 1개월에 걸친 격전 끝에 유엔군이 북한군과 중공군을 격퇴했지만, 쌍방 간에 막대한 피해가 발생했다.

11 공수작전이란 주로 목표 지점에 낙하산을 이용해 병력을 강하시키는 작전을 말하며 헬기에서 로프로 병사가 강하하는 헬리본(Heliborne), 수송기를 이용해 착륙해 수송하는 것도 공수작전에 포함된다.

12 Republic of Korea Ministry of National Defense. 'Defence White Papers 2006-2018' ROK MoD

13 '동아일보. '천안함 폭침 1년] "北 특수 부대원들 지금도 땅굴로 한국 침투"' (2011) Dong-A Ilbo
➡ https://news.donga.com/Politics/3/00/20110323/35801211/1

14 이 유일한 도망자는 초기 보고서에는 기재되지 않았지만, 또 한 명의 생존자인 김신조의 증언에 따르면 그 인물은 현재 조선인민군 대장인 박재경(은퇴 후 명예직을 받았다고 한다.)이라 한다.

15 하지만 북한 병사들은 공산주의 대의의 정당성을 4인에게 납득시키지 못했고, 경찰에 신고하지 말라고 말하며 떠났다. 만약 공비들이 4인을 죽이기로 결정했다면 작전은 계획대로 성공했을지도 모른다.

16 Bemil Chosun. '2015년 서부전선 포격 사건 때 북한 특수 부대가 복제한 K2 소총을 들고 있었다는 부사관의 증언' (2018) bemil.chosun
➡ http://bemil.chosun.com/nbrd/bbs/view.html?b_bbs_id=10044&num=214033

17 Jae-Hong Kwon and Choi Yul-Mi. '육군 모 부대 해안 초소, 소령 사징 총기 탈취사건 발생 {이호인}' (1997) MBC News
➡ http://imnews.imbc.com/20dbnews/history/1997/1974254_19482.html

18 Lindsay Whitehurst. 'Man accused in night vision goggles case agrees to plea deal' (2015) AP News
➡ https://apnews.com/sf1cfe6fd97e42248fe4f0b24a5bf27f/man-accused-night-vision-gogglescase-agrees-plea-deal

19 Shin joo Hyun. 'North Korean Submarine Helmsman Breaks 14-Year Silence' (2010) Daily NK
➡ https://www.dailynk.com/english/north-koreansubma-rine-helmsman-br/

20 북한공작원의 체포 또는 사살에 도움이 되는 정보제공에 대해 높은 포상금이 작전실패의 또 다른 원인으로 여겨진다.

21 North Korea Leadership Watch. 'Guard Command' (2012) North Korea Leadership Watch
➡ http://www.nkleadershipwatch.org/guard-command-2/

제3장 조선인민군항공군 및 반항공군

1 Central intelligence Agency. 'THe North Korean Air Force' (1960) CIA FOIA
➡ https://www.cia.gov/library/readingroom/document/ciardp-80t00246a056900170001-2

2 중국제 전투기는 보통 J-○○라는 제식명이 붙는다. 중국어로 전투기를 의미하는 섬격기(殲擊機, Jianjiji)의 영어 머리글자에서 유래. 수출형은 영어인 Fighter의 머리글자인 F로 바뀌어 J-5는 F-5가 된다.

3 Central intelligence Agency. 'PRELIMINARY COMMENTS ON(SANI-TIZED) MISSION 181 FLOWN ON 6 OCTOBER 1963' (1963) CIA FOIA
➡ https://www.cia.gov/library/readingroom/document/cia-rd-p89b00709r000100120007-8

4 Colonel Ustinov. 'MEMORANDUM OF CONVERSATION BETWEEN SOVIET AMBASSADOR TO NORTH KOREA VASILY MOSKOVSKY AND ACTING SOVIET MILITARY ATTACHe USTINOV' (1962) Wilson Center
➡ https://digitalarchive.wilsoncenter.org/document/110487

5 Merle Pribbnow. 'North Korean Pilots in the Skies over Vietnam' (2011) Wilson Center
➡ https://digitalarchive.wilsoncenter.org/publication/nkidp-e-dossierno-2-north-korean-pilots-the-skies-over-vietnam#fn2

6 Dario Leone. 'An unknown story from the Yom Kippur war: Israeli F-4s vs North Korean MiG-21s' (2013) The Aviationist
➡ http://theaviationist.com/2013/06/24/iaf-f-4-vs-nk-mig21/

7 Central intelligence Agency. 'North Korea-USSR: How Close Can They Get?' (1986) CIA FOIA
➡ https://www.cia.gov/library/readingroom/document/cia-rdp86t01017r000605840001-7

8 Central intelligence Agency. 'North Korea: Jet Fighter Production' (1984) CIA FOIA

➡ https://www.cia.gov/library/readingroom/document/ciardp85t00310r000100060006-4

9 Central intelligence Agency. 'North Korea Military Capabilities and Intentions Toward South Korea' (1975) CIA FOIA
➡ https://www.cia.gov/library/readingroom/docu-ment/0003206312

10 Central intelligence Agency. 'North Korea: Jet Fighter Production' (1984) CIA FOIA
➡ https://www.cia.gov/library/readingroom/document/ciardp85t00310r000100060006-4

11 Central intelligence Agency. 'North Korea: Growth of the Helicpter Force' (1985) CIA FOIA
➡ https://www.cia.gov/library/readingroom/document/cia-rdp04t00447r000200810001-3

12 Los Angeles Times '2 Indictes in Sale of 87 Copters to N. Korea' (1987) LA Times
➡ https://www.latimes.com/srchives/la-xpm-1987-01-22-mm-377-story.html

13 2016년 2월, 저자가 전 러시아군 Su-25 파일럿과의 인터뷰에서.

14 Seung Ho Joo. 'DPRK-Russian Raprochement and its Implications for Korean Security' (2000) International Journal of Korean Unification Studies
➡ https://www.researchgate.net/profile/Seung_ho_Joo/publication/228994618_DPRK-Russian-Raprochement-and-its-Impli-cations-for-Korean-Security.pdf

15 Piorr Butowski. Russia's Warplanes. Volume 1: Russian-made Military Aircraft and Helicopters Today (Houton: Harpia Publishing, 2015)

16 Joseph S Bermudez Jr. 'North Korea Drones On: Redeux' (2016) 38 North
➡ https://www.38north.org/2016/01/jbermudez011916/

17 Joseph S. Bermudez jr., Shield of Great Leader: The Armed Forces of North Korea (St Leonarda NSW: Allen & Unwin, 2001)

18 Russian Center for Policy Research. 'Scandal With MIG-21 Sale To North Korea May Affect Kazakhstani Arms Market' (1999) PIR-Center
➡ http://www.bu.edu/globalbeat/nuclear/PIR1099.html

19 Ganbat Namjilsangarav. 'Mongolian General probed for North Korean jet deal' (2013) The Washington Examiner
➡ https://www.wasingtonexaminer.com/mongolian-general-probed-for-north-korean-jet-deal

20 The Chosun Ilbo 'N.Korea Air Force Chief with Kim Jong0il on Russia Trip' (2011) The Chosun Ilbo
➡ http://english.chosun.com/site/data/html_dir/2011/08/29/2011082900358.html

21 Jeong Yong-soo. 'Pyongyang asked for Russian fighter jets: official' (2015) Korea Joongang Dailly
➡ http://koreajoongangdailiy.joins.com/news/article/Article.aspx?aid=2999455

22 Strategypage 'Naval Air: North Korea Denied Chinese Bombers' (2011) strategypage
➡ https://www.strategypage.com/htmw/htnavai/20110512.aspx

23 Polina Nikolskaya. 'Kim Jong Un's art of the deal-make friends for spare parts' (2018) Reuters
➡ https://uk.reuters.com/article/uk-northkorea-russiasanc-tions-insight/kim-jong-uns-art-of-the-deal-make-friends-for-spare-partsidUKKCN1J214A

24 이것은 김정일과 대조적으로 김정일은 1976년의 헬기 사고 탓에 비행기공포증이 생겼다.

25 Republic of Korea Ministry of National Defense. 'Defence White Papers 2006-2018' ROK MoD
➡ http://mnd.go.kr/mbshome/mbs/mndEN/

27 Democratic Voice of Burma. 'Report of Shwe Mann's visit to North Korea' (2010) DVB
➡ http://www.dvb.no/burmas-nuclear-ambitions/burmasnucle-ar-ambitions-military-docs/military-docs/9279

28 2016년 2월, 저자가 전 러시아군 Su-25 파일럿과의 인터뷰에서.

29 Deano. 'Yugoslav Air Force Combat Aircraft: 1998 to 2006-Kosovo and the End' (2016) Aces Flying High
➡ https://acesflyinghigh.worldpress.com/2016/02/24/yugo-slav-air-force-combat-aircraft-1998-to-2006-kosovoand-the-end/

30 Joseph S. Bermudez jr.. Shield of Great Leader: The Armed Forces of North Korea (St Leonarda NSW: Allen & Unwin, 2001)

31 오중합은 김일서과 함께 일본군과 싸웠다. 제7 련대는 항일전쟁과 조국해방

전쟁(6.25 전쟁)에 참가한 부대다. 이 칭호는 1996년 1월 1일 김정일이 수여했다. 영웅 칭호가 붙은 부대는 조선인민군의 다른 병과에도 존재했다.

32 김지상은 조선인민군 공군 소령으로 조국해방전쟁(6.25 전쟁) 중에는 비행연대의 대장이었다. 김지상은 6기를 격추해 에이스로 인정 받았지만, 이에 대해서는 이론의 여지가 있다.

33 길영조(吉永祚)는 1992년 12월 23일 탑승한 MiG-21PFM이 기체고장으로 추락하던 중 김일성 동상을 피해 기체를 조종해 추락사했다. 김영조는 사후 '공화국영웅' 칭호를 받았다. 아들인 길영훈은 현재 조선인민군 공군의 제188부대에서 F-7I를 조종하고 있다. 우습게도 F-7I는 MiG-21PFM보다도 오래된 MiG-21F-13의 설계를 기반으로 만들어진 기체다.

34 기묘하게도 공군 기지의 일반적인 활주로가 아니라 산을 파고들어가 반대 측의 비포장 활주로에 방치되었다.

35 Jone G. Grisafi. 'The An-2: N. Korea's surprisingly capable Soviet-era biplane' (2014) NK News
➡ https://www.nknews.org/2014/09/the-an-2-nkoreas-surprisingly-capable-aircraft/

36 이것은 2010년대에 한국 공군에 보잉 737형 공중조기경보통제기(AWACS) 4기가 도입되어 저고도의 위협을 쉽게 탐지할 수 있게 되면서 특히 그렇게 되었다. 또한 한국이 운용하는 An-2(한국 공군에서의 명칭은 L-11)는 공식적으로는 연습기지만, 실제 운용 목적은 An-2의 성능 연구와 동형의 기체를 사용해 역으로 북한으로 잠입 시도일 것이다. (20여 대를 보유 중이며 북한 침공을 방어하기 위한 훈련용, 또는 실제 강습을 위한 훈련용, 기초 비행 훈련용 등 다양한 용도로 사용되고 있다.)

37 2017년 4월, 저자가 동 부대의 전 쿠바군 파일럿과의 인터뷰에서.

38 Chinese Aviation Archives via Hsu Tien-Jan

39 Joseph S. Bermudez jr., Shield of Great Leader: The Armed Forces of North Korea (St Leonarda NSW: Allen & Unwin, 2001)

40 Central intelligence Agency. 'North Korea: Growth of the Helicipter Force' (1985) CIA FOIA
➡ https://www.cia.gov/library/readingroom/document/ciardp04t00447r000200810001-3

41 상동.

42 한편, 북한은 이 계획이 유출된 덕분에 손해를 보지 않게 되었다. 사실 루마니아의 IAR-93은 품질에 문제가 있어 고장률이 높았다. 같은 문제는 J-22(IAR-93의 유고슬라비아 생산판)에서도 발생했으며 북한의 공업기술력으로는 설계를 분석해 문제를 해결할 수 있다고 보기 어렵다.

43 Central intelligence Agency. 'North Korea: Jet Fighter Production' (1984) CIA FOIA
➡ https://www.cia.gov/library/readingroom/document/ciardp85t00310r000100060006-4

44 Joseph S. Bermudez jr., Shield of Great Leader: The Armed Forces of North Korea (St Leonarda NSW: Allen & Unwin, 2001)

45 상동.

46 하지만 개수 시기는 각각 달랐다. 예를 들어 F-6의 동체 하부의 하드포인트 추가가 처음으로 확인된 것은 2010년대가 되면서 부터.

47 이것은 종류가 다른 알루미늄 합금이 사용되어 일지도 모른다.

48 예를 들어 2010년의 연평도 포격이 있기 전에 보안통신용 유선통신망의 설치하기 위해 많은 노력을 기울인 것에서 잘 알 수 있다.

49 Pesach Malovany. 'What Stands Behind the Failure of the Syrian Air-Defense Systems?' (2018) IsraelDefense
➡ http://www.IsraelDefense.co.il/en/node/35119

50 United Nations Security Council. 'Report of the Panel of Experts established pursuant to resolution 1874 (2009)' 27 February 2017 UNSC

51 무유도 폭탄에 키트를 부착해 개조하는 타입도 있다. 이것은 다양한 중량의 각종 구형폭탄을 미군의 JDAM(합동정밀탄)(활공능력을 가진 것은 JDAM-ER)처럼 유도활공 폭탄으로 개조할 수 있다.

52 한국군은 레이더 반사 면적이 작은 목표에 대항하기 위해 M167A3 견인형 발칸포와 K263A1 자주 발칸에 2019년부터 적외선 열영상 카메라 장착을 진행하고 있다. (2022년부터 천호 자주 내공포로의 대체가 진행)

53 Joseph S Bermudez Jr. 'North Korea Drones On: Redeux' (2016) 38 North
➡ https://www.38north.org/2016/01/jbermudez011916/

54 상동.

55 Yonhap News Agency. 'N. Korea developing unmanned attack aircraft from US drones: source' (2012) Yonhap
➡ https://english.yonhapnews.co.kr/northkorea/2012/02/05/17/04010000000AEN20120205000900315F.HTML

56 JH Ahn. 'N.Korea possibly copied world-record holding drone, images suggest' (2016) NK News
➡ https://www.nknews.org/2016/12/n-koreapossibly-copied-world-record-holding-drone-images-suggest/

57 Yonhap News Agency '(LEAD) N. Korea in process of developing long endurance aerial drone: gov't' (2016) Yonhap
➡ http://english.yonhapnews.co.kr/search1/2603000000.html?cid=AEM20161218002851315

58 Sang Jun Lee. 'North Korean UAVs Likely of Chinese Origin' (2014) CogitASIA
➡ https://www.cogitasia.com/north-korean-uavs-likely-of-chinese-origin

59 Choi Kyong-ae. 'Expert claims N. Korea develops drone for dirty bomb attack' (2016) Yonhap News Agency
➡ https://english.yonhapnews.co.kr/northkorea/2016/12/27/0401000000AEN20161227008200315

60 Joseph S Bermudez Jr. 'North Korea Drones On' (2014) 38 North
➡ https://www.38north.org/2014/07/jbermudez070114/

61 평양에서 개최된 조선인민군 무장장비전시회에서 얻은 정보.

62 Central intelligence Agency. 'DEPLOYMENT OF NEW ANTIAIRCRAFT SYSTEM MIRIM AIRFIELD, NORTH KOREA' CIA FOIA
➡ https://www.cia.gov/library/readingroom/document/ciardp82t00709r000101010001-4

63 Nuclear Threat Initiative 'North Korean Missile Chronology' (2012) Nuclear Threat Initiative
➡ https://www.nti.org/Media/Pdfs/North_korea_missile_2.pdf?_=1327534760?_=1327534760

64 Central intelligence Agency. 'SUMMARY OF SA-2 ACTIVITY IN NORTH KOREA FEBRUARY 1973-JANUARY 1974' (1974) CIA FOIA
➡ https://www.cia.gov/library/readingroom/document/ciardp-78t05162a000400010008-9

65 Central intelligence Agency. 'Trends in North Korea's Ground Forces' (1986) CIA FOIA
➡ https://www.cia.gov/library/readingroom/document/ciardp88t00539r000400490002-2

66 Tom Cooper. libyan Air Wars Part 2: 1985-1986 (solihull: Helion & Company, 2016)

67 같은 방식의 레이더 사이트는 원산 남쪽 시진 암초에도 있다. 주변 해역의 대부분을 감시할 뿐만 아니라 원산 방공의 일익을 담당하고 있다.

68 United Nations Security Council. 'Report of the Panel of Experts established pursuant to resolution 1874 (2009)' 27 February 2017 UNSC

69 The Chosun Ilbo 'N.Korea 'Successfully Test Fired Short-Range Missile'' (2011) The Chosun Ilbo
➡ http://english.chosun.com/site/data/html_dir/2011/06/14/2011061400518.html?c=1495361943114

70 Nuclear Threat Initiative 'North Korean Missile Chronology' (2012) Nuclear Threat Initiative
➡ https://www.nti.org/Media/Pdfs/North_korea_missile_2.pdf?_=1327534760?_=1327534760

제4장 조선인민군 해군

1 Ed Evanhoe. 'US Navy Ships: Sunk or Damaged in Action during the Korean Conflict' Naval History and Heritage Command
➡ http://www.koreanwar.com/USNavy/usnavyshipssunk.html

2 DPR Korea. 'Outstanding Leadership and Brilliant Victory' (1993) Wilson Center
➡ https://digitalarchive.wilsoncenter.org/document/155225

3 북한 측은 정반대로 '남조선함이 북조선 영해에 침입했다.'라고 주장한다.

4 Chad O'Carroll. 'At least 24 N. Korean Sailors dead in E. Coast naval accident' (2013) NK News
➡ https://www.nknews.org/2013/11/at-least-24-nkorean-sailors-dead-in-e-coast-naval-accident/

5 Central intelligence Agency. 'Naval Base Wonsan Munchon, North Korea' (1966) CIA FOIA
➡ https://www.cia.gov/library/readingroom/document/cia-rdp78t05929a002200090008-0

6 Nuclear Threat Initiative 'North Korean Missile Chronology' (2012) Nuclear Threat Initiative
➡ https://www.nti.org/Media/Pdfs/North_korea_missile_2.pdf?_=1327534760?_=1327534760

7 금성(金星) 미사일 같이 북한에서는 미사일에 천체명에서 유래한 이름을 붙이는 경우가 많다.

8 Central intelligence Agency. 'Naval Base Wonsan Munchon, North Korea' (1968) CIA FOIA
➡ https://www.cia.gov/library/readingroom/document/cia-rdp79-00849□0012200010008-2

9 Central intelligence Agency. 'Construction And Modification Of North Korean Naval Combatants, January 1983 Through July 1986' (1987) CIA FOIA
➡ https://www.cia.gov/library/readingroom/document/

10 상동.
11 상동.
12 Central intelligence Agency. 'SIGNIFICANCE AND IMPLICATION OF THE NORTH KOREAN-LIBYAN FRIENDSHIP TREATY' (1982) CIA FOIA
➡ https://www.cia.gov/library/readingroom/document/ciardp85t00153r000100040017-9
13 Joseph S Bermudez Jr. 'North Korea Drones On' (2014) 38 North
➡ https://www.38north.org/2014/07/jbermudez070114/
14 Nuclear Threat Initiative 'North Korean Missile Chronology' (2012) Nuclear Threat Initiative
➡ https://www.nti.org/Media/Pdfs/North_korea_missile_2.pdf?_=1327534760?_=1327534760
15 20km 거리에서 목표를 탐지하는 액티브 레이더가 있어도 초저공의 '시스키밍' 비행으로 접근한 미사일은 약 7km의 피탐지 거리를 마하 0.8의 속도로 날아오기 때문에 요격할 수 있는 반응시간은 겨우 1분 남짓이다.
16 이에 대한 보고는 존재가 있을 것으로 예상되는 지대지 순항 미사일형에도 관련되었을 것으로 보고 있다. 북한은 프로파간다에서 순항 미사일의 존재를 암시하고 있지만, 그것을 증명할 확실한 증거는 없다.
17 상동.
18 Central intelligence Agency. 'Iraq WMD 2004-Delivery Systems' (2004) CIA
➡ https://www.cia.gov/library/reports/general-reports-1/iraq_wmd_2004/chap3.html
19 그 외에도 이 2개의 좌대에 휴대형 대공 미사일(MANPADS)을 1기씩 장착해 간이 대공포좌로 사용할 가능성도 있다.
20 현대의 북한 함선에 탑재되는 중화기는 사실상 대부분이 수동 조작도 가능하다. 이것은 함선의 화기 관제 시스템이 강력한 재밍에 방해받을 경우에도 제한적이나마 전투력을 발휘할 수 있기를 기대한 조치일지도 모른다.
21 이런 방식으로 레이더를 사용하는 것은 예외적이라 생각된다. 1960년대 이후, 조선인민군 해군의 거의 모든 함선이 실제로 사용하고 있는 것은 민간시장에서 구입한 후루노전기제 레이더로 다양한 형식의 레이더가 해외 여러 나라의 함선에서도 사용되고 있다.
22 이 구조로 인해 SSES III급은 무장, 전체성능, 전투 임무라는 점에서 미디어에서 '항모킬러'라 선전되고 있고 대만 해군의 타강(沱江)급 초계함과 비슷하다. 물론 항모를 격파하기는 힘들며 SSES III급은 한반도 연안에서 은밀형 헌터킬러 임무를 중요시할 것이다.
23 사실 65식 533mm 어뢰의 탄두 중량은 324mm 어뢰의 총중량의 약 2배다.
24 Global Communications Co 'GS-2600-01 UAV/USV Video, Telemertry/Control System' Glocom
➡ https://Glocom-corp.com/2018/index.php/product/detail?p=gs-2600-01
25 Mun Dong Hui. 'Kim Jong Un orders Mass Production of high-speed torpedo boats' (2018) Daily NK
➡ https://www.dailnk.com/english/kimjong-un-orders-mass-production-of-high-speed-boats/
26 Central intelligence Agency. 'Soviet Naval Activity in North Korea' (1949) CIA FOIA
➡ https://www.cia.gov/library/readingroom/document/cia-rdp82-00457r003800320004-5
27 Central intelligence Agency. 'USSR-North Korea: Prospects For Military coperration' CIA FOIA
➡ https://www.cia.gov/library/readingroom/document/cia-rdp85t01058r000507530001-6
28 제조가 끝난 것은 1996년이라는 설도 있다.
29 Marine Corps Intelligence Activity. 'North Korea Contry Handbook' (1997) Federation Of American Scientists
➡ http://fas.org/nuke/guide/dprk/nkor.pdf
30 HI Sutton. 'North Korean Submarines' (2017) COVERT SHORES
➡ http://www.hisutton.com/North-Korean-Submarines.html
31 Covert Shores Navel Warfare Blog. 'North Korean Small Submarines File' (2010)
➡ http://covertshores.biogspot.com/2010/06/north-korean-smallsubmarines-file.html
32 Joseph S Bermudez Jr. 'The North Korean Navy Acquires a New Submarine' (2014)' 38 north
➡ https://www.38north.0rg/2014/10/jbermudez101914/
33 앞서 말한 바와 같이 이 특수 잠수정의 출처는 명확하지 않으나 이것은 유고급이라고도 불린다. 이로 인해 여러 억측을 불러왔으며 이 명칭이 사실을 반영한다는 근거는 없다. (1998년 속초시 앞바다에서 어선 그물에 걸려 온전한 상태로 나포된 북한 잠수정은 이후 대한민국 해군에서 충분한 분석을 하였다. 그리고 나토 제식명 유고급이라는 명칭이 붙었다.)
34 Central intelligence Agency. 'Construction And Modification Of North Korean Naval Combatants, January 1983 Through July 1986' (1987) CIA FOIA
➡ https://www.cia.gov/library/readingroom/document/ciardp87t00758r000103060001-8
35 초기형은 450mm 어뢰를 사용했다는 보고도 있다.
36 연어급 같이 물고기의 이름을 붙이는 것은 확실히 북한의 명명법이지만, 이것이 북한의 정식 명칭인지는 불명. (연어급은 함미연합사에서 붙인 명칭. 확인된 북한에서의 명칭은 수출용에 MS-29라 명명한 것을 확인.)
37 Central intelligence Agency. 'USSR-North Korea: Prospects For Military coperration' CIA FOIA
➡ https://www.cia.gov/library/readingroom/document/cia-rdp85t01058r000507530001-6
38 Andrew Selth. 'Is Burma really buying submarines?' (2014) Lowy Institute
➡ https://www.lowyinstitute.org/the-interpreter/burma-really-buying-submarines
39 Sophia Yang . 'North Korea pitched state-of-the-art submarine system to Taiwan military: report' (2019) Taiwan News
➡ https://www.taiwannews.com.tw/en/news/3673918
40 Joseph S Bermudez Jr. 'North Korea: Test Stand for Vertical Launch of Sea-Based Ballistic Missiles Spotted' (2014)' 38 north
➡ https://www.38north.0rg/2014/10/jbermudez102814/
41 HI Sutton. Analysis-Sinpo Class Ballistic Missile Sub' (2016) Covert Shores
➡ http://www.hisutton.com/Analysis%20-%20Sinpo%20Class%20Ballistic%20Missile%20Sub.html
42 유일하게 보이는 장비는 탐조등인 것 같다. 그 외에 인입식 소형 수상탐색 레이더와 잠망경으로 보이는 것이 있다.
43 United Nations Security Council. 'Report of the Panel of Experts established pursuant to resolution 1874 (2009)' 5 March 2018

제5장 전략군

1 Korean Central News Agency. 'Day of Strategic Force in DPRK' (2016) KCNA
➡ http://www.Kcna.co.jp/item/2016/201606/news25/20160625-32ee.html
2 평양에서 개최된 무기장비전시회에서 얻은 정보.
3 Nuclear Threat Initiative 'North Korean Missile Chronology' (2012) Nuclear Threat Initiative
➡ https://www.nti.org/Media/Pdfs/North_korea_missile_2.pdf?_=1327534760?_=1327534760
4 James Martin Center for Nonproliferation Studies. 'Chronology of North Korea's Missile Trade and Developments: 1960-1979' (2008) James Martin Center for Nonproliferation Studies
➡ https://nonproliferation.org/chronology-of-north-korea's-missile-trade-and-developments-1960-1979/
5 1973년의 제4차 중동전쟁에서 이집트군의 MiG-21를 조종한 북한 조종사의 증언뿐만 아니라 1980~1990년대 평양을 방문한 호스니 무바라크 대통령도 몇 번인가 발언했다.
6 Daniel A. Pinkston. 'CNS Special Report onNoth Korean Ballistic Missile Capabilities' (2006) James Martin Center for Nonproliferation Studies
➡ http://nautilus.org/wp-content/uploads/2011/12/0623.pdf
7 Daniel A. Pinkston. 'Interview with North Korean defector by CNS senir research associte Daniel A. Pinkston, November 1, 2000, Seoul' via
➡ http://www.nti.org/analysis/articles/north-korea-missile-capabilities
8 북한의 자료에 따르면 미사일의 '첫번째' 테스트는 완성된 시스템이 최초로 성공한 실험을 말하는 것 같다. 그래서 서방 측 자료에서는 예비실험적인 테스트의 날짜가 기록된 경우가 많다.
9 Robert Schmucker et al. Raketenbed rohung 2.0: Technische Und Politische Grundlagen (Hamburg: Mittler Verlag, 2015)
10 평양에서 개최된 무기장비전시회에서 얻은 정보.
11 James Pearson and Hyonhee Shin. 'How a homemade tool helped North Korea's missile program' (2017) Reuters
➡ https://www.reuters.com/article/us-northkorea-missiles-technology/how-a-homemade-tool-helped-northkoreas-missile-program-idUSKBN1CH1I4
12 Steven J Zaloga. Scud Ballistic Missile and Launch System 1955-2005 (oxford: Osprey, 2006.
13 Korean Central News Agency. 'Kim Jong Un Guides Ballistic Rocket Test-fire through Precision Control Guidance System' (2017) KCNA

➡ http://www.Kcna.co.jp/item/2017/201705/news30/20170530-01ee.html
14 평양에서 개최된 무기장비전시회에서 얻은 정보.
15 Nuclear Threat Initiative. 'North Korean Missile Chronology' (2012) Nuclear Threat Initiative
➡ https://www.nti.org/Media/Pdfs/North_korea_missile_2.pdf?_=1327534760?_=1327534760
16 Norbert Brugge. 'The North-Korean/Iranian Nodong-Shahab Missile family' Norbert Brugge
➡ http://www.b14643.de/Spacerockets/Specials/Nodong/index.htm
17 저자가 2017년 3월에 ST Analytics GmbH사의 CEO 마르쿠스 쉴러와의 인터뷰에서.
18 Democratic Voice of Burma. 'Report of Shwe Mann's visit to North Korea' (2010) DVB
➡ http://www.dvb.no/burmas-nuclear-ambitions/burmasnuclear-ambitions-military-docs/military-docs/9279
19 Markus Schiller and Robert H. Schmucker. 'Flashback to the Past: North korea's "New" Extended-Range Scud' (2016) 38 North
➡ https://38north.org/wp-contend/uploads/2016/11/Scud-ER-110816_Schiller_Schmucher.pdf
20 상동.
21 평양에서 개최된 무기장비전시회에서 얻은 정보.
22 북한의 R-17계열의 각종 탄도 미사일의 명칭은 명확하지 않으며 이 시스템은 다른 것과 하나로 묶여 스커드-D나 스커드-ER이라 불린다. 이 미사일의 수출의 명칭은 불명이지만, 스커드-ER이라는 가칭을 군사연구자들이 붙였다. (한국 국방부에서는 스커드-D는 KN-18과 관련된 것으로 보고 있으며 화성-9형으로 추정되는 미사일을 스커드-ER로 표기하고 있다.)
23 평양에서 개최된 무기장비전시회에서 얻은 정보.
24 Nuclear Threat Initiative. 'North Korean Missile Chronology' (2012) Nuclear Threat Initiative
➡ https://www.nti.org/Media/Pdfs/North_korea_missile_2.pdf?_=1327534760?_=1327534760
25 상동.
26 Greg J. Gerardi and james A. Plotts. 'AN ANNOTATED CHRONOLOGY OF DPRK MISSILE TRADE AND DEVELOPMENTS' (1994) james Martin Center for Nonproliferation Studies
➡ https://www.nonproliferation.org/wp-content/uploads/npr/gerard21.pdf
27 저자의 견해.
28 접촉점화성 추진제(Hypergolic propellant)는 연료와 산화제를 혼합하면 자연발화해 추력을 발생시킨다. 화성-5와 화성-9에서 사용된 AK-27I와 TM-185의 조합은 정확히는 접촉점화성 추진제가 아니며 점화에 소량의 TG-02 '톤카(Tonka)'라 불리는 연료가 필요하다.
29 Ralph Savelsberg and James Kiessling. 'North Korea's Musudan Missile: A Perfomance Assessment' (2016) 38 North
➡ https://38north.org/2016/12/musudan122016/
30 저자가 2017년 3월에 ST Analytics GmbH사의 CEO 마르쿠스 쉴러와의 인터뷰에서.
31 Democratic Voice of Burma. 'Report of Shwe Mann's visit to North Korea' (2010) DVB
➡ http://www.dvb.no/burmas-nuclear-ambitions/burmasnuclear-ambitions-military-docs/military-docs/9279
32 Chad O'Carroll. 'North Korea tried to sell 3,500KM range missiles — arms trader' (2013) NK News
➡ https://www.nknews.org/2013/06/north-koreatried-to-sell-3500km- range-missiles-arms-trader/
33 Korea JoongAng Daily. 'North's Missile a Modified SS-21' (2005) Korea JoongAng Daily
➡ http://koreajoongangdaily.joins.com/news/article/article.aspx?aid=2564031
34 미사일 분석가 겸 분석 웹사이트 www.b14643.dc. 의 개설자 노베르트 베르게와의 인터뷰에서.
35 David Schmerler et al. 'No More Rivet' (2015) 38 North
➡ http://www.38north.org/reports/2015/12/new-icbm-for-nk/section-5/
36 Korean Central News Agency. 'Kim Jong Un Guides Test-Fire of New Rocket' (2017) KCNA
➡ http://www.kcna.co.jp/item/2017/201705/news15/20170515-01ee.html
37 최근 북한의 탄도 미사일 시험과 수집된 원거리 측정 비행데이터에 관한 보고서는 내용이 충실하고 정확하지만, 이것은 북한이 자신들의 미사일의 성능을 대외적으로 인정받기 위한 행동일지도 모른다.
38 British Broadcasting Corporation. 'North Korea fires missile over Japan in 'unprecedented threat' ' (2017) BBC
➡ https://www.bbc.com/news/worldasia-41078187
38 Korean Central News Agency. 'Kim Jong Un Inspects KPA Strategic Force Command Element' (2017) KCNA
➡ http://www.kcna.co.jp/item/2017/201708/ news15/20170815-06ee.html
40 Korean Central News Agency. 'Kim Jong Un Guides Second Testfire of ICBM Hwasong-14' (2017) KCNA
➡ http://www.kcna.co.jp/item/2017/201707/news29/20170729-04ee.html
41 Michael Elleman. 'North Korea's Hwasong-14 ICBM: New Data Indicates Shorter Range Than Many Thought' (2018) 38 North
➡ https://www.38north.org/2018/11/ melleman112918/
42 이 성능 레벨의 탄도 미사일에서는 사소한 설계 요소(탄두, 내열실드, 탱크 구조재 등의 중량)조차 최대 사거리의 측정치에 큰 변화를 주기 때문에 정확한 평가를 하기 힘들다. 중량 500~600kg의 탄두라면 서거리는 최저 6,000km, 최고 8,000km로 페이로드가 가벼우면 10,000km를 넘을 것이다.
43 Korean Central News Agency. 'Kim Jong Un Guides Ground Jet Test of New-type High-Power Engine of Inter-continental Ballistic Rocket' (2016) KCNA
➡ http://www.kena.co.jp/item/2016/201604/news09/20160409-01ee.heml
44 2014년 이전, 위성 발사 로켓을 제하고 북한은 2단식 탄도 미사일의 테스트를 실시하지 않은 점에 주의. 동급의 2단식 미사일이 최종적으로 시험 발사된 것은 2017년의 화성-14뿐이며 3단식의 사례는 아직 없다.
45 John Schilling. North Korea's Large Rocket Engine Test: A Significan Step Forward for Pyongyang's ICBM Program' (2016) 38 North
➡ https://www.38north.org/2016/04/ schilling041116/
46 파괴반경은 탄두의 핵출력에 대체적으로 비례하기 때문에 탄두 1개의 파괴력은 동종(또는 보다 작은)의 탄두 여러 개를 일정 거리를 두고 여러 곳을 타격할 때보다 위력이 약해진다.
47 Korean Central News Agency. 'Kim Jong Un Guides Ground Test of Jet of High- power Solid-fuel Rocket Engine and Its Cascade Separation' (2016) KCNA
➡ http:// www.kcna.co.jp/item/2016/201603/news24/20160324-02ee.html
48 Korean Central News Agency. 'Kim Jong Un Guides Underwater Testfire of Strategic Submarine Ballistic Missile' (2016) KCNA
➡ http://www.kcna.co.jp/item/2016/201604/news24/20160424-01lee.html
49 David Wright. 'Range of the North Korean KN-11 Sub-Launched Missile' (2016) Union of Concerned Scientists
➡ https://allthingsnuclear.org/dwright/range-of-the-north-korean-kn-11-sub-launched-missile
50 Korean Central News Agency. 'Kim Jong Un Guides Test-fire of Surface-to-surface Medium Long-range Ballistic Missile' (2017) KCNA
➡ http://www.kcna.co.jp/item/2017/201702/news13/20170213-01ee.html
51 Korean Central News Agency. 'Kim Jong Un Supervises Test-fire of Ballistic Missile' (2017) KCNA
➡ http://kcna.co.jp/item/2017/201705/news22/20170522-01ee.html
52 British Broadcasting Corporation 'North Korea fires two short-range missiles, South says (2019) BBC
➡ https://www.bbc.com/news/worldasia-48212045
53 한국이 도입한 현무(玄武)-2B는 이스칸다르 미사일을 기반으로 했을 것으로 예상된다. 북한의 단거리 탄도 미사일에 대항하는 새로운 미사일 시스템이 출현한 것이 흥미롭다.
54 Andrei Gromyko. 'FROM THE JOURNAL OF GROMYKO, RECORD OF A CONVERSATION WITH AMBASSADOR RI SIN-PAL OF THE DEMOCRATIC PEOPLE'S REPUBLIC OF KOREA' (1958) Wilson Center
➡ https://digitalarchive.wilsoncenter.org/document/116019
55 Nuclear Threat Initiative. 'North Korea Nuclear Chronology' (2011) Nuclear Threat Initiative
➡ https://media.nti.org/pdfs/north_korea_nuclear.pdf
56 Janos Taraba. 'REPORT, EMBASSY OF HUNGARY IN NORTH KOREA TO THE HUNGARIAN FOREIGN MINISTRY' (1985) Wilson Center
➡ https://digitalarchive.wilsoncenter.org/document/110142
57 Nuclear Threat Initiative. 'North Korea Nuclear Chronology' (2011) Nuclear Threat Initiative
➡ https://media.nti.org/pdfs/north_korea_nuclear.pdf
58 Francois Carrel-Billiard and Christine Wing. 'Nuclear Energy, Nonproliferation, and Disarmament: Briefing Notes for the 2010 NPT Review Conference.' (2010) International Peace Institute

➡ https://www.ipinst.org/wp-content/uploads/2010/04/pdfs_koreachapt2.pdf

59　Nuclear Threat Initiative. 'North Korea Nuclear Chronology' (2011) Nuclear Threat Initiative
➡ https://media.nti.org/pdfs/north_korea_nuclear.pdf

60　Korean Central News Agency. 'Statement of DPRK Government on its withdrawal from NPT' (2003) KCNA www.kcna.co.jp/item/2003/200301/news01/11.htm

61　Nuclear Threat Initiative. 'North Korea Nuclear Chronology' (2011) Nuclear Threat Initiative
➡ https://media.nti.org/pdfs/north_korea_nuclear.pdf

62　Jamie McIntyre. .Washington was on brink of war with North Korea 5 years ago' (1999) CNN
➡ http://edition.cnn.com/US/9910/04/korea.brink/

63　Korean Central News Agency. 'KCNA Report on Successful 3rd Underground Nuclear Test' (2013) KCNA
➡ http://www.kcna.co.jp/item/2013/201302/news12/20130212-18ee.html

64　Korean Central News Agency. 'DPRK Proves Successful in H-bomb Test' (2016) KCNA
➡ http://www.kcna.co.jp/item/2016/201601/news06/20160106-12ee.html

65　이 때 기록된 위력은 TNT 10킬로톤 미만이라 추측된다. 참고로 수소 폭탄(열핵무기라고도 한다.)은 그 백배 이상인 메가톤 단위의 에너지를 방출한다.

66　Korean Central News Agency. 'DPRK Nuclear Wespons Institute on Successful Test of H-bomb for ICBM' (2017) KCNA
➡ http://www.kcna.co.jp/item/2017/201709/news03/20170903-13ee.html

67　Karl Dewey. et al. 'North Korea bargains with nuclear diplomacy' (2017) IHS Jane's
➡ http://www.janes.com/images/assets/111/75111/North_Korea_bargains_with_nuclear_diplomacy.pdf

68　Korean Central News Agency. 'DPRK Nuclear Weapons Institute on Successful Test of H-bomb' (2017) KCNA
➡ http://www.kcna.co.jp/item/2017/201709/news03/20170903-13ee.html

69　Nuclear Threat Initiative. 'North Korea Overview' (2019) Nuclear Threat Initiative
➡ http://www.nti.org/learn/countries/north-korea/

70　북한 핵무기의 운용법은 불투명하지만, 조선중앙방송에 의하면 '적 세력이…… 국체를 침범하지 않는다면' 선제공격을 하지 않는다고 한다.

71　Korean Central News Agency. 'WPK Central Committee Issues Order to Conduct First H-Bomb Test' KCNA www.Kena.co.jp/item/2016/201601/news06/2016010611ee.html

72　자주 사용되는 예시인 제2차 세계 대전에서 히로시마에 투하된 원자폭탄으로 환산하면 약 10배의 위력이다.

73　Hans M. Kristensen and Robert S. Norris. 'A history of US nuclear weapon in South Korea' (2017) Bulletin of the Atomic Scientists
➡ https://doi.org/10.1080/00963402.2017.1388656

74　Digital Chosun. '북한, 핵 어뢰 · 핵 기뢰 개발 중… 이미 완성 초읽기' (2010) Digital Chosun
➡ http://news.chosun.com/site/date/html_dir/2010/12/05/2010120500828.html

75　미국은 제네바 의정서를 위반하는 국가에 대해 보복할 수 있는 권리가 있지만, 대량 살상 무기의 사용은 화학 무기 금지조약에 의해 금지되고 있다.

76　Joseph S. Bermudez Jr., Shield of the Great Leader: The Armed Forces of North Korea(StLeonards NSW: Allen & Unwin, 2001)

77　Hyun-Kyung Kim. et al. 'North Korea's Biological Weapons Program' (2017) Belfer Center for Science and International Affairs
➡ https://www.belfercenter.org/sites/default/files/2017-10/NK%20Bioweapons%20final.pdf

78　북한은 그런 발언을 했다는 것을 자국 미디어에서 전혀 발표하지 않는다. 핵무기, 화학 무기, 생물 무기, 남침 땅굴이 전쟁에서 최강의 수단이 될 것이라 김일성이 예견했다는 주장은 반복해서 나오고 있지만 신빙성은 낮다.

79　Nuclear Threat Initiative. 'North Korea Biological Chronology' (2012) Nuclear Threat Initiative
➡ http://www.nti.org/media/pdfs/north_korea_biological_1.pdf?_=1344293752

80　14종의 병원균에 관련된 정보는 2012년 한국군 국방백서 이외의 문헌에는 거의 나오지 않는다.

81　Hyun-Kyung Kim. et al. 'North Korea's Biological Weapons Program' (2017) Belfer Center for Science and International Affairs

82　Republic of Korea Ministry of National Defense. 'Defense White Paper 2016' ROK MoD

➡ http://www.mnd.go.kr/mbshome/mbs/mndEN/

83　Hyun-Kyung Kim. et al. 'North Korea's Biological Weapons Program' (2017) Belfer Center for Science and International Affairs

84　Melissa Hanham. 'Kim Jong Un Tours Pesticide Facility Capable of Producing Biological Weapons: A 38 North Special Report' (2015) 38 North
➡ https://www.38north.org/2015/07/mhanham070915/

85　Republic of Korea Ministry of National Defense. 'Defense White Paper 2016' ROK MoD
➡ http://www.mnd.go.kr/mbshome/mbs/mndEN/

86　상동.

87　US Department of Defense. 'Clarifying Guidance for Smallpox and Anthrax Vaccine Immunization Programs' (2015) US Department of Defense
➡ https://www.health.mil/Reference-Center/Policies/2015/11/12/Clarifying-Guidance-for-Smallpox-and-Anthrax-Vaccine-Immunization-Programs

88　Nuclear Threat Initiative. 'North Korea Chemical Chronology' (2012) Nuclear Threat Initiative
➡ http://www.nti.org/media/pdfs/north_korea_chemical_chron.pdf?_=1349468965

89　상동.

90　각각의 입수 경로는 소련과 동독이라고 한다.

91　Nuclear Threat Initiative. 'North Korea Chemical Chronology' (2012) Nuclear Threat Initiative
➡ http://www.nti.org/media/pdfs/north_korea_chemical_chron.pdf?_=1349468965

92　현재 세계 최대의 비축량일 것이다.

93　저자의 견해.

94　Nuclear Threat Initiative. 'North Korea Chemical Chronology' (2012) Nuclear Threat Initiative
➡ http://www.nti.org/media/pdfs/north_korea_chemical_chron.pdf?_=1349468965

95　United Nations Security Council. 'Report of the Panel of Experts established pursuant to resolution 1874 (2009)' 27 February 2017 UNSC

96　Marcel Serr, 'North Korea Built a Nuclear Reactor for Syria (And Israel Destroyed It)' (2018) The National Interest
➡ https://nationalinterest.org/blog/the-buzz/north-korea-built-nuclear-reactor-syria-israel-destroyedit-23922

97　Nuclear Threat Initiative. 'Al-Kibar Facility' (2011) Nuclear Threat Initiative
➡ http://www.nti.org/learn/facilities/461/

98　United Nations Security Council. 'Report of the Panel of Experts established pursuant to resolution 1874 (2009)' 5 March 2018 UNSC